技能型人才培训用书
国家职业资格培训教材

中央空调系统操作员（高级）

国家职业资格培训教材编审委员会　编
宋友山　主　编
王振兴　王建民　副主编

机械工业出版社

本书是依据《国家职业标准》高级中央空调系统操作员的知识要求和技能要求，按照岗位培训需要编写的。本书的主要内容包括：空调技术理论基础知识、空气热湿处理设备以及维修保养、中央空调系统、中央空调水系统、中央空调风系统与空气净化、中央空调冷热源、中央空调系统的测试与调整等。书末附有与之配套的试题库和答案，以便于企业培训、考核鉴定和读者自测自查。

本书主要用作企业培训部门、职业技能鉴定培训机构的教材，也可作为高级技校、高职、各种短训班的教学用书。

图书在版编目（CIP）数据

中央空调系统操作员（高级）/宋友山主编．—北京：机械工业出版社，2010（2025.1重印）
国家职业资格培训教材
ISBN 978-7-111-31806-4

Ⅰ.①中…　Ⅱ.①宋…　Ⅲ.①集中空气调节系统—技术培训—教材　Ⅳ.①TB657.2

中国版本图书馆 CIP 数据核字（2010）第 174417 号

机械工业出版社（北京市百万庄大街 22 号　邮政编码 100037）
策划编辑：王振国　责任编辑：王振国
版式设计：霍永明　责任校对：陈延翔
封面设计：饶　薇　责任印制：常天培
北京机工印刷厂有限公司印刷
2025 年 1 月第 1 版第 4 次印刷
148mm×210mm · 15.625 印张 · 461 字
标准书号：ISBN 978-7-111-31806-4
定价：45.00 元

电话服务　　　　网络服务
客服电话：010-88361066　机　工　官　网：www.cmpbook.com
　　　　　010-88379833　机　工　官　博：weibo.com/cmp1952
　　　　　010-68326294　金　　书　　网：www.golden-book.com
封底无防伪标均为盗版　机工教育服务网：www.cmpedu.com

国家职业资格培训教材

编审委员会

本书主编　宋友山

本书副主编　王振兴　王建民

本书参编　陈福祥　齐长庆　高萍萍

本书主审　李援瑛

序　一

当前和今后一个时期，是我国全面建设小康社会、开创中国特色社会主义事业新局面的重要战略机遇期。建设小康社会需要科技创新，离不开技能人才。“全国人才工作会议”“全国职教工作会议”都强调要把“提高技术工人素质、培养高技能人才”作为重要任务来抓。当今世界，谁掌握了先进的科学技术并拥有大量技术娴熟、手艺高超的技能人才，谁就能生产出高质量的产品，创出自己的名牌；谁就能在激烈的市场竞争中立于不败之地。我国有近一亿技术工人，他们是社会物质财富的直接创造者。技术工人的劳动，是科技成果转化为生产力的关键环节，是经济发展的重要基础。

科学技术是财富，操作技能也是财富，而且是重要的财富。中华全国总工会始终把提高劳动者素质，作为一项重要任务，在职工中开展的“当好主力军，建功‘十一五’，和谐奔小康”竞赛中，全国各级工会特别是各级工会职工技协组织注重加强职工技能开发，实施群众性经济技术创新工程，坚持从行业和企业实际出发，广泛开展岗位练兵、技术比赛、技术革新、技术协作等活动，不断提高职工的技术技能和操作水平，涌现出一大批掌握高超技能的能工巧匠。他们以自己的勤劳和智慧，在推动企业技术进步，促进产品更新换代和升级中发挥了积极的作用。

欣闻机械工业出版社配合新的《国家职业标准》，为技术工人编写了这套涵盖41个职业的172种“国家职业资格培训教材”。这套教材由全国各地技能培训和考评专家编写，具有权威性和代表性；将理论与技能有机结合，并紧紧围绕《国家职业标准》的知识点和技能鉴定点编写，实用性、针对性强；既有必备的理论和技能知识，又有考核鉴定的理论和技能题库及答案，编排科学，便于培训和检测。

这套教材的出版非常及时，为培养技能型人才做了一件大好事，我相信这套教材一定会为我们培养更多更好的高技能人才作出贡献！

李永安

（李永安　中国职工技术协会常务副会长）

序　二

为贯彻“全国职业教育工作会议”和“全国再就业会议”精神，落实国家人才发展战略目标，促进农村劳动力转移培训，全面推进技能振兴计划和高技能人才培养工程，加快培养一大批高素质的技能型人才，我们精心策划了这套与劳动和社会保障部最新颁布的《国家职业标准》配套的“国家职业资格培训教材”。

进入21世纪，我国制造业在世界上所占的比重越来越大，随着我国逐渐成为“世界制造业中心”进程的加快，制造业的主力军——技能人才，尤其是高级技能人才的严重缺乏已成为制约我国制造业快速发展的瓶颈，高级蓝领出现断层的消息屡屡见诸报端。据统计，我国技术工人中高级以上技工只占3.5%，与发达国家40%的比例相去甚远。为此，国务院先后召开了“全国职业教育工作会议”和“全国再就业会议”，提出了“三年50万新技师的培养计划”，强调各地、各行业、各企业、各职业院校等要大力开展职业技术培训，以培训促就业，全面提高技术工人的素质。那么，开展职业培训的重要基础是什么呢？

众所周知，“教材是人们终身教育和职业生涯的重要学习工具”。顾名思义，作为职业培训的重要基础，职业培训教材当之无愧！编写出版优秀的职业培训教材，就等于为技能培训提供了一把开启就业之门的金钥匙，搭建了一座高技能人才培养的阶梯。

加快发展我国制造业，作为制造业龙头的机械行业责无旁贷。技术工人密集的机械行业历来高度重视技术工人的职业技能培训工作，尤其是技术工人培训教材的基础建设工作，并在几十年的实践中积累了丰富的教材建设经验。作为机械行业的专业出版社，机械工业出版社在“七五”、“八五”、“九五”期间，先后组织编写出版了“机械工人技术理论培训教材”149种，“机械工人操作技能培训教材”85种，“机械工人职业技能培训教材”66种，“机械工业技师考评培训教材”22种，以及配套的习题集、试题库和各种辅导性教材约800种，基本满足了机械行业技术工人培训的需要。这些教材以其针对性、实用性强，覆盖面广，层次齐备，成龙配套等特点，受到全国各级培训、鉴定和考工部门和技术工人的欢迎。

2000年以来，我国相继颁布了《中华人民共和国职业分类大典》和新的《国家职业标准》，其中对我国职业技术工人的工种、等级、职业的活动范围、工作内容、技能要求和知识水平等根据实际需要进行了重新界定，将国家职业资格分为5个等级：初级（5级）、中级（4级）、高级（3级）、技师（2级）、高级技师（1级）。为与新的《国家职业标准》配套，更好地满足当前各级职业培训和技术工人考工取证的需要，我们精心策划编写了这套“国家职业资格培训教材”。

这套教材是依据劳动和社会保障部最新颁布的《国家职业标准》编写的，为满足各级培训考工部门和广大读者的需要，这次共编写了41个职业172种教材。在职业选择上，除机电行业通用职业外，还选择了建筑、汽车、家电等其他相近行业的热门职业。每个职业按《国家职业标准》规定的工作内容和技能要求编写初级、中级、高级、技师（含高级技师）四本教材，各等级合理衔接、步步提升，为高技能人才培养搭建了科学的阶梯型培训架构。为满足实际培训的需要，对多工种共同需求的基础知识我们还分别编写了《机械制图》、《机械基础》、《电工常识》、《电工基础》、《建筑装饰识图》等近20种公共基础教材。

在编写原则上，依据《国家职业标准》又不拘泥于《国家职业标准》是我们这套教材的创新。为满足沿海制造业发达地区对技能人才细分市场的需要，我们对模具、制冷、电梯等社会需求量大又已单独培训和考核的职业，从相应的职业标准中剥离出来单独编写了针对性较强的培训教材。

为满足培训、鉴定、考工和读者自学的需要，在编写时我们考虑了教材的配套性。教材的章首有培训要点、章末配复习思考题，书末有与之配套的试题库和答案，以及便于自检自测的理论和技能模拟试卷，同时还根据需求为20多种教材配制了VCD光盘。

增加教材的可读性、提升教材的品质是我们策划这套教材的又一亮点。为便于培训、鉴定、考工部门在有限的时间内把最需要的知识和技能传授给学员，同时也便于学员抓住重点，提高学习效率，对需要掌握的重点、难点、考点和知识鉴定点加有旁白提示并采用双色印刷。

为扩大教材的覆盖面和体现教材的权威性，我们组织了上海、江苏、广东、广西、北京、山东、吉林、河北、四川、内蒙古等地相关行业从事技能培训和考工的200多名专家、工程技术人员、教师、技师和高级技师参加编写。

这套教材在编写过程中力求突出“新”字，做到“知识新、工艺新、技术新、设备新、标准新”；增强实用性，重在教会读者掌握必需的专业知识和技能，是企业培训部门、各级职业技能鉴定培训机构、再就业和农民工培训机构的理想教材，也可作为技工学校、职业高中、各种短训班的专业课教材。

在这套教材的调研、策划、编写过程中，曾经得到广东省职业技能鉴定中心、上海市职业技能鉴定中心、江苏省机械工业联合会、中国第一汽车集团公司以及北京、上海、广东、广西、江苏、山东、河北、内蒙古等地许多企业和技工学校的有关领导、专家、工程技术人员、教师、技师和高级技师的大力支持和帮助，在此谨向为本套教材的策划、编写和出版付出艰辛劳动的全体人员表示衷心的感谢！

教材中难免存在不足之处，诚恳希望从事职业教育的专家和广大读者不吝赐教，提出批评指正。我们真诚希望与您携手，共同打造职业培训教材的精品。

国家职业资格培训教材编审委员会

前 言

为进一步提高中央空调系统操作人员的基本素质和专业技能，增强各级、各类职业学校在校生的就业能力，满足本工种职业技能培训、考核、鉴定等工作的迫切需要，我们组织了部分经验丰富的高级工程师和教授编写了《中央空调系统操作员》培训教材。

《中央空调系统操作员》培训教材共分四册，即初级工、中级工、高级工、技师。教材以劳动和社会保障部制定的国家职业标准《中央空调系统操作员》为编写依据，涵盖了中央空调系统操作和修理等内容，涉及了大量现行国家标准和行业规范。在编写过程中以满足实用和够用为原则，力求浓缩、精炼、科学和规范。本书采用双色套印，突出学习重点和考核要点，请读者在学习时注意把握。

本册教材由宋友山任主编，王振兴和王建民共同担任副主编，参加编写的人员还有陈福祥、齐长庆、高萍萍等。

另外，编者在编写过程中参阅了大量的标准和规范以及相关教材和技术资料，并选用了部分图表，在此向原作者表示衷心的感谢。如有不敬之处，恳请见谅。

由于教材知识面覆盖范围较广，涉及标准、规范较多，加之时间仓促、作者水平所限，书中难免存在缺点和不足，敬请各位同行、专家和广大读者批评指正，以期再版时臻于完善。

编　者

目录

MU LU

第一章

空调技术理论基础知识

培训学习目标　通过学习热力学、流体力学和传热学基础知识，使学员正确理解制冷空调设备的工作原理。

制冷与空调设备通常以流体作为工作介质，流体在流动过程中，通过各种形式的换热器实现热能的转移，通过压缩机、水泵、风机等实现能量形式的转换。制冷与空调设备的工作就是建立在热力学、流体力学和传热学基础之上的。了解并掌握相关理论基础知识，有助于正确理解它们的工作原理，为准确分析和判断设备故障打下扎实的理论基础。

第一节　热力学基础知识

一、物质的状态

1. 物质的三种状态

自然界中的一切物质都是由分子和原子组成的。分子存在着热运动，使分子具有动能，分子间存在着作用力使分子具有势能。在不同的条件下，物质可以呈现出三种不同的状态，即固态、液态和气态。

（1）固态　物质处于固态时，分子在自己的平衡位置作振幅很小的振动，其分子间的距离最小，相互间的吸引力最大，它具有一定的体积和形状。

（2）液态　物质处于液态时，分子在其平衡位置作振幅较大的振动，其分子间的距离较大，相互间的吸引力较小，且能够相互移动。它具有一定的体积，但形状随容器而改变。液体可以流动，基本上不可压缩。

（3）气态　物质处于气态时，分子间相互吸引力小而不能相互约束，各分子不停地进行着毫无规则的运动。气体没有固定的体积和形状，能够自发地充满任何空间。它可以无限膨胀，也可以大幅压缩。

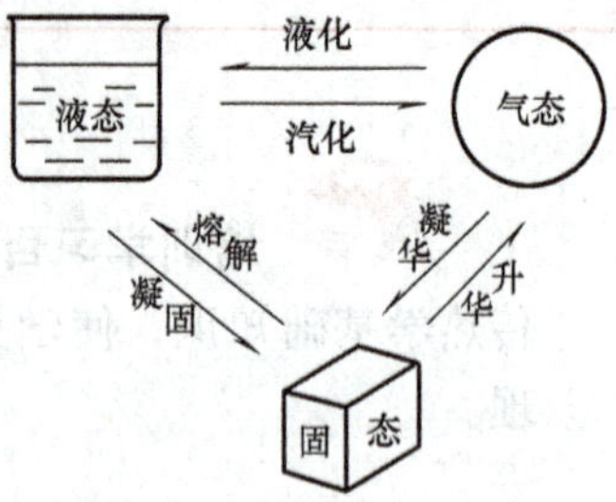

图 1-1　物质的状态变化及名称

物质在一定的条件下，可以由一种状态转化为另一种状态。物质的状态变化及名称如图 1-1 所示。物质的状态变化必然伴随着热量的转移，换句话说，物质的状态变化是热量交换的结果。

2. 显热和潜热

（1）显热　物质吸收或放出热量，使物体的温度升高或降低，而不引起状态的变化，这个过程中物质所吸收或放出的热量称为显热。

（2）潜热　物质吸收或放出热量后，状态改变而温度不发生变化，这一过程中所发生的热量转移称为潜热。

3. 汽化热和液化热

（1）汽化热　物质由液态变为气态的过程称为汽化。汽化有两种形式：一是在液体表面产生的汽化现象称为蒸发；二是当液体在某一压力下达到该压力所对应的饱和温度时吸热而在其表面和内部都产生剧烈的汽化现象称为沸腾。

（2）液化热　物质在一定的压力和温度下，由于被冷却而由气态转化为液态就称为液化。液化过程所放出的热量就称为液化热，液化热也称为冷凝热。

同一种物质在同一温度下的汽化热和液化热是相等的。

4. 饱和温度与饱和压力

装在敞口容器里的液体，分子从液面飞离、扩散、逸出，液体逐渐蒸发。在密闭容器中，从液体中飞离出来的分子，只能聚集在液体上面的空间作无规则的热运动。由于与液面和管壁的碰撞，其中一部分又回到液体中去。若液体分子离多回少时，蒸气密度逐渐增大，这时回到液体的分子数也开始增多，最后达到某一时间内，从液体表面飞离出来的分子数等于返回的分子数，达到动态平衡，液体和气体的质量都不再发生变化，称为饱和状态。此时的压力称为饱和压力，此时的温度称为饱和温度。

饱和压力与饱和温度是一一对应的。例如，水在20℃时，饱和蒸气压为17.5mmHg，而在100℃时为760mmHg。溴化锂吸收式制冷系统中，冷剂水的蒸发温度是4℃，此时蒸发器中对应的饱和蒸气压是6mmHg。

二、工质、介质及其状态参数

1. 工质与介质

在热力工程中，把可以实现能量转换和物态改变的物质称为工质。在制冷技术中工质又称为制冷剂，如冷水机组中使用的R22、R134a等。

在制冷空调技术中，凡可用来转移热量和冷量的物质统称为介质。一般常用的介质是水和空气，如水冷式冷凝器中的冷却介质是水，风冷式冷凝器中的冷却介质是空气。冷水机组产生的冷冻水承载制冷机制造的冷量，吸收室内空气的热量转移到环境介质中去，又称为冷媒或载冷剂。

2. 状态参数

在热力工程中使用的工质、介质一般是流体，即流体是气体与液体的总称。作为工质、介质或空调的工作对象——房间内的空气，其某一时刻所处的状态称为热力状态，用来描述其热力状态的物理量称为热力状态参数，简称状态参数。

（1）温度　温度是物质内部分子运动平均动能的标志，或者说是表示物体冷热程度的量度。

（2）压力　压力是工质或介质对容器壁面单位面积所施加的垂直作用力。

（3）比体积和密度　气体的比体积是指单位质量的气体所占的容积。密度是指单位体积的物质所具有的质量。

三、热量、功和功率

1. 热量

热是能量的一种形式。热能可以转变为其他形式的能量，其他形式的能量也可以转变为热能。热能可以在不同的物体之间发生转移和传递。转移了多少或传递了多少，我们就说传热的热量是多少。所以热量是过程量。

2. 功

由宏观的机械作用、电磁作用所引起的能量转移在热力学中称为做功。

（1）容积功　在热力学中，将指定的具体研究对象，称为热力系统，简称为系统。和系统发生相互作用的周围环境称为外界环境。

选取制冷装置中的压缩机为研究对象，由于系统中的工质与外界间压力差的作用，工质的容积会发生变化（因压缩而减小），这时外界对工质所做的压缩功也称为容积功。

（2）流动功（推动功）　以制冷装置中的冷凝器为研究对象，工质流入或流出系统时，它必须推开它前方的流体，以腾出空间让它前进。这时流入或流出系统的工质就要对其前方的流体做功，这种功称为流动功或推动功。

3. 内能与焓

（1）内能　工质存放在钢瓶中时会处于一种动态平衡状态，不能产生制冷效应。从微观上看，工质具有分子热运动的动能和分子间相互作用决定的分子势能，这两种能量的总和就称为内能。温度与比体积实际是内能的一种外在表现。

（2）焓　制冷装置中的工质只有流动起来，才能产生制冷效应。流动工质的总能量称为焓。

4. 功率

单位时间内，系统与外界通过做功或传热交换的能量多少称为功率。

四、热力过程和熵

1. 热力过程的概念

系统与外界存在相互作用时，系统的状态将发生变化。系统从一个状态向另一个状态变化的全过程称为热力过程。蒸气压缩式制冷属于封闭式过程，称为热力循环。

2. 熵

熵是工质的另一个状态参数。熵没有物理意义，它是表征工质状态变化时，与外界换热程度的一个导出的热力状态参数。

3. 常见的热力过程

（1）绝热压缩　制冷压缩机对工质做功时，由于向外界的散热量较小，在理论分析时，可以认为是绝热压缩，工质的熵保持不变，也称为等熵压缩。

（2）多变压缩　实际的压缩过程往往是工质的所有状态参数都在变化，也不可能是完全绝热的，称为多变压缩。

（3）定压传热　在定压传热过程中，气态工质吸收的热量除用于增加内能升高温度外，还必须克服外力膨胀做功。

（4）定容传热　在定容传热过程中，气态工质不能膨胀对外做功，所吸收的热量只用来增加内能，使温度升高。

（5）等焓节流　工质流经热力膨胀阀、毛细管等节流元件时，近似为绝热过程，由于流道截面积的突然缩小，工质要克服摩擦阻力，因而压力有所下降，但这一过程与外界没有做功的作用，所以焓值不变，故称为等焓节流。

五、热力学定律

1. 热力学第一定律

热力学第一定律可以阐述为：在发生任何能量转换的热力过程中，转换前后能量的总量维持恒定。它说明了热功转换的数量关系。

2. 热力学第二定律

热力学第二定律可以阐述为：要使热量从低温热源转移到高温热源，必须以耗功为代价。它说明了热功转换的方向和条件。它告诉我们，制冷循环必须以消耗外界提供的能量才能实现。

热力学两大基本定律说明了各种能量形式之间的内在联系，是对客观事实的总结。

第二节 流体力学基础知识

一、流体的主要物理性质

1. 流体的压缩性和热胀性

一定量的流体所受外界的压力增大时，其体积缩小，密度增大，该性质称为流体的压缩性。一定量流体因受热温度升高时，体积增大，密度减小，该性质称为流体的热胀性。

液体的压缩性很小，一般情况下可将液体视为不可压缩流体。液体的热胀性也很小。

中央空调闭式冷（热）水循环系统设置膨胀水箱目的之一就是为了适应水温变化所引起的水体积变化。

气体的压缩性和热胀性显著高于液体。但空调风系统中，空气的流速远小于100m/s，仍将其视为不可压缩流体。

2. 流体的粘滞性

决定流体内摩擦力大小的物理性质称为粘滞性。流体流过管道时，由于流体的粘滞性管壁上将粘附一层静止的流体。同样，在流体内部，由于分子间存在着吸引力，所以管壁上静止的流体对其相邻的流体层有约束作用，使该流体层流速变慢。离开壁面越远，其约束作用越弱。这样就造成了流体各层流速差异而发生各层间相对运动。所以，如图1-2所示，流体在圆管内流动时，实际上是被分隔成无数极薄的圆筒，一层套

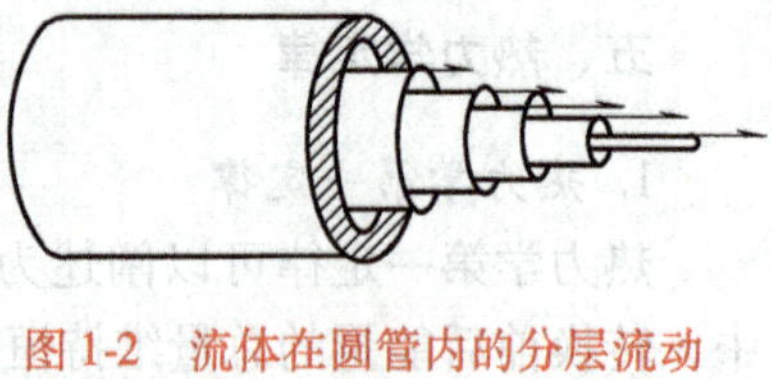

图1-2 流体在圆管内的分层流动

着一层，各层以不同的速度向前运动。流速快的流体层对相邻的较慢的流体层产生牵引力，而流速慢的一层则对流速快的一层产生阻碍力。所有层与层之间的阻碍力形成了流动阻力，我们也称之为内摩擦力。

衡量流体粘滞性大小的物理量称为粘度。人们通过实验得出结论：流体粘滞力的大小与两流层间单位距离上的速度差及流层间的接触面积成正比。动力粘度用希腊字母 μ 表示。动力粘度越大的流体，其粘滞性越强，流动阻力越大。

二、流体静力学知识

1. 流体的静压力

静止的流体在重力和流体力的作用下，达到静力平衡，因而处于相对静止状态。静止流体内部某一点所受周围流体的作用力称为静压力。由于重力是不变的，所以静压力在同一水平面上是相等的，但是在不同高度的水平面上，流体的静压力不同。

在静止的液体内部，任一点的静压力与液体的密度和深度有关，液体的密度和深度越大，该点的静压力就越大。由于液体具有流动性，该点的静压力指向各个方向，其大小并不改变。

气体的密度很小，在高度差不大时，气体的静压力可以忽略不计，一般认为与其所受外界压力相等。

2. 帕斯卡定律

当液体表面压力增加时，在液体内部任一点处的压力也会增加同一数值。在密闭容器内部的液体，能把它在一处受到的压力传递到液体内部的各个方向，其大小并不改变。这个压力传递规律称为帕斯卡定律。

根据帕斯卡定律的原理，人们制造了液压千斤顶、水压机等生产机械。中央空调冷（热）水系统中隔膜式气压罐也是利用帕斯卡定律来保持水系统压力稳定的。

三、流体动力学知识

1. 流量和流速

（1）流量　单位时间内流经管道任一截面的流体量称为流体的

流量。流量有两种表示方法：体积流量和质量流量。

（2）流速　单位时间内流体在流动方向流过的距离，称为流速。

1）平均流速。流体流动时，管道截面上各点的流速是不相同的。流体在截面上各点流速的平均值称为平均流速，简称流速。

2）质量流速。质量流量与管道截面积之比称为质量流速。质量流速的物理意义是，单位时间内流过管道单位截面积的流体质量。

2. 理想流体和连续性方程式

（1）理想流体　液体的压缩性很小可以忽略不计。气体的压缩性远比液体大得多，但其流动性很好，只要施加很小的压力差，就可以迅速流动起来，而这个压力差所引起的各处密度变化是很小的。因此，空调系统中空气的流动，可以将其视为不可压缩流体。

水等实际液体的粘滞性很小，而气体的粘滞性更小。在研究流体流动时，为了使问题的分析得以简化，忽略流体的粘滞性，就引出了理想流体的概念。绝对不可压缩，又没有粘滞性的流体称为理想流体。

（2）连续性方程式　假设流体流动时，所占空间每一点的流速、压力和密度只随空间位置不同发生变化而不随时间改变，就称为稳定流动。稳定流动时，流体必定是连续流动的。如图 1-3 所示，取出流管中任意两个截面 1-1 和 2-2。通过两截面的质量流量分别为

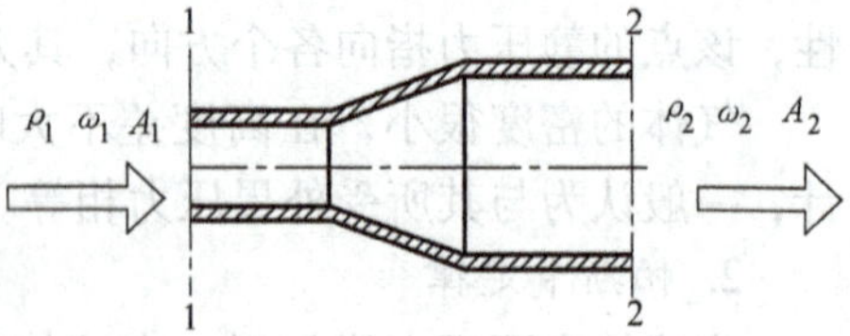

图 1-3　流体流动连续性分析

$$m_1 = \rho_1\omega_1A_1 \qquad m_2 = \rho_2\omega_2A_2$$

稳定流动时，m_1应该等于m_2，即 $\rho_1\omega_1A_1 = \rho_2\omega_2A_2$。对于不可压缩流体 $\rho_1 = \rho_2$，因而有

$$\omega_1A_1 = \omega_2A_2 \tag{1-1}$$

该式称为稳定流动连续性方程式。

该方程式表明，单位时间流过同一流管的任何截面的流体体积

相等；或者说是通过同一流管任意截面的流速与截面积成反比。

3. 伯努利方程式

流体流动时，其静压能、动能和位能等形式的机械能发生变化。伯努利方程式表述的就是流体流动时压力、流速、高度三者之间随空间位置的变化关系。

（1）静压能　由于有一定压力（压强）而具有的能量，称为静压能。对于质量为 m 的流体，用 E_j 表示静压能，则有

$$E_j = mp/\rho \tag{1-2}$$

式中　E_j——静压能（J）；

m——质量（kg）；

p——压力（Pa）；

ρ——密度（kg/m^3）。

（2）动能　由于流体具有一定的流速而具有的能量，称为动能。对于质量为 m 的流体，用 E_d 表示动能，则有

$$E_d = (m\omega^2)/2 \tag{1-3}$$

式中　E_d——动能（J）；

m——质量（kg）；

ω——流速（m/s）。

（3）位能　由于流体质量中心位置的高低而具有的能量，称之为位能。位能等于把流体升高到它的位置所需的功。计算流体位能的大小，必须先选定一个基准水平面，才能确定它的位置高度，从而计算出它的位能。

对于质量为 m 的流体，它的质量中心位于基准水平面上的高度 z，以 E_w 表示位能，则有

$$E_w = mgz \tag{1-4}$$

式中　E_w——位能（J）；

m——质量（kg）；

g——重力加速度（m/s^2）；

z——高度（m）。

（4）理想流体伯努利方程式　根据能量守恒定律，理想流体稳定流动时，管段任意截面处的机械能应相等，对于质量为 m 的流体，

则有

$$E = E_j + E_d + E_w = \frac{mp}{\rho} + \frac{mw^2}{2} + mgz \tag{1-5}$$

对于单位体积的流体，若以 Pa 为单位，则

$$E = p + \frac{w^2}{2\rho} + \rho gz \tag{1-6}$$

对于单位质量的流体，若以 m 柱为单位，则

$$E = \frac{p}{\rho} + \frac{w^2}{2} + gz \tag{1-7}$$

四、流体阻力

1. 流体的流态

流体在管道中的流动状态可分为两个类型，即层流与湍流。当流体在管道中流动时，其质点如果始终沿着与管道中心线相平行的方向流动，就称为层流。层流时的流速分布如图 1-4 所示，管道中心至管壁的流速变化呈抛物线形状。

当流体在管道中流动时，其质点作不规则的运动，流体的整体流向虽然不变，但质点的运动速度大小方向都随时发生变化，质点互相碰撞扰乱，就称为湍流。湍流时的流速分布如图 1-5 所示。其流速分布的曲线与抛物线相似，但顶端比较平坦。这是由于湍流时大部分流体质点互相碰撞，质点流速与最大流速的差距减小。

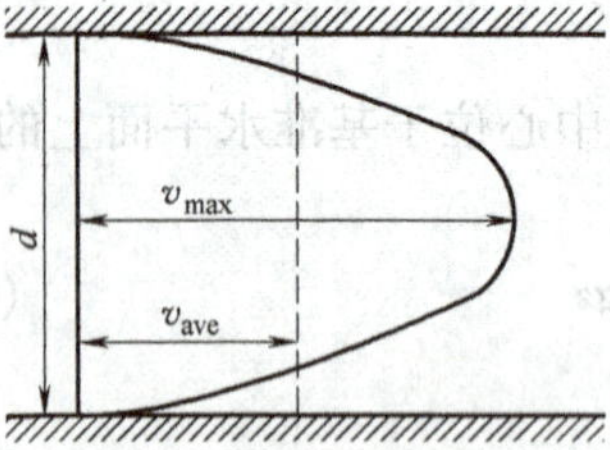

图 1-4　层流时的流速分布

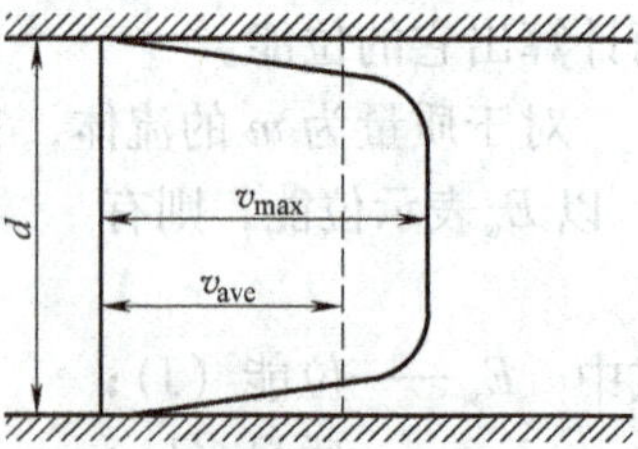

图 1-5　湍流时的流速分布

注：v_{max} 为最大流速，v_{ave} 为平均流速。

实验证明，影响流体流态的因素，主要是流体流速、管子直径、流体的动力粘度 μ 和密度。它们对流态的影响是：管子直径增大、

流体流速增大和密度增大，都使流动向湍流方向移动，动力粘度增大使流动向层流方向移动。

科学家雷诺首先把影响流动状态的主要因素，组成一个复合数群，以 Re 表示，称为雷诺数。

雷诺数是判定流体流动类型的依据。大量实验表明，当 $Re<2000$ 时，流体的流动类型必为层流。当 $Re>4000$ 时，流动类型必定为湍流。当 Re 值在 2000～4000 之间时，流体的流动类型不固定，可能是层流，也可能是湍流，称为过渡流。

Re 值的大小还可表明流体的湍流程度，Re 值越大，流体内部湍动得越激烈，内摩擦也越大，流动阻力越大。

2. 流体阻力与阻力损失

流体在管路中流动时的阻力可分为沿程阻力和局部阻力。

（1）沿程阻力　实际流体有粘滞性，流动过程中存在着内摩擦。流体在直径不变的直管内流动时，阻力由内摩擦而造成，称为沿程阻力。为了克服沿程阻力而消耗的流体机械能称为沿程损失，其数值的大小与流动的路程成正比，与流体流动状态密切相关。

（2）局部阻力　流体流过管道局部构件，如三通弯头、变径管、阀门等，由于构件边壁的阻碍或扰动作用及流体自身的惯性，将发生漩涡、撞击等现象，流速的大小和方向会有急剧的改变，这样就加剧了流体质点间的内摩擦，形成较大的流动阻力，称为局部阻力。为克服局部阻力而消耗的流体机械能称为局部损失。管件等局部障碍造成的局部损失远大于等长的直管的沿程损失。其数值大小与管件的结构有关并和流速的二次方成正比。

五、实际流体的伯努利方程式

实际流体在管路内流动时需克服流动阻力，从而产生阻力损失，消耗一部分机械能。以 F 代表图 1-6 中流体从截面 1-1 到截面 2-2 的阻力损失。如果在所分析的管路中安装有流体输送机械（如水泵等），则该机械将把机械能输入流体中，如以 W 代表所输入的机械能。对单位质量流体进入该段管路的机械能等于流出该管段的机械能，则有

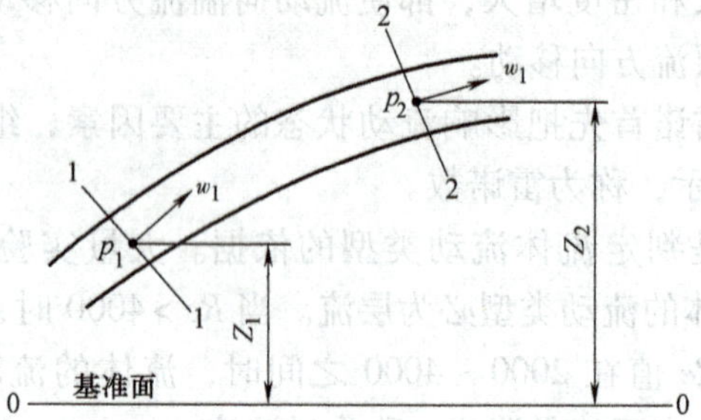

图 1-6　流体流动中的机械能

$$\frac{p_1}{\rho}+\frac{w_1^2}{2}+gZ_1+W=\frac{p_2}{\rho}+\frac{w_2^2}{2}+gZ_2+F \tag{1-8}$$

式中，W 和 F 的单位为 J/kg。如 W 和 F 的单位为 N · m/N，则可写成以压头计算的形式，即

$$\frac{p_1}{\rho g}+\frac{w_1^2}{2g}+Z_1+W=\frac{p_2}{\rho g}+\frac{w_2^2}{2g}+Z_2+F \tag{1-9}$$

式（1-8）和式（1-9）为实际流体流动时的伯努利方程式。从方程式可以看出，流动的流体和各种机械能的形式可以互相转换。由于实际流体必然存在着阻力损失，要形成流体的流动，就必须有流体输送机械。从截面 1-1 流到截面 2-2 需要加入到流体中的机械能 W 为

$$W=\frac{p_2-p_1}{\rho g}+\frac{w_2^2-w_1^2}{2g}+(Z_2-Z_1)+F \tag{1-10}$$

中央空调水系统和风系统都要利用实际流体的伯努利方程式进行计算，以确定水泵的扬程和风机的压头。

第三节　传热学基础知识

一、传热的基本形式

传热有导热、对流换热和热辐射三种基本形式。

1. 导热

物体各部分温度不同时，热量从高温部分传递到低温部分，或者温度不同的物体接触时，热量从温度高的物体传递给温度低的物体的过程称为导热。

金属导热主要靠电子运动，一般固体或静止液体、气体的导热依靠分子振动。液体和气体中的传热往往是导热和对流换热同时存在的。

(1) 单层平壁导热　大平壁的导热是最常见的导热现象，例如通过房屋墙壁的导热等。当平壁表面温度均匀且保持不变时，可以近似地认为平壁的温度只沿着垂直于壁面的方向发生变化，并且不随时间而变，热量沿着垂直于壁面的方向传递。图 1-7 所示为单层平壁的导热情况。

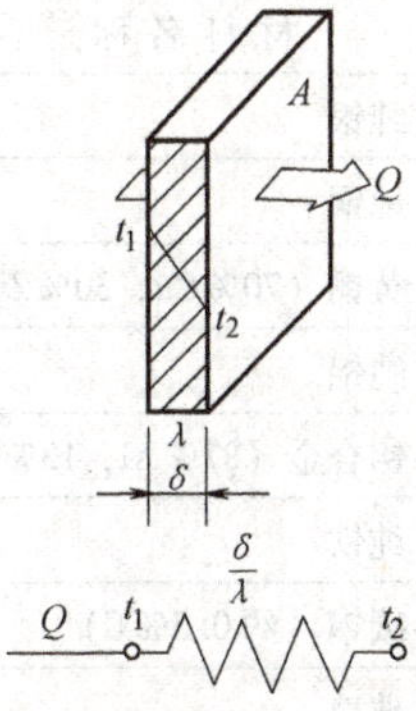

图 1-7　单层平壁导热

在传热学中，单位时间传递的热量称为热流量，用 Q 表示，单位为 W。通过实验证明，单层平壁导热的热流量可表示为

$$Q = A\lambda \frac{t_1 - t_2}{\delta} \tag{1-11}$$

式中　A——平壁的表面面积（m^2）；

λ——材料的热导率或称导热系数［W/（m·K）］；

t_1——高温侧的壁面温度（K）；

t_2——低温侧的壁面温度（K）；

δ——两个平行壁面之间的厚度（m）。

如果用 q 表示单位面积的热流量，则

$$q = \frac{t_1 - t_2}{\dfrac{\delta}{\lambda}} \tag{1-12}$$

式（1-12）类似于电工学中欧姆定律的表达形式（电流＝电位差/电阻）。可见温差 $\Delta t = t_1 - t_2$ 是传热的动力，温差越大，传热速率越快。δ/λ 相当于传热的热阻，平壁越厚，热导率越小，导热热阻

越大。

（2）热导率　材料的热导率是其固有的物理性质，通常由实验测得。表1-1为几种典型材料的热导率。

表1-1　几种典型材料的热导率

材料名称	λ/[W/(m·K)]	材料名称	λ/[W/(m·K)]
纯银	427	冰	2.22
纯铜	398	新霜层	0.01
黄铜（70% Cu，30% Zn）	109	老霜层	0.49
纯铝	236	碳酸钙水垢	0.16～0.93
铝合金（87% Al，13% Si）	162	水	0.551
纯铁	81.1	润滑油	0.146
碳钢（约0.5% C）	49.8	空气	0.0253
玻璃	1.13	水蒸气（0℃）	0.183

通过对材料热导率的分析，可以作出以下的判断：

① 对于同一种物质，固态的热导率最大，气态的热导率最小。

② 一般情况下，金属的热导率大于非金属的热导率。

③ 导电性能好的金属往往也是热的良导体。

④ 纯金属的热导率大于它的合金。

导热热阻力与材料的热导率成反比。各类换热器为了增强传热效果，通常采用热导率大的纯铜、铝、铁等金属材料。但在运行过程中，换热管的壁面上会粘附水垢、泥垢、润滑油和霜层。由于这些介质的热导率远远小于金属材料，极大地影响了换热器的传热效率，称为附加热阻。减小或及时清除附加热阻，才能保证换热器正常工作。

空调工程中冷水管、热水管和送风管等为了减小介质输送过程中的能量损失，都需要隔热保温。隔热保温就是利用导热系数小的材料敷设在管道外以削弱传热，隔热材料除要求热导率小外，还应该具有密度小、吸水性弱、难燃或阻燃等性能。

材料的热导率一般随温度变化而改变。铜、碳钢等热导率随温度升高而减小。大多数隔热保温材料的热导率随温度升高而增大。

隔热材料的热导率随其含湿量增大而增大。当含湿量（按体积计算）超过5%～10%时，孔隙中的水滴或晶料开始连接成片，材料的热导率急剧增大。故在保存和使用中保持隔热材料干燥是非常重要的。隔热材料体积充水的程度称为吸水率。吸水率一般用质量分数表示，也可用单位体积的吸水量（kg/m^3）表示。表1-2列出了常用隔热材料的物理性能。

表1-2 常用隔热材料的物理性能

材料名称＼性能名称	密度/（kg/m^3）	热导率/[W/(m·K)]	吸水性
软木	100～150	0.04～0.06	0.016%
聚苯乙烯泡沫塑料	20～50	0.030～0.048	0.001%（24h）
硬质聚氨酯泡沫塑料	45～65	0.026～0.028	≤0.2（kg/m^3）
酚醛泡沫塑料	35～80	0.022	
高压发泡聚乙烯	22～24	0.038	≤0.1[（kg/m^3）/24h]
橡塑保温材料	65～85	0.036	闭泡式，抗水汽渗透
矿渣绵	50～200	0.040～0.052	
岩绵	80～200	0.03～0.04	<5%

2. 对流换热

流体与固体表面接触时由于流体本身的运动而引起的传热过程，或流体内部因各部分的温度不同而发生流体运动而引起的传热过程称为对流换热。对流换热是由于流体的宏观运动，致使不同温度的流体相对位移而产生的热量传递现象。

（1）对流换热方程式 对流换热的热流量可用公式表示为

$$Q = \alpha A \Delta t \quad (1\text{-}13)$$

式中 Q——热流量（W）；

α——表面传热系数[W/（m^2·K）]；

A——换热面积（m^2）；

Δt——流体温度与壁面温度的差值（K）。

单位面积的热量为

$$q = \frac{Q}{A} + \alpha \Delta t = \frac{\Delta t}{\frac{1}{\alpha}} \qquad (1\text{-}14)$$

式（1-14）中，$1/\alpha$ 可以看做对流换热的热阻。

（2）影响对流换热的因素　对流换热是一个很复杂的传热过程，表面传热系数 α 反映对流换热的强弱，它与流体的物性（热导率、密度、比热容、粘度）、流态、接触表面的形状和表面粗糙度，以及换热过程中有无相变等因素有关。α 不能从理论上进行计算，通常按经验数据选取。

1）自然对流与强迫对流。流体的流动可以分为自然对流和强迫对流。由于流体的温度不同，其密度也不相同，热流密度小而上升，冷流密度大而下降。这种自然产生的流体的相对运动，称为自然对流。用机械的方法（水泵或风机等）强迫流体流动，称为强迫对流。

强迫对流的传热效率是自然对流的传热效率的 3 ~5 倍。

2）层流与湍流的影响。从流体阻力的角度考虑。层流的流体阻力小于湍流的流体阻力。从传热的角度考虑，流体作层流流动时，垂直于流动方向的传热过程主要依靠导热方式进行；而流体作湍流流动时由于流体质点之间的掺混和碰撞，流体内部温差小，传热效率高。翅片换热器在管外设置翅片和冷水机组换热器采用异形换热管，这些措施除了可以增大换热面积外，还可以形成对气流或液流的扰动，使其不断改变流动方向和流速，提高湍动程度，从而提高换热效率。

3. 辐射换热

辐射换热是通过电磁波传递热量的过程。

物体由于自身的温度或微观粒子的热运动而激发向外辐射的电磁波，称为热辐射。热辐射的波长范围为 0.1 ~100μm，它包括部分紫外线、可见光线和红外线。热辐射投射到物体上能产生热效应。

只要物体温度在绝对零度（0K）以上，就会发出热辐射能，同时不断吸收来自其他物体的辐射能。物体的辐射能量与其表面绝对温度的四次方成正比，所以，总效果是热量从高温物体转移到低温物体。

在制冷装置中，由于温度较低，温差也较小，在其传热计算中忽略辐射换热的影响，以使计算简化。但在计算空调房间围护结构的热负荷时，必须将太阳辐射热考虑进去。

二、传热基本方程式

制冷与空调设备中使用的换热器属于间壁式换热，冷热两股流体被一个固体壁面隔开，以免相混。热流体首先将热量传给设备壁面，再由壁面传给冷流体。这种传热过程是两种或三种基本传热形式的组合。

1. 传热基本方程式的形式

如图 1-8 所示，间壁式换热器换热过程中的热流量可以用方程式表示为

$$Q = KA\Delta t_m \qquad (1\text{-}15)$$

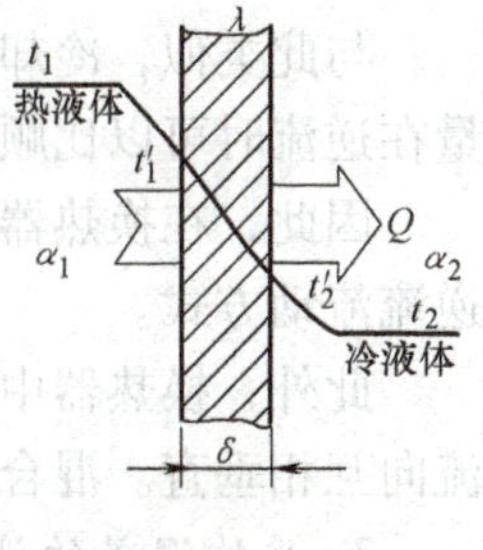

图 1-8　间壁式传热

式中　Q——热流量（W）；

K——传热系数［W/（m^2·K）］；

Δt_m——平均传热温差（K）。

传热系数的倒数称为总热阻，它是各部分热阻之和，可表示为

$$\frac{1}{k} = \frac{1}{\alpha_1} + \frac{\delta}{\lambda} + \frac{1}{\alpha_2} \qquad (1\text{-}16)$$

式中　α_1——热流体的表面传热系数；

α_2——冷流体的表面传热系数。

2. 流体流向的选择

图 1-9 所示为冷热两种流体平行流动时的两种类型，图 1-9a 所示为吸热介质与放热介质同方向平行流动，称为顺流；图 1-9b 所示为吸热介质与放热介质反方向平行流动，称为逆流。以 t_1、t_2表示冷流体的最初温度和最终温度。以 T_1、T_2表示热流体的最初温度和最终温度。顺流时 T_2永远大于 t_2，但在逆流时，T_2可能小于 t_2，而以 t_1为其最小极限值。经分析可知，欲使冷流体升高同样的温度，逆流

时的热流体耗用量可以比顺流时少，更为经济。

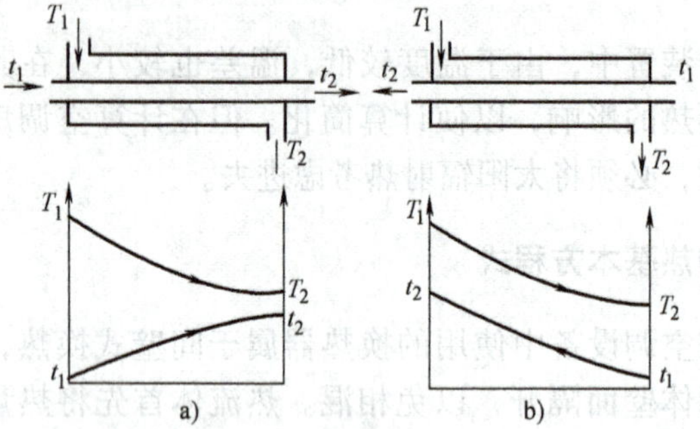

图 1-9　顺流与逆流

a）顺流　b）逆流

与此类似，冷却时，欲使热流体降低同样的温度，冷流体的用量在逆流时可以比顺流时为少。

因此，在换热器中若传热面两侧流体温度均有变化，尽量选择逆流流动方式。

此外，换热器中还存在着交叉流、混合流。交叉流是两种流体流向互相垂直。混合流是顺流、逆流、交叉流的流动方式的组合。

3. 平均温差的计算

如图 1-9 所示，无论是顺流还是逆流，流动过程中两流体的传热温差是不断变化的。传热方程式中的 Δt_m 是指平均温差。平均温差有两种计算方法，即算术平均温差和对数平均温差。

当两种流体的入口温差 Δt_1 和出口温差 Δt_2 之比值不大于 2 时，Δt_m 可取 Δt_1 和 Δt_2 的算术平均值，即

$$\Delta t_m = \frac{\Delta t_1 + \Delta t_2}{2}$$

当 $\Delta t_1/\Delta t_2 > 2$ 时，Δt_m 按对数平均温差计算，即

$$\Delta t_m = \frac{\Delta t_1 - \Delta t_2}{2.3\lg\dfrac{\Delta t_1}{\Delta t_2}} \quad 或 \quad \Delta t_m = \frac{\Delta t_1 - \Delta t_2}{\ln\dfrac{\Delta t_1}{\Delta t_2}} \tag{1-17}$$

复习思考题

1. 显热和潜热的性质特点是什么？
2. 饱和温度与饱和压力的性质特点是什么？
3. 绝对压力、表压和真空度的关系是什么？
4. 空调工程中湿空气的焓是如何表达的？
5. 如何分析和计算静止流体的静压力？
6. 如何理解空调系统中空气的不可压缩性？
7. 简述帕斯卡定律和理想流体的概念。
8. 简述对流换热的概念及影响对流换热的因素。
9. 试分析各类换热器定期清洗除垢的原因。

第二章

空气热湿处理设备及其维护保养

培训学习目标 了解空气热湿处理设备的类型、结构和工作原理，掌握喷水室表面式换热器等常用设备的管理和维护保养的内容和工作要求。

空气热湿处理设备是空调工程中实现对空气进行加热、冷却、加湿、减湿等热湿处理过程的空气处理设备。空气热湿处理设备的种类繁多、构造各异，但是它们大多是通过空气与某种介质如水（热水、冷水等）、蒸汽、制冷剂、液体吸湿剂、固体吸湿剂（硅胶、分子筛等）进行热湿交换的设备。根据各种热湿交换设备的工作特点不同，可将它们分为直接接触式和间接接触式两类。在所有热湿交换设备中，喷水室和表面式换热器应用最为广泛。

第一节 喷 水 室

虽然现在在舒适性中央空调系统中已经很难见到喷水室的身影了，但它曾经长期在中央空调热湿处理设备中占据主导地位。喷水室是典型的空气与水直接接触式的热湿处理设备。喷水室利用喷嘴将不同温度的水雾化喷出，使空气与水之间产生强烈的热湿交换，可实现多种热湿处理过程。喷水室热湿交换率高，同时对空气具有一定的净化能力，能够洗涤吸附空气中的尘埃和可溶性有害气体，所以它虽然有占地面积较大、水系统复杂、水泵耗能高等缺点，但是其在大型的工艺性空调系统中仍然得到了广泛的应用。

一、喷水室的热湿处理过程

1. 水和空气热湿交换原理

在喷水室中由于喷嘴的作用布满了很多很多的小水滴，如图 2-1 所示。由于水分子作不规则的热运动，在贴近水滴表面处将形成一个温度等于水滴温度的饱和空气边界层，边界层水蒸气的分压力取决于水温。边界层周围的待处理空气我们称之为主体空气。

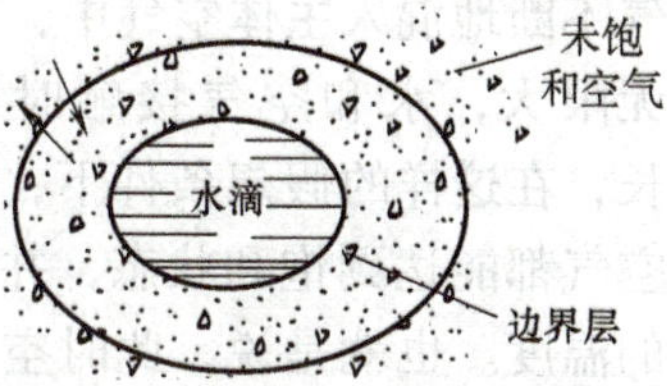

图 2-1　水和空气的热湿交换

如果边界层内空气温度高于主体空气的温度，则由边界层向周围空气传热；反之，则由主体空气向边界层传热。这就是显热交换的过程。

由于水蒸气分子所做的不规则热运动，主体空气侧有一部分水蒸气分子会进入边界层，同时边界层中的一部分水蒸气分子也会进入主体空气。如果边界层水蒸气的分压力大于主体空气水蒸气的分压力，则由边界层迁移到主体空气中的水蒸气分子数将多于由主体空气迁移到边界层的水蒸气分子数，主体空气中的水蒸气分子数将增加，而达到加湿目的，反之则主体空气中的水蒸气分子数将减少而实现减湿。所谓“蒸发”与“凝结”现象就是这种水蒸气分子迁移的结果。在蒸发过程中，边界层中减少了的水蒸气分子由水面跃出的水分子补充；在凝结过程中，边界层中过多的水蒸气分子将回到水面。水分子的这种迁移运动称为湿交换，也称为传质，根据传热原理，与湿交换同时产生的是潜热交换。

如上所述，温差是热交换的推动力，而水蒸气分压力差则是湿交换的推动力，在喷水室中就是利用这种热湿交换的规律来处理空气的。

2. 喷水室中空气的热湿处理过程

在喷水室中，用不同温度的水喷淋空气时，水滴表面的饱和空气边界层的水蒸气分压力也不同，从而得到不同的传热传质方向，获得不同的空气处理过程。

空气与水直接接触时的热湿交换过程，可以看作是主体空气与边界层空气不断混合的过程。因为空气流过水滴表面时，就会把紧贴在水滴表面的饱和空气层的一部分空气带走，由于水滴表面水分子不断蒸发、又形成新的饱和空气层，这样饱和空气层中的饱和空气不断地混入主体空气中，使整个空气状态发生变化。如果喷水量无限大，水和空气接触时间无限长，在这样的假想条件下，则全部空气都能达到饱和状态，并且有水的温度。也就是说，此时空气的终状态将位于焓湿图的饱和相对湿度曲线上，且空气终了温度等于水温。与空气接触的水温不同，空气的状态变化过程也将不同。如图 2-2 所示，随着水温的不同，可以得到 7 种典型的空气状态变化过程，表 2-1 列出了这 7 种典型过程的特点。

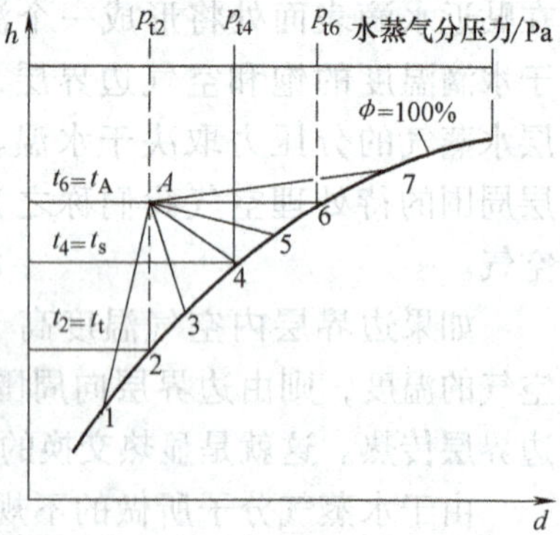

图 2-2　喷水室处理过程

表 2-1　7 种过程中空气的变化特点

过程线	水温特点	t 或显热	d 或潜热	h 或总热量	过程名称
A—1	$t_w < t_t$	减	减	减	减湿冷却
A—2	$t_w = t_t$	减	不变	减	等湿冷却
A—3	$t_t < t_w < t_s$	减	增	减	减焓加湿
A—4	$t_w = t_s$	减	增	不变	等焓加湿
A—5	$t_s < t_w < t_A$	减	增	增	增焓加湿
A—6	$t_w = t_A$	不变	增	增	等温加湿
A—7	$t_w > t_A$	增	增	增	增温加湿

注：表中 t_A、t_s、t_t 为空气的干球温度、湿球温度和露点温度，t_w 为水温。

在上述 7 种过程中，前 3 种过程，空气的比焓均降低，通常称作冷水处理空气；后 3 种过程，空气的比焓均增加，通常称作热水处理空气；第 4 种过程，近似地认为空气的比焓不变。

实际上，空气与水的接触时间是有限的，空气难以达到与水温相应的饱和状态，只能达到$\phi=90\%\sim95\%$的所谓“机器露点”状态。

夏季喷水室对空气处理，通常采用A—1的减湿冷却过程，此时喷水温度远远低于被处理空气的露点温度，边界层的水蒸气分压力低于被处理空气的水蒸气分压力，传热传质的方向都是由空气向水，所以空气被冷却和干燥，水蒸气凝结时的冷凝潜热也被水带走。

冬季，喷水室对空气处理，通常利用A—4的等焓加湿过程。用水温等于空气湿球温度的水喷淋空气，边界层水蒸气的分压力大于被处理空气水蒸气的分压力，空气的显热量减少，而潜热量增加，两者近似相等。可以认为，水蒸气所需热量取自于空气本身。空气状态变化是近似沿等焓线进行的等焓加湿过程，也称为绝热加湿。在实际工程中，只要在喷水室中将喷淋水循环使用，就可实现这一处理过程。

二、喷水室的结构和类型

1. 喷水室的基本构造

如图2-3a所示为应用比较广泛的单级卧式低速喷水室。它由喷

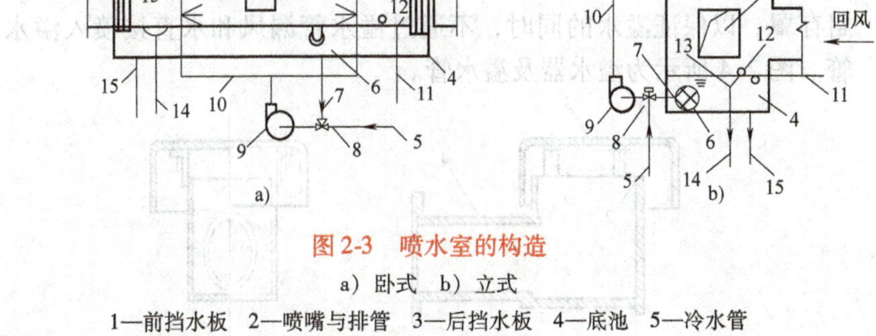

图2-3 喷水室的构造

a）卧式 b）立式

1—前挡水板 2—喷嘴与排管 3—后挡水板 4—底池 5—冷水管 6—滤水器 7—循环水管 8—三通混合阀 9—水泵 10—供水管 11—补水管 12—浮球阀 13—溢水器 14—溢水管 15—泄水管 16—防水灯 17—检查门 18—外壳

嘴及喷水排管、挡水板、底池与附属管道和喷水室外壳等组成。前挡水板有挡住飞溅出来的水滴和使进风均匀流动的双重作用，因此有时也称它为均风板。后挡水板能将空气中夹带的水滴分离出来，以减少喷水室的“过水量”。在喷水室中通常设置1~3排喷嘴排管，最多4排，喷水方向根据与空气流动方向相同与否分为顺喷、逆喷和对喷。图2-3b所示为立式喷水室的构造。

被处理的空气以一定的风速（一般为2~3m/s）经过前挡水板1进入喷水室，空气与喷嘴喷出的水滴进行热湿交换后经后挡水板流出。从喷嘴喷出的水滴温度取决于三通混合阀的工作状态。若关闭冷水管5的通路，则喷出的是循环水；若关闭循环水管7的通路，则喷出的全部是低温冷冻水；当处于三通状态时，改变混合比可以获得两者中间的温度。从喷嘴喷出的水滴完成与空气的热湿交换后，落入底池4中。

底池4是收集喷淋水用的，它的容积一般按能容纳3~5min的喷水量考虑，池子深度约0.4~0.6m。

底池和四种管道相通，它们是：

（1）循环水管　底池通过滤水器6与循环水管7相连，使落到底池的水可以重复使用。滤水器6的作用是清除水中的杂物，以防喷嘴堵塞。

（2）溢水管　底池通过溢水器13与溢水管14相连，以维持底池水位恒定，并排出多余的水。溢水管入口常做成喇叭形，上加水封存罩，以保证溢水的同时，不通过溢水管漏风和水直接喷入溢水管。图2-4所示为溢水器及溢水管。

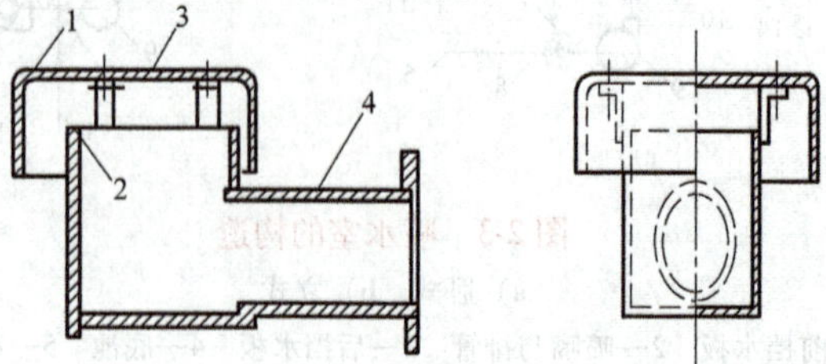

图2-4　溢水器及溢水管

1—水封罩　2—溢水口　3—通气孔　4—溢水管

（3）补水管 在喷淋循环水时，底池的水将逐渐减少，泄漏等原因也会引起水位降低，为了维持底池的水位，必须设置补水管，通过浮球阀12自动补水。

（4）泄水管 在清扫和检查水池时，需要将池中水通过泄水管放掉，泄水管15应装在底池最低处，可以用阀门控制开闭。

为了检修和清洗的需要，喷水室设置了防水灯16和检查门17。

喷嘴是喷水室的主要构件之一。在我国空调工程中采用的Y—1型离心式喷嘴和BTL—1型喷嘴就比较常见，如图2-5所示。其中，BTL—1型喷嘴是一种双螺旋离心式喷嘴，进入喷嘴内部的水，在螺旋体的作用下产生旋转运动，由喷嘴帽上的中心小孔喷出，被分散成细小水滴。喷嘴喷出水量多少、水滴大小、水苗长短以及水苗扩散角的大小与喷嘴的构造、孔径、水压大小有关。喷嘴口径大小不

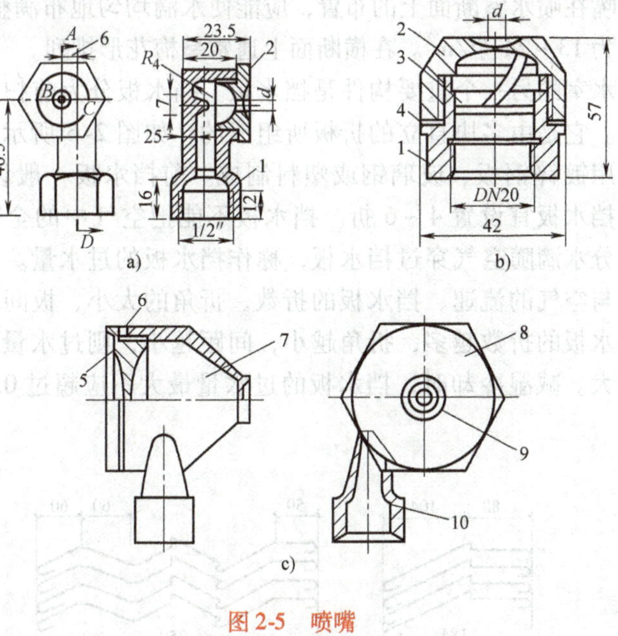

图2-5 喷嘴

a）Y—1型 b）BTL—1型 c）PX—1型

1—喷嘴座 2—螺旋体 3—喷嘴帽 4—橡胶垫 5—后盖

6—密封圈 7—旋流室 8—出口端盖 9—扩散管 10—进水管

同会形成不同的喷射方式，出口直径小时属于细喷，喷出水滴细，与空气接触好，热交换效率高，适合于等焓加湿的处理过程。但喷嘴口径小容易堵塞，而且需要较高的喷水压力。喷嘴口径较大时，形成中喷和粗喷，适合于减湿冷却的处理过程。

图 2-5c 所示的 PX—1 型喷嘴是国内开发研制的大雾化角强旋流离心式喷嘴。该型喷嘴通过喷嘴结构设计产生强旋流，从而提高雾滴的细度，增大雾化角，防止喷嘴堵塞，使喷水室达到较为理想的热湿交换效果，水的雾化压力较低，一般在水压为 0.06MPa 时即可成雾，而当水压增加到 0.20MPa 时，雾化角可达 120°以上，既有良好的雾化效果，又有显著的节能特点，在具有较大雾化角的同时，又有较高的喷水量，可大大减少喷水室喷嘴的排列密度，达到高效节能的目的，另外还可以减少喷嘴堵塞，降低维护工作量。

喷嘴在喷水室断面上的布置，应能使水滴均匀地布满整个断面，其密度为 13 ~ 24 个/m^2。在横断面上通常呈梅花形排列。

喷水室的另一个重要构件是挡水板。挡水板分为前扫水板和后挡水板。它是由多块直立的折板所组成的，如图 2-6 所示。挡水板一般采用镀锌钢板、玻璃钢或塑料制成。前挡水板一般设置 2 ~ 3 折，后挡水板宜设置 4 ~ 6 折。挡水板不能把空气中的全部水滴挡住，部分水滴随空气穿过挡水板，称作挡水板的过水量。挡水板的过水量与空气的流速、挡水板的折数、折角的大小、板间距离等有关。挡水板的折数越多，折角越小，间距越小，则过水量越少，但阻力越大。减湿冷却时，挡水板的过水量最大不应超过 0.5g/kg 干空气。

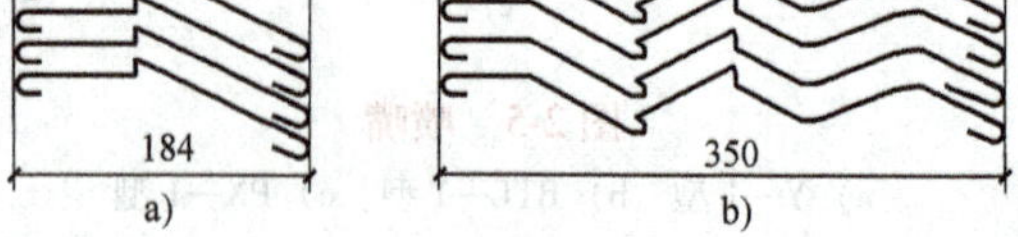

图 2-6　挡水板的断面形状

a）前挡水板　b）后挡水板

2. 喷水室的类型

喷水室有多种分类方法，按被处理空气在喷水室内的流动方向分为卧式和立式；按被处理空气在喷水室内的流速大小分为低速（2~3m/s）和高速（3.5~6.5m/s）；按喷水级数分为单级和双级；按制造喷水室外壳所用的材料分为金属外壳和非金属外壳（如玻璃钢、砖砌或钢筋混凝土）。

图2-3b即为单级低速立式喷水室，水自上而下喷出，空气自下而上流经喷水室与水接触，立式喷水室的特点是占地面积小。处理空气量小时，有时采用立式。

采用天然冷源（如深井水）时，为了节省水量，充分发挥水的冷却作用（增大水温升），或者要求被处理的空气焓降较大使用单级喷水室难以满足要求时，可使用双级喷水室。典型的双级喷水室是如图2-7所示的风路与水路串联的喷水室，即空气先进入第一级喷水室，再进入第二级喷水室，而冷水则是先用水泵送到第二级喷淋空气，然后再用另一台水泵，把第二级底池内已升温的回水送到第一级作为供水。双级喷水室具有热交换效率高，被处理空气的温降、焓降较大，大大节约天然冷源用水量，且空气的最终状态一般可达到饱和等特点。

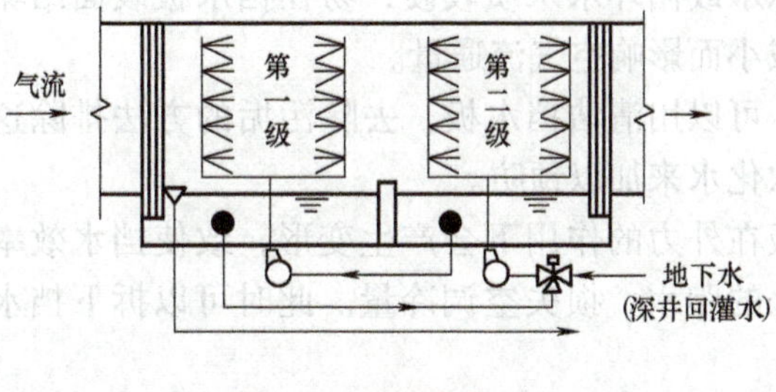

图2-7 双级喷水室

除以上所述的喷水室类型外，还有一种填料型喷水室，它不需要喷水的雾化作用，而是将水穿过分层布置的蜂窝状结构的填料层来获得水与空气的密切接触。这种喷水室对空气有良好的净化作用。由填料层与喷淋排管复合而成的复合型填料式喷水室综合了填料式喷水室与普通喷水室的优点，热湿交换效率可达95%以上，并能有效地除去空气中大于 5μm 的微粒。

三、喷水室的维护保养与故障处理

1. 喷嘴的维护保养与故障处理

由于空气中的灰尘、纤维和冷冻水水质不好等因素的影响，喷水室中的喷嘴和喷管易被污物堵塞，这将造成喷水量下降，进而影响热湿交换的效果。

因此，可以定期清洁喷水室，清洗喷嘴和喷管。清洗喷嘴时，将喷嘴卸下，用高压水反冲喷嘴或将喷嘴浸泡后再进行刷洗，以清除喷嘴中的污物，还可以在冷冻水或冬季循环水中加入对人体无害的缓蚀剂或防腐防霉剂，以控制喷淋水中细菌、真菌的滋生。

喷嘴由铸铜、铸铝、塑料（ABS）、尼龙等材料制成。喷嘴使用一段时间后，由于材料问题、加工裂纹、安装受力不匀、水压过高等原因使喷嘴开裂。喷嘴开裂后，带压的冷冻水从喷嘴侧面射出后打湿喷水室前方的空气过滤器填料，使过滤器失效，还有可能从检查门处漏水，造成机房跑水。因此应经常检查喷嘴状况，以防止这类事故的发生。处理此种事故时，应先关闭水泵再更换喷嘴。

2. 挡水板的维护保养与故障处理

如冷冻水或循环水水质较硬，易在挡水板表面结垢，使挡水板流通面积减小而影响空气流通量。

此时，可以用清洁挡水板，去除污垢的方法排除这类故障，也可以采用软化水来加以预防。

挡水板在外力的作用下会产生变形，致使挡水效率下降，造成向送风机处的跑水，损失空调冷量。此时可以拆下挡水板，调直后重新安装。

3. 喷水泵不上水的故障排除

喷水泵不上水是喷水泵的一大故障，也是喷水室的一大故障，其主要原因是泵内有空气或密封不严。

此时，可以先放出喷水泵内的空气，使水泵内充满水，再检查喷水室内底池的水位，在前两项正常后开启水泵检查水压是否正常。此外还应检查水泵的轴封，若密封不严，水泵运转时空气会从轴封处进入水泵。

4. 喷水室的定期维护保养

(1) 对喷水室进行检漏、清洁、防锈、刷漆或在金属表面涂防腐层 这是因为箱体和底池长期浸泡在冷冻水、循环水中，金属结构会产生锈蚀而水泥结构会滋生真菌、细菌，前者会造成跑水，后者会影响空气质量。

(2) 检查滤水器 滤水器的作用是防止循环水中杂质堵塞喷嘴孔口，滤水器结构如图 2-8 所示，其上的滤水网一般为圆筒形，滤网直径约为循环水管直径的 2 倍。在检查保养时要清洗过滤网，有破损应及时更换，以保证回水通畅，防止喷嘴堵塞。

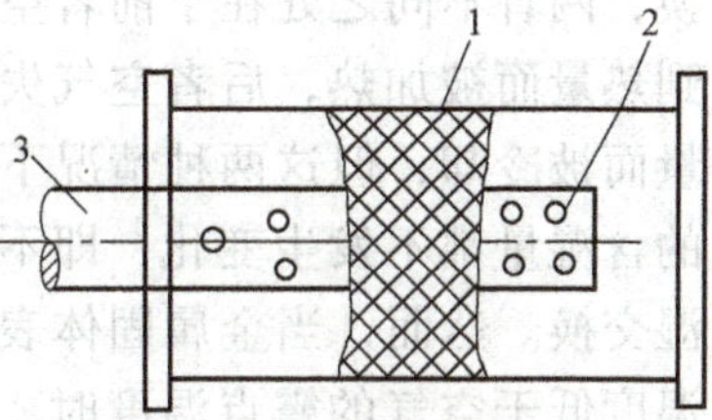

图 2-8 圆形滤水器

1—滤网 2—多孔均流管 3—循环水管

(3) 调整浮球补水阀的开度 调整补水液位，检验浮球阀的灵敏度，用以保证浮球阀能正常补水。

(4) 检查溢流水管 经常检查泄水阀和冷冻水定压阀门等，使它们能满足使用需要。

第二节 表面式换热器

表面式换热器具有构造简单，占地面积小，对水质要求不高，水系统阻力小等优点，已经成为使用最广泛的空气处理设备。表面式换热器依据其功能可分为表面式冷却器和表面式加热器，前者用冷冻水或制冷剂作冷媒，后者以热水或蒸汽作热媒。以冷冻水作冷媒水时简称为表冷器，以制冷剂作冷媒时称为直接蒸发式表冷器。

一、表面式换热器的热湿处理过程

1. 间接接触式热湿处理原理

表面式换热器的热湿处理过程属于间接接触式，即冷、热媒的流体和被处理的空气要通过金属固体传递热量，空气与金属固体表面相接触，放出或吸收热量，其状态发生变化。通常冷、热媒侧的表面传热系数远大于空气侧的表面传热系数，金属固体表面的温度更接近于冷、热媒流体的温度。当金属固体表面的温度高于空气的温度时，空气主要通过对流换热的方式与金属固体表面进行热交换；当金属固体表面的温度低于空气的干球温度而高于空气的露点温度时，空气与金属固体表面同样主要通过对流换热的方式进行显热交换，两者不同之处在于前者空气得到热量而被加热，后者空气失去热量而被冷却，但这两种情况下空气的含湿量都不发生变化，即不存在湿交换。然而，当金属固体表面的温度低于空气的露点温度时，空气中的部分水蒸气将在金属固体表面上凝结并形成一层流动的水膜，水膜与空气相邻的一侧将形成饱和空气边界层，如图 2-9 所示。可以近似地认为边界层的温度与金属固体表面上的水膜温度相等。此时空气与凝结水膜之间的温差成了传热的推动力，而空气与边界层的水蒸气分压力之差成了传质的推动力。传热传质的结果是空气的温度和含湿量都下降。

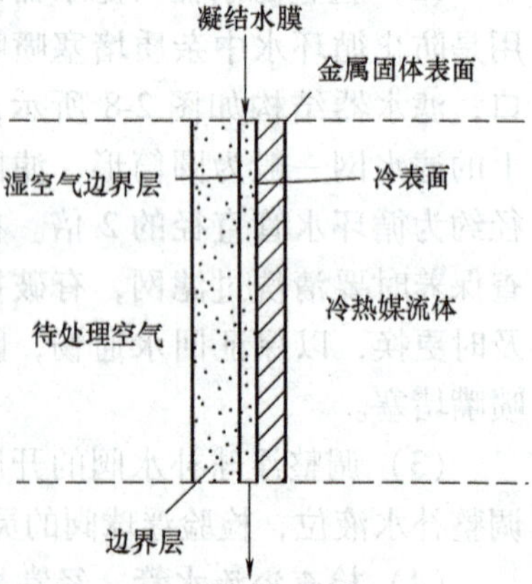

图 2-9　空气通过表面式换热器的热湿交换

2. 表面式换热器的空气热湿处理基本过程

金属固体表面的温度决定了空气状态变化的过程，表面式换热器处理空气可以得到如图 2-10 所示的三种空气处理过程。

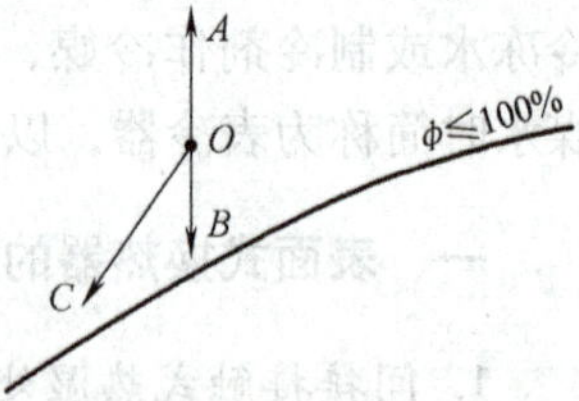

图 2-10　表面式换热器处理空气的基本过程

（1）等湿加热过程 $O \rightarrow A$　空气的温度升高，含湿量保持不变，焓值增加而相对湿度减小，该过程的热湿比 $\varepsilon = +\infty$。冬季运行一般采用这一过程。

（2）等湿冷却过程 $O \rightarrow B$　空气被冷却后，温度下降，含湿量保持不变，如图 2-10 所示表面式换热器处理空气的过程焓值减小而相对湿度增大，该过程的热湿比 $\varepsilon=-\infty$。

（3）减湿冷却过程 $O\rightarrow C$ 空气被冷却的同时含湿量减小，焓值减小而相对湿度增大，该过程的热湿比 $\varepsilon>0$。夏季运行一般采用这一过程。

减湿冷却过程中，表面式换热器的换热表面不但有显热交换，同时存在着潜热交换。由此可见，湿工况下的表冷器比干工况下有更大的热交换能力；从另一个角度看，对同一台表冷器，如果保持冷媒水和被处理的空气干球温度不变，空气湿球温度越高，其水蒸气分压力就越高，除湿量和潜热交换量就越大，表冷器的减湿冷却能力就越强。

二、表面式换热器的结构和安装

1. 表面式换热器的结构

温度不同的两种流体通过固体壁面相互换热的设备，称为表面式（间壁式）换热器。按其换热面的结构形状，表面式换热器可以分为板式和管式两大类。板式中有波纹板式、螺旋板式、板壳式、板翅式等。管式中有列管式（壳管式）、套管式、蛇形管式及翅片管式（肋片管式）换热器。空调工程中通常采用翅片管式换热器进行空气处理。

翅片管式空气换热器是由几排与气流垂直的，外侧带翅片的翅片管组成的，其构造如图 2-11 所示。

翅片管式换热器在结构上最主要的问题是翅片的形状和与管子的连接方式。翅片的形状有圆盘式、皱褶式等。为了进一步提高传热性能，增加气流的扰动以提高外表面传热系数，翅片的形状有了很大的发展，出现了波纹形、条缝形、百叶缝形、针刺形等，如图 2-12 所示。

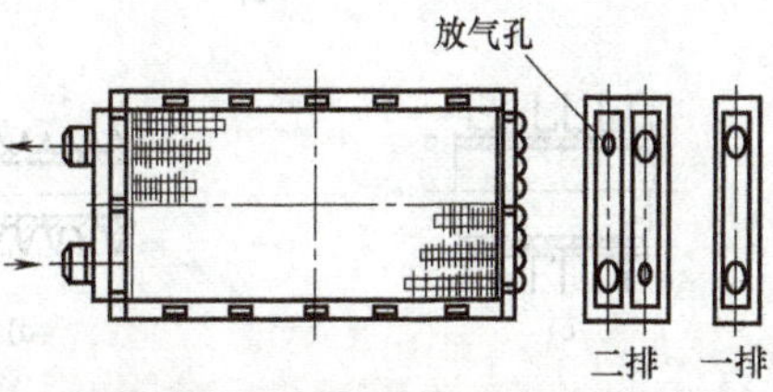

图 2-11 空气换热器的构造

翅片与管子的连接方式有缠绕式、胀套式、轧片式、串

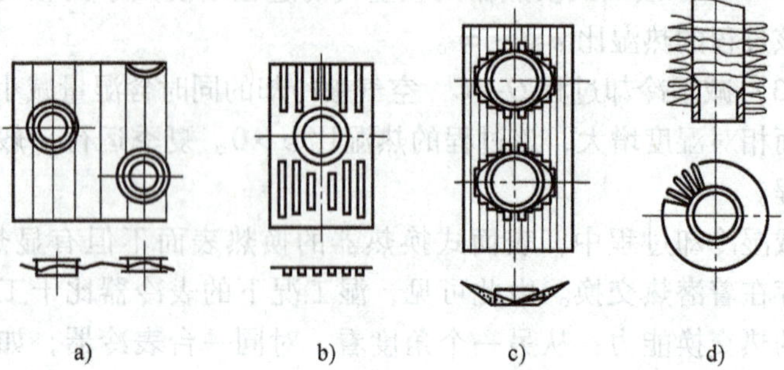

图 2-12　换热器翅片的形状

a）波纹形　b）条缝形　c）百叶缝形　d）针刺形

片式及机械加工嵌片式等。为了减少翅片与管子间的接触热阻，使表面式换热器的性能保持稳定，各种连接方式都力求管子与翅片间接触紧密，并保证长久使用后仍不松动。

由于翅片的形状和与管子的连接方式不同，相应地构成了不同形式的翅片管式换热器。

（1）皱褶式　将金属带用绕片机紧紧地缠绕在管子上构成。皱褶的存在既增加了翅片与管子的接触面积，又增加了空气流过时的扰动，因而提高了传热系数。但是皱褶会引起空气阻力增大，容易积灰且不宜清理。如果不采用铜或钢作绕片材料，而是以延展性更好的铝带缠绕，可作成光滑绕片式换热器。图 2-13b 和图 2-13a 即为这两种形式的翅片管。

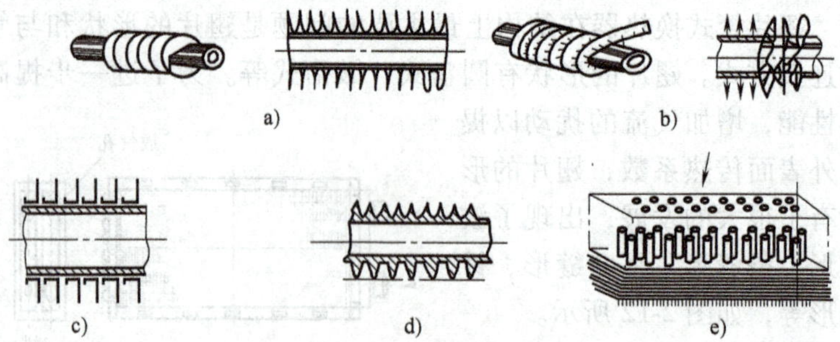

图 2-13　各种翅片式换热器

a）光滑绕片式　b）皱褶绕片式　c）套片式　d）轧片式　e）串片式

(2) 套片式　在翅片上冲好相应的孔，然后再将翅片与管束套在一起，管束端用弯头焊接组成套片式翅片管换热器。为了使管子与翅片更加紧密接触，套片之后再用浸镀法、焊接法或胀管法进行处理。套片法多用来加工铜或铝的翅片管。现在多采用图 2-13c 所示的二次翻边式铝翅片以增加接触面积，采用机械挤压或压力胀压的方法，可以增加接触的紧密程度。

(3) 轧片式　在光滑的铜管、铝管或钢管上直接轧制出内或外翅片，翅片与管子是一个整体，没有附加热阻，且管壁又薄，传热性能更好，且强度高。图 2-13d 所示为带外肋的轧制式翅片管。现在冷水机组的列管式换热器的换热管多采用内外肋的换热管以提高传热系数。

(4) 串片式　在翅片上事先冲好相应的孔，然后再将翅片与管束串在一起，可以加工成如图 2-13e 所示的串片式换热器。

由于空气侧传热系数远小于冷（热）源侧传热系数，该侧热阻是主要传热热阻。采用空气侧带翅片式换热器，空气侧传热面积与光管相比可增大 2～10 倍，传热系数可提高 1～2 倍。

作为表冷器用的翅片式换热器主要参数有结构尺寸、管排数、每排管根数、迎风面积、散热面积、水管通水面积等。

2. 表面式换热器的安装

(1) 表冷器的安装位置　依其用途而定，对于集中式全空气系统，表冷器安装在空气处理箱或空调机组内，对于半集中式（空—气）水系统，表冷器安装在风机盘管机组和新风机内。

1) 表冷器可以水平安装，也可以垂直或倾斜安装。垂直安装时务必使翅片保持垂直，否则将因翅片上积存凝结水而增加空气阻力和减小传热系数。

表冷器下部应装接水盘和排水管。凝结水出水口应设水封，以防其成为吸风口。对于迎风面积较大的表冷器应在垂直方向分层设置接水盘，图 2-14 所示为接水盘与排水管的安装示

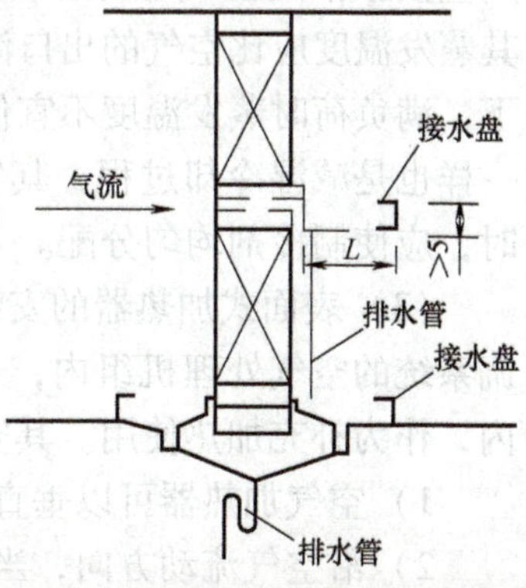

图 2-14　接水盘与排水管的安装

意图。

2）按空气流动方向，表冷器可以并联，也可以串联，还可以既有串联又有并联，究竟采用何种组合形式应根据空气量多少和需要多少冷量来确定。一般通过空气量多时采用并联，需要空气温降大时采用串联。

3）表冷器的冷媒管路也有并联与串联之分。通常的做法是并联的表冷器，管路也并联，串联的表冷器管路也串联。同时，为了使空气与冷媒之间有较大温差，最好如图 2-15 所示那样，让冷媒按逆交叉流流动，即进水管在空气出口一侧。

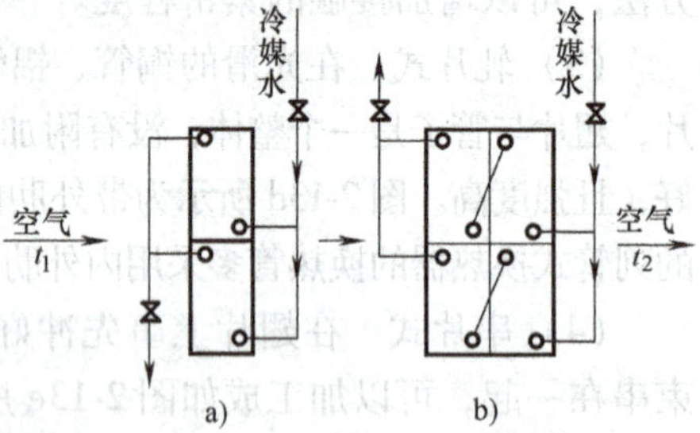

图 2-15　表冷器与冷媒管路的连接

a）2 台并联　b）2 台并联，2 排串联

4）为了使用和维修的方便，冷媒管路上应设阀门、温度计和压力表等。为保证表冷器正常工作在水系统的最高点应设排气阀，而在水系统的最低点应设泄水和排污装置。表冷器内水流速度宜采 0.5～1.8m/s。表冷器内迎风面的空气流量，一般采用2.5～3.5kg/（m^2·s）。

（2）直接蒸发式表冷器的安装　直接蒸发式表冷器也称为制冷剂直接膨胀式空气冷却器，通常用于单元式空调机和房间空调器。其蒸发温度应比空气的出口温度至少低3.5℃，在常温空调系统情况下，满负荷时蒸发温度不宜低于0℃。其对空气的处理过程同表冷器一样也是减湿冷却过程，其安装过程还要考虑多台蒸发器连接配管时，应使制冷剂均匀分配。

（3）表面式加热器的安装　表面式空气加热器应安装在中央空调系统的空气处理机组内，也可以安装在进入空调房间的送风风管内，作为补充加热使用。其安装要求是：

1）空气加热器可以垂直安装，也可以水平安装。

2）沿空气流动方向，当被处理的空气量大时，可以采用并联组合；被加热空气温升大时，可以采用串联组合；当空气量大而温度要求又较高时，可以采用串并联组合安装。

3）热媒管路的连接方式也有串联与并联之分；蒸汽管路与加热器只能采用并联；热水管路与加热器可以串、并联或串并混合联，如图2-16所示。并联时水通过加热器的阻力小，有利于减小水泵的能量消耗。串联时水通过加热器的阻力大，提高了进入加热器的热水流速，传热系数和水力稳定性都有所提高。从空气流动方向看，逆流的平均传热温差大，换热效果好。

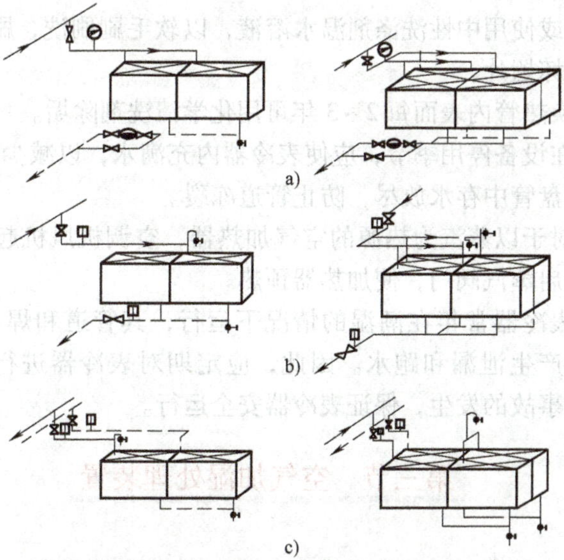

图2-16　空气加热器与热媒管路的连接方式

a）蒸汽管路与加热器并联　b）热水管路与加热器并联

c）热水管路与加热器串联

4）以蒸汽为热媒时，加热器的蒸汽管入口处应安装压力表和调节阀，在凝结水管路上应设置疏水器，且其前后必须安装截止阀，并设置旁通管路。空气加热器的出口与疏水器的安装高差，应不小于300mm。

以水为热媒时，水温不应太高（<65℃），供回水管路上应安装

调节阀和温度计，并在管路的最高点安装排气阀，最低点安装泄水阀。

5）在空调机内的空气加热器，应配置旁通风阀，以便对加热空气量和空气被加热的温度进行调节和控制，也有利于降低非供暖季节空气侧的压力损失。

三、表面式换热器的维护保养与故障排除

1）应定期对换热器翅片粘积的灰尘和污物进行清洗，可用压缩空气吹除或使用中性洗涤剂温水溶液，以软毛刷刷洗，刷洗过程中，要防止碰坏翅片。

2）换热管内表面每2～3年可用化学清洗剂除垢。

3）在设备停用季节，应使表冷器内充满水，以减少锈蚀，但在冬季应将盘管中存水放尽，防止管道冻裂。

4）对于以蒸汽为热源的空气加热器，空调机风机起动前10min先缓慢开启蒸汽阀门，使加热器预热。

5）表冷器常年在潮湿的情况下运行，其管道和焊口处容易腐蚀，从而产生泄漏和跑水。因此，应定期对表冷器进行耐压试验，杜绝这类事故的发生，保证表冷器安全运行。

第三节　空气加湿处理装置

对于工艺性空调，为了满足生产工艺过程的要求，有时要对空气进行加湿处理，以增加空气的含湿量和相对湿度。对于有恒温恒湿要求的房间，冬季的空气处理过程也免不了需要加湿环节。档次高的宾馆、饭店、写字楼、公寓的空调系统，在冬季也应有加湿措施，否则随室内温度的升高，空气的相对湿度减小，使人产生燥热的感觉，也容易使人产生呼吸道感染。

空气的加湿可以在空气处理机或送风管道内统一进行，也可以在空调房间内对空气进行局部补充加湿。局部补充加湿经常在工业厂房中被用来降温和降尘。

空气的加湿方法有多种，除了前面介绍的喷水室之外，还可以利用喷蒸汽加湿、电加湿直接喷水加湿和水表面自然蒸发加湿等。从本质上讲，可以把这些加湿方法分成两类：一类是利用外界热源产生蒸汽，再将蒸汽混合到空气中进行加湿，这种方法空气的变化过程在 i-d 图上近似沿等温线进行，称为等温加湿；另一类是由水吸收空气的显热而蒸发加湿，这种方法空气的变化过程在焓湿图上近似沿等焓线，称为等焓加湿。

一、等温加湿型空气加湿装置

1. 干式蒸汽加湿器

要求不高的地方可以使用蒸汽喷管。喷管上有许多直径为 2 ~ 3mm 的小孔，在管网的压力作用下，蒸汽由这些小孔喷出，混入从喷管周围流过的空气中。

普通的蒸汽喷管喷出的蒸汽中，往往夹带凝结水滴，影响加湿效果。为了避免蒸汽喷管内产生凝结水和蒸汽管网内的凝结水流入喷管，广泛使用干式蒸汽加湿器，如图 2-17 所示。

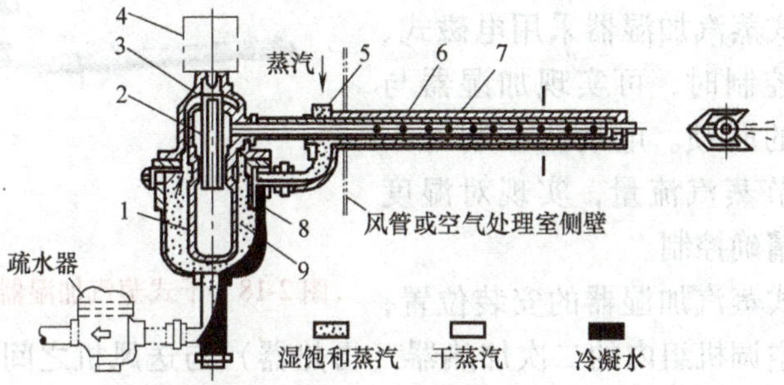

图 2-17 干式蒸汽加湿器

1—干燥室 2—消声腔 3—阀孔 4—调节室 5—引导管
6—外套 7—喷管 8—挡板 9—分离室

干式蒸汽加湿器的工作原理是：工作蒸汽由蒸汽引导管进入喷管外套并作轴向流动，对喷管内的蒸汽进行加热与保温，确保喷管喷出的是纯净的干蒸汽，即不夹带凝结水的蒸汽。

外套内的蒸汽进入分离室后，由于挡板的使用，产生旋转，且垂直上升流动，随通道面积扩大，蒸汽中混杂的冷凝水被分离出来。分离出的冷凝水从分离室底部通过疏水器排出，干燥的蒸汽由分离室顶部流经调节阀阀孔，再进入干燥室。蒸汽在干燥室内急剧拐弯折流后，再次分离出残留的少量冷凝水滴。干燥室包在分离室内，在干燥室内第二次分离出的冷凝水滴就会吸收分离室内的高温蒸汽热量而汽化。处理后的干蒸汽再流经消声腔从喷管小孔喷出。除消声腔外，喷管内还设有消声装置，以减少蒸汽通过喷孔时所产生的噪声。

干式蒸汽加湿器可以采用手动式、电磁式、电动式控制。图 2-18 所示为三种控制形式的加湿器实物图。

干式蒸汽加湿器采用电磁式、电动式控制时，可实现加湿器与通风机的联锁。电动式控制可以自动调节蒸汽流量，实现对湿度的远程精确控制。

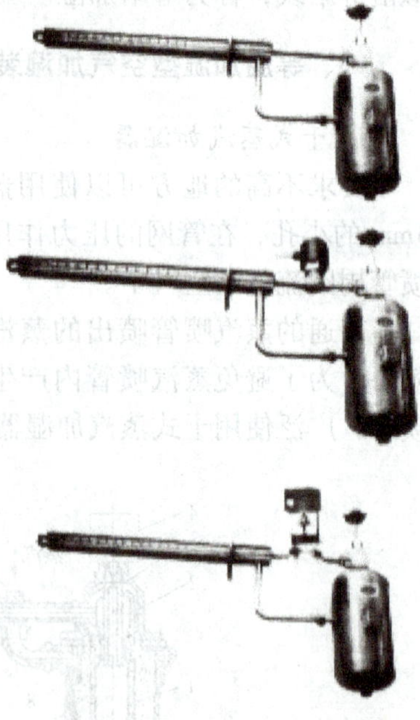

图 2-18　干式蒸汽加湿器的外形

干式蒸汽加湿器的安装位置，通常在空调机组内的二次加热器（再热器）与送风机之间，这种先加热后加湿的布置方式，可以确保蒸汽加湿效果。因为经过加热后的空气温度升高，它所能容纳的水气量增大，遇到冷表面时不容易被凝结、析出。安装时一定要保证喷口所喷出的蒸汽与空气流动方向相逆。

干式蒸汽加湿器规格多，加湿量可大可小，加湿效果好，有可靠蒸汽供应时，应优先选用。

2. **电极式加湿器**

电极式加湿器利用电极通电后加热水而产生水蒸气，其结构如

图 2-19 所示。

三根镀铬铜棒或不锈钢棒插入盛水容器中作为电极，容器由不易锈蚀的金属或耐裂陶瓷制成。电极与三相电源连接，金属容器接地。通电后，水成为电阻，电流从水中通过，水被加热而产生水蒸气。水容器内的水位越高，导电面积越大，通过的电流越强，发热量越大，从蒸汽管排出的水蒸气量就越多。所以通过改变溢水嘴的位置调节水位高低，就可达到调节加湿量的目的。

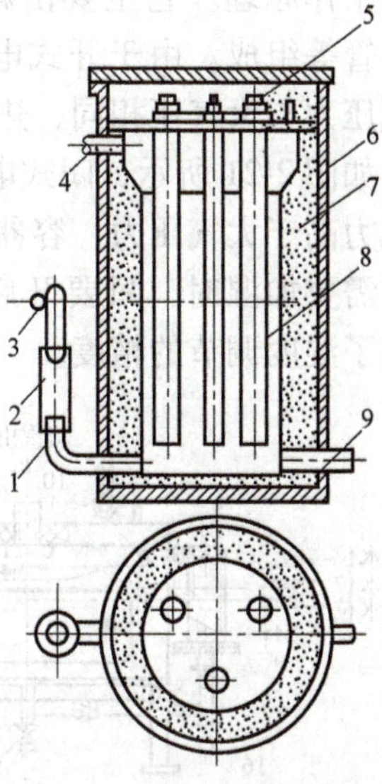

图 2-19 电极式加湿器

1—溢水管 2—橡胶短管 3—溢水嘴 4—蒸汽出口 5—接线柱 6—外壳 7—保温层 8—电极 9—进水管

电极式加湿器必须使用软化水，并设置专用的供水管，供水管上设置水过滤器进水阀和手动调节阀。加湿器底部应设置排污管，管上有排污阀门，并定时进行排污。加湿器的电极和容器内壁应定期进行清洗（一般为 2 ~3 个月清洗一次）除去水垢和杂质。

电极式加湿器的蒸汽量控制可以是开关控制或比例调节。有的产品还具有高水位报警和缺水自动保护功能。

电极式加湿器的结构紧凑，使用安全，加湿量容易控制，既可以应用于组合式空调机组、新风机组，也可以应用于恒温恒湿机中。电极式加湿器的缺点是耗电量大（750W/kg 蒸汽），电极上易结垢和腐蚀。因此，通常使用在小型空调系统中。

3. 电热式加湿器

电热式加湿器是利用水槽或水箱中的管状电热元件通电加热而产生水蒸气的加湿设备。图 2-20 所示为开式电热式加湿

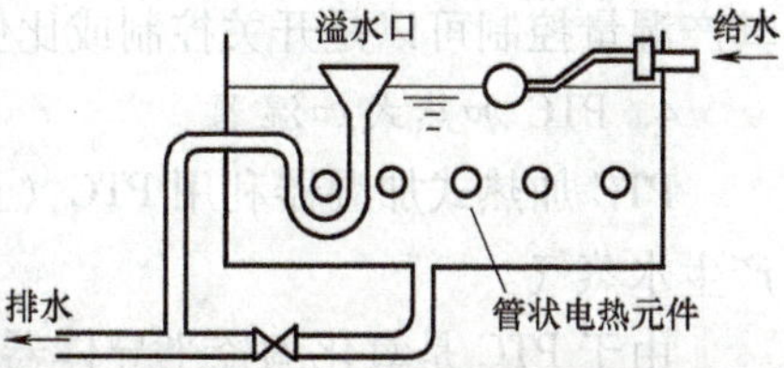

图 2-20 开式电热式加湿器的工作原理

器的工作原理。它主要由箱体、电热元件、补水控制器、溢水管、排污管等组成。由于开式电热式加湿器的水槽与大气相通，产生的蒸汽压力与大气压相同，热惰性较大，存在时间滞后的问题。

如图 2-21 所示，闭式电热式加湿器采用密闭容器，所产生的蒸汽压力高于大气压力，容器内充满压力为 0.01～0.03MPa 的低压蒸汽。需要加湿时，只要开启蒸汽管道上的调节阀即可有蒸汽喷出，提高了湿度调节的精度。

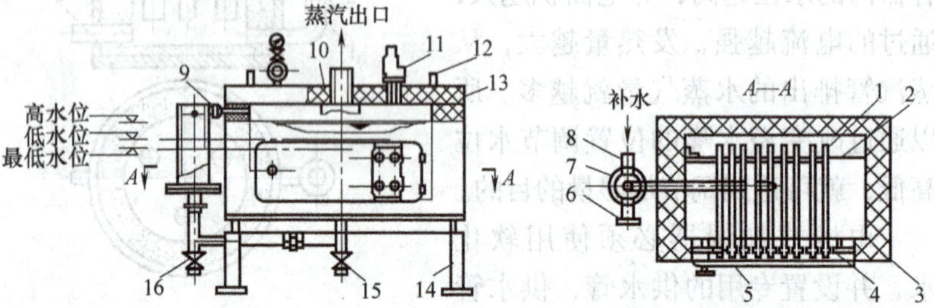

图 2-21　闭式电热式加湿器

1—管状电热元件　2—元件支架　3—保温壳体　4—可拆装钢盖　5—检查门　6—水位计　7—闭式补水罐　8—补水接管　9—均压管　10—挡水锥盖　11—安全阀　12—把手　13—保温密封顶盖　14—座架　15—排污阀　16—放水阀

为了防止水槽断水导致空烧事故而损坏电热元件，加湿器设置了电动式补水装置。水槽外旁侧连接一闭式补水罐，其内设置了由水位敏感元件控制液位继电器，最低水位时，液位继电器接通补水接管上的电磁阀线圈，电磁阀开启补水，到达高水位时电磁阀断电关闭。

电热式加湿器主要设置在集中式中央空调系统的空调机组内，其产湿量控制可以是开关控制或比例调节。

4. PTC 加热式加湿器

PTC 加热式加湿器利用 PTC（正温度系数热敏电阻）对水加热产生水蒸气。

由于 PTC 是氧化陶瓷半导体器件，在一定电压作用下，其电阻值将随温度升高而增大。由于加湿器刚刚投入运行时水温低，PTC

的电阻值小，流过的电流大，水温上升很快，几秒钟后即可达到额定大电流产生水蒸气，水温升高后由于PTC阻值变大，加热电流减小而维持水温稳定。此外PTC加热元件不会产生赤红过热现象。

PTC加热式蒸汽加湿器必须使用软化水，其一般应用在对温湿度控制要求严格的中小型空调系统。

5. 红外线式加湿器

红外线式加湿器在不锈钢水槽上部装有红外线反射板，将红外灯管发射出的红外线反射到水面，高温辐射热（温度可达2200℃左右）使水表面蒸发产生水蒸气，由于水不产生沸腾，只是在表面蒸发，因此可以得到不包含不纯物的无菌高纯度水蒸气。

红外线式加湿器的动作灵敏，加湿迅速，通电后数秒钟内就可产生高纯度的蒸汽，达到额定的产湿量，但其耗电量大（1kW/kg水蒸气），因此多用在超净空调、精密印刷等要求严格且加湿量较小的空调系统。

二、等焓加湿型空气加湿装置

1. 湿膜加湿器

如图2-22所示，经过滤器、电磁阀的洁净自来水通过供水管路送到湿膜顶部淋水器，水在重力的作用下沿湿膜材料向下渗透，水分被湿膜材料吸收，形成均匀的水膜。当空气通过湿膜材料时，水分子因吸收空气的显热而汽化蒸发，使空气的含湿量增加，经过这一处理过程，空气的温度下降，湿度增加，而焓值近似不变，且不

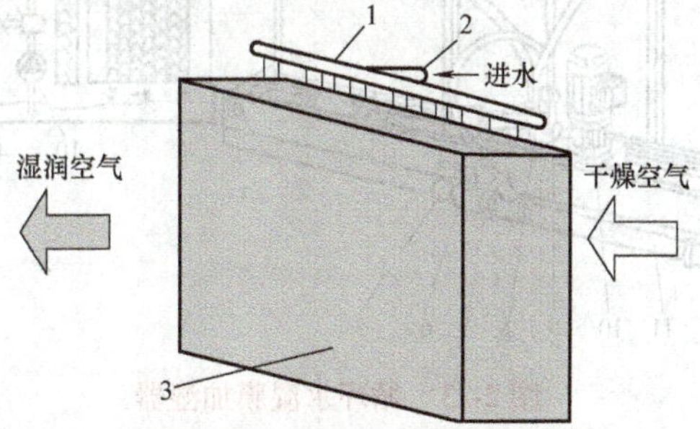

图2-22 湿膜加湿器工作原理

1—淋水器 2—进水接头体 3—湿膜材料

消耗额外的能源。

湿膜材料是加湿器的核心，按其材料不同分为有机型、无机型和金属型。有机型湿膜材料以植物纤维为基材，经过特殊成分的树脂处理后烧结形成波纹板状交叉重叠的高分子复合材料，具有极强的吸水性和很好的自我清洗能力，且无毒、耐酸碱、耐霉菌、阻燃，能提供水分与空气间的极大接触表面积。如瑞典蒙物（Munters）公司的 CELdek 材料，$1m^3$ 可提供 $440\sim660m^2$ 的接触面积。无机型以玻璃纤维为基材，金属型采用铝合金和不锈钢为材料。

湿膜加热器按其供水方式分为直排水湿膜加湿器和循环水湿膜加湿器两种类型。直排水方式不设置水泵，它要求供水管路能提供足够的流量和压头，并设置定量排放控制阀，可使水流量保持相对稳定的水平，以便确保将水均匀分配到加湿器模块上，没有蒸发掉的水流回到水箱通过排水管直接放掉，不再循环使用。直排供水方式可通过电磁阀进行“开/关”控制。

循环水湿膜加湿器如图 2-23 所示。自来水通过浮球阀进入循环

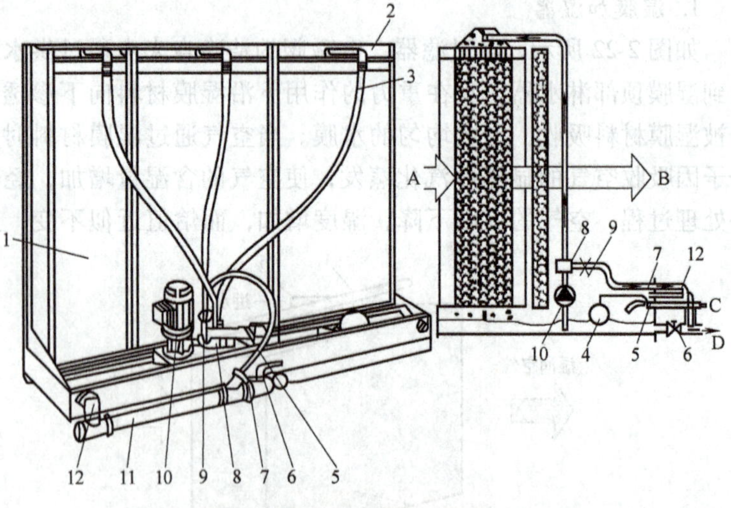

图 2-23　循环水湿膜加湿器

A—加湿前空气　B—加湿后空气　C—管路供水　D—排水

1—加湿器模块　2—输水器组件　3—输水管　4—浮球　5—浮球阀　6—水箱排水阀门　7—定量排放管　8—分水器组件　9—定量排放控制阀　10—水泵　11—排水管　12—溢流口

水箱，溢水管可以防止水箱内的水位过高。循环水泵将水输送到湿膜上部的布水器，供给各个加湿器模块。未能蒸发掉的水流回水箱以便继续循环使用。排水管上设有手动截止阀或电磁阀，定时将循环水箱中的水放掉并补充新水，可以防止水中离子浓度过高。

湿膜加湿器的加湿效率高，可以根据加湿量大小选择湿膜厚度，加湿距离短，节省空调机组的体积，维护保养方便，运行成本低，同时对空气有洗涤、过滤作用。

湿膜加湿器主要用于集中式中央空调系统的空调机组，如图2-24所示。当组合式空调机组或新风机组中无法安装加湿器时，也可以安装在送风管道中，满足对整个空间或局部空间的加湿要求。

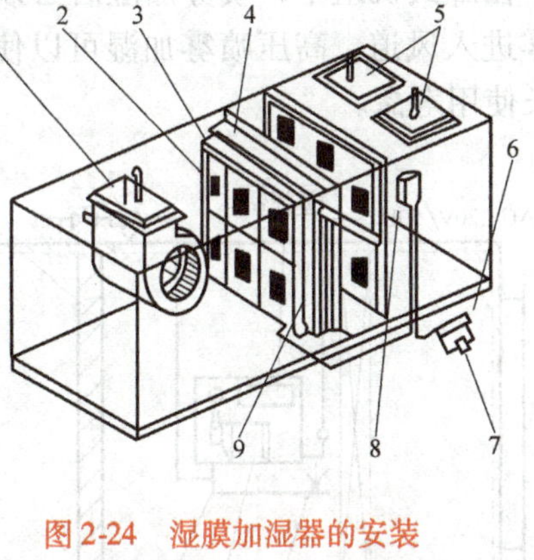

图 2-24　湿膜加湿器的安装

1—出风　2—湿膜主体　3—水分配器　4—盘管
5—进风　6、9—进水管　7—Y 型过滤器　8—电控箱

2. 高压喷雾加湿器

高压喷雾加湿器将加湿器主机安装在空调机组的侧面板上，喷雾系统（喷嘴、喷杆）安装在空调机组加湿段内部。其基本结构如图 2-25 所示。

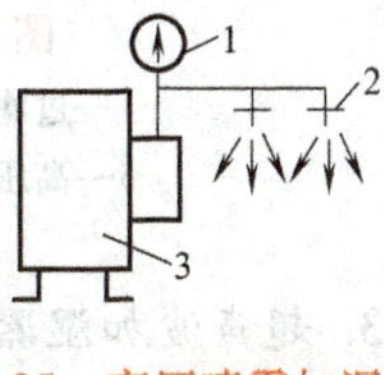

图 2-25　高压喷雾加湿器

1—压力表　2—喷嘴
3—高压喷水泵

主机由增压泵、电磁阀、压力表、开关或压力开关、给水滤网等组成。喷嘴由陶瓷材料制成，耐腐蚀，耐磨损，使用寿

命长，可根据喷雾量的要求选择喷嘴安装数量。加压泵起动后，电磁阀打开，压力为0.35～0.6MPa的高压水流经喷嘴高速喷出，形成直径为20～35μm的细小水雾粒子，它们与流动的空气进行热湿交换，约有1/3的水雾吸收空气的显热后汽化蒸发，使空气的湿度增加，其余水雾落入接水盘。有些型号的高压喷雾加湿器装有压力开关，当停止供水时，加压泵自动停止运转，以防止空转造成对泵的损伤。高压喷雾加湿器体积小，加湿量大，耗电量低（小于20W/kg水蒸气），广泛应用于中央空调系统的空调机组内，其管路连接如图2-26所示。对于夏季工艺性加湿，应在空气冷却器前进行加湿，冬季加湿则应选择先加热后加湿的组合方案，否则将由于空气温度低影响加湿效率。在卧式机组中，喷雾加湿后必须设置挡水板，以防止未汽化的水雾进入风道。高压喷雾加湿可以使用自来水，应保证水质清洁，延长使用寿命。

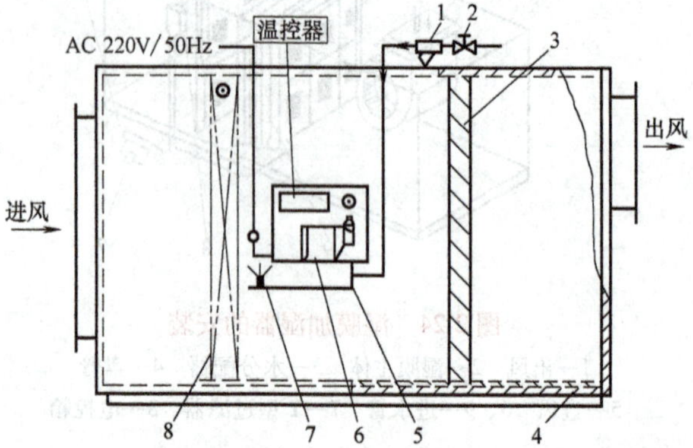

图2-26　高压喷雾加湿器管路的连接

1—过滤器　2—进水球阀　3—挡水板　4—接水盘
5—高压管　6—加湿器主机　7—喷头　8—表冷器

3. *超声波加湿器*

上述两种加湿器主要应用于舒适性空调系统，而对加湿精度要求高的工艺性空调系统可采用超声波加湿器。超声波加湿器利用压电换能片将高频振荡（1.7MHZ）的电能转换为机械振动，从而在水中形成高频的超声波，造成剧烈的水滴撕裂作用，使水体表面的水直接雾化成直径为 1～2μm 的细微水滴。这些水滴随气流扩散而将空气加湿。图 2-27 所示为大型高效节能超声波加湿器的工作原理。其中每个换能片每小时可将 0.2～0.4kg 的水雾化。

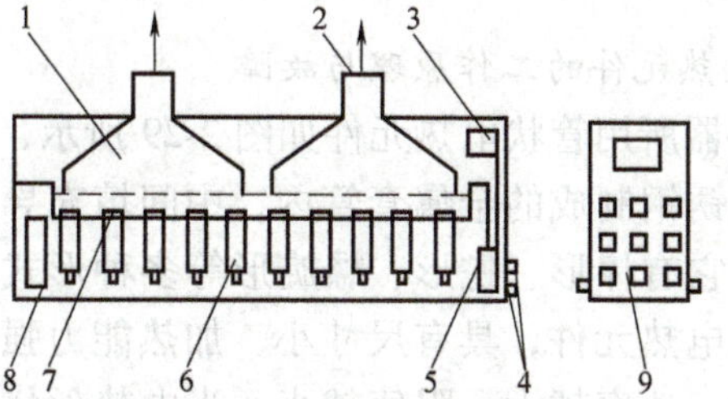

图 2-27 大型高效节能超声波加湿器的工作原理

1—雾收集口 2—出雾口 3—进风口 4—水路 5—风机
6—振荡单元 7—换能片 8—散热风机 9—电器柜

超声波加湿器的优点是雾化效果好，水滴微细均匀，耗电较低（80～100W/kg 水雾），产生水滴的同时产生有利于人体健康的负离子。整机结构紧凑，运行平稳，即使在低温下也能对空气进行加湿。其缺点是价格较高，超声波振子使用寿命较短，需要定期进行更换，所以多用在湿度要求较高的空调系统。

超声波加湿器对水质要求较高，必须用软化水或去离子水。如采用普通自来水，雾化后的细微水滴的水分蒸发后，水中的钙、镁离子会形成白色粉末附着于周围环境表面，即产生“白粉”。

4. 离心式加湿器

如图 2-28 所示，它有一个圆筒形外壳。封闭式电动机驱动一个圆盘和水泵管高速旋转。水泵管从贮水器中吸水并送至旋转圆盘上而形成水膜。水由于离心力作用而被甩向破碎梳，并形成细

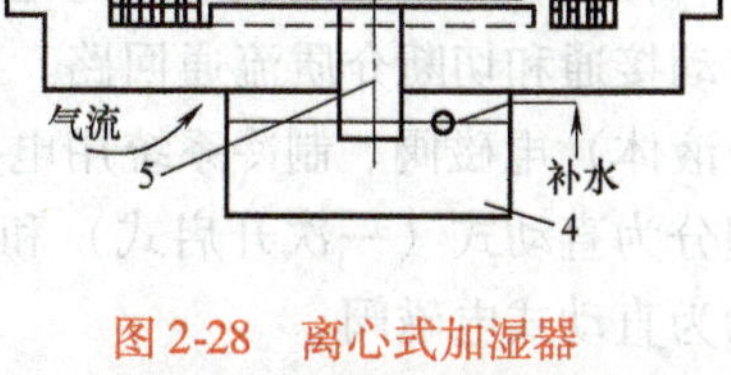

图 2-28 离心式加湿器

1—旋转圆盘 2—电动机
3—固定式破碎梳 4—贮水器 5—水泵管

小水滴。干燥空气从圆盘下部进入，吸收雾化了的水滴而被加湿。

离心式加湿器的体积小，安装维修方便，运行成本低，但水滴颗粒较大，不可能完全蒸发。这种加湿器可与通风机配合，在大型空调系统中使用。

三、加湿器电控元件的故障排除

1. 管状电热元件的工作原理与故障

电热加湿器所用管状电热元件如图 2-29 所示，它是将电热丝封装在由铜或不锈钢制成的金属套管内，中间填充导热性好并绝缘的结晶氧化镁，它有棒形、蛇形、螺旋形等多种形式，还有一种带螺旋翅片的管状电热元件，具有尺寸小，加热能力强的特点。电热丝有一定的阻值，功率越大，阻值越小，当电热丝烧断后，两接线端子之间的阻值为无穷大。

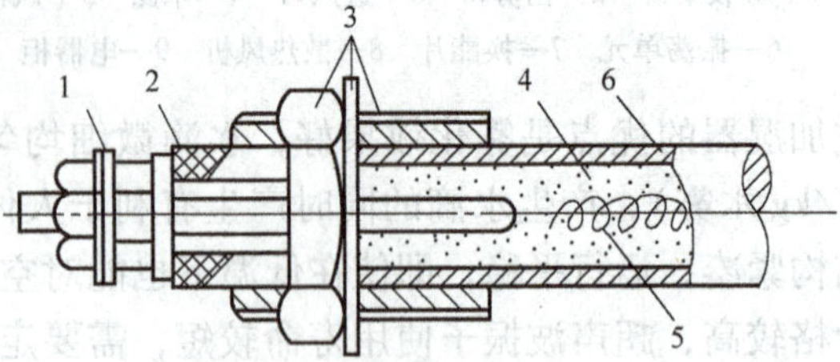

图 2-29　管状电热元件

1—接线端子　2—瓷绝缘子　3—紧固装置
4—绝缘材料　5—电阻丝　6—金属套管

2. 电磁阀的工作原理与故障

补水和控制蒸汽供给用的电磁阀是一种自动开启的阀门，用于自动接通和切断介质流通回路。接用途分有控制一般介质（气体一般液体）电磁阀、制冷系统用电磁阀、蒸汽电磁阀等，按其工作原理分为直动式（一次开启式）和间接式（二次开启式）。图 2-30 所示为直动式电磁阀。

直动式电磁阀主要由阀体和电磁头两部分构成。当电磁线圈 5 通电时产生磁场，衔铁 4 受电磁力作用被吸起，衔铁内装有弹簧和阀盖，衔铁升起的同时，阀盖离开阀座，将阀口打开。线圈断电后，电磁力消失，衔铁在自身重力作用下下落盖住阀座，将阀口关闭。关闭后阀入口侧流体压力施加在阀盖上而使阀关闭更严。直动式电磁阀通常用作小口径阀门。

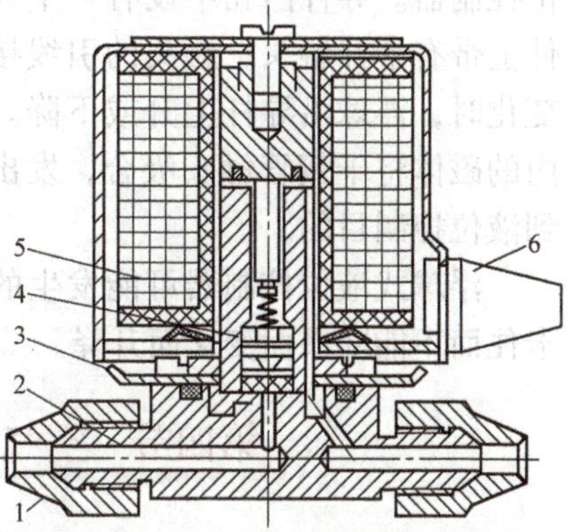

图 2-30　直动式电磁阀

1—螺母　2—接头和阀体　3—座板　4—衔铁　5—电磁线圈　6—接线盒

电磁阀的故障主要有：

(1) 接通电源后阀门打不开　产生原因可能是：电压太低，使线圈不能正常工作；线圈接头接触不良或线圈烧毁；电磁阀安装位置不正或衔铁有污物，引起衔铁卡住；进出口压力差超过开阀能力，使衔铁吸不上。正确处理方法是：调整电压，检修或更换线圈，清洗电磁阀等。

(2) 关闭不及时　原因可能是弹簧刚度变差，正确处理方法是更换新弹簧。

(3) 密封不严有泄漏　原因是有污物卡住；阀上的密封环或密封软垫磨损；电磁阀安装反向和阀前后压差低于公称压力。正确处理方法是清洗或更换密封件，正确调整。

3. 液位控制元件的工作原理与故障

加湿器的断水保护装置可以利用水中离子的导电特性，在水中装设水位电极，当水位升高并到达电极位置时，通过容器中的水形成导电回路，使继电器线圈得电而触头闭合，相应的工作元件如电热元件才能通电工作，以避免无水干烧而损坏。

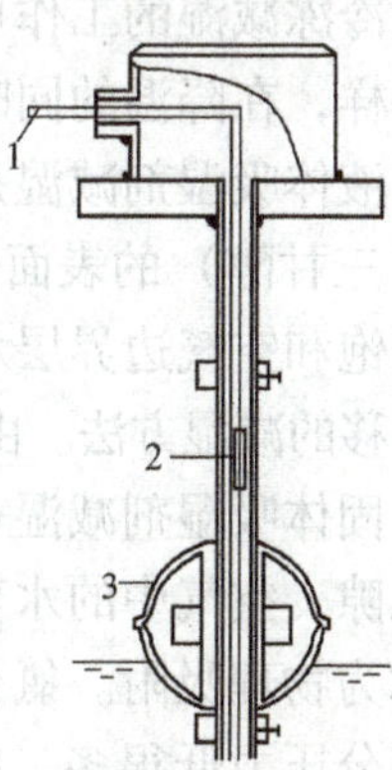

图 2-31　浮球式液位控制器

1—引线　2—干簧管　3—浮球

浮球式液位控制器是另一种常用的液位控制元件。图 2-31 所示为浮球式液位控制器。导杆内孔中设有一个或若干个干簧管控制元件，控制元件上带有常开触头，触头的引线接至导杆上端的控制盒。液位发生变化时，浮球沿导杆上升或下降。当浮球到达干簧管位置时，浮球内的磁体将干簧管触头吸合，发出开关量信号到控制系统，从而达到液位控制目的。

浮球式液位控制器可能发生的故障是干簧管损坏和浮球因脏物卡住而不能随液面变化而升降。

第四节　空气减湿处理装置

电子、化工、医药、食品加工等工业部门的某些生产工序和贮存环节要求环境的相对湿度低；地下建筑工程环境潮湿，这些地方都需要对空气进行减湿处理。

减湿是以除去空气中的水蒸气，降低空气相对湿度为目的空气处理过程。在空调中常用的减湿方法有 4 种，即通风减湿、冷冻减湿、液体吸湿剂减湿和固体吸湿剂减湿。

通过自然通风或机械通风的方法，将室外含湿量较低的新风送入室内达到减湿目的，就是通风减湿法。通风减湿法经济易行，但无法控制室内温度。

冷冻减湿的工作原理和夏季利用喷水室，表冷器对空气进行处理一样，在降温的同时减小空气的含湿量。

液体吸湿剂减湿是利用盐水（氯化钙、氯化锂）溶液或有机溶液（三甘醇）的表面饱和空气边界层的水蒸气分压力比同温度下水表面饱和空气边界层水蒸气分压力低的特性，使空气中的水蒸气向溶液转移的减湿方法。由于液体吸湿的再生设备复杂，所以很少采用。

固体吸湿剂减湿也称为吸附减湿。硅胶和活性炭等材料具有大量孔隙，空气中的水蒸气分子被吸附在孔隙中而变成液体，这种现象称为物理吸附。氯化钙和生石灰表面水蒸气分压力比周围空气水蒸气分压力低很多，所以也能吸收空气中的水分，但吸附水分后这类材料便成了含有更多结晶水的化合物，这种现象称为化学吸附。

空调工程中常用的除湿装置有：

一、冷冻除湿机

1. 普通型冷冻除湿机

普通型冷冻除湿机的结构和工作原理如图 2-32 所示。

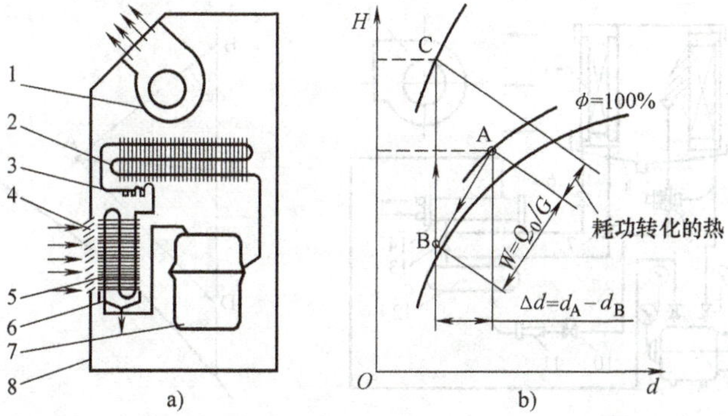

图 2-32　冷冻除湿机

a）结构　b）工作原理

1—风机　2—冷凝器　3—毛细管　4—空气过滤器

5—蒸发器　6—集水盘　7—冷冻机　8—机壳

它采用单级蒸气压缩式制冷机组作冷源，以直接蒸发式表冷器与空气进行热湿交换。其通风系统有风机和空气过滤器。

冷冻除湿机工作时，制冷工质在制冷系统中，经制冷压缩机、冷凝器、节流装置、蒸发器完成制冷循环，使蒸发器表面温度低于空气露点温度，状态为 A 的潮湿空气经过空气过滤器除去尘埃，与蒸发器（直接蒸发式表面冷却器）接触，降温的同时析出凝结水至 B 点的状态。离开蒸发器的空气流经冷凝器，吸收制冷剂放出的冷凝热而升温至状态 C。然后经风机送往空调房间。在 A→B 的热力过程中，空气的温度下降，含湿量减小，但相对湿度增大。在 B→C 的热力过程中，空气的含湿量不变，温度升高，相对湿度下降。所以经过冷冻除湿机的处理，空气的总效应是析出水分，含湿量下降，温度升高，相对湿度下降。

普通冷冻除湿机可以制作成固定式，也可以制作成移动式，通常用于局部空间的减湿处理，适合于既需去湿又需加热升温的场所。

2. 调温型冷冻除湿机

当空调房间热湿负荷都比较大或对房间温度有控制要求时，可采用调温型冷冻除湿机。其结构和工作原理如图 2-33 所示。

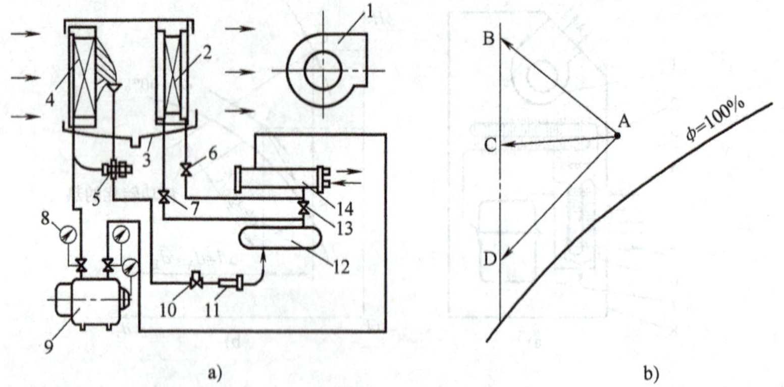

图 2-33　调温型冷冻除湿机

a）结构　b）工作原理

1—通风机　2、14—冷凝器　3—集水盘　4—蒸发器　5—膨胀阀

6、7、13—截止阀　8—压力表　9—压缩机　10—电磁阀　11—过滤器　12—贮液器

与普通型冷冻除湿机不同之处是，调温型冷冻除湿机增加了一个水冷冷凝器。水冷冷凝器与风冷冷凝器可以串联使用，也可以单独使用。若关闭直通截止阀 13，打开直通截止阀 6 和 7，水冷冷凝器 14 将不输送冷却水，则除湿机按 A→B 运行，实现升温除湿过程。

若关闭直通截止阀 6 和 7，打开直通截止阀 13，停用风冷冷凝器 2，而让水冷冷凝器投入工作，则实现的热湿处理过程是 A→D 的降温除湿过程。

若关闭直通截止阀 13，打开直通截止阀 6 和 7，让水冷和风冷凝器串联运行，则冷凝热负荷由两者共同负担。根据所要求的温度不同，调节水冷冷凝器的供水量（或供水水温），则会改变两者负担比例，也就是改变空气流经风冷冷凝器时所得到的冷凝热量多少，从而控制送风温度，这一过程如 A→C 所示。

冷冻除湿机性能稳定工作可靠，但设备费用和运行成本较高。它只适用于空气露点温度高于4℃场合。

二、转轮除湿机

利用固体吸湿剂的吸湿特性可以制成静态与动态两种形式的除湿机。转轮除湿机就是一种动态除湿机，能够连续地进行除湿运转。

转轮除湿机主要由除湿系统、再生系统和控制系统三部分组成。除湿系统由吸湿转轮、减速传动装置、风机和空气过滤器等组成。再生系统除转轮箱体外，还有加热器（蒸气加热或电加热）、风机过滤器和调节风门。控制系统由电气设备、再生温度控制装置和电气保护装置组成。图2-34所示为转轮除湿机的工作原理。转轮是转轮除湿机的主体吸湿部件。按转轮上所载吸湿材料不同，可分为氯化锂转轮、硅胶转轮和分子筛转轮。氯化锂是一种吸水性极强的白色无机盐，在常温下很容易吸收空气中水分而潮解，其吸湿过程也是靠其表面水蒸气分压力与同温度下的水蒸气分压力之差而进行的。转轮内放有特制的纸芯作为载体，平板状与波纹状纸楞交替叠放，卷成圆筒状，氯化锂吸湿剂均匀地涂布在吸湿载体的表面，纸芯间形成许多蜂窝状小通道，其直径约为1.5mm，因此空气与吸湿材料之间有很大的接触面积（每立方米体积大约有300m²）。氯化锂转轮载体为无机的石棉纸，不会老化，性能稳定，使用年限长，但其强度不如硅胶转轮。

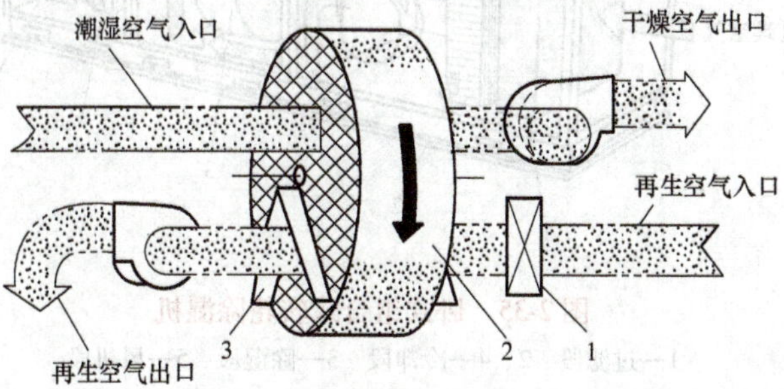

图2-34 转轮除湿机的工作原理

1—加热器 2—转轮 3—固定隔板

硅胶转轮也是以无机纤维为载体制成的。硅胶在载体上是以化学反应方式形成的，强度高，不会造成腐蚀，可以清洗，但价格较高。分子筛转轮应用较少。

图 2-34 中的固定隔板 3 将吸湿转轮分成了两个区域。上部的约 270°扇形区域用于处理空气，下部的 90°扇形区域用于再生转轮。转轮由电动机驱动，通过减速传动装置，以每小时 8 ~ 10 转的转速缓慢旋转，待处理的潮湿空气，进入上部区域时，空气中的水分被吸湿剂吸收，干燥后的空气送往空调房间或区域。与此同时另一部分再生空气（一般为室外空气）经过加热器 1 加热后送入下部的扇形区，将吸湿剂吸收或吸附的水分带走，由再生风机排至室外。转轮不断地旋转，吸湿和再生过程持续进行。吸湿剂不同，再生空气的加热温度也不同，例如氯化锂转轮要求再生空气的温度达到 120℃。转轮式除湿机按其结构形式有整体型、立式组合型和卧式组合型。图 2-35 所示为卧式组合式转轮除湿机，转轮前的空气冷却段可以起辅助的减湿冷却作用，转轮后的空气冷却段可以对干燥空气进行降温处理，以使送往房间的空气满足温湿度要求。

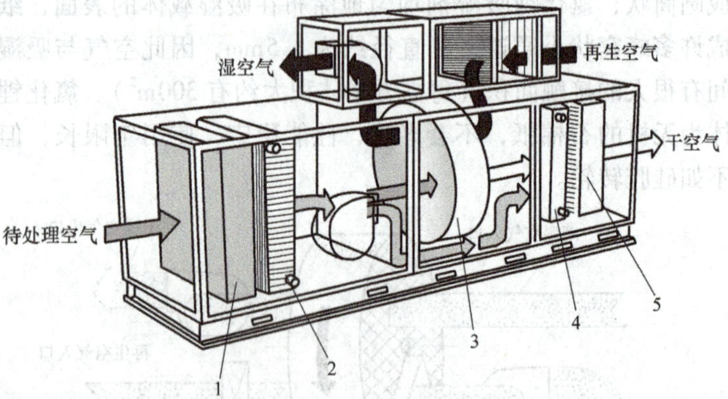

图 2-35　卧式组合式转轮除湿机

1—过滤段　2、4—冷却段　3—除湿段　5—风机段

第五节　冷（热）量回收用空气处理装置

在建筑物空调负荷中，新风负荷占的比例很大，利用全热交换器或显热交换器对新风进行处理，回收排风中的能量，减小新风负荷是空调系统节能的一项有力措施。进行热回收的方式很多，主要有：转轮式热交换器、板翅式热交换器和热管热交换器。

一、转轮式热交换器

转轮式热交换器与转轮式除湿机的结构十分相似，在转轮中央设置分隔板，隔成排风侧和新风侧，排风和新风逆向流动，如图 2-36 所示。

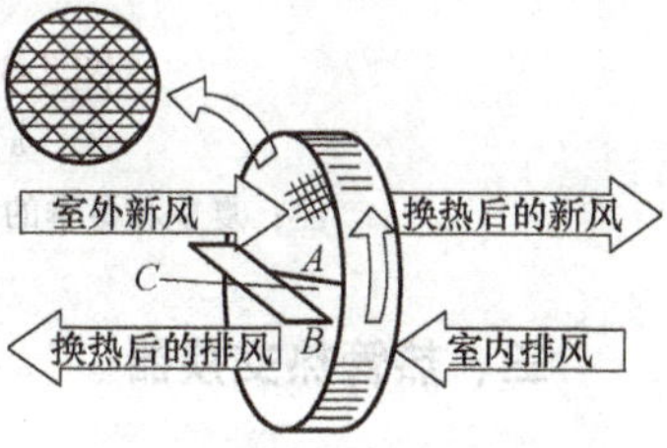

图 2-36　转轮式热交换器

排风和新风在转轮前后的温度、湿度和焓值均发生变化。转轮不仅能回收显热量，也可回收潜热，称为全热交换器。

二、板翅式热交换器

如图 2-37 所示，这是一种静止式热交换器。热交换器本体是用多孔纤维材料加工的纸作为基材，表面经特殊处理后作成波纹板（全热交换器），或用铝箔（显热交换器）波纹板交叉叠放。

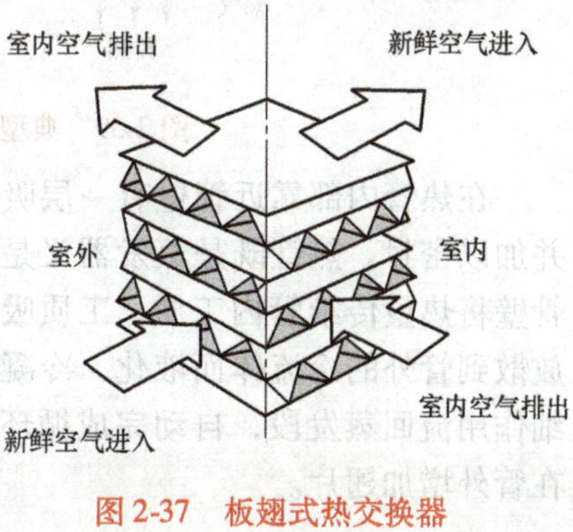

图 2-37　板翅式热交换器

这种热交换器，由于具有隔板，新风和排风不直接接触，故减少污染物质从排风到新风的转移。与转轮热交换器相比，热交换效率较低，阻力稍大。当隔板两侧气流之间存在温度差和水蒸气分压力之差时，两气流之间就产生传热和传质的过程，进行全热交换。图 2-38 表示了经过热交换器后新风与回风温度的变化。

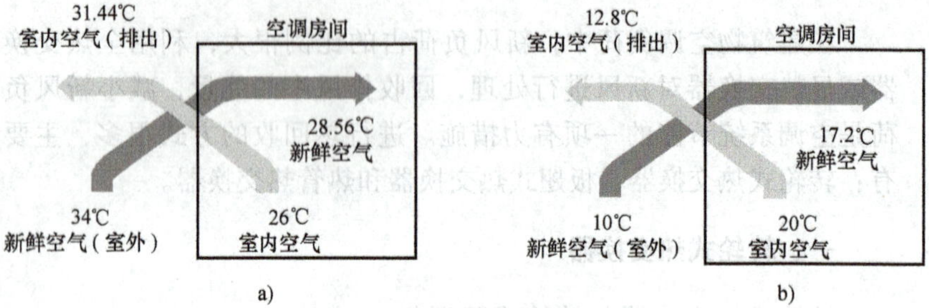

图 2-38　空气参数的变化

a）夏季　b）冬季

注：夏季和冬季的温度效率分别按 68% 和 72% 计算。

三、热管热交换器

热管是一种借助于工质（如氨、氟利昂、水等）的相变来实现热量传递的元件，典型的单根热管如图 2-39 所示。

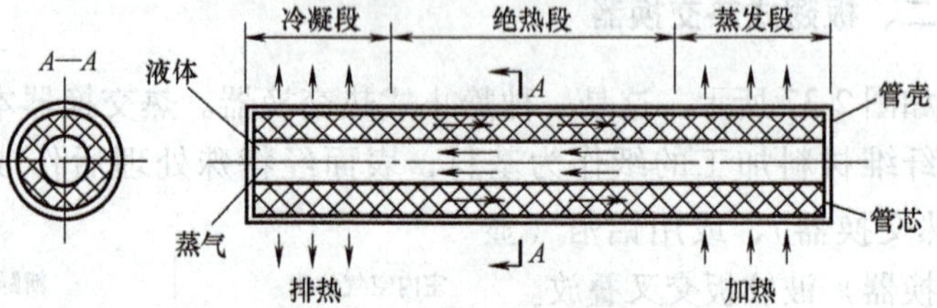

图 2-39　典型的单根热管

在热管内部靠近管壁有一层吸液管芯，抽成真空后，充入工质并加以密封。热管既是蒸发器又是冷凝器，热流体流经蒸发段时经管壁将热量传给管内工质，工质吸热汽化后，流动至冷凝段将热量放散到管外的冷流体而液化，冷凝后的液态工质通过吸液管芯的毛细作用流回蒸发段，自动完成循环过程。为了增加传热面积，可以在管外增加翅片。

将单根热管组装在一起，中间用隔板将蒸发段和冷凝段分隔开，即组成热管换热器，如图 2-40 所示。

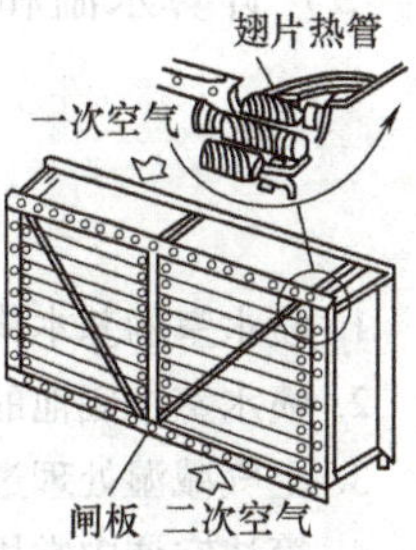

图 2-40　热管换热器

热管热交换器的热传递速度快，传热温降小，结构简单，因而广泛应用于空调系统的热回收和热控制。

空调工程热回收通常使用重力热管，其性能受工作时热管倾斜度的影响，所以在布置时应保持一定的热管倾斜度，一般为 5 ~ 7°，倾斜角坡向热端。

当气流含湿量较大时，应设置凝水排水装置。起动换热器时，应使冷热气流同时流动，或使冷气流先流动；停止时，应使冷热气流同时停止，或先停止热气流。

第六节　空气热湿处理设备以及维修保养技能训练实例

训练　表冷器的检查与测试

1. 训练目的

1）熟悉表冷器的构造、性能与安装方法。

2）练习表冷器的检测。

3）熟悉表冷器的维护保养内容。

2. 训练器材与设备

主要有：表冷器、干湿球温度计、半导体点温计、水流量计。

3. 训练要求

1）观察表冷器的结构，熟悉其安装特点。

2）检查翅片脏污情况，分析处理方法。

3）检查管路腐蚀情况。

4）起动运行后，用干湿球温度计测量表冷器前后空气状态，并在焓湿图上描述处理过程。选取若干点，求解平均值，以减小测量误差。

5）计算水温和流量，计算制冷量。

复习思考题

1. 喷水室的基本构造是由什么组成？
2. 喷水室中底池的四种管道是什么？
3. 空气减湿处理过程的目的是什么？
4. 简述空调中常用的减湿方法。
5. 转轮除湿机三大组成部分是什么？

第三章

中央空调系统

培训学习目标 了解中央空调系统的类型、空气处理过程和设备组成；掌握一次回风式空调系统和风机盘管空调系统的运行管理和维护保养的内容和工作要领。

空调系统主要由冷源和热源、空气的处理设备、空气的输送和分配设备、自动控制部分等部分组成。

空调系统的分类方法有多种。按空气处理设备的设置情况分类，可以分为集中式、半集中式和分散式系统；按空调系统输送冷量和热量的方法分类，可以分为全空气系统、全水系统、空气-水系统和制冷剂系统；按空气处理设备所处理空气的来源分类，可以分为直流式系统、闭式系统和混合式系统；按风管内风速的大小分类，可以分为低速系统和高速系统；按冷热源分类，可以分为常规冷热源系统、蓄冷空调系统和水源热泵空调系统等。工程上，一般从建筑物的用途和性质、热湿负荷特性、空调机房的面积、位置及初投资和运行费用等诸多方面来考虑选择合理的空调系统。

第一节 空调系统的分类

一、按空气处理设备的设置情况分类

1. 集中式空调系统

这种空调系统的特点是所有的空气处理设备（加热器、冷却器、

过滤器、加湿器等）以及通风机、水泵等都设置在一个集中的空调机房内，处理后的空气经风道输送到各空调房间。这种系统的空气处理设备能实现对空气的各种处理过程，可以满足各种调节范围和空调精度及洁净度的要求，也便于集中管理和维护，是工业建筑和民用建筑中舒适性空调所采用的最基本的空调方式。其中单风道空调系统、双风道空调系统以及变风量空调系统均属于此类。

2. 半集中式空调系统

半集中式空调系统把一次空气处理设备和风机、水泵、冷水机组等设置在集中的空调机房内，而在空调房间设有分散的空气处理末端设备。这类系统省去了回风管道，送风管道断面积也大为减小，可以大大节省建筑空间，是目前各类民用建筑尤其是高层建筑中应用最广泛且发展较快的一种空调系统。其中诱导器空调系统、风机盘管空调系统均属于此类。

3. 分散式空调系统

分散式空调系统又称为局部式空调系统，这种系统的特点是将空气处理设备分散在空调房间内或邻室内，系统所用空气处理装置与风机、冷热源、控制装置都集中在一个（整体式）或两个（分体式）箱体内，形成非常紧凑的空调系统，只要接上电源，就能对空气就地处理，就地使用。这类系统一般不需要单独的机房，使用灵活，安装便捷，是家用空调和车辆空调的主要形式。其中房间空调器、单元式空调机大都属于这类系统。

二、按空调系统输送冷热量方式分类

1. 全空气系统

空调房间内的热湿负荷全部由经过处理的空气来负担的空调系统称为全空气系统。集中式空调系统就是全空气系统。

2. 全水系统

空调房间的热湿负荷全部由经过加热或冷却处理的水负担的空调系统称为全水系统。无新风的风机盘管系统属于这类系统。

3. 空气-水系统

空调房间的热湿负荷由经过处理的空气和水共同负担的空调系

统就称为空气-水系类。独立的新风机加风机盘管系统就属于这类系统。

4. 制冷剂系统

空调房间的热湿负荷直接由制冷剂的蒸发来负担的空调系统称为制冷剂系统。局部式空调系统就属于这类系统。

三、按空调系统所处理的空气来源分类

1. 直流式系统（全新风系统）

运行过程中全部采用室外新风，经过处理达到送风要求后送往空调房间。这种系统能量消耗大，多用于产生有毒或有害气体场所以及无菌手术室、放射性实验室等。

2. 闭式系统（全回风系统）

运行过程中全部采用回风循环使用，没有室外的新风补充，房间与空气处理设备之间形成一个封闭的环路。这种系统所消耗的冷（热）量少，但卫生条件差，主要用于人员很少进入或不进入但对温、湿度有要求的物资仓库等。

3. 混合式系统

混合式系统采用部分新风和相当数量的回风相混合，经空气处理设备处理后送入空调房间，其目的是二次利用回风的冷（热）量，从而达到一定的节能效果。混合式系统又分为一次回风式和二次回风式系统。风机盘管加独立新风机的空调系统中风机盘管承担室内回风的处理，新风机将室外新风处理后送入空调房间，以满足卫生要求，亦属于这种既节能又能保证空气卫生质量的混合式系统。

四、按主送风道中空气的流速分类

1. 低速系统

低速系统风道中空气的流速一般只有 8～12m/s，风道横截面积较大，占有较大的建筑空间。

2. 高速系统

高速系统风道中空气的流速可达 20～30m/s。由于风速大，风道断面可以减小，故可用于层高受限，布置风道困难的建筑物中，

但气流阻力与风速的二次方成正比，致使风机的压头和噪声增加。

五、按冷热源分类

1. 常规冷热源系统

采用活塞式、螺杆式、离心式或溴化锂吸收式冷水机组作为冷源生产7℃左右的冷水，再用冷水作为冷媒冷却空气的系统，即所谓常规冷热源系统。

2. 冰蓄冷空调系统

在供电的低谷时段，采用螺杆式或离心式制冷机组制冰。需要供冷时不开或少开冷水机组而利用融冰的冷量作为空调机组的冷源。采用冰蓄冷空调系统，可以削峰填谷，缓解供用电的不平衡矛盾，电费比高峰时段便宜很多。对用户而言降低了运行成本。

3. 水源热泵空调系统

无论冬夏地下水的温度变化不大，因此夏季利用地下水作为冷凝器的冷却介质直接或间接吸收制冷剂冷凝热量，可使冷凝温度大为降低，增加制冷机组的制冷量而减小功耗；冬季利用地下水作为热源，通过制冷剂的蒸发汽化吸收其热量再释放到室内，较空气源热泵可大大提高制冷机组的性能。对地下水的使用，采用随抽随回灌，夏灌冬用，冬灌夏用，以保护地下水资源。除此之外，还可利用地表土壤。随着对空调系统的节能要求越来越高，水源热泵在国内空调行业发展势头方兴未艾。

第二节　普通集中式空调系统

普通集中式空调系统就是低速单风道集中式空调系统。它是最早出现的一种空调系统，属于典型的全空气系统，它广泛地应用于大型公共建筑（体育场馆、剧场、商场等）和宾馆、饭店的大厅、餐厅等处，而大部分的工艺性空调都是采用这样的空调系统。如前所述，按照所处理的空气来源不同，普通集中式空调系统又可以分为直流式系统、闭式系统和混合式系统。混合式系统又分为一次回风系统和二次回风系统。空调房间的回风在喷水室或表冷器之前与新风混合称为一次回风，在喷水室或表冷器之后与经过喷水室或表冷器处理的空气再次混合称为二次回风，图 3-1 所示为具有二次回风的集中式空调系统。如仅有一次回风的空调系统则称为一次回风式空调系统，一次回风式空调系统是应用最多的集中式空调系统。

如图 3-1 所示，集中式空调系统由空气处理设备（空调机组）、空气输送设备和空气分配设备三部分组成。

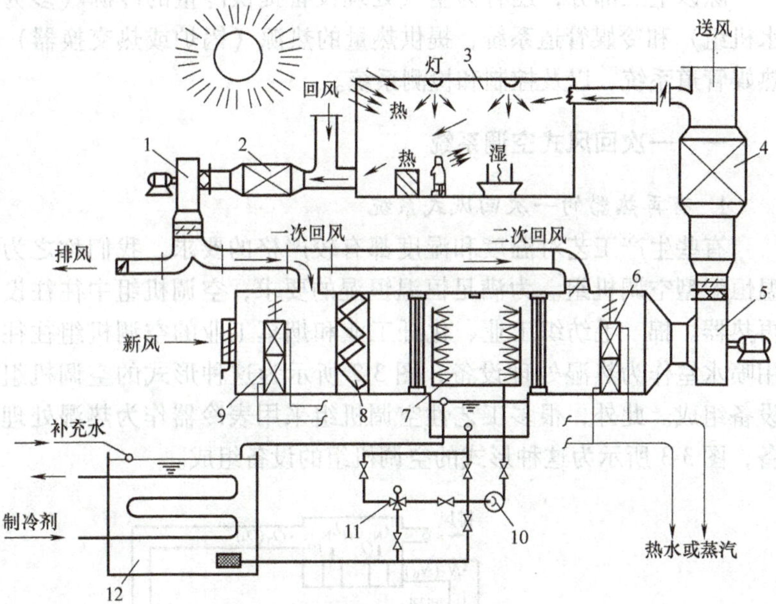

图 3-1　集中式空调系统

1—回风机　2、4—消声器　3—空调空间　5—送风机　6—再热器　7—喷水室　8—空气过滤器　9—预热器　10—喷水泵　11—电动三通阀　12—蒸发水箱

（1）空气处理设备（空调机组）　它是对空气进行过滤净化和热湿处理的主要设备，其作用是将空气处理到设定的温、湿度和洁净度。

（2）空气输送设备　它包括送风机、回风机、风道系统，以及安装在风道上的风量调节阀、防火阀、消声器等。其作用是将经过处理的空气，按照预定的风量要求输送到各个空调房间，并从房间内抽出一定量的空气作为回风送往空调机组，其余部分作为排风送往室外。

(3) 空气分配设备　它是指设置在空调房间内的各种类型的送风口和回风口。其作用是合理地组织室内气流，以保证工作区（通常是指距地面 2m 以下的空间）内具有均匀的温度、湿度、气流速度和洁净度。

除以上三部分，还有为空气处理设备提供冷量的冷源（多为冷水机组）和冷媒管道系统，提供热量的热源（锅炉或热交换器）和热媒管道系统，以及控制和检测系统。

一、一次回风式空调系统

1. 有再热器的一次回风式系统

有些生产工艺对温度和湿度都有较严格的要求，我们称之为恒温恒湿型空调机组。为满足恒温恒湿的要求，空调机组中往往设有再热器。棉、毛纺织工业、化纤工业和烟草工业的空调机组往往采用喷水室作为热湿处理设备，图 3-2 所示为这种形式的空调机组的设备组成。此外，很多工艺性空调机组采用表冷器作为热湿处理设备，图 3-3 所示为这种形式的空调机组的设备组成。

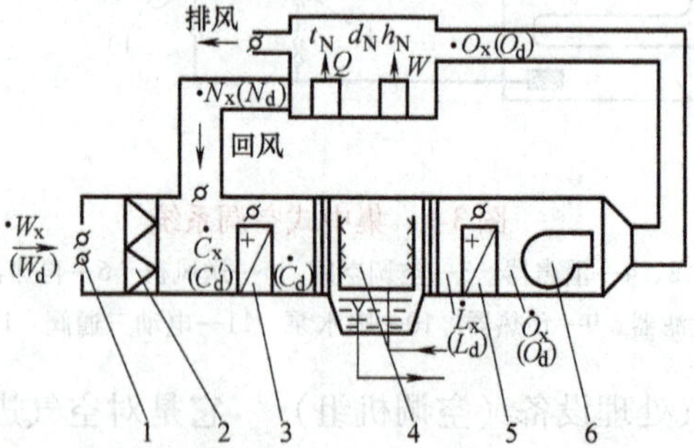

图 3-2　采用喷水室的一次回风式空调机组

1—新风阀　2—初效过滤器　3—预热器　4—喷水室　5—再热器　6—风机

(1) 夏季空气处理过程　夏季室外状态为 W_x 的空气经过滤器净化后与状态为 N_x 的室内回风相混合成为 C_x 状态，进入喷水室或表冷

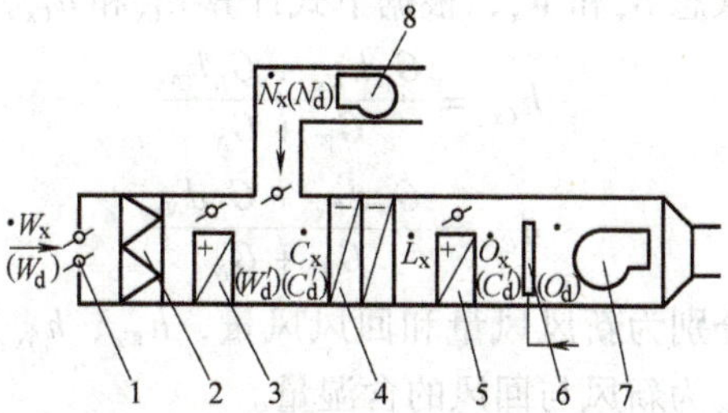

图 3-3　采用表冷器的一次回风式空调机组

1—新风阀　2—初效过滤器　3—预热器　4—表冷器
5—再热器　6—加湿器　7—送风机　8—回风机

器减湿冷却处理到达机器露点状态 L_x，然后经再热器等湿加热到送风状态 O_x，送往空调房间。送入房间的空气吸收余热余湿后沿夏季热湿比 ε_x 曲线变化到室内要求的状态 N_x，然后一部分作为回风送往空调机组，另一部分排出室外。这一热湿处理过程如下：

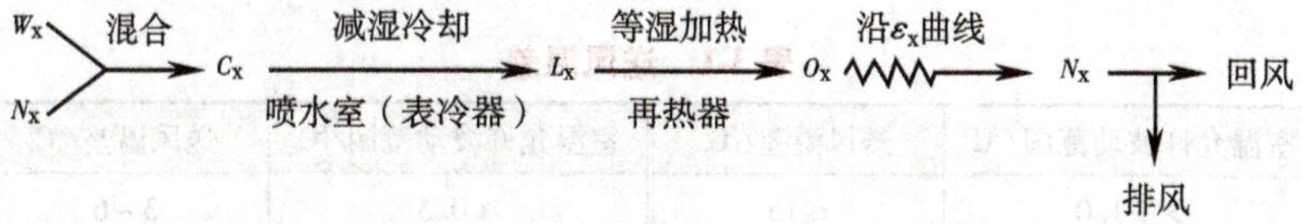

这一处理过程可以在焓湿图上加以表示，如图 3-4 所示。

夏季空气处理过程有一些参数可依照下述的方法加以确定。

1）根据工艺要求的室内温度和相对湿度确定室内空气的状态 N_x。

2）由设计规范给出的室外空调计算干湿球温度（如北京 $t=33.2$℃，$t_s=26.4$℃）确定室外空气的状态 W_x。

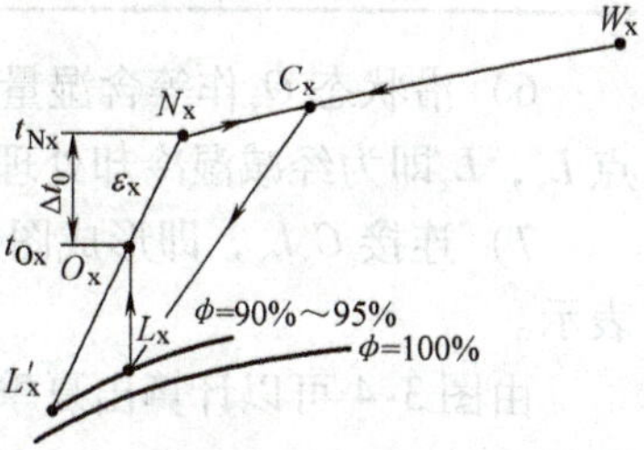

图 3-4　有再热器的一次回风式系统夏季处理过程

3）计算房间的热湿负荷 $\sum Q$ 与 $\sum W$，经过状态点 N_x 作热湿比曲线 $\varepsilon_x=\sum Q/\sum W$。

4）连接状态 N_x 和 W_x，根据下式计算 h_{Cx} 和 d_{Cx}，即

$$h_{Cx} = \frac{G_W h_{Wx} + G_N h_{Nx}}{G_W + G_N} \tag{3-1}$$

$$d_{Cx} = \frac{G_W d_{Wx} + G_N d_{Nx}}{G_W + G_N} \tag{3-2}$$

其中 G_W、G_N 分别为新风风量和回风风量，h_{Wx}、h_{Nx} 为新风与回风的比焓，d_{Wx}、d_{Nx} 为新风与回风的含湿量。

求得 h_{Cx} 与 d_{Cx} 中任意一个，就可以在线段 $\overline{N_xW_x}$ 上标出状态 C_x 的位置。也可以用图解法，按下式算出室内状态 N_x 到混合后状态 C_x 的线段长度 $\overline{N_xC_x} = G_N/(G_N + G_W)\overline{N_xW_x}$。

5）空调机组送风温度与空调区域温度之差称为送风温差 Δt_0，送风温差越大，送风量越小，越节能。工艺性空调送风温差是由空调精度所决定的。根据表 3-1 确定送风温差后，可求出送风温度 $t_{Ox} = t_{Nx} - \Delta t_0$。在焓湿图上找到 t_{Ox} 等温线，其与 ε_x 线的交点即为送风状态点 O_x。

表 3-1　送风温差

室温允许波动范围/℃	送风温差/℃	室温允许波动范围/℃	送风温差/℃
> ±1.0	≤15	±0.5	3～6
±1.0	6～10	±（0.1～0.2）	2～3

6）沿状态 O_x 作等含湿量线与 $\phi = 90\% \sim 95\%$ 的相对湿度线交于点 L_x，L_x 即为经减湿冷却处理后空气达到的机器露点。

7）连接 C_xL_x，即形成图 3-4 所示的夏季处理过程在焓湿图上的表示。

由图 3-4 可以计算出夏季一次回风式空调在设计工况下的冷量，即

$$Q_0 = G(h_{Cx} - h_{Lx}) \tag{3-3}$$

式中　Q_0——处理空气所需冷量（kW）；

G——系统送风量（kg/s）；

h_{Cx}——混合后空气的比焓（kJ/kg）；

h_{Lx}——喷水室（表冷器）后空气的比焓（kJ/kg）。

再热器的加热量根据下式计算，即

$$Q_R = G(h_{Ox} - h_{Lx}) \tag{3-4}$$

式中，h_{Ox}为送风状态点的比焓值，单位为 kJ/kg。

（2）冬季空气处理过程　在大多数空调系统中，冬、夏季使用同一台风机，送风量不变，风机按夏季送风量确定。冬季室外空气干燥且温度较低，房屋有热损失，空气调节的主要任务是加热、加湿空气。由于新风随地区的差异可以形成不同的空气处理线路。

1）在我国南方地区，冬季室外空气温度和比焓值较高，如果按照夏季规定的最小新风量来确定混合状态 C_d，则该点的比焓将高于或等于机器露点的比焓，此时可将混合点 C_d 仍然定在 L_d 点的等焓线上，这样就不需要预热器，通过改变新回风混合比，加大新风量的办法进行调节。这就是不设预热器的一次回风式空调系统。其空气处理过程如下：

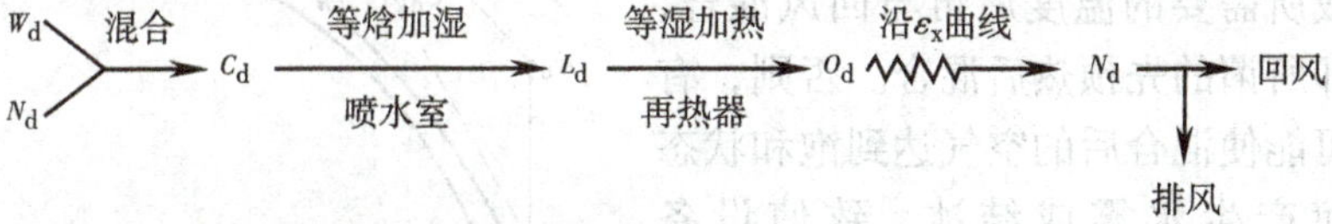

这一处理过程在焓湿图上的表示如图 3-5 所示，图中的 C_d→L_d 即表示喷水室的等焓加湿过程。图 3-3 所示的无喷水室空调机组，往往采用干式蒸汽加湿器或电极蒸汽加湿器，以等温加湿的方法对空气进行加湿处理，如果加湿器在表面式加热器之前，则其处理过程在图 3-5 上以 C_d→C_d'表示，其处理过程如下：

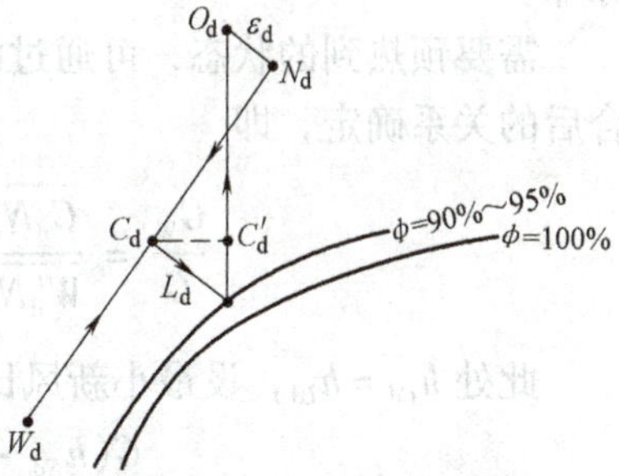

图 3-5　无预热器的一次回风式系统冬季处理过程

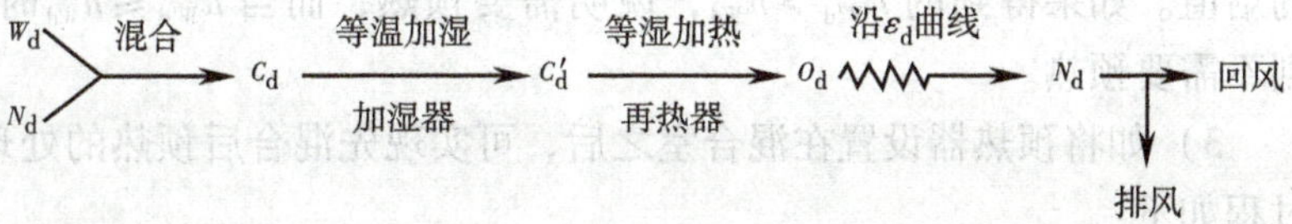

2）在北方地区，当采用等焓加湿的方法处理空气时，对于要求新风比较大的工程，或是按照最小新风比而室外空气温度较低的气候条件下，都有可能使混合点 C_d 的比焓低于机器露点的比焓，此时应将新风预热后再与回风相混合，其处理过程如下：

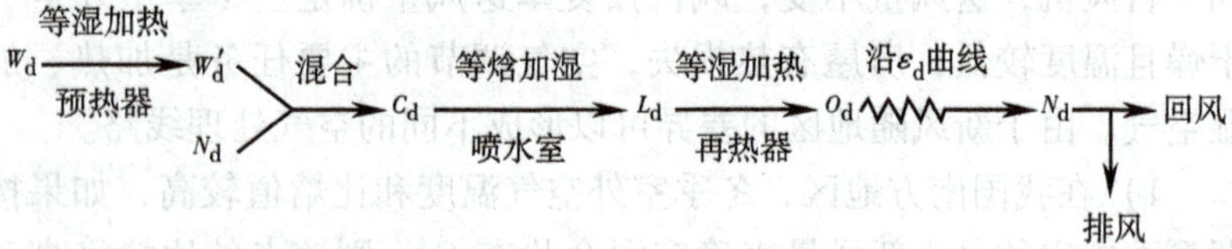

这一处理过程在焓湿图上的表示如图 3-6 所示，其中的实线即表示这种先加热后混合的过程。在严寒地区都应将新风预热到 5℃以上或所需要的温度后再与回风混合，即所谓的先预热后混合。否则，有可能使混合后的空气达到饱和状态而产生水雾或结冰，致使设备冻坏。

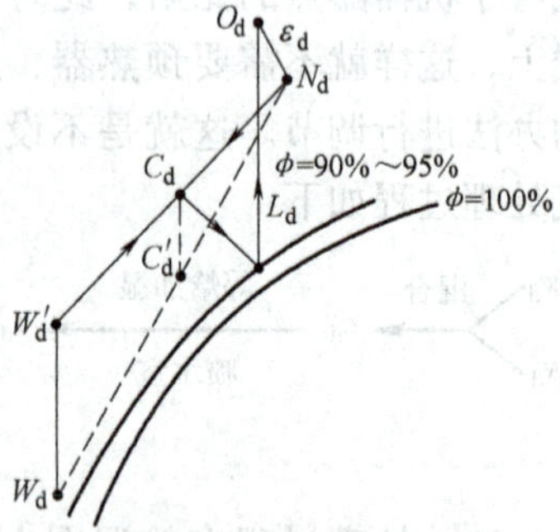

图 3-6　有预热器的一次回风式系统冬季处理过程

需要预热到的状态，可通过混合后的关系确定，即

$$\frac{G_W}{G}=\frac{\overline{C_dN_d}}{\overline{W'_dN_d}}=\frac{h_{Nd}-h_{Cd}}{h_{Nd}-h_{W'd}}$$

此处 $h_{Cd}=h_{Ld}$，设最小新风比 $m=G_W/G$，则

$$h_{W'd}=h_{Nd}-\frac{G(h_{Nd}-h_{Ld})}{G_W}=h_{N_d}-\frac{h_{Nd}-h_{Ld}}{m}$$

此处 $h_{W'd}$就是预热后即满足最小新风比又仍能采用等焓加湿方法的焓值。如果得到的 $h_{W'd}>h_{Wd}$，说明需要预热，而当 $h_{W'd}\leqslant h_{Wd}$时，则不需要预热。

3）如将预热器设置在混合室之后，可实现先混合后预热的处理过程如下：

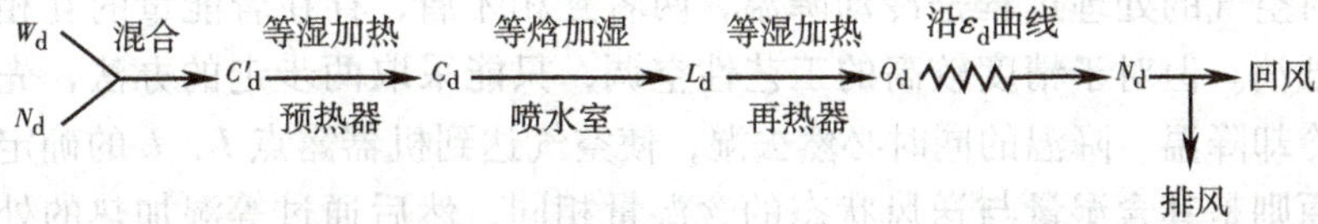

图 3-6 中的虚线即是这一处理过程在焓湿图上的表示。值得注意的是，将新风与回风直接混合，其混合后的状态点有可能处于过饱和区内而产生结露现象，对空气过滤器产生极为不利的影响。

4）采用表冷器作为夏季减湿冷却处理设备时，冬季可以采用先加湿后加热的处理方案。但多数情况下都如图 3-3 所示，等温加湿设备放置于再热器之后，其空气处理过程为先加热后加湿。先加热后加湿的好处是，空气温度升高后其所能容纳的水蒸气增加，遇到冷表面不容易产生凝结水，保证了加湿效果。先加热后加湿的处理流程如下：

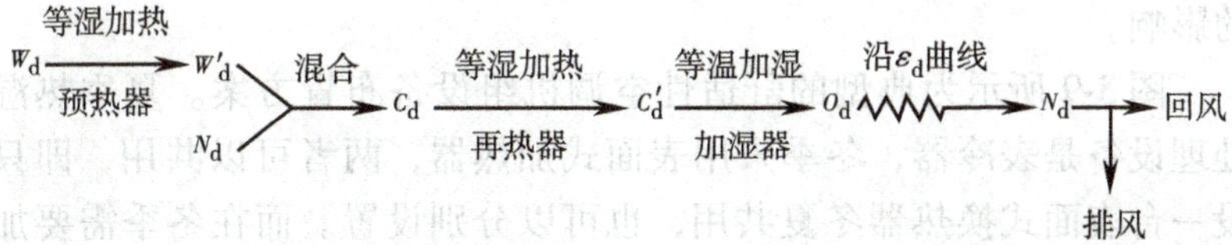

在焓湿图上可以表示为图 3-7（与图 3-3 括号内的状态点相对应）。参照图 3-6 可以看出带有预热以喷水室进行等焓加湿的一次回风空调系统冬季运行时：

预热量 $Q_1 = G_W(h_{W'd} - h_{Wd})$

再热量 $Q_2 = G(h_{Od} - h_{Ld})$

喷水室的等焓加湿能力 $W = G[(d_{Cd} - d_{Ld})/1000]$

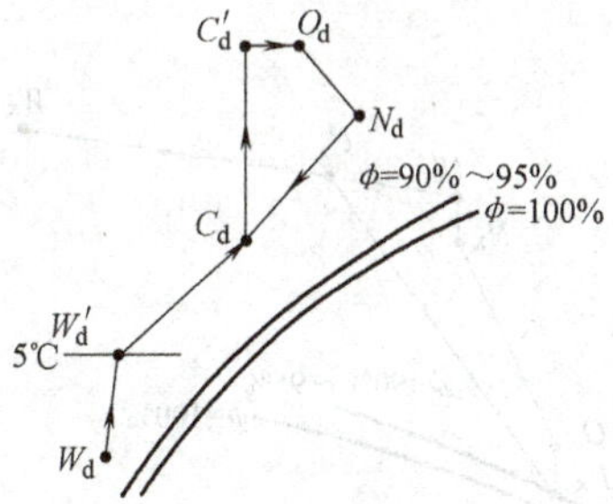

图 3-7　具有预热器、喷蒸汽加湿和再热器的一次回风式系统冬季处理过程

2. 无再热器的一次回风式空调系统

再热器对空气的处理过程是加热升温，而表冷器和喷水室夏季

对空气的处理过程是冷却降温，两者互相矛盾，存在着能量的互相抵消。但对于精度较高的工艺性空调，只能采取两步走的办法，先冷却降温，降温的同时必然去湿，使空气达到机器露点 L，L 的确定原则是其含湿量与送风状态的含湿量相同，然后通过等湿加热的处理，再使空气温度达到要求的送风温度。而舒适性空调对精度无严格要求，尤其是对湿度的要求比较宽泛，因此可以不设再热器。夏季将混合空气经表冷器处理到机器露点 L 后送往空调房间。实际上送风机、回风机都会使空气产生一定的温升，温升大小与风机的风压大小有关，因为风机运行时所消耗的能量最后全部转化为热量，有时温升可达 1～2℃（可按 $\Delta t_f \approx 0.001p$ 估算，p 是风机的全压，单位为 Pa）。风管内温升还与周围空气向风管内的空气传热有关。图 3-8 即表示了温升的影响。

$L_x \rightarrow O_x$ 的变化是由于送风机和送风风管的影响。

$N_x \rightarrow N'_x$ 表示回风机（有的系统并无回风机）和回风风管内温升的影响。

图 3-9 所示为典型的舒适性空调机组设备布置方案。夏季热湿处理设备是表冷器，冬季采用表面式加热器，两者可以共用，即只设一台表面式换热器冬夏共用，也可以分别设置。而在冬季需要加湿时，通常采用湿膜式或高压喷雾式的等焓加湿器。

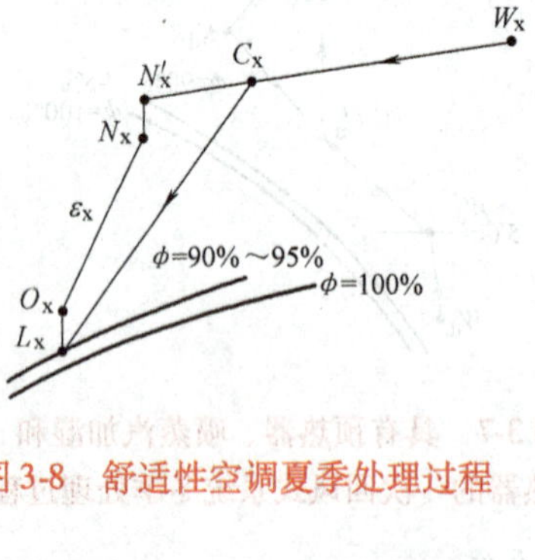

图 3-8　舒适性空调夏季处理过程

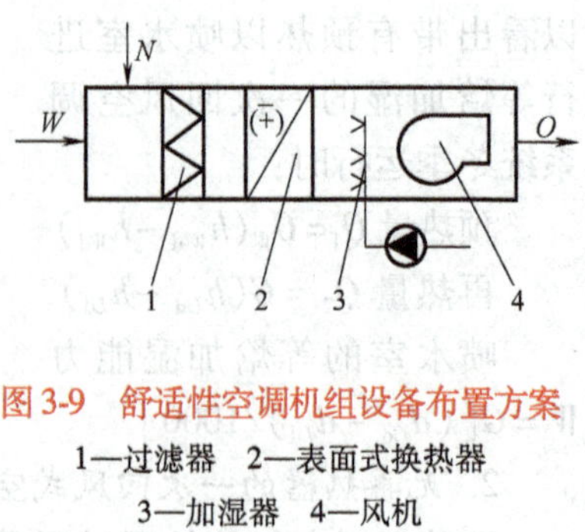

图 3-9　舒适性空调机组设备布置方案

1—过滤器　2—表面式换热器

3—加湿器　4—风机

(1) 夏季空气处理过程 夏季空气处理流程如下：

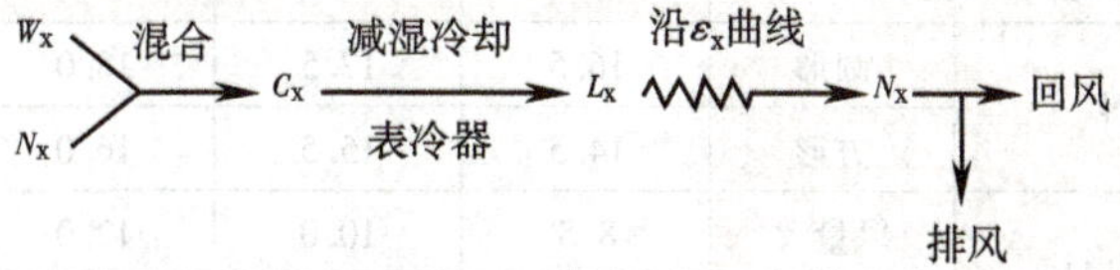

这一流程在焓湿图上的表示如图3-8所示。图中机器露点L_x的确定有两种方法：

1) 近似取$\varepsilon_x=\infty$，即热湿比曲线为$d=d_N$的等含湿量曲线，该曲线与$\phi=90\%\sim95\%$的相对湿度曲线的交点就是机器露点L，可将此点作为送风状态点"O"，即$t_O=t_L$，如图3-10所示。这种作法的送风温差有时偏小，要求送风量较大时，经济性差。此外散湿量较大的房间采用这种做法时的偏差较大。

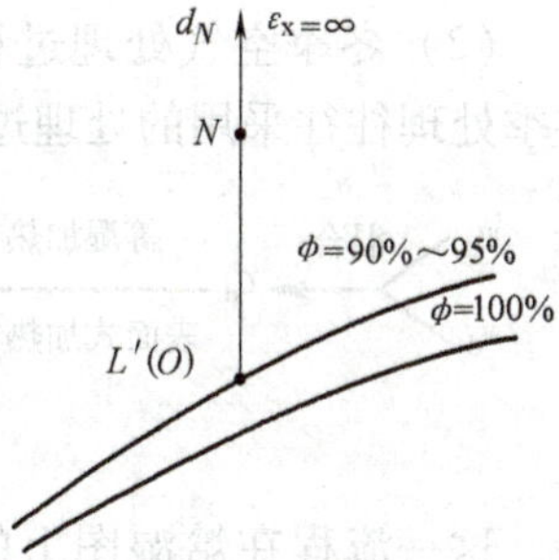

图3-10 "机器露点"送风（等含湿量线）

2) 用允许的最大送风温差$\Delta t_{O,\max}$确定送风温度t_O，表3-2给出了按送风口形式和安装高度所允许的最大送风温差的数据。将$t_O=t_N-\Delta t_{O,\max}$计算后所得的等温线与$\phi=90\%\sim95\%$的等$\phi$线的交点作为机器露点$L$，用其作为送风状态点$O$，如图3-11所示。这种做法送风温差大，要求的送风量小，经济性好，对散湿量较大的房间偏差也较小。但无论如何t_O不能低于室内空气设计状态N所对应的露点温度t_L，否则会在送风口上产生结露滴水现象。

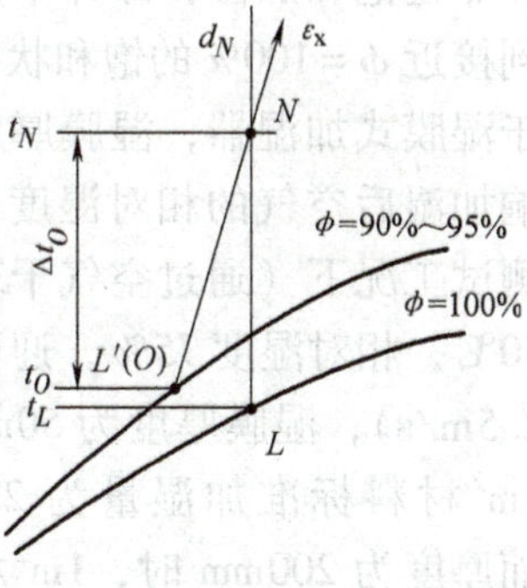

图3-11 "机器露点"送风（等温线）

表 3-2　送风温差　　（单位：℃）

送风口安装高度/m		3	4	5	6
散流器	圆形	16.5	17.5	18.0	18.0
	方形	14.5	15.5	16.0	16.0
普通侧送风口	风量大	8.5	10.0	12.0	14.0
	风量小	11.0	13.0	15.0	16.5

（2）冬季空气处理过程　舒适性空调的一次回风式空调系统，冬季处理往往采用的处理过程如下：

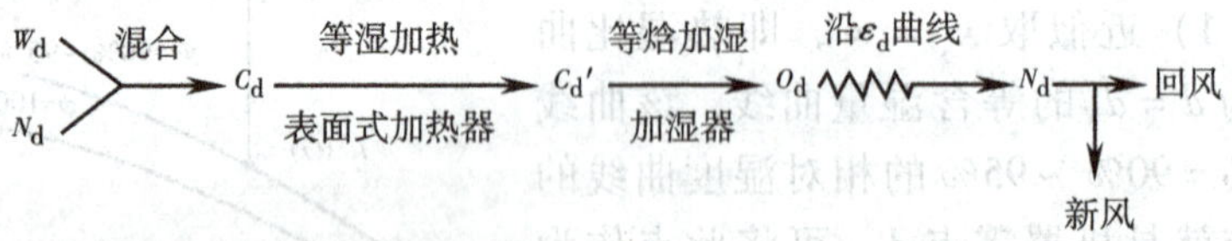

这一流程在焓湿图上的表示如图 3-12 所示。空气等湿加热到 C_d'点后，通过加湿器的处理过程并非是饱和加湿，即并不是加湿到接近 $\phi=100\%$ 的饱和状态。对于湿膜式加湿器，湿膜厚度将影响加湿后空气的相对湿度，如在测试工况下（通过空气干球温度 40℃，相对湿度 75%，迎面风速 2.5m/s），湿膜厚度为 50mm 时，$1m^2$ 材料标准加湿量为 23kg/h；而厚度为 200mm 时，$1m^2$ 材料标准加湿量为 64kg/h，所以设计时，可以根据需要适当选择湿膜的厚度，以使加湿后的空气温度和相对湿度均达到要求的送风状态。高压喷雾式加湿器通过喷嘴数量的选择，改变加湿量，而达到控制送风状态的目的。

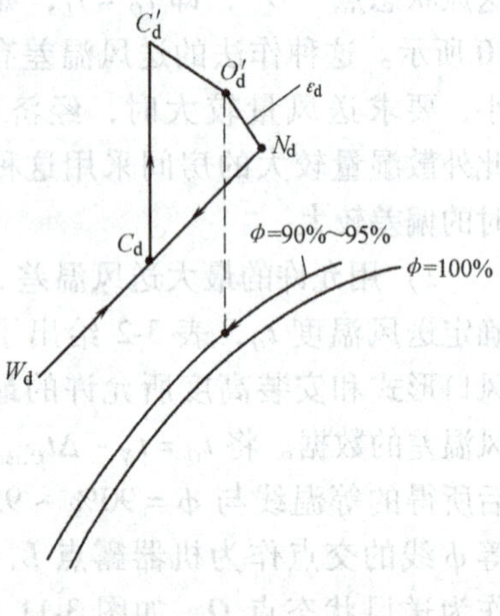

图 3-12　舒适性空调冬季空气处理过程

在北方严寒地区，舒适性空调往往也需要设置预热器对新风预热后再与回风混合，否则易产生凝露水而冻坏设备。

二、二次回风式空调系统

二次回风式空调系统两次使用回风，在减湿冷却前与新风混合的称为一次回风，在减湿冷却后再将一部分回风与所处理空气混合称为二次回风。二次回风的作用是在夏季可以代替再热器，冬季可以部分代替再热器，以节约能源。二次回风式空调系统的缺点是控制系统复杂。图 3-1 表示了采用喷水室的二次回风式空调系统。

1. 夏季空气处理过程

二次回风式空调系统夏季空气调节过程如图 3-13 所示。室外空气与室内空气混合到状态 C_{x1}（一次混合），经喷水室减湿冷却到机器露点 L_x 再与状态为 N_x 的室内回风混合（二次混合）到所需的送风状态 O_x（C_{x2}）送入室内，此处理过程如下：

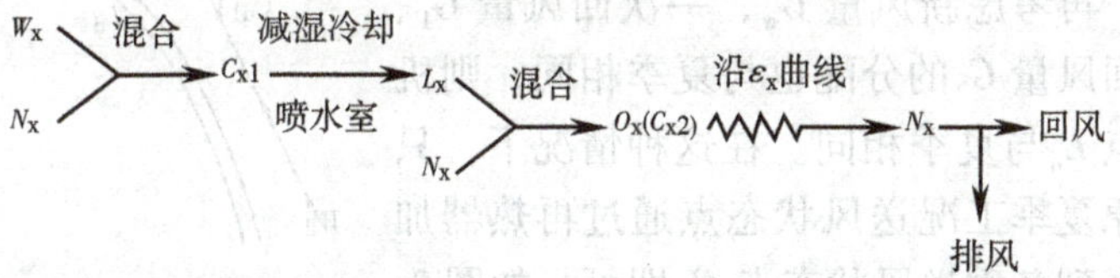

图 3-13 中室内空气状态点 N_x、室外空气状态点 W_x、热湿比线 ε_x、送风状态点 O_x、送风量 G 与一次回风式空调系统的确定方法相同。延长线段 $\overline{O_xN_x}$（热湿比线 ε_x）与 $\phi=90\% \sim 95\%$ 的相对湿度曲

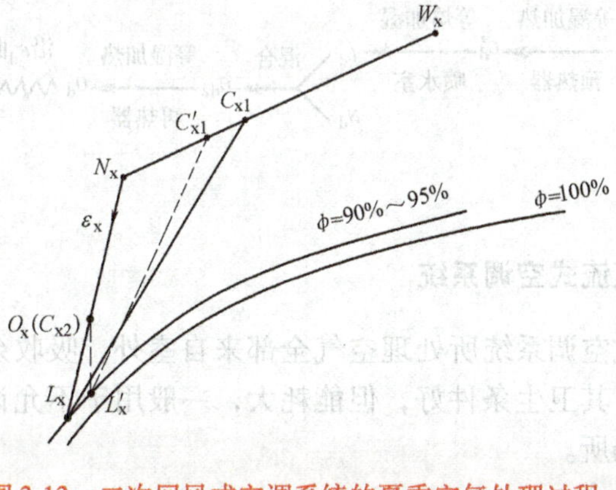

图 3-13 二次回风式空调系统的夏季空气处理过程

线相交于L_x点，L_x即为二次回风空调系统喷水室对空气处理后的机器露点。可以看出，与一次回风式空调系统相比（图中虚线），二次回风系统的机器露点L_x比一次回风式空调系统的机器露点L'_x低，因此要求冷源的蒸发温度也随之降低，而较低的蒸发温度将使制冷机的效率降低，这是采用二次回风系统的不足之处。当ε_x线趋近于∞时，即空调房间的散湿量较小，$\varepsilon = \sum Q / \sum W$很大时，两种空调系统的机器露点非常接近，采用二次回风式空调系统更加合理，其优点也更加明显。

2. 冬季空气处理过程

工艺性空调冬夏季节的室内含湿量常常相同，则冬季送风状态的含湿量与夏季相同。对于定风量空调系统，冬季送风量不变，再考虑新风量G_w，一次回风量G_1、二次回风量G_2的分配也与夏季相同，则机器露点L_d与夏季相同。在这种情况下，只需将原夏季工况送风状态点通过再热器加热提高到冬季送风状态点O_d即可，如图3-14所示。

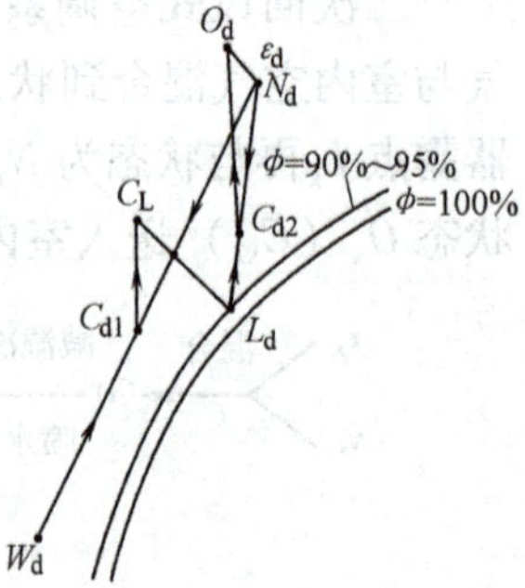

图3-14　二次回风式系统冬季空气处理过程

以下为寒冷地区所采取的先混合后预热的方案：

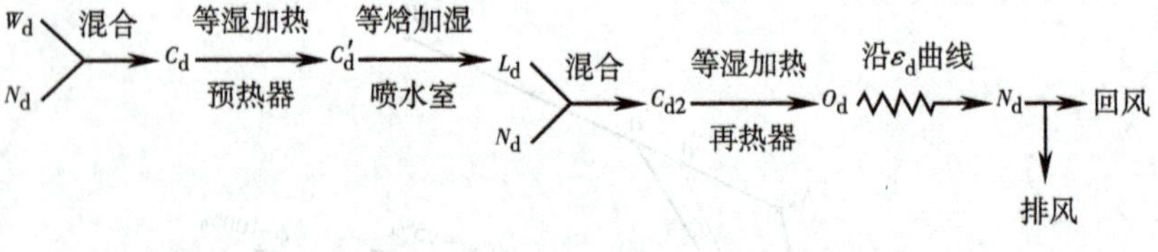

三、直流式空调系统

直流式空调系统所处理空气全部来自室外，吸收余热余湿后又全部排掉，其卫生条件好，但能耗大，一般用于不允许使用循环空气的空调场所。

1. 夏季空气处理过程

无论是用喷水室还是用表冷器处理空气，其夏季的空气处理过程在焓湿图上的表示都是一样的，如图3-15所示，其处理过程如下：

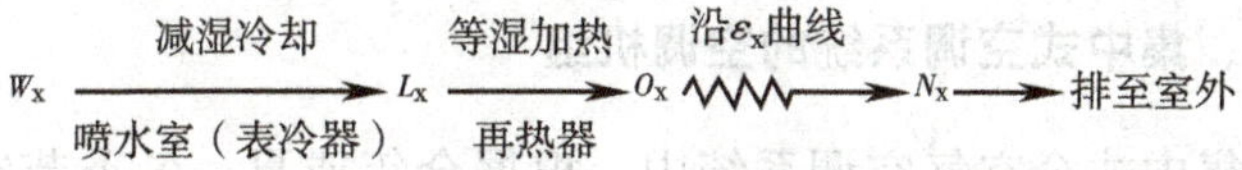

对于某些用作一般性降温的空调系统，如果对送风温差没有限制，而且房间冷负荷较大，则不必采用再热器，室外空气处理到L点后，直接送入室内。

2. 冬季空气处理过程

冬季室外温度低且空气干燥，因此必须对新风进行加热加湿处理。加热一般分两次进行，即预热和再热。加湿根据空调机组处理空气所采用的设备不同，采用不同的方法，用喷水室处理空气时，一般为等焓加湿（喷循环水）的过程，用表面式换热器处理空气，一般为等温加湿（喷蒸汽）的过程。

其空气处理过程在焓湿图上的表示如图3-16所示。

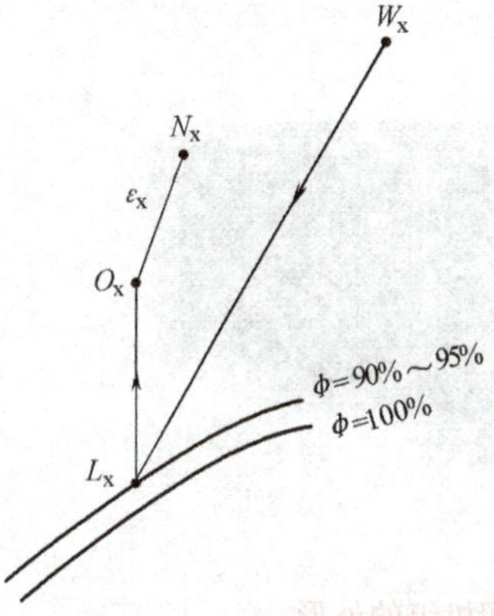

图3-15　直流式空调系统夏季空气处理过程

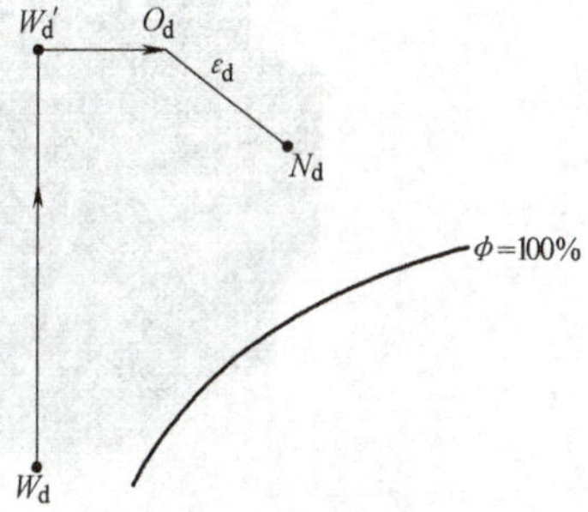

图3-16　直流式空调系统冬季空气处理过程

用表冷器处理空气，其处理过程如下：

$W_d \xrightarrow[\text{表面式换热器}]{\text{等湿加热}} W'_d \xrightarrow[\text{加湿器}]{\text{等温加湿}} O_d \xrightarrow{\text{沿}\varepsilon_d\text{曲线}} N_d \longrightarrow$ 排风

四、集中式空调系统的空调机组

在集中式全空气空调系统中，根据全年或夏、冬季节空气处理过程的需要选取与空气处理过程相适应的空气处理机组——空调机组。工程上常用的空调机组有两类：一类是组合式空调机组；另一类是整体式空调机组。多数系统都采用前者。

组合式空调机组又称为装配式空调机组，它由若干个有不同空气处理功能的预制单元组装而成。组合式空调机组需要从外部提供冷源和热源，能够完成混合、过滤、加热、冷却、加湿、减湿及消声和能量回收等多种空气处理过程。此外，它还能完成一次回风、二次回风、新风、送风等空气的输送和调配的任务。因此，组合式空调机组是空气处理的关键设备。由于空气处理过程各功能段主要沿水平方向布置，组合式空调机组大多是卧式的。图 3-17 所示为组合式空调机组的外形。

图 3-17　组合式空调机组的外形

1. 组合式空调机组的分类

（1）按用途分类　根据空调系统的使用要求，空调机组可分成：

1）恒温恒湿型空调机组。恒温恒湿型工艺性空调系统对室内空气的温、湿度基数和精度都有严格要求，如某些计量室，室温要求全年保持在（20±1）℃，相对湿度保持在50%±5%。

2）净化空气空调机组。这种类型的空调机组使用在洁净室空调（或称为超净空调）系统。此时生产工艺不仅对温、湿度提出一定的要求，而且对空气中所含尘粒的大小、数量或病菌、病毒的数量都有严格的要求，如集成电路生产车间和制药车间。

3）普通空调机组。工艺性空调系统中一般降温性空调系统对温、湿度的要求是夏季工人操作时手不出汗，不使产品受潮，因此，一般只规定温度或湿度的上限，不再注明空调精度。如电子工业的某些车间，规定夏季室温不大于28℃，相对湿度不大于60%即可，而舒适性空调系统对空调精度基本没有要求。这两种情况下采用普通空气处理机组。

4）行业专用空调机组。这些机组是为满足某些行业特定要求服务的。

（2）按空调机组外壳所用的材料分类　可分为金属材料空调机组和非金属材料空调机组。

1）金属材料空调机组的结构形式有型钢框架式、板式结构式和框板结构式三种，其中以框板式用的最多。

2）非金属材料空调机组有砖砌、钢筋混凝土浇铸和玻璃钢等。玻璃钢机组具有耐腐蚀，质量轻的优点。

（3）按被处理空气的流动方向分类　可以分为左式和右式。

1）当人站在操作面一侧面对空调机组时，空气由右向左流动称为左式。

2）当人站在操作面一侧面对空调机组时，空气由左向右流动称为右式。

2. 组合式空调机组的功能段

（1）回风段　回风段是用于接回风风管的，在该段的顶部或侧部装有多叶风量调节阀。

（2）新风段或新回风混合段　新风段用来接新风风管，新风进口有顶进风和侧进风两种形式，配有多叶风量调节阀。

对单风机系统一般采用新回风混合段，用于连接新风管和回风管，新风口和回风口的风量调节阀用于新风和回风比例的控制。

（3）初效过滤段　该段装有无纺布为滤料的平板式过滤器或袋式过滤器，用于滤除进风中所含的灰尘和固体漂浮物，保持换热盘管清洁。过滤器一般可以清洗后重复使用。有些厂家的产品将初效过滤段与新回风混合段结合在一起，成为混合初效过滤段。

（4）加热段　按照加热所用热媒的不同，加热段有蒸汽加热段、热水加热段和电加热段三种类型。加热段可以用作预热段和再热段，而电加热段多用于恒温恒湿型空调机组，设在再热段之后，常采用绕片式电热管为加热元件的电加热器，它可按需要分挡投入使用以调节加热量。

（5）表冷段　表冷段内设有翅片管式换热器和凝结水盘，为防止被处理空气将表冷器表面的冷凝水带入送风管道，影响减湿冷却处理效果，表冷器之后装上特制的挡水板就成为冷却挡水段。

（6）表冷加热段　该段内的表面式换热器冬夏兼用。夏季冷媒水供水温度多为7℃，回水温度多为12℃；冬季热媒供水温度多为55～60℃，回水温度多为45～50℃。由于夏季工况下冷媒水与所处理空气温差较小，而冬季工况热媒水与所处理空气温差较大，在冷热媒水流量相同的情况下，夏季所需的空气-水换热面积较大。所以分开设置时，表冷段盘管数量往往多于加热段，而将两功能合一使用时，以表冷段的负荷作为选择依据。

（7）喷水段　喷水段的箱体可用玻璃钢或钢板内衬玻璃钢制作，并与水槽成为整体。段内的前挡水板和后挡水板，用ABS工程塑料或铝合金热挤压成型，也有采用玻璃钢材料的。

（8）加湿段　如第二章所述，常用的有干式蒸汽加湿器、高压喷雾式加湿器和湿膜式加湿器。该段内应有排水设施，而采用离心式加湿器或高压喷雾式加湿器时还应设置波形挡水板。

（9）回风机段　双风机系统有回风机段。风机通常采用双进风离心式风机，风机与电动机安装在特制的钢架上，下部装有弹簧减振器，属于电动机内置式。若将电动机安装在机组箱体的顶部，则称为电动机外置式。

（10）回风调节段　双风机系统有回风调节段。该段紧接回风机段，在顶部设有排风口，内部设有回风口，并分别装有多叶风量调节阀。本段的功能是使排风和回风在此分流，故又称为分流段。

（11）送风机段 送风机段设有双进风离心式风机，风机的出口有水平的和垂直向上的两种形式，风机下部也设有减振装置。

（12）送风段 送风段设在风机段之后，用于调整送风出口方向，并与送风风道连接，接口处安装风阀进行调节。

（13）二次回风段 该段顶部设有二次回风风口，并配有风量调节阀。

（14）中效过滤段或亚高效过滤段 中效过滤段通常设置无纺布为滤料的板式过滤器或袋式过滤器。亚高效过滤段内通常设有玻璃纤维为滤料的亚高效过滤器。

（15）消声段 消声段内设有片式消声器或孔板消声器，用于减小气流流动的噪声。按所处位置，处在回风机段前面的是回风消声器，设在送风机段后面的是送风消声段。

（16）中间段 中间段内不安装任何空气处理设备，仅为某些功能段提供内部检修空间而设置，在操作面一侧设有供人员出入的检修门。

（17）能量回收段 一些组合式空调机组内部设有能量回收段。该段使新风与排风交叉流过板翅式能量回收装置而进行热交换，达到回收显热能量的目的。

（18）拐弯段 当机房长度受到限制时，可将空调机组的两部分功能段用90°的水平拐弯段相连接，组成水平转弯式空调机组。当机房占地面积受到限制而有足够的空间时，可利用90°的垂直拐弯式（重叠式）空调机组。

3. 典型组合式空调机组

根据空气处理过程的需要，选择上述的某些功能段连接起来，就组成各种各样的组合式空调机组。图3-18所示为几种典型组合式空调机组。

图3-18a采用单风机，具有预热器、喷水室和再热器；图3-18b采用双风机，具有表冷器、再热器和喷蒸汽加湿器且为重叠形式；图3-18c采用双风机，具有表冷器、加热器和高压喷雾式加湿器，多

用于舒适性空调系统；图 3-18d 采用单风机，具有夏冬共用的表冷器、加热器和高压喷雾式加湿器，也多用于舒适性空调系统。

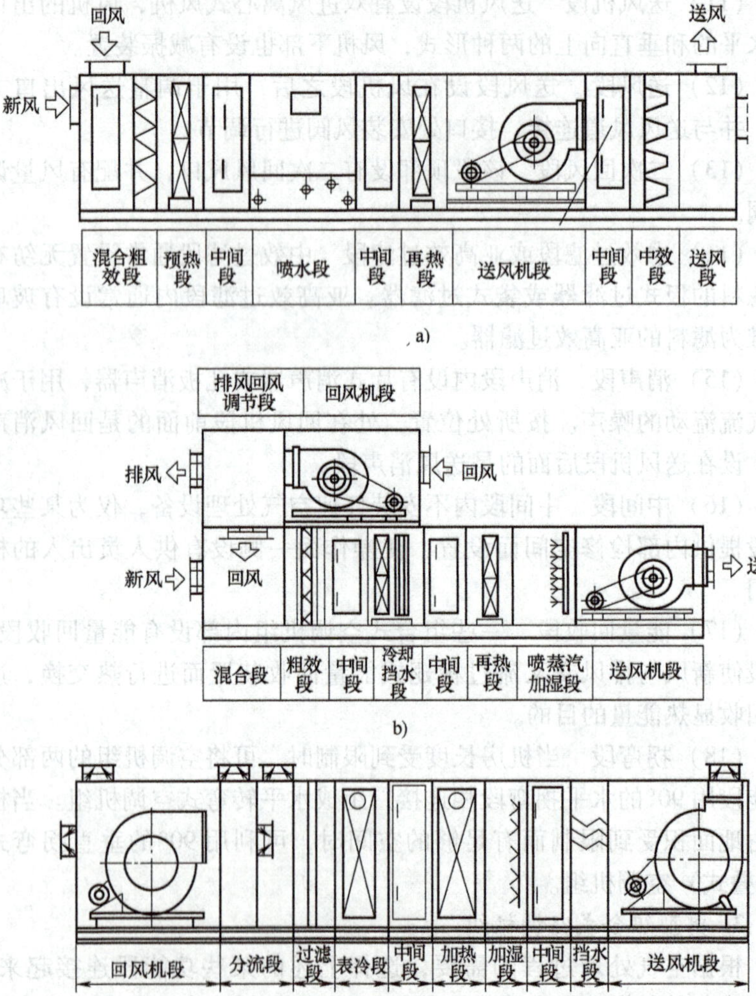

图 3-18　几种典型组合式空调机组

a）具有预热器、喷水室和再热器　b）具有表冷器、再热器和喷蒸汽加湿器

c）具有表冷器、加热器和高压喷雾式加湿器

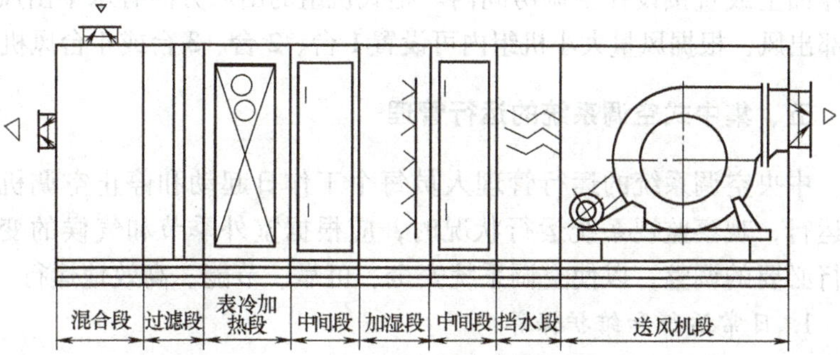

d)

图 3-18 几种典型组合式空调机组（续）

d）具有表冷器、加热器和高压喷雾式加湿器

4. 整体式空调机组

除组合式空调机组外，集中式空调系统还可以采用整体式空调机组。整体式空调机组将各种空气处理设备和风机设置在一个箱体内。按其布置方式可分为立式、卧式等。常用的整体式空调机组有吊装式空调机组和柜式空调机组。

常见的吊装式空调机组如图 3-19 所示。其主要特点是机组的高度小（通常在 800mm 以下），小巧灵活，安装方便，可以整体吊挂在房顶的顶板下面，不占用地面面积，适用于建筑层高较低的空调场合。

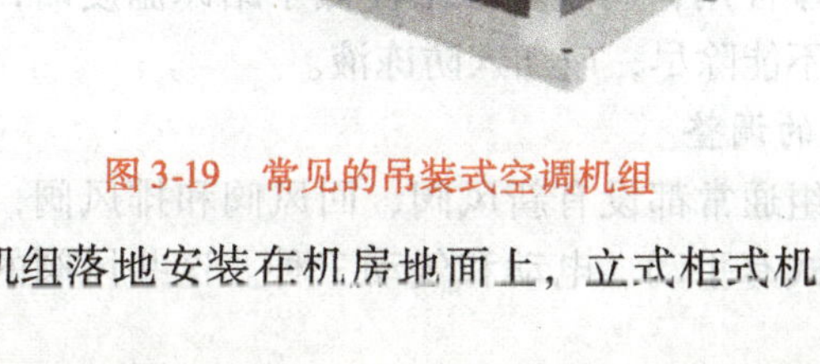

图 3-19 常见的吊装式空调机组

卧式柜式机组落地安装在机房地面上，立式柜式机组安装在机

房地面上或直接设在空调房间内。柜式机组的出风方向有水平出风和上部出风，根据风量大小机组内可设置 1 台、2 台、3 台或 4 台风机。

五、集中式空调系统的运行管理

中央空调系统的运行管理人员每个工作日起动和停止空调机组的运行，观察监视系统运行状况时，应根据室外季节和气候的变化进行必要的调整，以使空调系统安全、可靠、节能、高效地运行。

1. 日常运行和维护保养

1）不要在风机运转时进入机组。

2）在进入机组内工作之前必须先切断风机和电动机电源。

3）机组箱体强度是按照操作压力进行设计和制造的，起动时要注意进出口调节阀的位置，防止出现不许可的高压或真空压力造成箱体吸瘪变形。

4）机组供水时，应先开启排水阀将管内空气放尽。

5）全新风机组，当新风温度低于 0℃时，开车前应先开预热盘管，或采取其他相应措施，防止机组盘管冻裂。

6）有加湿功能机组，操作时先开风机，后开汽（水）；停车时先关汽（水），后关风机。

7）起动时，先向表冷器或加热器供水（汽），后起动机组。

8）定期检查传动带的松紧程度和轴承的润滑状况，轴承可在运转 500h 后加注 CG—2 号防锈润滑脂。

9）空气过滤器前后压差达到 2 倍初阻力（或定期）后，应进行清洗或更换。清洗时可浸入适度肥皂溶液或清洗剂中，淋干并干燥后重新装入。

10）表冷器和加热器每隔 2 ~3 年，应采用化学法清洗水垢，每年清扫或吹洗表面尘垢。

11）冬季停用，周围环境温度低于结冰温度时，应排尽管内存水。如残水不能除尽，应加入防冻液。

2. 风阀的调整

空调机组通常都设有新风阀、回风阀和排风阀，这些空气调节阀的控制方式有手动、电动和气动三种。这些风阀的调整应满足最小新风量、系统风量平衡和节能运行等要求。

（1）最小新风量的确定　新风量是指冬夏设计工况下向空调房间提供的室外新鲜空气量，其大小关系到室内空气品质和空调能量消耗。按要求新风占总送风量的百分数不应低于10%，确定新风量的依据是：

1）满足卫生要求。人体新陈代谢的过程中要吸入氧气并呼出二氧化碳。人在不同状态时二氧化碳的呼出量有所不同，如安静时19.5g/(h·人)；极轻工作时33g/(h·人)；轻等强度劳动时45g/(h·人)；中等强度劳动时60g/(h·人)；重劳动强度时111g/(h·人)。所以在人员长期停留的房间，由于人们呼出CO_2的气体量的增加，会逐渐破坏室内空气的正常成分，给人体健康带来不利的影响。当我们从通风不好的房间走出室外，呼吸到新鲜空气时，顿觉神清气爽，这是因为一般农村和城市，室外空气中CO_2的质量分数是0.5~0.75g/kg（0.33~0.5L/m³）。空调系统送风中包含部分含CO_2量少的新鲜空气来稀释室内空气中的CO_2，以使之符合卫生标准的要求。相关规范规定，工业建筑应保证每人不小于30m³/h的新风量，民用建筑最小新风量见表3-3。

表3-3　民用建筑最小新风量

房间名称	每人最小新风量/(m³/h)	吸烟情况
影剧院、博物馆、体育馆、商店	8	无
办公室、图书馆、会议室、餐厅、舞厅、医院门诊部、普通病房	17	无
旅馆客房	30	少量

注：旅店客房等的卫生间，当其排风量大于表中所确定的数值时，新风量应按排风量采用。

2）补充局部排风量。当空调房间内有局部排风设备时，为了不使房间内产生负压，在系统中必须有相应的新风量来补充排风量。

3）为了防止外界未经处理的空气渗入空调房间，以致干扰房间内空气参数，需要使空调区域保持一定的正压值，即利用适当的新风量使室内空气压力高于外界压力，室内的一部分空气在室内外压差作用下，通过门窗缝隙等不严密处渗透出去。舒适性空调室内正压值以 5～10Pa 为宜，最高不能超过 50Pa，否则将使人感到不适，且增加能耗，开门困难。

在实际工程中，按上述方法得出的新风量中最大者即可作为空调系统的新风量，但此值若小于总风量的 10%，则按 10% 的总风量计算，以确保卫生和安全。但净化程度要求高或温、湿度波动范围要求小、房间换气次数特别大的系统不在此列。

传统的空调新风量确定方法，主要是从 CO_2 质量分数的角度考虑卫生要求。但随着有机合成材料在室内装饰及设备用具方面的广泛应用使具有挥发性的有机化合物气体大量散发，空调凝结水和漏水造成微生物污染及室外空气恶化等，严重影响了室内空气的品质，引起人们头脑发昏、嗜睡、眼睛发红、流鼻涕、嗓子痛、恶心等，甚至导致疾病的发作。因此，还需多角度考虑确定新风量值。

作为空调系统操作人员，应从保证室内空气品质的要求出发，首先就是要充分保证最小新风量。由于室外空气焓值与室内空气焓值存在较大的差距，空调系统为处理新风势必要消耗能量。据调查，空调过程中处理新风的能耗大致要占到总能耗的 25%～30%，对于高级宾馆和办公建筑可高达 40%。夏季最炎热的季节，某些空调房间由于设备冷量不足或其他原因，温度降不下来，有些空调工干脆就将新风阀门关闭，这是不可取的。即使不得以这样做，也应在天气条件变好时，及时开启新风阀门。

其次，要经常检查空调机组和风机盘管溢水口是否堵塞并及时清理接水盘中的滋生物，避免空调设备和风道成为污染源。

第三，要经常检查新风口处空气的品质，以防室外受到污染的空气随送风送入室内。

第四，空调系统设计时所确定的是最小新风量，对于全年允许变新风量的系统，在过渡季节，可增大新风量，利用新风冷量节约运行费用，同时也可得到较好的卫生条件。

（2）系统风量平衡　设计工况下的最小新风量是出于经济和节约能源考虑所采用的最小新风量。在春秋过渡季节可以提高新风的比例，甚至可以全新风运行，以便于最大限度地利用自然冷源。这时就要通过风阀的调整增大新风量。增大新风量的同时，增大排风量，减少回风量，保持系统风量平衡，以维持室内正压的稳定。

1）单风机系统的风量平衡关系。如图 3-18d 所示的组合式空调机组，其风量平衡关系如图 3-20 所示。L 表示送风量，L_X表示从房间吸走的回风量，L_S表示无组织渗风量，L_W表示新风量。在按设计工况运行时，风量平衡关系如下：

对于空调房间：$L=L_S+L_X$

对于空调机组：$L=L_W+L_X$

调节新风风阀和回风风阀使 $L_W=0.1L$，$L_X=L_N=0.9L$，式中 L_N 为空调机组回风量，由于 $L>L_X$，空调房间适量正压；此时 $L_W=L_S$，多余的空气以无组织状态排出室外。

若要开大新风风阀增大新风风量，并且保证送风量 L 不变，则必须同步关小回风风阀。如房间门窗比较严密，室内压力必然升高，压力升高到 50Pa 以上时，人耳膜会有疼痛感，门也不易开启。

所以单风机系统适用于全年新风量不变的空调系统或门窗不严密、门开启频繁的空调场所以及房间少、系统小、空调房间靠近空调机房，空调系统在空调房间设有可以调控的排风口的空调系统。

2）双风机系统的风量平衡关系。如图 3-18c 所示的双风机组合式空调机组，其风量平衡关系如图 3-21 所示。L_P 表示分流段的排风量。风量平衡关系如下：

对于空调房间：$L=L_S+L_X=L_S+L_N+L_P$

对于空调机组：$L=L_W+L_N$

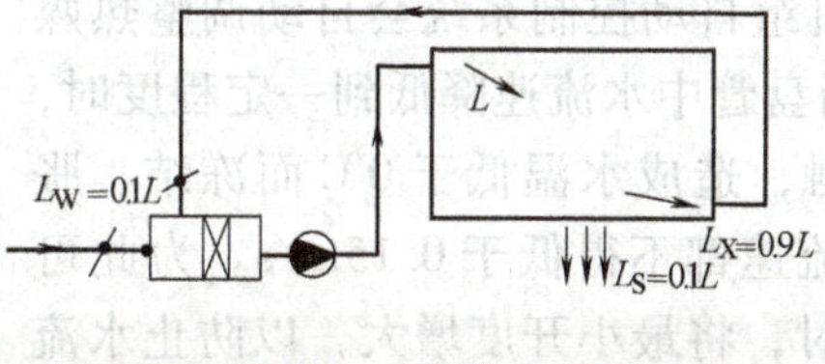

图 3-20　单风机系统的风量平衡关系

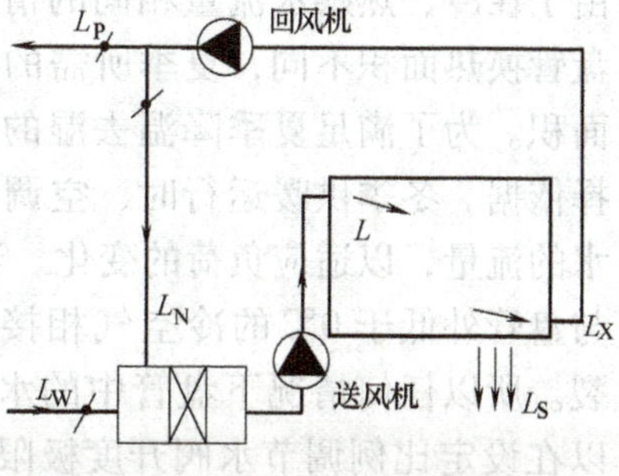

图 3-21　双风机系统的风量平衡关系

过渡季节采用较大的新风量时，开大新风风阀和排风风阀而关小回风风阀。只要 $L_X > L_N$，$L_W > L_P$ 就能保持室内正压，系统要求的机械排风量为 $L_P = L_X - L_N$。

单风机空调系统的风机要克服送风和回风风道的阻力，在同样的处理风量时，风机的风压较高，噪声较大。双风机空调系统送风机承担由新风口至最远送风口的压力损失，回风机承担最远回风口至空调器前的压力损失。吸风量 L_X 是由回风机吸出去的，因此无论新风量 L_W 多少，都可以通过调节回风风阀和排风风阀的开度比例，而保证空调房间的适度正压。所以特别适合全年运行允许新风量随季节变化的空调系统。

在双风机空调系统中分流段的功能是调节通过回风阀与新风混合的风量，而将多余的房间吸风排出室外。所以在系统运行时，应通过调节使送、回风机的压力零点置于一次回风阀处，才能实现吸入新风排出部分吸风的功能，此时排风口处于回风机的正压段而新风口处于送风机的负压段。

3. 空调机组盘管防冻裂

每年冬季在空调供暖时段，北方地区几乎都会发生空调机组换热盘管冻裂的事故，给使用者带来经济损失，甚至影响到生产或业务的正常进行。要防止这类事故的发生，就要了解造成盘管冻裂的原因。

1）如图 3-18d 所示的空调机组，既没有预热器，又采用了冬夏两用的表冷加热器，是舒适性空调系统经常采用的空气处理方案。由于在冷、热媒水流量相同的情况下，按冬、夏工况分别计算出的盘管换热面积不同，夏季所需的换热面积往往大于冬季所需的换热面积。为了满足夏季降温去湿的需要，通常以表冷段的负荷作为选择依据。冬季供暖运行时，空调机组自动控制系统会自动调整热媒水的流量，以适应负荷的变化。当盘管中水流速降低到一定程度时，与盘管外低于 0℃ 的冷空气相接触，造成水温低于 0℃ 而冻结、胀裂。所以任何情况下盘管中的水流速都不得低于 0.15m/s。为此可以在设定比例调节水阀开度极限时，将最小开度增大，以防止水流速过低。但是，在室外新风温度较高时，有可能造成送风温度过高、室内过热的情况，此时可考虑采取换热盘管分排控制的方法，即根据室外气温的变化，依次分排向换热盘管供水，这样既保证了不会因水流速过低而冻结，又可防止室内过热，以保持送风温度的稳定。

如图 3-18c 所示的具有表冷器与加热器的空调机组，如果加热器的换热面积安全裕度过大，会造成盘管内水流速过低的情况。图中的表冷器置于加热器之前，冬季运行中如表冷器的存水不放空也会造成盘管冻结的事故。所以在加热器夏季不作为再热器使用的情况下，最好将加热器置于表冷器之前。此外，寒冷地区所使用的加热器热媒的流向应如图 3-22 所示，与空气的流向呈“顺流”而非“逆流”，以减小冻结的危险。

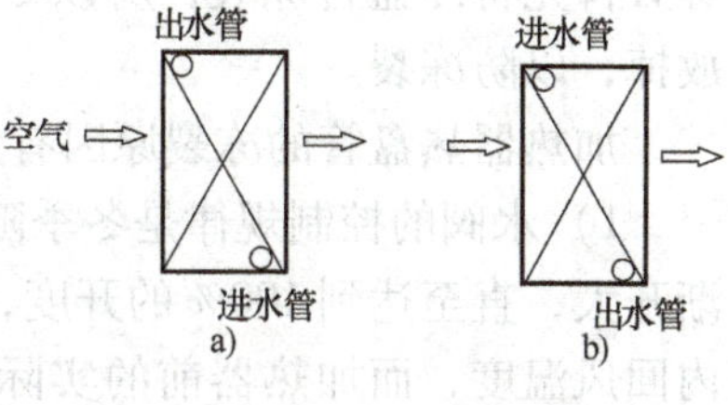

图 3-22　加热器热媒的流向

a）非寒冷地区　b）寒冷地区

以上的分析同样适用于半集中式空调系统的新风空调机组。

2）图 3-23 所示为恒温恒湿空调机组的设备构成及自动控制原理

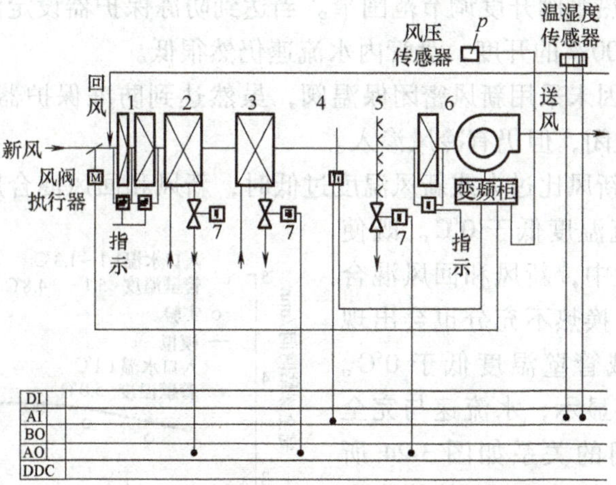

图 3-23　恒温恒湿空调机组的设备构成及自动控制原理

1—初、中效过滤器　2—表冷器　3—加热器　4—防冻保护器　5—加湿器　6—高、中效过滤器　7—调节阀

理。在其自控系统中设置了防冻保护器4，当加热器后的空气温度降低到设定温度（通常在0～15℃）时，输出两路信号：一路通过电气联锁系统自动关闭风机和新风阀；另一路令热水阀开度达到100%。虽然有保护措施，但冷热盘管冻裂的事故也时有发生。

首先分析表冷器冷盘管的冻裂原因。由于空调水系统为四管制，冬季表冷器中仍有存水。防冻保护器的测温探头安装在加热器后端只能保护热盘管不发生冻结，若冷盘管中有存水且温度低于0℃时，势必首先将冷盘管冻裂，所以冬季运行时，应将表冷器中的水设法放掉，以防冻裂。

加热器热盘管的冻裂原因有几种可能：

1）水阀的控制规律是冬季随实测温度低于设定温度而将水阀逐渐开大，直至达到100%的开度，但直接数字控制器的测量信号为室内回风温度，而加热器前的实际风温为新、回风混合后的温度，两者存在一定的温差，新风温度越低，两者温差越大，造成热水阀的调节延迟滞后。

2）加热器换热面积设计裕度太大，系统实际运行工况与其偏差较大，造成热水阀开度小，盘管内水流速过低。

3）热水阀开度调节范围窄。当达到防冻保护器设定温度时即阀门达到100%的开度，盘管内水流速仍然很低。

4）因未采用新风密闭保温阀，虽然达到防冻保护器设定温度，新风阀关闭，但仍有冷风渗入。

5）新风比过大或新风温度过低时，新风和回风混合后盘管迎风面的气流温度低于0℃。既使新风比适中，新风和回风混合不均匀，换热不充分也会出现局部区域管壁温度低于0℃。相关资料显示，水流速与完全冻结时间的关系如图3-24所示。从图中可见，即使管内水流速达到0.3m/s，在一定条件下，盘管不到4min就会发生

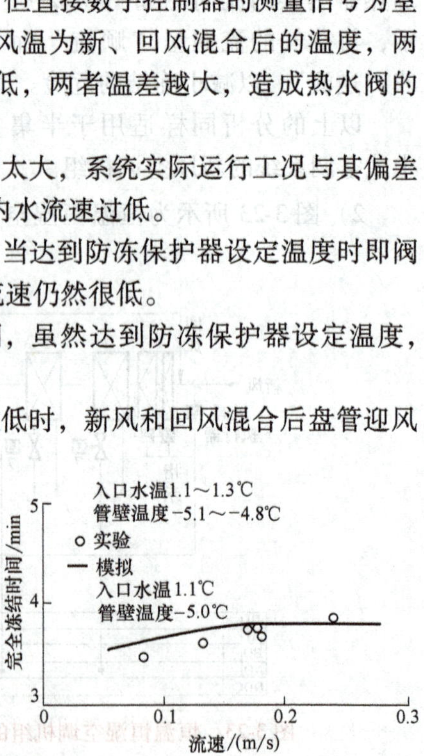

图3-24　水流速与完全冻结时间的关系

完全冻结。当盘管内水流速偏低时，水呈层流流动，管壁温度降到一定程度，形成了冻结条件，首先在管壁内壁面形成冰层，随冰层加厚进一步阻碍水流通，使管内水流速更低，冰层聚积越来越厚，直至全部冻结，胀裂盘管。

由上述分析可知，造成热盘管冻裂的直接原因是空调机组箱体内温度低于0℃，盘管内层流结冰所致，可以采取必要的措施加以改进。这些改进措施主要有：

1）在混合段增加温度探头，用于检测新风与回风混合后的空气温度，当温度偏低时，适当减小新风量。

2）根据阀压差和水流量选择适中的热水调节阀，阀口径宜小不宜大。

3）将普通电动新风阀改为电动密闭保温阀。

4）新风阀联锁的同时加装低温报警蜂鸣器，保证一旦报警空调工能够立即做出反映，采取相应的措施。

4. 挡水板过水问题

在空调机组的喷水室前后都设有挡水板，通过风速较高的表冷器后设有挡水板，高压喷雾式加湿器后也设有挡水板。挡水板的作用是阻留下通过上述热湿处理装置后的空气中所夹带的水滴。既使是构造良好的挡水板也不可能将悬浮在气流中的水滴完全分离出来。随气流进入风道或空调房间的水滴吸热蒸发会加大空气的含湿量，引起空调区相对湿度增大，甚至出现出风带水的情况。要消除挡水板过水的影响，在空调系统设计时，应适当降低减湿冷却处理后的机器露点温度。

如挡水板过水量偏大可能是如下的原因：

1）空气流速较高。流速越高气流夹带水滴的能力越强。

2）挡水板制造质量较差。挡水板一般有玻璃钢和镀锌钢板两种。挡水板的外形如图3-25所示，其折数与折角在制

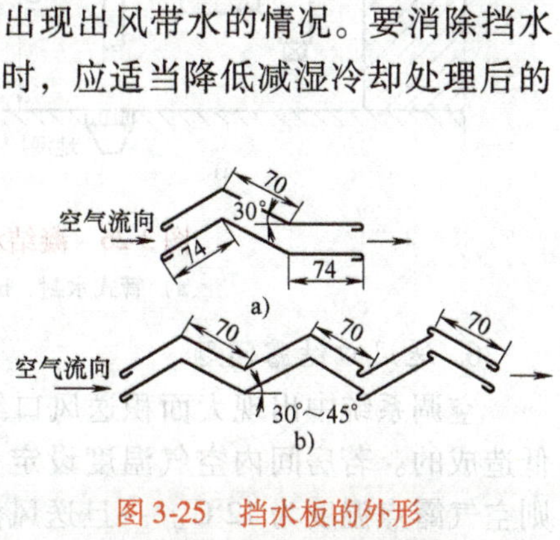

图3-25 挡水板的外形

a）前挡水板 b）后挡水板

作中应符合设计要求，长度和宽度的允许偏差不得大于2mm。

3）挡水板的安装质量较差。挡水板与空调箱壁板间的连接处应严密，使壁板面上的水顺利下流。挡水板的片距应均匀，梳形固定板与挡水板的连接应松紧适度。喷水室的后挡水板与水面接触处应设伸入水中的挡水板。分层组装的挡水板分离的水滴容易被空气带走，每层应设有排水装置，使分离的水滴沿挡水板流入水池。

4）喷水室或高压喷雾式加湿器因控制装置的原因而喷水量过大。

5. 冷凝水水封问题

空调机组表冷段通常位于送风机前，其所处压力为负压，集水盘的冷凝水管必须设置水封。如未设置水封或水封高度不够，将使集水盘中的冷凝水无法排出，甚至将机房内的空气吸入空调机组，影响热湿处理效果和空气洁净度要求。空调机组停机后，表冷段将由负压变成常压，集水盘中的水迅速排出，水封排水管应接至地漏或排水沟，否则将造成地面积水。图3-26所示为凝结水管的水封。

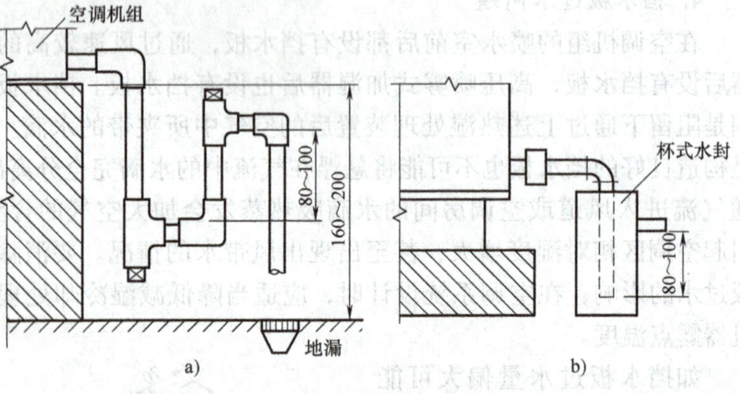

图3-26　凝结水管的水封

a）管式水封　b）杯式水封

6. 送风口结露问题

空调系统中出现大面积送风口结露问题，肯定是由于送风温度低造成的。若房间内空气温度设定为23℃，相对湿度设定为50%，则空气露点温度为12℃。一旦送风温度低于这一温度，在送风口就会出现结露现象，这与送风口材质无关。

若空调系统中个别送风口发生结露现象，则是由于该送风口所处的房间空气湿度较大，如某些地下室可能会出现这种情况。此时可在送风口处加装小型电加热装置，适当提高出风温度，但电加热装置必须与送风机联动，即风机停则电加热装置必须断电。

第三节　风机盘管空调系统

风机盘管空调系统属于半集中式空调系统，风机盘管加新风机是空气-水式空调系统中的一种主要形式，也是目前我国多层和高层民用建筑中采用最为普遍的一种空调形式。

一、风机盘管

风机盘管是风机盘管机组的简称，它安装在空调房间内，称为空调末端装置。制冷机房或热交换站将冷水（或热水）通过管道和水泵输送到机组的盘管，风机开动后，将室内空气吸入机组，经过滤器过滤后，与盘管内的冷媒水（或热水）进行热湿交换，然后就地送入房间，水升温（或降温）后，再返回机房进行处理，形成冷（热）媒水的循环。

1. 风机盘管的构造

图 3-27 所示为普通风机盘管的结构。箱体 7 一般采用型钢骨架

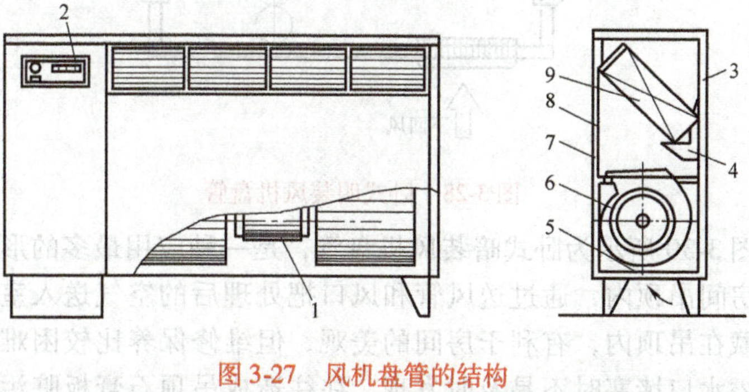

图 3-27　风机盘管的结构

1—电动机　2—控制器　3—出风格栅　4—凝水盘

5—循环风进口及过滤器　6—风机　7—箱体　8—吸声材料　9—盘管

和薄钢板制成，其上的出风格栅 3 做成固定式或可调式。围护面板可以拆卸，以便于检修内部设备。风机 6 通常为双进风前弯多叶叶片的离心式通风机，由双出轴的抽头调速单相交流异步低噪声电动机驱动。盘管 9 一般采用铜管套铝片的翅片管式换热器。为了收集夏季对空气进行减湿处理而产生的冷凝水，在盘管下方设有凝水盘 4。循环风过滤器通常设在机组的下部或侧部，用来过滤回风中的尘埃，其滤料一般采用粗孔泡沫塑料。

2. 风机盘管的类型

从形式上看，风机盘管有立式、卧式、立柱式和顶棚式等，根据室内装修的需要，又可做成明装或暗装。图 3-27 所示为立式明装风机盘管，且为前出风，也可以做成上出风的形式。其通常设置在房间靠近外窗台的位置，其最大特点是安装方便，易于检修。

图 3-28 所示为卧式明装风机盘管，可以采用下回风或后回风的形式。其通常安装于靠近管道竖井隔墙的楼板或吊顶下。图 3-29 所示为立式暗装风机盘管。

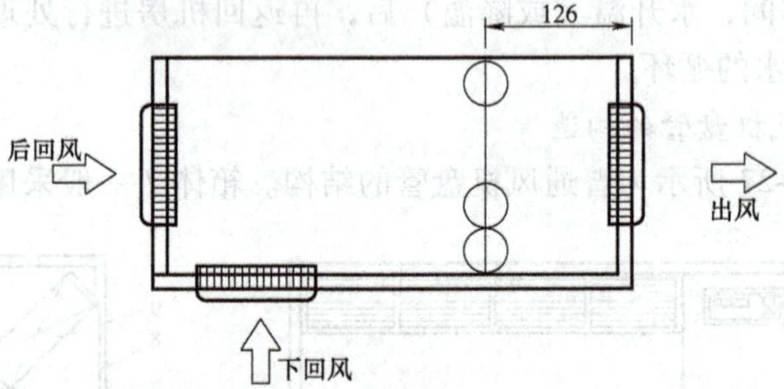

图 3-28　卧式明装风机盘管

图 3-30 所示为卧式暗装风机盘管，是一种应用最多的形式，安装在房间吊顶内，通过送风管和风口把处理后的空气送入室内。由于暗藏在吊顶内，有利于房间的美观，但维修保养比较困难，且凝水盘溢水口堵塞时不易及时发现，往往造成吊顶石膏板脏污染花才被发觉。

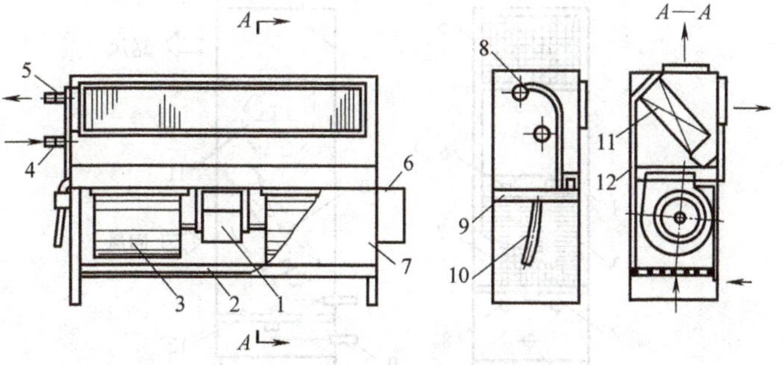

图 3-29 立式暗装风机盘管

1—电动机 2—过滤器 3—通风机 4—进水管 5—出水管 6—变压器 7—机体 8—手动跑风 9—凝水槽 10—排凝结水管 11—盘管 12—保温层

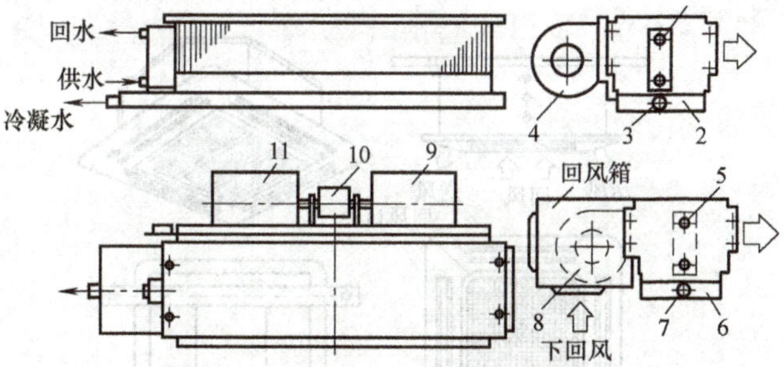

图 3-30 卧式暗装风机盘管

1、5—盘管 2、6—凝水盘 3、7—冷凝水排出管 4、8、9、11—风机 10—电动机

图 3-31 所示为立式明装风机盘管。其高度为 1800 ~ 2000mm，送风口在机组上前方或顶部。其特点是占地面积小，安装维修管理方便。

图 3-32 所示为四面送风、中间回风的吸顶式机组，又称为顶棚式、嵌入式、卡式。其特点是送、回风口均布置在板面上。吸顶式机组就其面板送、回风形式分为单侧送风单侧回风型、两侧送风中间回风型和四边送风中间回风型等几种类型。

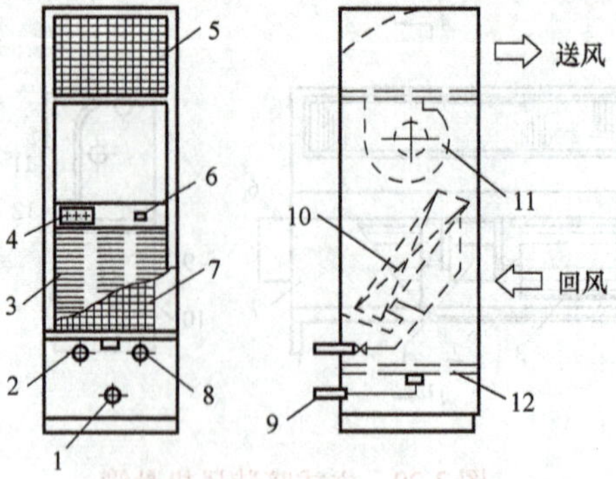

图 3-31　立式明装风机盘管

1、9—冷凝水排出管　2—进水管　3—回风口　4—调速开关　5—出风格栅
6—指示灯　7—空气过滤器　8—出水管　10—盘管　11—风机　12—凝水盘

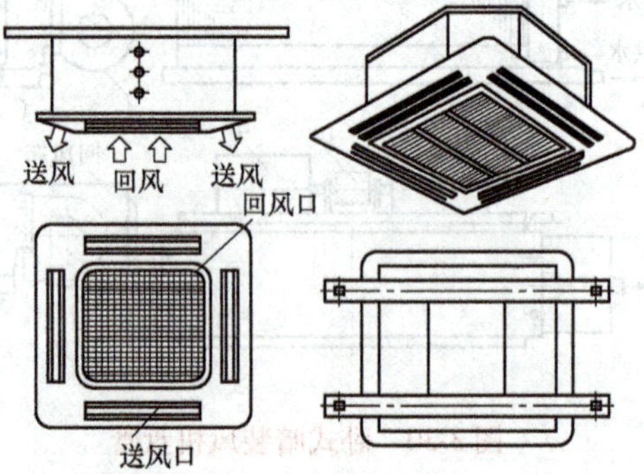

图 3-32　吸顶式机组

普通风机盘管的风机压头一般很小，通常出风口不接风管。若由于布置安装的要求必须接风管时，也只能接一段短管。风机盘管侧送风的水平射程一般小于 6m。当需要连接较长风管或房间开间较大且送风距离较远时，可选择高静压型风机盘管。

3. 风机盘管的安装

卧式暗装风机盘管在空调房间内的布置有以下 4 种方式：

1）将风机盘管安装在人行小通道的吊顶内，回风口设置在吊顶的顶板上，如图 3-33 所示。这种方式大多用于高层宾（旅）馆、酒店的客房。在人行小通道的一侧是大衣柜，另一侧是卫生间。新风干管通常设置在走廊的吊顶内，进入客房的支风管从大衣柜上的吊顶内通过。新风出口和风机盘管的出风口可以合用一个双层百叶送风口向房间内送风。

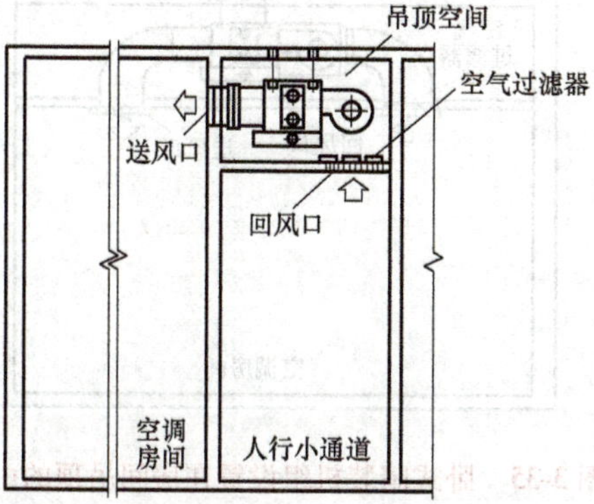

图 3-33 卧式暗装机组设置在人行小通道的吊顶内

2）将风机盘管设置在沿内墙布置的局部吊顶内，风机盘管送风和新风合用的送风口将风吹向房间的外墙，而回风则设在局部吊顶的顶板上，如图 3-34 所示。这种方式多用于办公室、写字楼及餐饮娱乐业的小包间等。

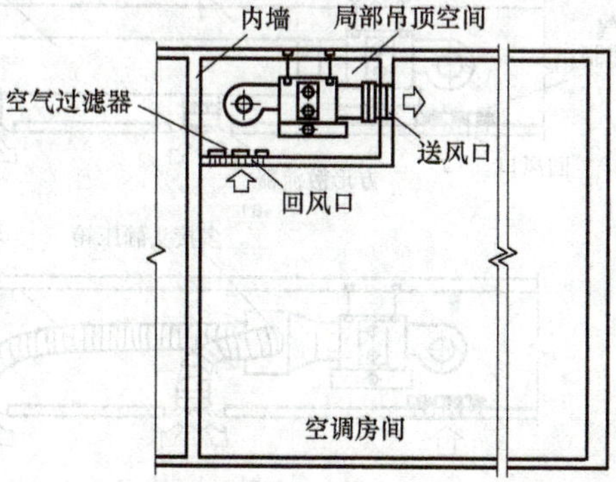

图 3-34 卧式暗装机组设置在沿内墙布置的局部吊顶内

3）将风机盘管设置在房间吊顶的中部，在机组前后各接一个向下的弯管，形成一侧从顶部向下送风，另一侧从顶部回风的方式，如图 3-35 所示，这种方式适用于房间层高较高、全室进行吊顶的场合。

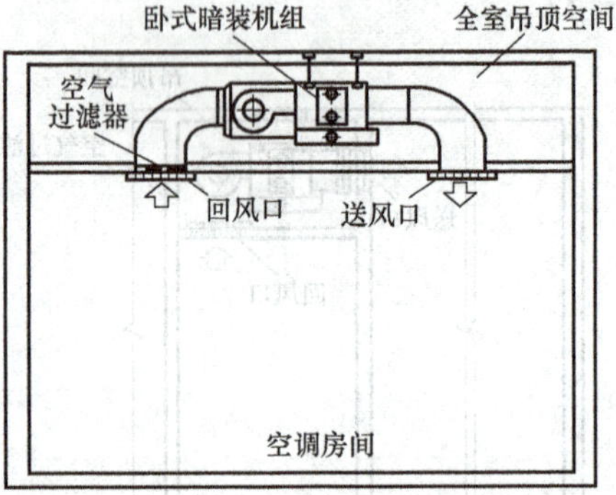

图 3-35　卧式暗装机组设置在房间吊顶的中部

4）对于高静压型卧式暗装风机盘管，为了节省投资减少噪声源，应尽量采用“一机多口”的送风方式。所谓“一机多口”是指由一台高静压风机盘管，通过机组出口处附加的多接头静压箱，经软管与 2～4 个出风口相连的送风方式。图 3-36a 所示为机组出口所接送风管底部设有两个方形散流器；图 3-36b 所示为机组出口处设

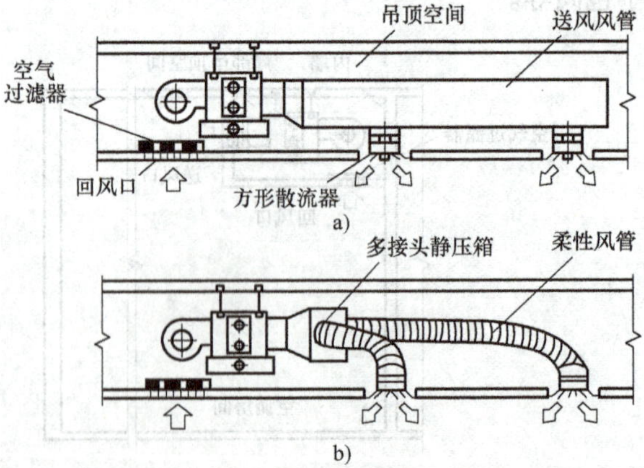

图 3-36　高静压型卧式暗装机组设置在房间吊顶内

a）机组出口接送风风管　b）机组出口处设有多接头静压箱

有多接头静压箱，经柔性风管与两个方形散流器相连。

风机盘管安装前应进行单机性能试验。主要是以下两项内容：

1）对盘管进行水压试验，试验压力为系统工作压力的1.5倍，试验观察时间不少于2min，以不渗漏为合格。

2）安装前应检查风机的运转情况，并对风机的三种风速进行试验，以保证风机电动机的三速绕组接线正确和三级风速运转正常。

卧式暗装风机盘管安装时必须设置独立支架，否则会造成运转不平稳或增大噪声。为了冷凝水从凝结水接水盘中顺利流出，安装时必须有朝向溢水口的 $i=0.005$ 的坡度，如无坡度或反坡，将会造成凝结水溢流而损坏吊顶。而凝结水管也应有 $i\geqslant0.01$ 的坡度。

风机盘管与出风口连接不严密，将会出现噪声和空调房间供风量不足，而影响空调的效果。尽管吊顶内安装空间狭小，但风机盘管的安装或维修保养后的重新安装绝不能掉以轻心。风机盘管的出风口和空调房间的送风口的连接最好采用镀锌钢板风管，风管与机组出风口的法兰之间，加装与风管连接相同的密封垫片，并将法兰用螺栓拧紧。

风机盘管与回风箱连接不严密将使吊顶内未经过滤的空气吸入回风箱造成送风洁净度达不到要求，还易造成翅片管式换热器外表面脏污。风机盘管的回风有两种连接方法：一种是对空气品质要求不高的，是将房间的回风口（加装过滤器）直接安装在吊顶上，回风不直接到风机盘管，而是回到吊顶内，然后靠风机产生的负压吸到机组内；另一种是风机盘管设有回风箱，房间的回风通过回风口（加装过滤器）直接到回风箱，空气不受其他房间空气的污染。

4. 风机盘管的控制

以两管制、冷/热水两用风机盘管控制为例，它夏季通冷水向室内供冷，冬季通热水向室内供热。图3-37所示为其控制系统的

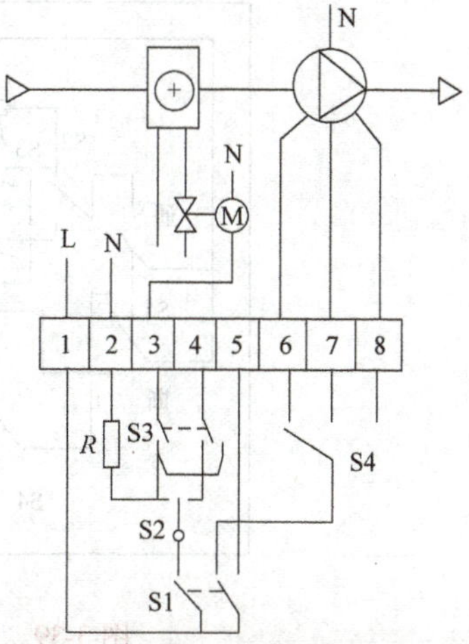

图3-37 风机盘管控制系统的工作原理

工作原理。通过温控器控制冷/热两用盘管的两通阀或三通阀，从而控制供水回路的通断。

图 3-38 所示为霍尼韦尔公司生产的 T6373 系列温控器的外形。图 3-39 所示为该温控器与风机和 VC6013 型水阀的接线情况。

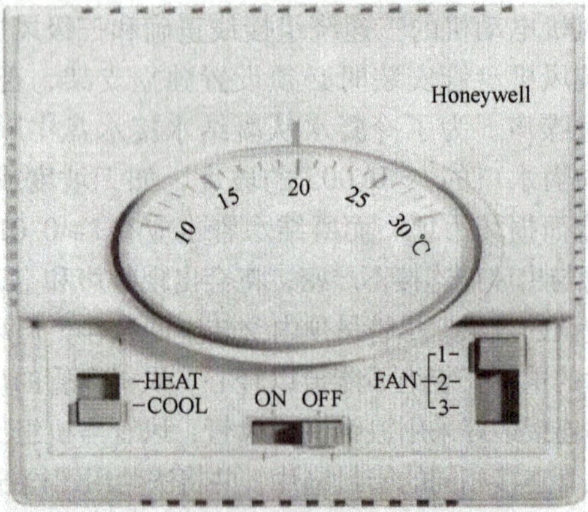

图 3-38　温控器的外形

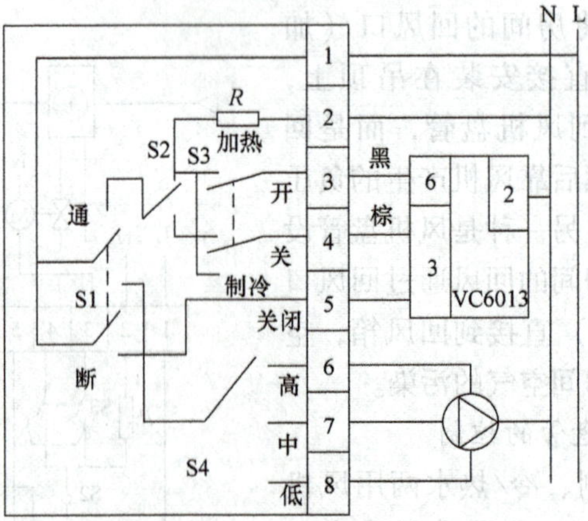

图 3-39　温控器的接线情况

(1) 温控器　温控器通常安装在空调房间的墙壁或接线盒上。ON/OFF 开关（S1）是一个系统起停开关，用以切断接通温控器的电源。HEAT/COOL 开关（S3）为制冷制热选择开关。FAN 开关（S4）为风机三速选择开关，“1”挡低速，“2”挡中速，“3”挡高速。给定标度盘用以设定温控器控温温度，可以在 10～30℃ 范围内选择。图 3-39 中的 S2 即表示温控开关。其结构和工作特性如图 3-40 所示。

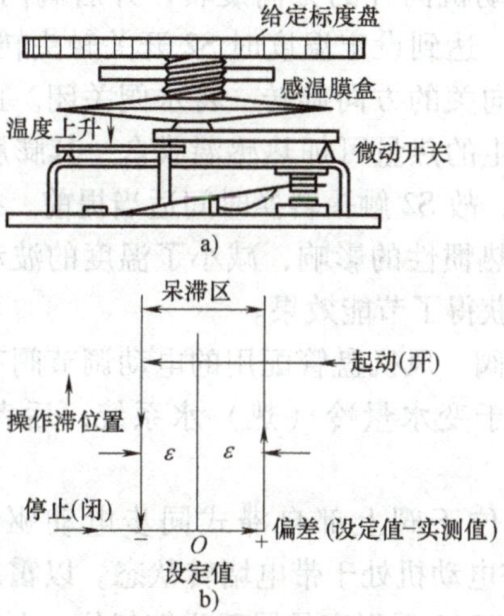

图 3-40　温控器的结构和工作特性

a）结构　b）工作特性

温控开关的感温元件是两片边缘焊接在一起的圆形弹性金属膜片组成的感温膜盒。其内充有气/液两相混合介质。它感受周围环境温度的变化，温度升高则一部分液体汽化，膜盒内的压力升高，反之则膜盒内的压力降低，压力变化引起膜盒的膨胀或收缩。当温度上升时，膜盒膨胀使微动开关的常闭触头断开，常开触头接通，通过触头转换来接通或断开电动水阀的供电回路。其控制规律是双位的。实测值与设定值之间存在着偏差 ε。以供热为例，当偏差大于或等于 ε 值时，电动水阀打开，当偏差小于或等于 $-\varepsilon$ 值时，电动水阀关闭。

通过“给定标度盘”调整膜盒的预紧力来调整设定温度值。

图 3-39 中的 *R* 为“热量预感器”接在端子 2 和温控开关上，其作用是减小温度波动幅度，提高环境舒适度。温控开关的动作过程如下：

夏季供冷时，开关 S3 置于“制冷”工况，当被测温度高于设定温度时，S2 将转换成下端的位置，S3 也置于下端的位置。此时电源通过 S1、S2、S3、3 号端子，黑色导线 VC6013 的 6 号接线端兰色导线使电动水阀电动机向开的方向旋转，开启阀门，给盘管供冷水。随着室温的降低，达到设定温度时 S2 开关触头转换到图示的位置，电动水阀电动机向关的方向旋转，将水阀关闭。此时热量预感器 *R* 得电，该电阻产生的热量可加热感温膜盒，其膨胀变形较无热量预感器时要快一些，故 S2 触头转换时间适当提前，提前开启了阀门热量预感器抑制了热惯性的影响，减小了温度的波动幅度，也减小了过冷过热现象而获得了节能效果。

（2）电动水阀　风机盘管配用的电动调节阀有两通和三通两种类型。前者适用于变水量冷（热）水系统，后者适用于定水量冷（热）水系统。

电动水阀由位于阀上部自滞式同步电动驱动，通常采用 AC 220V 供电，允许电动机处于带电堵转状态。以霍尼韦尔公司的产品为例，V4043、V4044 系列产品属于弹簧复位，电动机通过齿轮减速机构开启阀门，电动机失电后，阀门在返回弹簧的作用下，关闭阀门。通电后，阀门约 6s 完全打开，失电后约 6s 完全关闭。阀体上设有手动操纵杆。图 3-41 所示为这种阀的外形，安装时，水流方向应与阀体上箭头的方向一致。

VC 系列阀门属开关式电动阀门，阀门的启闭均通过电动机驱动，只有在阀门改变位置时，才需供电，消耗功率减小，其在开启或关闭时，动作特别轻柔，绝无水锤现象。二通阀的流向是任意的。这种类型的阀所带接线都是三根而非两根，图 3-42 所示为这种阀的外形。

电动水阀都规定有静压力和使用要求，如上述的 V4043 系列阀门规定静压力额定值为 860kPa，因此在高层建筑中，处于较低楼层里，水系统上有时需设减压阀，以保证电动水阀的正常使用。

图 3-41　弹簧复位电动水阀

图 3-42　开关式电动阀门

为防止运转中结露滴水，电动水阀安装后应对阀体进行保温。

（3）风机　风机盘管所用风机除少数采用贯流风机外，绝大多数为离心式风机。其调速方法为绕组抽头调速，图 3-43 所示为绕组抽头法调速电路。在副绕组串联了电容 C，其作用是分相，以得到旋转磁场。在电动机定子上设置了三个绕组：主绕组、副绕组和中间绕组。在中间绕组上又抽出了一个抽头。

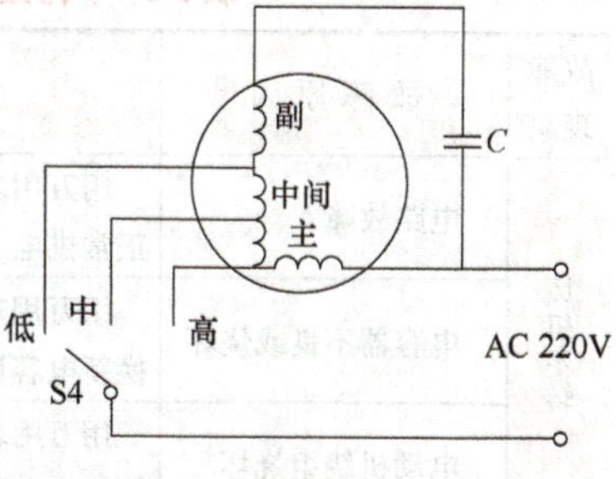

图 3-43　绕组抽头法调速电路

如图 3-43 所示，中间绕组两端和抽头分别与风机盘管温控器的选择开关 S4 相连。通常中间绕组与线径较细的副绕组串联后嵌放在同一个槽内。当调速开关在高速挡时，主绕组得到 220V 全电压，电动机的转速最快。调速开关位于中速或低速挡时，中间绕组分掉一部分电压，主绕组得到的电压减小，电动机转速变慢。

5. 风机盘管的维护保养

风机盘管的日常巡视检查和维护保养是中央空调系统操作员的重要工作内容，见表 3-4。

表 3-4　风机盘管的日常巡视检查和维护保养

名　称	日常巡视检查	维护保养	周　期
空气过滤器	观察表面脏污程度	用水洗净	1 次/月
冷热盘管	观察翅片管表面脏污程度，以及弯管的腐蚀状况	用水及药品清洗	2 次/年
送风机	观察叶轮表面灰尘，并检查噪声	清理叶轮	2 次/年
接水盘	观察表面有无污物，及排水功能是否良好	清扫防尘网和水盘	2 次/年
管路	观察材料是否良好，以及腐蚀状况，是否有因腐蚀而漏水，检查电动阀的动作情况	发现问题及时处理	随时

6. 风机盘管的故障判断与排除

风机盘管的故障判断与排除见表 3-5。

表 3-5　风机盘管的故障判断与排除

故障现象	故 障 原 因	诊 断 方 法	排 除 方 法
风机不转	电路故障	用万用表或验电器检测是否有正常供电	修复电路
	电容器不良或烧坏	用万用表电阻挡测量电容或更换新电容试验	更换
	电动机绕组烧坏	用万用表检测绕组直流电阻值，用绝缘电阻表检测绝缘电阻值	修复或更换
无冷热风或冷热风效果不佳	闸板阀开度不够	检查闸板阀	开大阀门
	电动水阀不能开启	检查温控器 S2 触头能否正常转换，检查电动水阀电动机绕组、电动水阀齿轮减速机构	更换温控器或电动水阀
	盘管内窝气	管路有振动与杂音	从跑风阀排出空气
	盘管内脏污	在出水侧检查水流	用压缩空气、水等冲洗
	换热盘管表面脏堵	目测检查	清洗
	风机丢转	检查风机叶轮脏污程度	清扫
	空气过滤网堵塞	目测检查	清洗
	温控器调整不当	检查温度设定值和风速开关挡位	重新调整
	供水温度异常	测量供水水温	检查冷水机组或板换

（续）

故障现象	故障原因	诊断方法	排除方法
漏水	接水盘无坡度或反坡	检查接水盘坡度	调整
	排水口堵塞	检查排水口	清除堵塞物
	盘管或连接处漏水	目测检查盘管或管路连接处	修复或重新拧紧
	管路上凝结水下滴	检查管路保温状况	重新保温
	跑风阀未关闭	检查跑风阀	关闭
噪声大	安装不牢固	检查吊架、吊杆和连接	调整
	风机轴承损坏或缺油	检查轴承运转噪声	更换或加油
	风机叶轮松动或变形	目测检查	紧固或更换

二、新风和排风系统

1. 新风系统

风机盘管空调系统的新风系统由新风机、新风管道组成。

新风机相对集中设置。系统规模较大时，为调节控制、管道布置和安装及管理维修的方便，可将整个系统分区处理。例如，按楼层水平分区或按朝向垂直分区等。有分区时，新风机宜分区设置；系统规模较小不分区时，可整个系统共用一台或几台新风机。

新风机有落地式或吊装式两种，宜设置在专用的新风机房内。为节省占用的建筑空间，有时不设专用的新风机房，而是将新风机吊装在便于采集新风和安装维修的地方（例如走廊尽头、顶棚的上方等）。

新风系统的管道布置，往往利用建筑设计时留出的新风竖井将新风管道垂直布置其中，到各层楼接出水平支管，接出处必须装设防火阀。

房间新风的供给方式有两种：一种是将新风机处理后的新风直接送入空调房间内，风机盘管只承担处理和送出回风，让两种空气在房间内相互混合，并吸收室内余热余湿以达到要求的室内空气状态，这种方式称为新风直入式，如图 3-44a 所示；另一种是新风支管将新风送入风机盘管尾箱，让新风机处理后的新风在尾箱中先与回风混合，再经风机盘管处理送入房间内，如图 3-44b 所示，这种方式称为新风串接式。

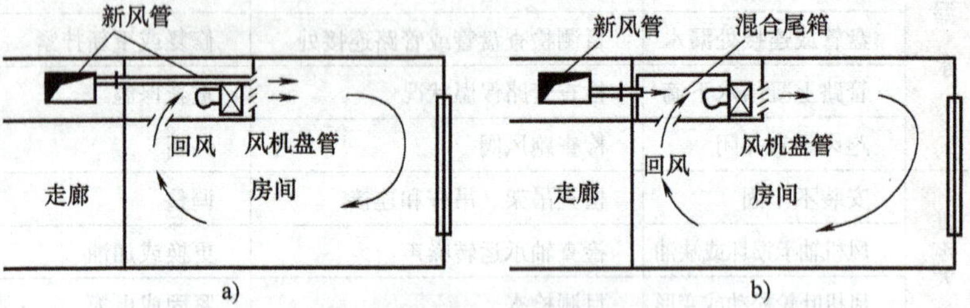

图 3-44　房间新风的供给方式

a）新风直入式　b）新风串接式

对于新风直入式风机盘管空调系统，通常将新风处理到 $\phi=90\%\sim95\%$ 的相对湿度并与室内空气的焓相等的状态。其夏季空气处理过程如图 3-45a 所示。若将新风处理到低于室内空气状态的等含湿量线，则新风机组不仅负担新风热湿负荷的处理，还负担部分室内显热负荷和全部潜热负荷的处理。风机盘管仅负担一部分室内显热负荷，可实现等湿冷却，从而改善室内卫生条件和防止水患。这种处理过程如图 3-45b 所示，此时新风机组处理焓差大，水温要求 5℃以下。

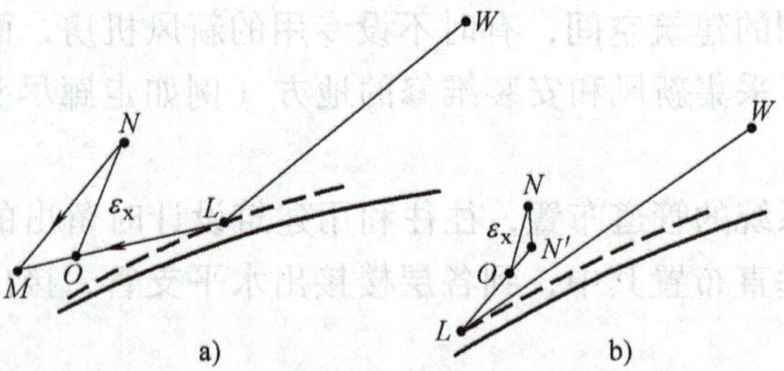

图 3-45　新风直入式空气处理过程在焓湿图上的表示

a）处理过程一　b）处理过程二

对于新风串接式风机盘管空调系统，其空气处理过程如图 3-46 所示。这种系统有较多空气流经盘管，使用较少。

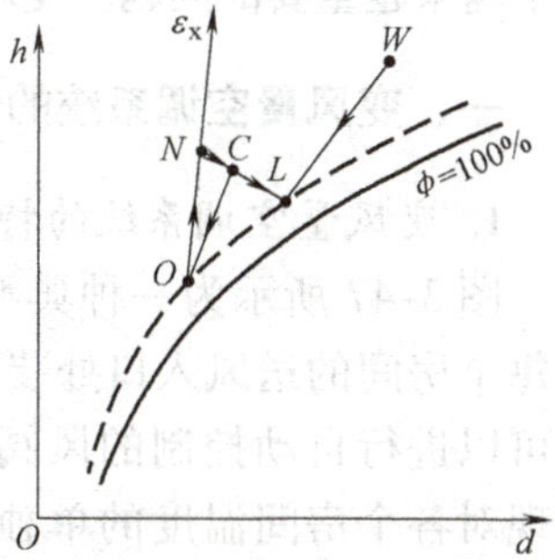

图 3-46 新风串接式空气处理过程在焓湿图上的表示

2. 排风系统

客房的排风系统大多在卫生间安装顶棚式排风扇，并用排风支管连接排风干管，使各房间排风汇集于排风干管后用排风机排至室外。排风支管也应设置防火阀。

对于不设卫生间的空调房间（如普通小间办公室），应在空调房间的适当位置开设排风口和排风管相通，用排风机向室外排风，连接各房间排风口的排风支管应设置防火阀。

排风系统一般都是利用竖风道（或竖井砖风道）从下往上排风。小系统的竖风管一直延伸到层顶；大系统一般利用中间某层或顶层吊顶空间布置水平排风干管，将竖风管的排风汇集起来。

客房卫生间的排风系统设计风量是按换气次数 8 ~10 次/h 计算的。为防止室外空气的渗透，保持房间内正压，送入室内的新风量应比排风量大 20% 左右。

第四节 变风量空调系统

变风量空调系统（也称为 VAV 空调系统）是全空气空调系统的一种空调方式，它是通过改变送风量而不是改变送风温度来控制和调节某一空调区域的温度，从而与室内空调负荷的变化相适应。由于变风量系统的末端装置可以根据负荷的变化和个人的舒适要求自动调节空调送风量，从而使得整个空调系统可以随着负荷的变化调节总送风量，空气处理机组的送风机转速随之降低，减少风机的动力消耗。

20 世纪 80 年代以来，空调技术进入了一个新的发展阶段，如何使空调系统在提高舒适性、健康性的同时又达到节能的目的已经成为一个越来越重要的问题。变风量系统就是解决这个问题的途径之一。

一、变风量空调系统的特点及分类

1. 变风量空调系统的特点

图 3-47 所示为一种典型的简单 VAV 空调系统。其主要特点是在每个房间的送风入口处装一个 VAV 末端装置，该装置实际上是一个可以进行自动控制的风阀，以增大或减小送入室内的风量，从而实现对各个房间温度的单独控制。变风量系统的组成包括：空气处理设备、送（回）风风道、变容量送风机排风机（或回风机）、VAV 末端装置及送风口、自动控制仪表等。

与定风量空调系统相比，变风量空调系统具有如下特点：

① 用改变送风量的方法来适应空调负荷的变化，可实现空调房间或空调区域的灵活控制，使室内无过冷过热现象出现，因而减小了空调负荷。

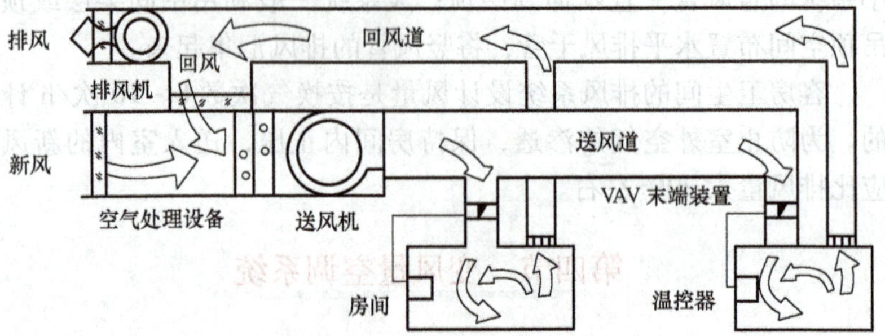

图 3-47　典型的简单 VAV 空调系统

② 考虑到同时使用率，空调设备的容量和风管尺寸可以减小。

③ 在部分负荷运转时，风机在低速下运行，可减小送风动力消耗。若采用全年变风量运行，因系统在大部分时间内在部分负荷下工作，节能效果显著。在过渡季节可以尽量利用室外新风冷量，实现全年经济运行。

④ 总风道尺寸小于定风量空调系统，变风量末端装置有自动平衡功能，不需要进行细致的风管风量平衡调试，大大减小系统调试

工作量。

⑤ 变风量空调系统与半集中式的风机盘管空调系统相比，不需要将各种水管引入房间，没有风机盘管的凝水接水盘处的霉变问题，同时具有一般低速集中式空调系统的优点并有利于进行集中管理。

虽然变风量空调系统有很多的优点，但也有其自身的局限性，它不能像其他的空调系统那样始终能保证室内换气次数、气流组织和新风量，另外变风量空调系统对室内的相对湿度控制较差，末端装置价格较高，控制系统复杂，一次性投资比较大。

2. 变风量空调系统的分类

变风量空调系统有不同的形式，其分类也有不同的方法。

(1) 按服务区域分类　按照服务区域分类可以分为单区和多区系统。单区变风量空调系统适用于房间空调变化规律相同的区域，它是通过改变空调机组中风机的转速达到变风量的目的，系统只有风机调速部分，而无末端装置。多区变风量空调系统除了空调机组风量可以调节外，每个空调房间的送风口都安装有变风量末端装置，由置于空调房间的温控器来控制进入房间的风量。多区变风量空调系统是“真正”意义上的变风量空调系统。

(2) 按风道布置方式分类　按风道布置方式可分为单风道空调系统和双风道空调系统。单风道空调系统采用一条送风管，而双风道空调系统采用双风管送风，一根风管送冷风，一根风管送热风，通过 VAV 末端设置混合后送入室内。

(3) 按照风机风量是否可变分类　按照风机风量是否可以改变，可以分为“真”变风量（VAV）系统和“准”变风量（BVV）系统。准变风量系统，也称为旁通型系统，它是通过将部分处理过的空气在进入房间之前旁通到回风中，来改变送入房间的风量，达到变风量控制室温的目的。这种系统简单，控制方便，维护容易，其最大的缺点是风机的能耗不能减少。

二、变风量空调系统的变风量末端装置

按风量调节原理，VAV 末端装置可以分成 4 种基本类型，即节流型、风机动力型、双风道型和旁通型四种，其中节流型是最基本

的类型，节流型和风机动力型是使用较多的类型。

（1）节流型 VAV 末端装置　它通过改变空气流道的横截面积而改变风量。

节流型有 3 种基本类别，即百叶型、文丘里型和气囊型。所有类型均是由一个节流机构，加上对该机构的控制和调节元件以及必要的箱体所构成。

1）百叶型。图 3-48 和图 3-49 表示了两种百叶型 VAV 末端装置。前者为单片蝶阀，后者以两片阀片的位移来调节风量，其流量特性更接近线性。常用的百叶型 VAV 末端装置主要由箱体控制器、风速传感器、温度传感器、控制器、电动风阀等组成。其工作原理如图 3-50 所示。控制器根据室内实测温度与设定温度之间的差值修正风量设定值。风流量感应器测量末端装置内的风速，通过差压变送器将风量信号输入到控制器，控制器将实际流量与设定流量进行比较，从而输出信号对风阀位置进行调整。这种形式的 VAV 末端装置送风量的控制与管内压力无关，称为压力无关型。

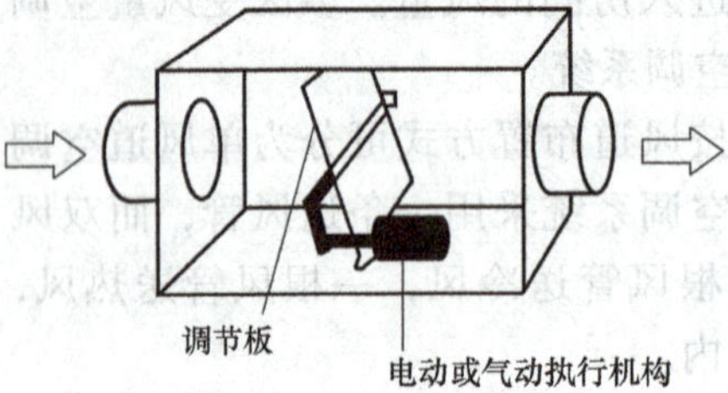

图 3-48　单叶风阀变风量末端装置

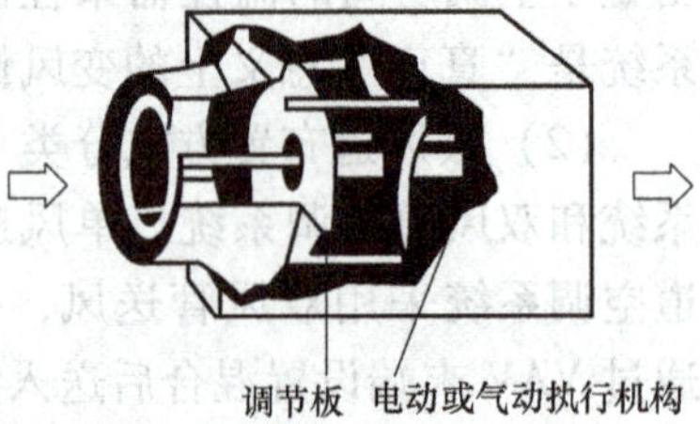

图 3-49　空气阀变风量末端装置

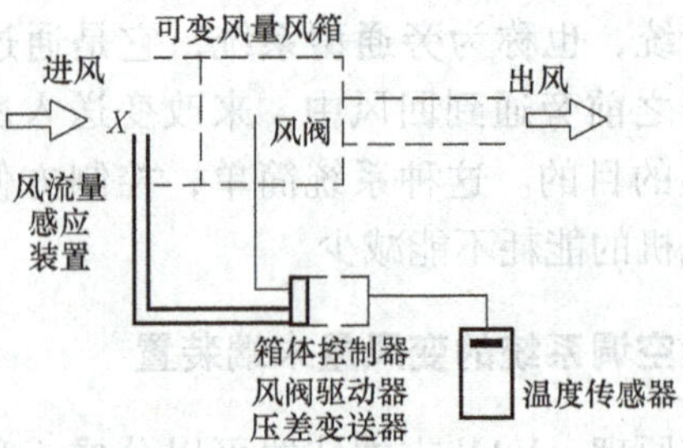

图 3-50　百叶型 VAV 末端装置的工作原理

2）文丘里型。图 3-51 所示为文丘里型末端装置，当室内负荷发生变化时，该装置内的锥形体由温控器控制的电动或气动执行机构通过锥形体中心的阀杆带动，从而改变文丘里型筒体中间的环形面积的大小，使风量发生改变，锥形体中心的阀杆带有弹簧，当末端装置上游的静压增大，此压力将克服弹簧力使锥形体沿减小空气流通截面积的方向移动，从而增加了空气流通时的阻力；反之则减小空气流通的阻力，如此可以维持原来的风量不变，实现定风量的功能。

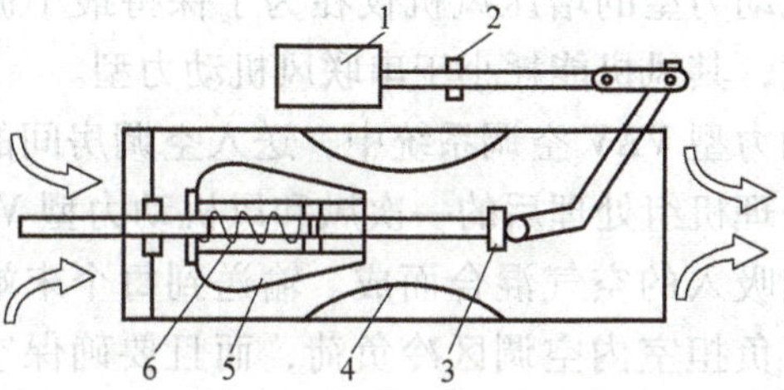

图 3-51 文丘里型末端装置

1—执行机构 2—限位器 3—阀杆 4—文丘里型筒体 5—锥形体 6—弹簧

（2）风机动力型变风量末端装置 它在节流型的 VAV 末端装置中增置了加压风机，通过加压风机使来自回风道或吊顶内的回风与一次风混合而送入室内。根据加压风机与变风量阀的排列方式又分为串联风机动力型和并联风机动力型，如图 3-52 所示。

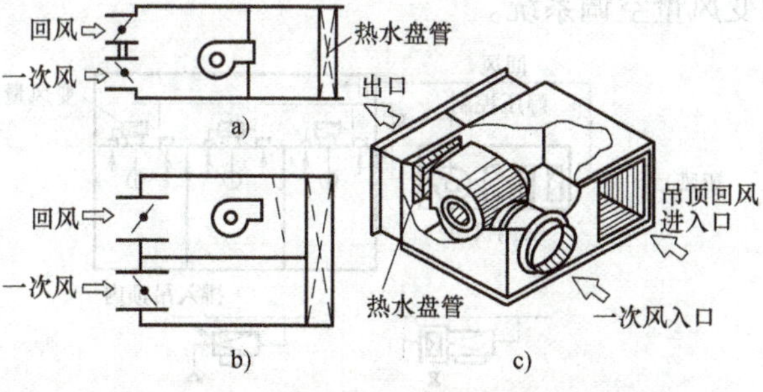

图 3-52 风机动力型变风量箱

a）串联风机型 b）并联风机型 c）串联风机型的结构

1）串联风机动力型。串联风机动力型的风机和变风量风阀串联设置，一次风既通过变风量阀，又通过风机加压。

串联型一般用于一次送风温度较低的低温送风空调系统或冰蓄冷空调系统中，它将温度较低的一次风与顶棚内的空气混合成所需温度的空气送到空调房间内。

2）并联风机动力型。并联风机动力型的增压风机与一次风风阀并联设置，经集中式空调机组处理后的一次风只通过一次风风阀而不通过增压风机。

并联风机动力型的增压风机仅在为了保持最小循环风量或加热时运行，因此，其风机能耗小于串联风机动力型。

在风机动力型 VAV 空调系统中，送入空调房间的空气是由经过集中式空气处理机组处理后的一次风和风机动力型 VAV 末端装置的风口从顶棚内吸入的空气混合而成。输送到每个末端装置的一次风送风量不但要负担室内空调区冷负荷，而且要确保空调区域内气流组织良好和满足卫生要求。

三、变风量空调系统的形式

变风量空调系统的常见形式主要有：

（1）单风管变风量空调系统　图 3-53 所示为单风管变风量空调系统的工作原理。该系统由空调机组送（回）风管道和变风量箱组成。其气流分布为上送上回，回风进入吊顶后被吸回空调机组，是最基本的变风量空调系统。

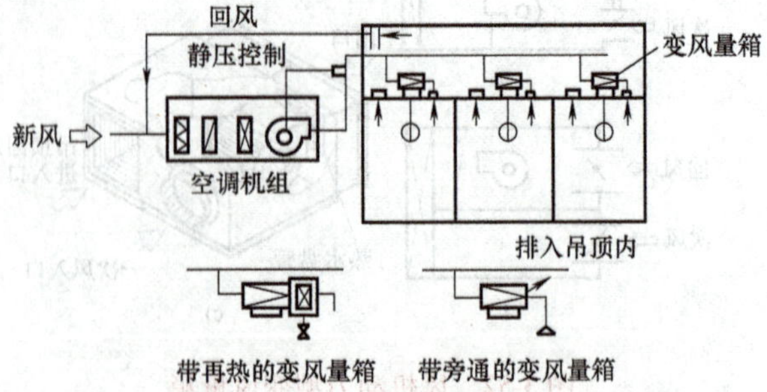

图 3-53　单风管变风量空调系统的工作原理

单风管变风量空调系统的 VAV 末端装置可以是节流型的，也可以是旁通型的。对于节流型的变风量箱，当空调负荷减小，室内温度下降时，控制器通过风阀或其他形式的节流装置调整出风口的风量。当送风口因变风量箱的节流而减少送风量时，风管内的静压升高。设置在风管上的静压控制器能调低变频风机的转速，从而使空调机组的送风量减少，达到节能的目的。

某些地区高层建筑的内区往往需要全年供冷，采用单冷型的变风量系统。高层建筑的外区，夏季供冷、冬季供热，空调机组内应有加热器和加湿器，空调房间内采用设有再热盘管的变风量箱。

空调机组若采用设有变频送风机和变频回风机的双风机系统，则有利于空调房间的静压控制。

（2）具有风机动力型 VAV 末端装置的一次风变风量空调系统

具有风机动力型 VAV 末端装置的一次风变风量系统由定风量的新风机组、可变风量的一次风处理机组，以及按照高层建筑内区和外区不同要求而分别设置的风机动力型 VAV 末端装置和送风口等组成。其工作原理如图 3-54 所示。

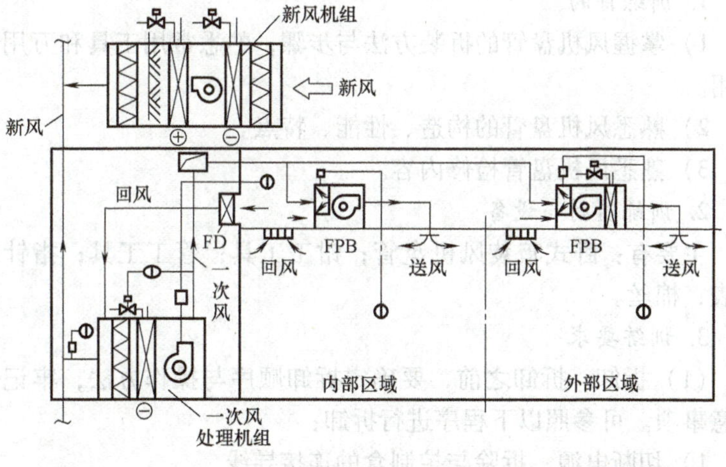

图 3-54 具有风机动力型 VAV 末端装置的一次风变风量系统的工作原理

新风机组的任务是按照不同季节的要求，将新风处理到一定状态（通常夏季对新风作减湿冷却处理；冬季对新风作加热加湿处理；

过渡季节直接抽取新风）。新风机组通常集中布置，处理后的新风沿竖向新风风管分别输送到设在各层的一次风处理机组。

新风与来自空调房间的回风在一次风处理机组内进行混合，称为一次风。一次风经过滤和进一步减湿冷却处理后，由变频送风机输送到风机动力型 VAV 末端装置。

末端装置通过其内部的风机，能够抽取室内的回风与一次风进行混合，并改变一次风与回风的混合比例，使送入房间的风量保持定值，以使空调房间内具有良好的气流分布。一次风的送风量随室内负荷的变化而改变。当一次风的送风量随 VAV 末端装置的风阀关小而减少时，风管中的静压升高，静压控制器控制一次风处理机组内的变频风机，使其降低转速减小风量。

第五节　中央空调系统技能训练实例

训练　风机盘管的拆装与检修

1. 训练目的

1）掌握风机盘管的拆装方法与步骤，熟悉常用工具和万用表的使用。

2）熟悉风机盘管的构造、性能、特点。

3）熟悉风机盘管检修内容。

2. 训练器材与设备

主要有：卧式暗装风机盘管；钳工工具；管工工具；指针式万用表；棉丝。

3. 训练要求

（1）拆卸　拆卸之前，要确定拆卸顺序与操作方法，牢记安全注意事项。可参照以下程序进行拆卸：

1）切断电源，拆除与控制盒的连接导线。

2）关断进水与出水阀门，拆卸波纹软管接头与冷凝水管后，将风机盘管从吊杆上拆下。

3）将风机部分拆下。

4）拆下风机叶轮，观察叶轮构造，检查脏污情况。

5）用万用表检测风机电动机绕组和电容。

6）拆卸风机电动机轴承，记录轴承型号，检查轴承是否损坏，润滑脂是否变质。

7）检查盘管脏污情况，分析清除脏污方法。

8）分析管路阻塞的清除方法。

9）用万用表检测电动水阀电动机绕组。

10）观察接水盘上排水口是否堵塞。

（2）装配　装配时可按拆卸相反的顺序进行，安装后要试运转并观察：

1）运转中的振动情况。

2）风机的振动和噪声。

3）能否正常的排出凝结水。

4）制冷或制热效果。

复习思考题

1. 集中式空调系统的主要组成部分有哪些？
2. 集中式空调系统空气输送设备的组成部分有哪些？
3. 集中式空调系统使用二次回风有何作用？
4. 变风量（VAV）空调系统主要特点是什么？
5. 变风量空调系统的组成是什么？
6. 常用百叶型 VAV 末端装置的主要组成是什么？

第四章

中央空调水系统

培训学习目标 了解中央空调水系统的类型、组成和工作原理，掌握冷（热）水系统、冷却水系统的运行管理和维护保养的内容和工作要求。

现代高层建筑通常由塔楼、裙房、地下室和设备层等部分组成。对于高层旅馆、办公楼等建筑的塔楼部分（客房、办公室、写字间等）的空调系统，目前主要由风机盘管加独立的新风系统组成，属于空气-水系统。而对于裙房部分（即公共部分，如：大厅、餐厅、宴会厅、多功能厅、购物中心、娱乐中心等）的空调系统，大多采用组合式空调机组处理空气的全空气系统。无论上述哪种空调系统，都需要以水作为媒介将冷水机组或热源的冷量或热量输送到风机盘管、新风机、空调机组的表冷器或表面式加热器中。冷水机组绝大多数以水冷卧式壳管式换热器作为制冷系统的冷凝器，冷却水在冷凝器中吸收制冷剂冷凝时放出的热量升温后，要送往冷却塔将热量放散到环境空气中冷却降温，再输送到冷凝器循环使用，从而形成冷却水系统。夏季供冷运行时，分散在各空调房间的风机盘管对空气进行减湿冷却处理过程中产生的凝结水要通过冷凝水系统收集、输送、排放。

风机盘管空调系统的水系统就包括了上述的冷（热）水系统、冷却水系统和冷凝水系统三个部分。

现代高层建筑的空调水系统由于空调面积大和空调形式的多样

性，建筑空间限制与空调装置管路体积矛盾突出，初投资费用与运行成本的限制和要求等因素比较复杂；在设计和施工中的缺陷和疏漏又造成了某些空调水系统的先天不足，所以正确合理地设计空调水系统，了解水系统及其运行规律，及时而正确地进行维护保养，是整个空调系统正常运行的重要保证，同时也能有效地节省电能消耗，降低运行成本。

第一节 中央空调冷（热）水系统

一、水系统的分类

1. 两管制系统、四管制系统和三管制系统

根据供回管路的连接情况，空调水系统可分为三种制式：两管制、四管制和三管制。

（1）两管制系统　对任一空调末端装置——自身不带冷（热）源的非独立式空调器，只设一根供水管和一根回水管，夏季供冷水，冬季供热水，冬、夏季的工况切换在机房内进行，其管路的连接如图 4-1a 所示。这种两管制系统的优点是构造简单，初始投资少；而缺点是过渡季节同一系统朝向不同房间，有些需要供冷，有些需要供热，不容易全部得到满足。因此，两管制系统适用于仅要求夏季供冷，冬季供热的季节性空调系统或仅要求按季节变化统一进行供冷或供热工况转换的全年使用的空调系统。

（2）四管制系统　对任一空调末端装置，设有两根供水管和两根回水管，其中一组用于供冷水，另一组用于供热水。这种采用四管制的空调机组或风机盘管可以如图 4-1c 所示，只有一组换热盘管，根据需要通过两组三通阀进行供冷、供热切换；也可以如图 4-1d 所示，具有两组换热盘管，通过两个两通阀进行选择或切换。这种系统无论初始投资还是运行费用都比两管制系统高，且管道占用建筑空间大。它主要用于供冷和供热工况交替变化比较频繁，或同一季节里同时要求供冷和供热的工况，且舒适度要求很高的建筑物。

（3）三管制系统　由一根供冷水管，一根供热水管和另一根公

共回水管构成的三管制系统，虽然能够同时满足过渡季节部分房间供冷而另一部分房间供热的要求，但由于使用同一根回水管而存在冷量和热量的互相抵消造成能源的浪费而很少采用，其形式如图 4-1b 所示。

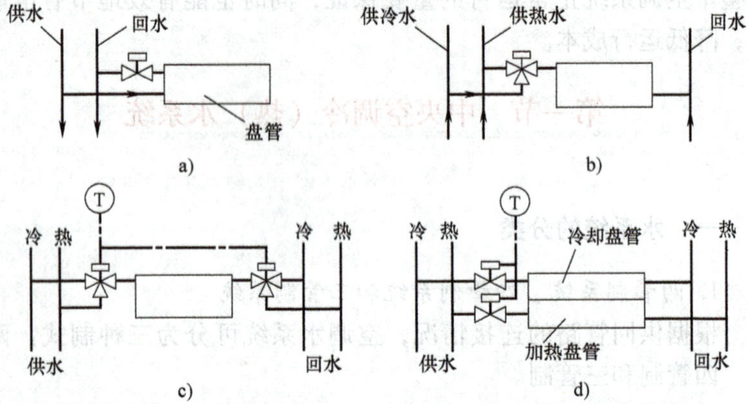

图 4-1 风机盘管机组的供水制式及接法

a）两管制 b）三管制 c）、d）四管制

2. 闭式系统和开式系统

根据水系统的循环的路径中是否有向大气开放的开口，可将水系统划分为闭式系统和开式系统。

（1）闭式系统 闭式系统的水循环管路中无开口处，冷媒水在系统内进行密闭循环，不与大气相接触，仅在系统的最高点设膨胀水箱。闭式系统的特点是：水泵所需扬程仅由管路阻力损失决定，与建筑物高度无关，故相应的能耗小；循环水不易受污染，管路腐蚀程度轻；不用设置回水池，制冷机房占地面积小，但是需要设有膨胀水箱；系统本身几乎不具备蓄冷能力。

（2）开式系统 开式系统的回水要通往回水池或与大气相通的回水箱，因此其末端管路与大气相通。循环水泵将回水池中的水抽出后送往冷水机组重新冷却后再输往整个系统。开式系统的特点是：水泵所需扬程除要克服管路阻力损失外，还需要把水提升到某一高度并留有末端压头，因此扬程大，耗能高；循环水易受污染，水中含氧量高，管路和设备易受腐蚀；管路容易引起“水锤”现象。

注意：从节省循环水泵耗电量考虑，多层和高层建筑的冷（热）水系统，绝大多数都采用了闭式水系统。

3. 异程式系统和同程式系统

风机盘管布置在各空调房间内，按其并联于供水干管和回水干管间循环路径是否相等，可分为异程式系统和同程式系统，如图 4-2 所示。

（1）异程式系统　异程式系统经过每一个环路的管路总长不相等。其特点是：无需回程管，管道总长较短，初始投资较少。但是由于沿程阻力与管路长度成正比，各支管管路的长度可能相差很悬殊，因此各支路的阻力相差很大，容易造成水力失调，使短支路水循环量大，长支路水循环量小，为了获得均匀合理的水量分配，要通过风机盘管管路上的手动阀门和各层分支管上的水量调节阀进行调整。

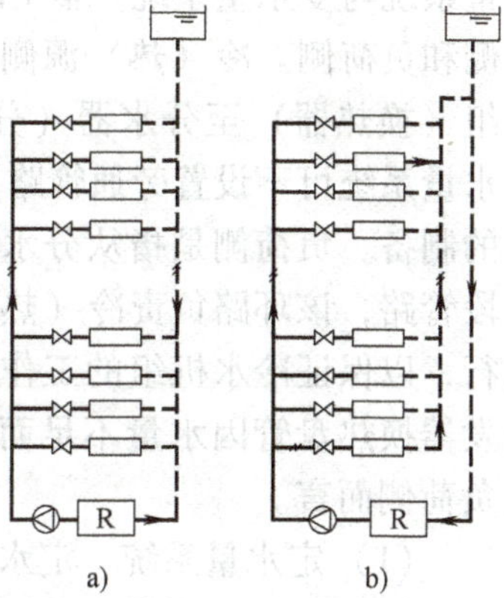

图 4-2　异程式和同程式系统

a）异程式　b）同程式

（2）同程式系统　同程式系统经过每一个环路的总长度相等。其特点是：各环路的阻力大致相等，水流量分配较为均衡，可减少初次调整的困难。但由于设置了回程管，增加了管道长度，增大了初始投资且需占用较大的建筑空间。

在实际工程中，如果各个支管环路上末端设备的阻力很大，而主干管路上阻力相对较小，宜采用异程式；如果各支管环路与末端设备的阻力较小且彼此比较接近，整个负荷侧主管路较长，其阻力占的比例较大且起主导作用时，可采用同程式布置；如果管路阻力先天就难以平衡或为了简化系统的管路布置，决定安装平衡阀来进行环路的水力平衡，就可以采用异程式。

高层建筑的风机盘管空调系统多采用同程式冷（热）水系统或者每一分区内采用同程式水系统。有些多层建筑的供回水总管作竖向布置，按楼层水平分区设置分支干管供回水，每一水平分层采用同程式，而竖向总管因管径通常较大，阻力损失相对较小，也可采用异程式。这时，在每一水平分区都应设置流量调节阀，以便调整。通常回水支干管上也设置截止阀，以便维修。

4. 定水量系统和变水量系统

按空调水系统运行调节的方式可将冷（热）水系统划分为定水量系统与变水量系统。整个冷（热）水循环环路可分为冷（热）源侧和负荷侧。冷（热）源侧是指从集水器（回水集管）经过冷水机组（换热器）至分水器（分水集管），再由分水器经旁通管路（定水量系统可不设置旁通管路）进入集水器，该环路负责冷（热）水的制备。负荷侧是指从分水器经空调机组风机盘管，返回集水器这段管路，该环路负责冷（热）水的输送。冷源侧通常保持定水量运行，以保证冷水机组的工作稳定，维持蒸发器的传热效率，防止蒸发器换热盘管因水量不足而冻结。空调定水量和变水量之分，是就负荷侧而言。

（1）定水量系统　定水量系统中的水循环量是不变的，它通过改变供回水温差来适应房间内负荷的变化。如图 4-3a 所示，风机盘管或新风机组等空调末端设备的回水管路上安装电动三通阀，当室温未达到设定值时，三通阀旁通孔关闭，直通孔开启，冷（热）水全部流经换热盘管，当室温达到或低（高）于设定值时，三通阀直通孔关闭，旁通孔开启，冷（热）水全部经旁通管流回回水管。因此，负荷侧水系统的总流量不变。但在负荷减小时，供回水的温差会相应减小。

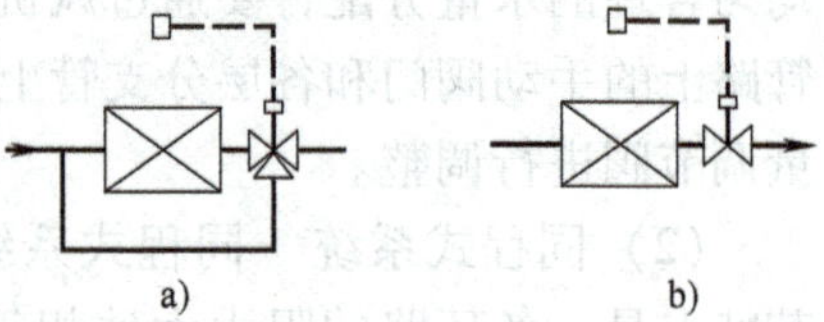

图 4-3　定水量与变水量系统
a）定水量　b）变水量

定水量系统的特点是：结构简单，操作方便，不需要复杂的自动控制装置，但是由于系统输水量是按照最大空调负荷来确定的，因此循环泵的输送能耗总是处于最大值，造成部分负荷时运行费用大。

定水量系统适用于只有一台冷水机组和一台循环水泵的大面积

空调系统，或体育馆、影剧院、展览馆等间歇性使用的空调系统。

（2）变水量系统 变水量系统保持供回水温差不变，通过改变负荷侧的水流量来适应房间内负荷的变化。如图 4-3b 所示，这种系统的空调末端装置的回水管路上安装电动两通阀。风机盘管一般采用双位调节的电动两通阀，新风机则采用比例调节（开启度可变化）的电动二通阀。当室温未达到设定值时，二通阀全开（或开度增大），冷（热）水流经换热盘管（或流量增加）；当室温达到或低（高）于设定值时，二通阀全关（或开度减小），换热器盘管中无冷（热）水流过（或水流量减小）。

变水量系统中，水泵的输水量随负荷变化而变化，其能耗在部分负荷运行时随负荷的减小而降低，降低了系统运行的成本。

变水量系统适用于设置两台或多台冷水机组和循环泵的空气调节系统，其必须设置相应的自控装置。

5. 单式泵系统和复式泵系统

按空调冷（热）水系统水泵的设置情况，可分为单式泵系统和复式泵系统。

（1）单式泵系统 如图 4-4a 所示，单式泵系统中，空调负荷侧不设水泵，冷（热）源与负荷侧共用冷热水泵。

（2）复式泵系统 如图 4-4b 所示，复式泵系统中冷（热）源侧和负荷侧分别设置水泵。设在负荷侧的水泵，常称为二次泵。

注意：大型建筑各分区负荷变化规律不一和供水作用半径相差悬殊时，宜采用复式泵系统。一般情况则宜采用单式泵系统。

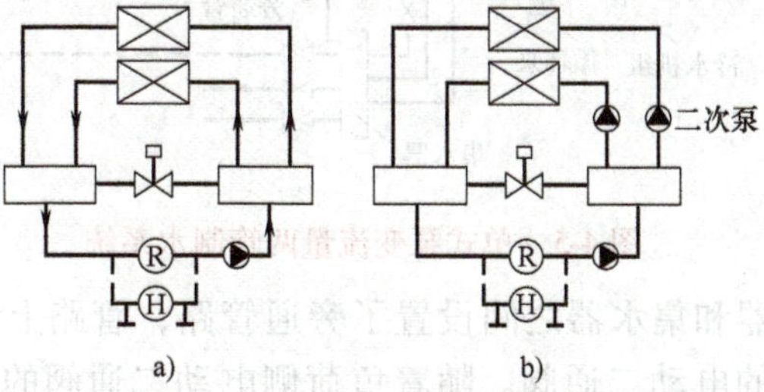

图 4-4 单式与复式泵系统

a）单式 b）复式

二、典型风机盘管冷（热）水系统

空调冷（热）水系统形式繁多，实际工程中，常见的典型形式有：

1. 单式泵变流量两管制水系统

如图4-5所示，它是舒适性空调系统中最为常用的系统。冬季供热，夏季供冷。冷水机组与循环泵一一对应布置，并使冷水机组设置在循环泵的压出口，使冷水机组和水泵的工作较为稳定。如果建筑物高度高，系统静压大，则应将循环泵设在冷水机组蒸发器出口以降低蒸发器水侧的工作压力。

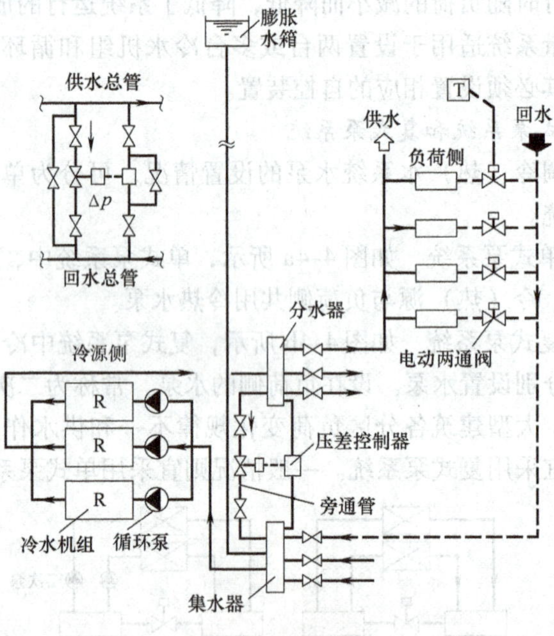

图4-5　单式泵变流量两管制水系统

在分水器和集水器之间设置了旁通管路，管路上设置了由压差控制器控制的电动二通阀。随着负荷侧电动二通阀的陆续关闭，使得供、回水总管之间（分水器与集水器之间）的压差超过设定值。此时，压差控制器让电动二通阀开启，使一部分分水流从分水器经旁通管流入集水器，使回水压差也随之逐渐降低，直至系统达到稳定。从旁通管流入的水与负荷侧的回水汇合后进入循环泵，从而使冷（热）源侧的水流量保持不变。

2. 单式泵分区两管制水系统

如图 4-6 所示，按照建筑物的负荷特性将空气调节水路分为冷水和冷热水合用的两个两管制系统，需全年供冷的内区末端设备只供应冷水，其余区域末端设备根据季节转换供应冷水或热水。

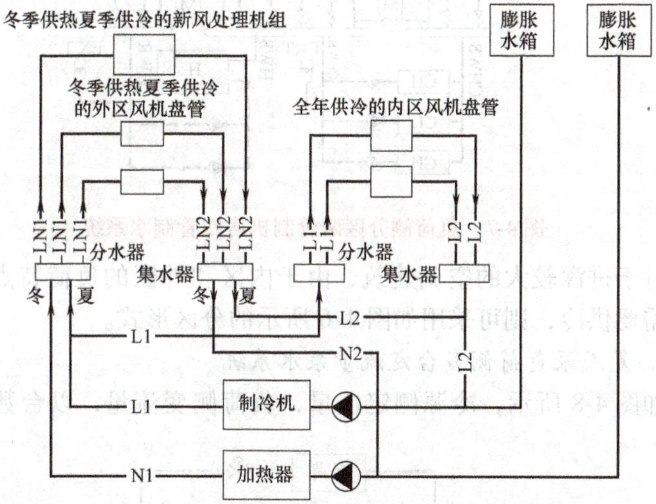

图 4-6　单式泵分区两管制水系统

大型空调系统往往根据建筑内负荷特性对水系统进行分区，当朝向对负荷影响较大时，可按照朝向进行分区，各朝向内的水系统仍为两管制，但各个朝向的主环路均应独立提供冷水和热水供、回水总管，这样可保证不同朝向的房间各自分别进行供冷或供热。这种空调冷（热）水系统也称为负荷侧分区两管制机房四管制水系统。其系统原理如图 4-7 所示。图中的 CH 表示冷水机组，CHWS 表示冷水送水总管，CHWR 表示冷水回水总管，H 表示热源，HWS 表示热水送水总管，HWR 表示热水回水总管，EXT 表示膨胀水箱。

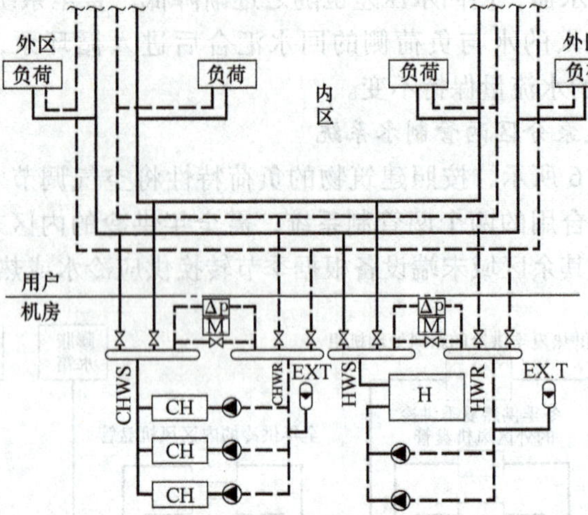

图 4-7　负荷侧分区两管制机房四管制水系统

对于进深较大的空调建筑，由于内区和外区的负荷特点，内区终年需要供冷，则可采用如图 4-6 所示的分区形式。

3. 复式泵负荷侧多台定流量泵水系统

如图 4-8 所示，冷源侧定流量，负荷侧变流量，以台数控制来

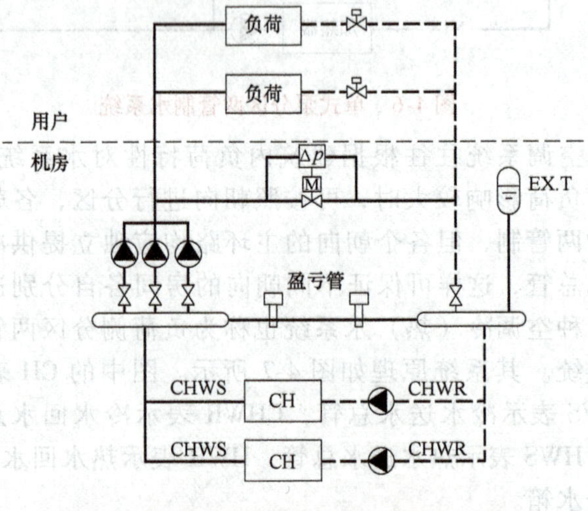

图 4-8　复式泵负荷侧多台定流量泵水系统

达到变流量。这种系统适用于大型建筑物中各空调分区负荷变化规律不一，但阻力损失相近的场合。

在大型建筑物内各空调分区供水管作用半径相差悬殊的场合，各分区应根据各区不同的阻力损失和流量需求选择不同的水泵，各自形成独立的环路。

4. 复式泵负荷侧变流量泵水系统

如图 4-9 所示，由于采用了变频泵，具有无级变速的特点，部分负荷时能很好地适应管路阻力降低的情况，其流量调节由二次泵末端压差来控制变速泵的转速，既保持水泵高效率，又节能，同时降低噪声。当转速低于额定值 30% 时开启旁通阀，以防止水泵运行进入低流量不稳定区域，维护叶轮径向力的平衡，不会导致轴封和轴承的加速磨损。如果负荷范围变化较大，且低负荷出现的时间多，为了减少变频泵的容量，降低成本也可采用变速泵与定速泵并联的设置方式。在低负荷时，由变速泵运行，当超过变速泵容量后，投入定速泵。

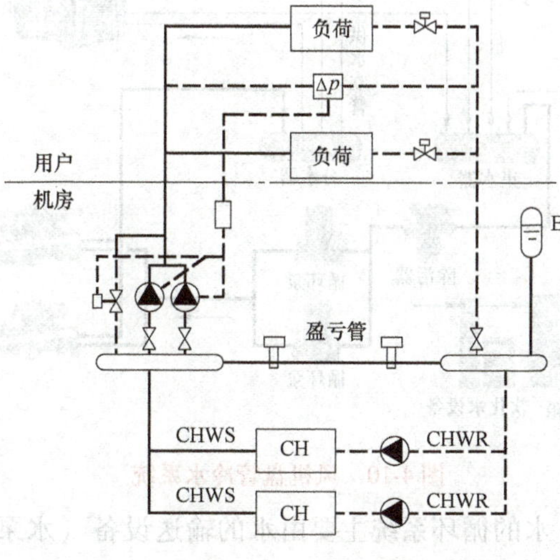

图 4-9 复式泵负荷侧变流量泵水系统

图 4-10 所示为一风机盘管冷水系统。在这个系统中，由制冷机输出的冷水经供水总管进入分水器，在分水器中根据建筑末端设备

的需要分为若干支路，各支路延伸到各自的管道井中，由供水立管向各楼层供水，供水立管在各个需要供水的楼层分支，成为楼层水平分支管，并由水平分支管向各个并联的末端设备供水。末端设备的回水汇集到各楼层的水平分支回水管中，再由各楼层汇集到管道井内的回水立管中，各回水立管的水在集水器中汇合后，最后由回水总管经过滤装置过滤后进入水泵，经水泵加压后回到制冷机中。

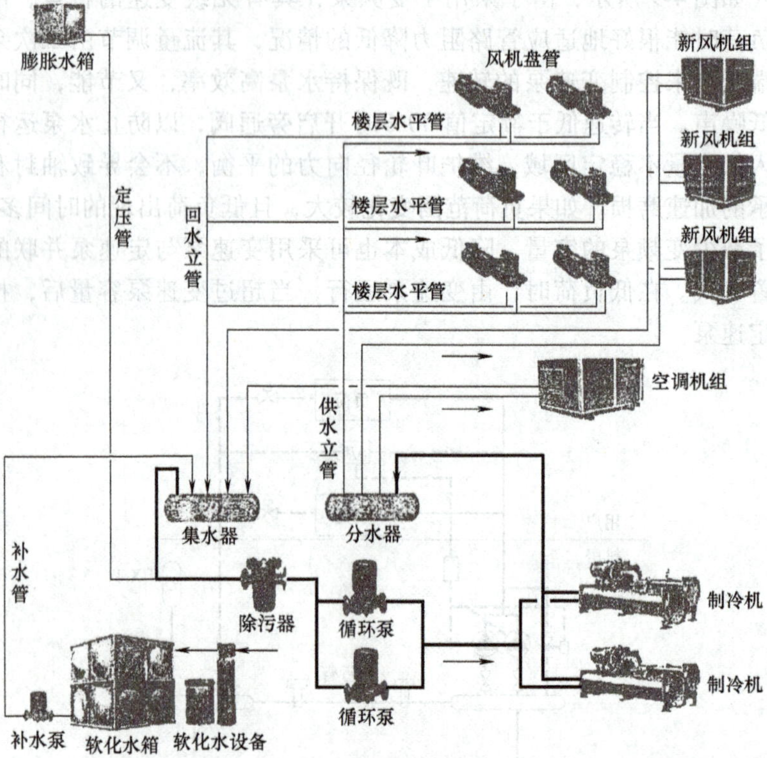

图 4-10 风机盘管冷水系统

冷（热）水的循环系统主要由水的输送设备（水泵）和分配管路、各类阀门和附件等组成。

为了保证水系统的正常运行，定压装置、补水装置和排气装置是必不可少的。此外，冷（热）水系统通常还具备一些压力平衡装置、投药装置等附件。

三、冷（热）水系统的定压与补水

在闭式循环的空调冷（热）水系统中，必须设置定压装置。定压装置的功能有两种：第一，可以防止水系统的水“倒空”，也就是说，必须保证水系统无论在运行中，还是在停机时，系统管道和所有设备内都充满水，且管道中任何一点的压力都高于大气压力，以防吸入空气。第二，可以防止水系统中的水汽化，也就是说，水系统中压力最小，水温最高处的压力要高于该处水汽化的饱和压力，以防止冬季运行时，管道内的热水汽化。

一般来说，冷（热）水系统的定压点选择在循环水泵吸入处。因为这里往往是全系统压力最低的地方。水泵运行后，任何一点的压力都比该点高。

目前，空调冷（热）水定压的方式有三种形式，即高位膨胀水箱定压、隔膜式气压罐定压和变频补水泵定压。

1. 高位膨胀水箱定压

膨胀水箱通常设置在水系统的最高处，其标高至少高出水管系统最高处 1m，其作用是对系统定压，容纳水体积增加量和向系统补水。

（1）膨胀水箱的工作原理　如图 4-10 所示，膨胀水箱位于水系统的最高点。整个系统可以看成是一个水的连通器，连通器中的静压由系统的几何高度决定，因此膨胀水箱液面到系统最低点的高度就是最大静压值的液体深度 h。由于循环泵一般位于系统的最底部，膨胀水箱的高度可以保证水泵吸入口处有足够的静压，起到了定压的作用；另一方面大大减小了循环泵所需要的扬程，循环泵运转时只需克服管路阻力即可保证系统的循环。

空调运行中，水系统中的水温会随冷水机组和供热热源的开机停机而变化。水温升高时，系统中的体积量和水系统内的压力就会升高，影响正常运行，甚至胀破管道。利用开式膨胀水箱容纳系统中水的体积膨胀量，可减少因水温变化而造成的水压波动。

系统在运行过程中可能因泄漏或因水温降低造成亏水而影响循

环。膨胀水箱通过膨胀管及时向系统补水，而当膨胀水箱内水位下降到一定程度时，浮球阀开启，及时从外界补水使膨胀水箱的液位始终处于正常的范围内。

高位膨胀水箱具有定压简单、可靠、稳定而且省电的优点，是目前空调工程中最常用的定压形式。

（2）膨胀水箱的配管　通常情况下，膨胀水箱有标准化产品可供选用。膨胀水箱有如图 4-11 所示的各种接管。

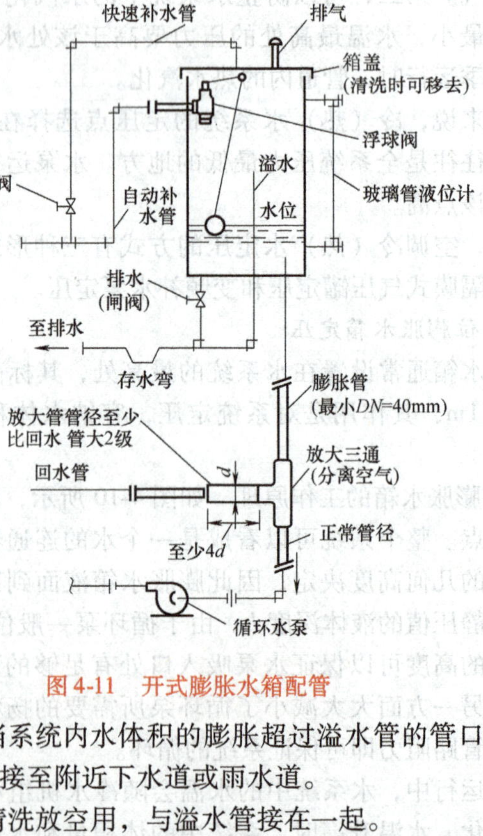

图 4-11　开式膨胀水箱配管

① 溢水管。当系统内水体积的膨胀超过溢水管的管口时，水会自动溢出，该管可接至附近下水道或雨水道。

② 排水管。清洗放空用，与溢水管接在一起。

③ 膨胀管。接至水系统的定压点并向水系统补水。最好接至循环泵入口处，为了便于管理也常将其连接到集水器上，因为集水器就处在循环泵的吸水侧。当膨胀水箱距水泵入口较远时可接至该建

筑物内的回水总管上，但运行时，回水总管和水泵入口不应有关断的阀门。

④ 循环管。为防止水箱冬季结冰而设，将该管接至定压点前水平回水干管上，该点与定压点之间应保持2m左右的距离。仅为夏季供冷或不可能结冰的膨胀水箱可不设此管。

⑤ 信号管。用于检查膨胀水箱内是否有水，一般接至制冷机房或底层洗水盆，信号管上设有阀门可随时检查水箱内是否有水。

⑥ 补水管。当有合适的水质，水压可直接向膨胀水箱补水时，需要设带浮球阀的自动补水管，浮球阀应保持最低水位。自动补水的水量可按系统循环水量的1%考虑。

对于系统内的水，当夏冬作为冷热水两用时，应采用软化水，当软化水压力不能直接供入水箱时，应另设水泵补水，补水泵宜采用按水箱水位自动控制，直接补入集水器。

2. 隔膜式气压罐定压

气压罐定压也称为低位闭式膨胀水箱定压。定压装置通常设置在泵房热交换站或制冷机房。图4-12所示为隔膜式气压罐定压的空调水系统。其主要由软化设备、补水泵、气压罐、阀门和控制仪表组成。气压罐不但能够解决系统中水体积的膨胀问题，而且还可以实现对系统的稳压、自动补水、自动泄水和过压保护等功能。

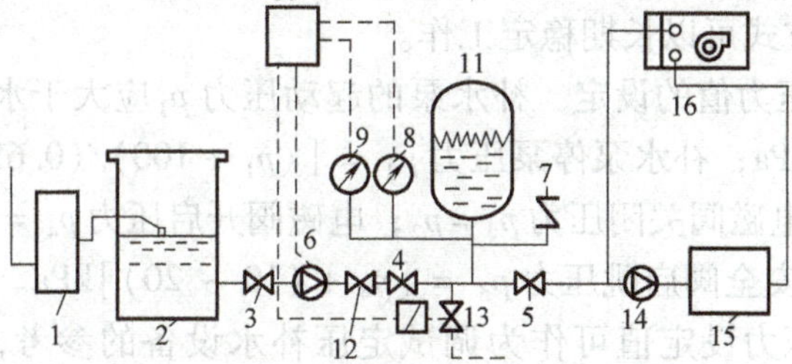

图4-12 隔膜式气压罐定压的空调水系统

1—软化设备 2—储水箱 3、4、5—截止阀 6—补水泵 7—安全阀 8、9—下限、上限电接点压力计 10—电控箱 11—气压罐 12—止回阀 13—电磁阀 14—循环泵 15—冷热源 16—空调器

（1）工作原理　隔膜式气压罐具有钢质的罐体，罐体内部设有橡胶隔膜内胆。隔膜与罐之间充有一定压力的压缩空气或氮气。水从下部进入隔膜内胆，气室内的压缩空气受到再次压缩，储存了能量。水室内的水压为定压点即循环泵前水的静压力。由于水温变化或泄漏引起定压点压力下降时，气室内的气体膨胀，减缓了水系统的压力波动。

当定压点压力下降到低限电接点压力表的下限设定值 p_1 时，补水泵起动注水，水系统内的压力随之升高，当压力升高到低限电接点压力表的上限设定值 p_2 时，补水泵停止工作。

当系统内水压力因水温升高，体积膨胀而达到高限电接点压力表的上限压力设定值 p_4 时，电磁阀得电开启进行泄水，水压降到高限电接点压力表的下限压力设定值 p_3 时，电磁阀断电关闭，停止泄水。

安全阀的作用是，当定压系统因某种故障而使水系统压力升高到安全阀设定压力 p_5 时，安全阀起跳泄水，起到过压保护作用。

通过以上分析可知，水系统定压点的压力将在 p_1 与 p_4 之间波动，而且不会超过 p_5。由于隔膜式气压罐的存在，水系统压力波动变缓，减小了补水泵的起停频率。

隔膜式气压罐气室与水室相隔绝，金属内壁不会受到腐蚀，罐体外部不会结露。由于橡胶隔膜的胀缩寿命可达 20 万次以上，所以这种定压方式可以长期稳定工作。

（2）压力值的设定　补水泵的起动压力 p_1 应大于水系统最高点静压力 50kPa；补水泵停泵压力 $p_2=[(p_1+100)/(0.65\sim0.85)-100]$ kPa；电磁阀关闭压力 $p_3=p_2$；电磁阀开启压力 $p_4=[p_3+(20\sim40)]$ kPa；安全阀启跳压力 $p_5=[p_4+(10\sim20)]$ kPa。

以上压力设定值可作为调试定压补水设备的参考，还应注意，补水泵正常运行时起停次数不宜超过 6 次。

3. 变频补水泵定压

变频调速恒压供水是高层建筑广泛采用的供水方式。变频器提供的电源频率与水泵的转速成正比，水泵的转速与供水量成正比。变频调速控制柜通过改变水泵电源的频率，控制水泵的转速，进而调整水泵的供水量，从而保证了供水压力稳定，实现了按需供水。

图4-13是这种技术在空调冷（热）水系统中的应用。实例中的建筑高度约为38m，压力传感器测量定压点的压力，将压力信号反馈到控制柜，控制柜通过显示屏显示该压力值。当压力降低到0.35MPa时起动水泵，当压力升高到0.45MPa时停止水泵运转。在这一压力范围内，变频器依照一定的控制规律改变供电频率，调节水泵转速，减缓压力波动。电接点压力表的高限设定值0.48MPa，以开启电磁阀泄水；低限设定值0.45MPa，以关闭电磁阀停止泄水。

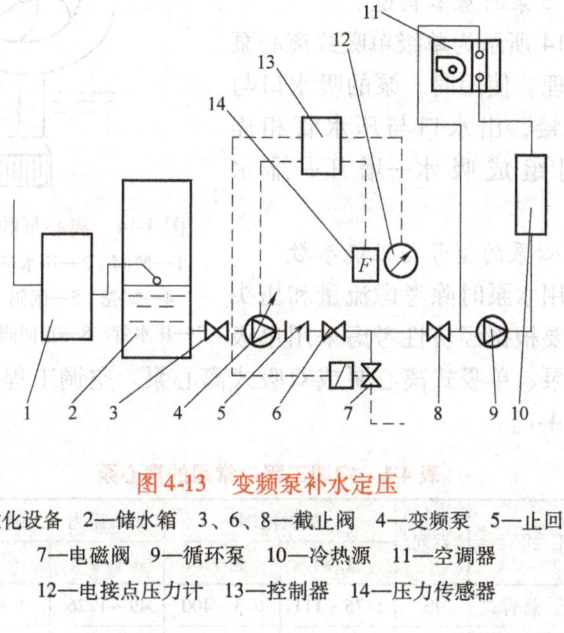

图4-13 变频泵补水定压

1—软化设备 2—储水箱 3、6、8—截止阀 4—变频泵 5—止回阀 7—电磁阀 9—循环泵 10—冷热源 11—空调器 12—电接点压力计 13—控制器 14—压力传感器

四、水泵

用来输送和提升水的动力机械称为水泵。冷（热）水系统通过水泵进行循环，冷却水系统通过冷却水泵进行水的输送和循环。冷水泵和冷却水泵的耗电量约占整个空调系统耗电量的20%～30%。水泵是中央空调系统中的重要辅助设备，安调操作人员应该对水泵有一定的了解，掌握其性能和定期进行保养，能及时排除运行中的

故障。

按照不同的分类方法，水泵有多种形式。在制冷空调工程中，冷水泵、冷却水泵基本上都是采用离心式水泵，其特点是依靠叶轮的高速旋转来使流体获得较大的动能，并依靠流道出口的蜗壳断面变化使流体的动能转化为压力能，水流在叶轮中的流动主要是受到离心力的作用。

1. 离心泵的基本构造

图 4-14 所示为单级单吸式离心泵的工作原理。使用时，泵的吸水口与吸水管连接，出水口与压水管相连接，共同组成吸水—增压—排水通道。

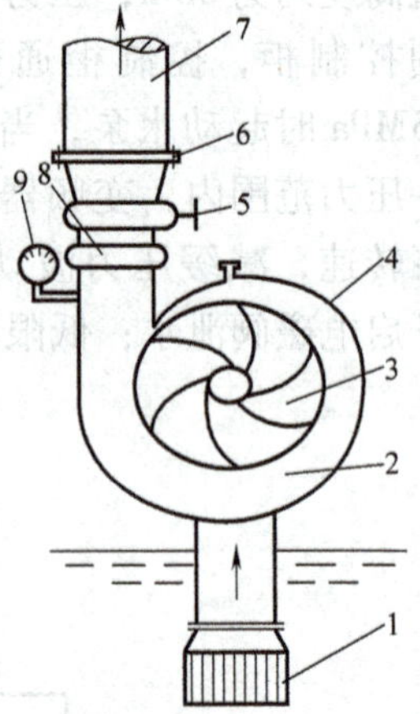

图 4-14 离心泵的工作原理

1—底阀 2—压水室 3—叶轮 4—蜗壳 5—闸阀 6—接头 7—压水管 8—止回阀 9—压力表

2. 离心泵的型号与性能参数

在选用水泵时除考虑流量和压头之外，还要根据经济性考虑采用单级泵或多级泵、单吸式离心泵或双吸式离心泵。空调工程中常用的离心泵见表 4-1。

表 4-1 空调工程中常用的离心泵

结构形式	系列	流量范围		出口压力	扬程范围	取代的系列
		L/s	m^3/h	kPa	m	
单级、单吸、悬臂式	IS	1.75 ~ 111	6.3 ~ 400	49 ~ 1226	5 ~ 125	BA
单级、双吸、中开式	S	38.9 ~ 561	140 ~ 2020	98 ~ 931	10 ~ 95	SH
单吸、多级、分段式	TSWA	4.17 ~ 53.1	15 ~ 191	165 ~ 2865	16.3 ~ 892	TSW

离心泵的性能参数主要有流量、扬程、功率、效率、转速、允许吸上真空高度和气蚀余量等。

（1）流量 流量是指单位时间内泵所输送的流体体积，即体积流量，以符号 Q 表示，单位为 m^3/h 或 L/s。

（2）扬程 离心泵的扬程即压头，指的是泵所输送的单位质量的流体从进口到出口的能量增加值，即单位质量的流体流过泵所获得的有效能量。扬程以符号 H 表示，单位为 m。

（3）功率　功率分为输入功率和输出功率。泵的功率通常是指输入功率，即由电动机传到泵轴上的功率，也称为轴功率，用符号 P 表示，单位为 W 或 kW。

（4）效率　离心泵的效率用来表示输入的轴功率 P 被利用的程度，即有效功率 P_e 与轴功率 P 的比值。效率用符号 η 表示：$\eta = P_e/P$。

η 是评价泵性能好坏的一个重要指标。η 越大，说明泵的能量利用率越高，效率越高。

（5）转速　转速指泵的叶轮每分钟的转数，用符号 n 表示，常用的单位是 r/min。

（6）允许吸上真空高度　这一参数是指水泵在标准状况下（即水温 20℃，表面压力为 1.01325×10^5 Pa）运转时，水泵所允许的最大吸入真空高度（即水泵吸入口的最大真空度），用 H_s 表示，单位为 m。

（7）气蚀余量　气蚀余量是指水泵进口处单位重量液体所具有的超过饱和蒸汽压力的富裕能量，用符号 H_{sv} 表示，单位为 m。

H_s 与 H_{sv} 是从不同角度反映水泵吸水性能好坏的参数。

水泵的型号和一些技术参数，标注于水泵铭牌上。以下是某一水泵铭牌的内容。

型号 IS—100-65-200A	转速　2900r/min
流量 $125m^3/h$	功率　22kW
扬程 45m	效率　76%
吸上真空度 5.8m	出厂年月　×年×月

其中 IS 代表国际标准离心泵，100 表示水泵进口直径 100mm，65 表示水泵出口直径 65mm，200 表示水泵叶轮名义直径为 200mm，A 表示叶轮第一次切割。

3. 离心泵的性能曲线

水泵的性能曲线反映了水泵在一定的转速下，水的扬程 H、轴功率 P、效率 η 以及允许吸上真空高度 H_s 随流量 Q 而变化的关系，这一关系曲线是通过实验的方法实测绘制的。图 4-15 所示为 14SA

型水泵的特性曲线。

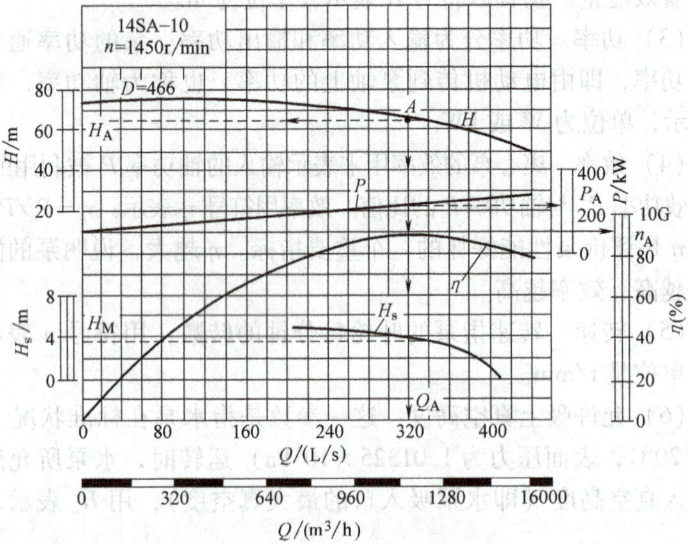

图 4-15　14SA 型水泵的特性曲线

图中共有 4 条曲线，它们的特点可归纳如下：

1）每一个流量 Q 都相对应于一定的扬程 H、轴功率 P、效率 η 和允许吸上真空高度 H_s。扬程随流量的增大而下降，这样有利于水泵所用电动机的选择和与管网联合工作中工况的自动调节。

2）Q—H 曲线是一条不规则的曲线。相对应于效率最高值点的各参数，即为水泵铭牌上所列出的各数据，它是水泵工作最经济的一个点。在该点左右的一定范围内（一般不低于最高效率的 10%）都是属于效率较高的区域。在选泵时，应使设计要求的扬程和流量落在高效段范围内。

3）在流量等于 0 时，水泵的轴功率并不等于 0。这些功率主要消耗在水泵的机械损失上。其结果是使泵壳内的水温上升，泵壳、轴承发热，严重时会导致泵壳热力变形，因此在实际运行中，水泵只允许在零流量情况下作短时间（2～3min）运行。

4）Q—P 曲线上各点的纵坐标，表示水泵在不同流量的轴功率值。在选择与水泵配套电动机的输出功率时，必须根据水泵的工作情况选择比水泵轴功率稍大的电动机，以免出现小机拖大泵而使电动机过载而烧毁。但是，也应避免选配功率过大电动机而形成大马拉小车情况而降低电动机的效率和功率因数。

4. 离心泵运行工况点的确定

水流经过管道时，存在着管道阻力损失，其值可用$\sum h$表示，它是管道中沿程摩擦阻力损失与局部阻力损失之和。对于一定的管道来说，$\sum h = SQ^2$，式中S表示管路阻力系数，当管段长度、管径和局部阻力已定时，S为定值；Q为流量。由该式可知流体经S值确定的管路时，总阻力与流速的二次方成正比。该式可用一条抛物线（即$Q-\sum h$曲线）来表示，称为管道水头损失特性曲线。

水泵的扬程计算式为$H = H_{st} + \sum h$，式中H_{st}表示水泵的静扬程，它可能是吸水池至压出水池水面间的垂直几何高度差，也可能是吸水池与压力密闭水箱之间的表压差。

离心泵的工作点即其运行时所处的状态点，该状态点由离心泵在管路系统中所具有的一些特性参数（如转速、流量、扬程等）共同确定。

当离心泵的转速保持不变时，所对应的工况称为离心泵的定速运行工况，图4-16所示为离心泵的定速运行工况。图中$Q—H$曲线

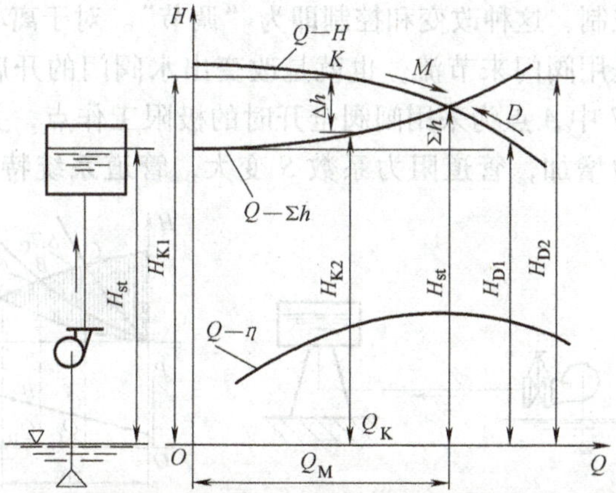

图4-16　离心泵的定速运行工况

为水泵产品样本中的 Q—H 性能曲线，Q—$\sum h$ 曲线即按照公式 $H = H_{st} + \sum h$ 而画出的管道特性曲线，两条曲线交于 M 点，M 点就是将水输送到高度为 H_{st} 时水泵的工况点。只要外界条件不发生变化，水泵将在这个点稳定工作，出水量为 Q_M，扬程为 H_M，该点即该离心泵的定速工况点。

假设水泵的工况点不在 M 点，而在 K 点，由图 4-16 可看出，当流量为 Q_K 时，水泵能供给水的总比能 H_{K1} 将大于管道所要求的总比能 H_{K2}，能量富裕了 Δh 值。富裕的能量以动能的形式，使管道中水流加速，流量加大，使水泵工况点自动向流量增大的一侧移动，直到移动到 M 点为止。反之，若水泵的工作点在 D 点，由于水泵供给的总比能 H_{D1} 小于管道所需求的总比能 H_{D2}，管道中水流变缓，水泵的工况点向流量减小的一侧移动，直至移动到 M 点为止。

在实际工程中，总希望水泵的工况点能够经常落在该水泵的设计参数值上。

5. 离心泵定速工况点的调节

由于离心泵工况点是建立在水泵和管道系统能量供求关系的平衡上的，只要两者之一发生改变时，其工况点就会发生转移，这种暂时的平衡点就会被另一个新的平衡点代替。

在水泵的运行管理中，常需要人为地对水泵的工况点进行必要的改变和控制，这种改变和控制即为“调节”。对于离心泵而言最常见的调节是用阀门来节流，也就是改变出水阀门的开启度来进行调节。图 4-17 中 A 点为采用闸阀全开时的极限工作点，关小闸阀，管路局部阻力增加，管道阻力系数 S 变大，管道系统特性曲线变陡，

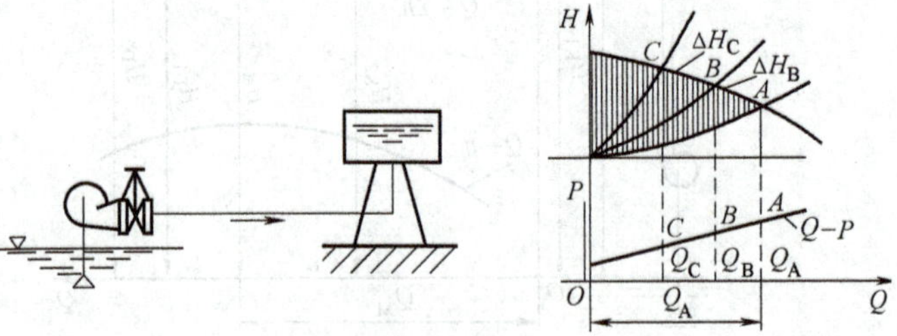

图 4-17 闸阀节流调节

工况点向左移到 B 点或 C 点，出水量减少。

从经济上看，节流调节，是用消耗水泵的多余能量 ΔH（图中阴影部分）的办法来维持一定的供水量。随着流量的减少，水泵的功率也随之减小，对电动机无过载危害。这一方法的缺点是不能较好地满足节能要求。

这里应该注意的是，闸阀的调节特性是非线性的。图 4-18 所示为蝶阀和截止阀的调节特性曲线。

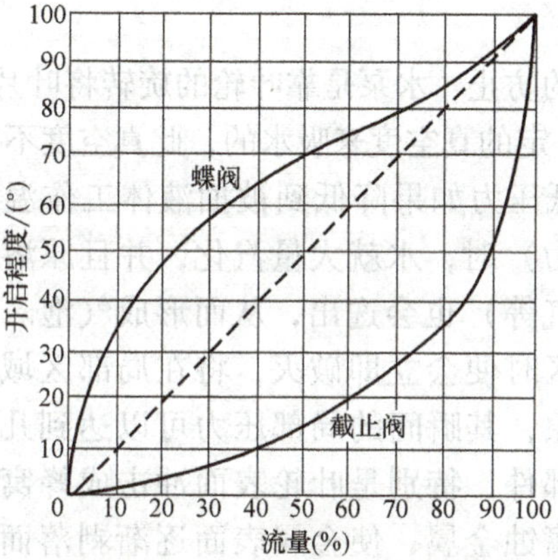

图 4-18 蝶阀和截止阀的调节特性曲线

可以看出，截止阀有较好的流量调节性能，而蝶阀及与其相近的闸阀，更适宜作全开或全关的开启或关闭作用，作为水流量调节时操作难度较大，操作失误，易使水泵电动机过载而烧毁。但由于截止阀相对而言体积较大，阻力系数大，许多系统还是选择了蝶阀或闸阀作为水泵出口处的流量调节阀，操作人员通过该图可以了解其调节特性，掌握阀门开度与流量变化的规律。

6. 离心泵的运行管理

离心泵的正确起动、运行和停车是保证输水系统安全、有效供水的前提。

(1) 起动前的准备工作　开车起动前，应检查出口阀门是否关闭，轴承润滑油是否充分，各处螺钉是否松动，各种仪表、安全保护装置、电控设备是否良好，然后进行盘车，灌泵工作。

（2）起动和运行水泵　起动水泵待转速正常后逐渐打开出口管路的阀门，直至水泵运行达到正常。出口管路的阀门开启不应超过3min。在运行中，值班人员应随时观察轴承是否发热，出水量是否正常，是否产生振动和噪声，电动机是否过热（一般应小于80℃），运行电流是否正常等，如发现异常，应立即停车修理。

（3）停车　在停车前，应先关闭出口阀门，再关水泵停止运转。此时，泵体内水会产生短时间旋转，对泵不会产生损伤，但切忌水泵内无水空转。

（4）气蚀的防止　水泵是靠叶轮的旋转将叶片间的水甩出，造成叶轮中心具有一定的真空度来吸水的，此真空度不宜过大，以免气蚀。

水泵中最低压力如果降低到被抽液体工作温度下的饱和蒸汽压力（即汽化压力）时，水就大量汽化，并且原溶解于水中的某些活泼气体（如氧气等）也会逸出，从而形成气泡。当这些气泡随水流进入泵内高压区时便会立即破灭，将在局部区域产生高频率、高冲击力的水击现象，其瞬间的局部压力可以达到几十兆帕。这种水击现象会把泵内部件，特别是叶轮表面冲击成蜂窝状或海绵状，同时活泼气体也会腐蚀金属，使金属表面逐渐剥落而破坏。这种造成水泵损坏的现象就称为气蚀。

气蚀开始时，表现在水泵外部的现象是轻微噪声、振动和水泵扬程、功率开始有些下降。气蚀严重时，气泡区会突然扩大，使水泵中过流减小以致流量降低，并使水流状态遭到破坏，能量损失增大，甚至停止出水。气蚀严重时，水泵的叶轮遭到严重毁损而报废。

水泵产生气蚀的原因有以下几种：

1）泵的几何安装高度过大，使泵进口处的真空度过高。

2）泵安装地点的大气压过低。

3）泵所输送液体温度过高。

4）起动泵时未开启吸入管阀门，造成无水空转。

7. 离心水泵的常见故障及处理方法

泵运行中的故障分为腐蚀和磨损、机械故障、性能故障和轴封故障四类。这四类故障往往相互影响，难以分开。离心泵的常见故障及处理方法见表4-2。

表4-2 离心泵的常见故障及处理方法

故障现象	故障原因	处理方法
起动后水泵不出水或出水不足	泵壳内有空气，灌泵工作没做好	继续灌水或抽气
	吸水管路及填料漏气	堵塞漏气，押紧填料
	水泵转向错误	调换接线，改变转向
	水泵转速过低	检查电源电压是否过低
	叶轮进水口及流道堵塞	揭开泵盖，清除杂物
	底阀堵塞或漏水	清除杂物或修理
	吸水井水位下降，水泵安装过高	核算吸水高度，降低安装高度
	减漏环及叶轮磨损	更换磨损零件
	水面产生漩涡，空气进入泵内	加大吸水口淹没深度
	水封管堵塞	拆下清理
水泵开启不动或起动后轴功率过大	填料太紧，泵轴弯曲，轴承磨损	旋松压盖，校直泵轴，更换轴承
	多级泵平衡孔或回水管堵塞	清除杂物，疏通回水管
	联轴器间隙过小	调整联轴器间隙
	电压过低	检查电源电压，向电力部门反映
	实际液体密度远大于设计值	更换电动机，提高功率
	流量过大，超过使用范围	关小出水闸阀
噪声过大	地脚螺栓松动或未填实	拧紧并填实地脚螺栓
	联轴器不同轴或泵轴弯曲	找正联轴器同轴度，校正泵轴
	水泵产生气蚀	降低吸水高度，减少压头损失
	泵轴损坏或磨损	更换泵轴
	基础松软	加固基础
	泵内严重摩擦	检查摩擦部位
	出水管存留空气	加装排气阀
轴承发热	轴承磨损	更换轴承
	轴承润滑油缺少或过多	按规定加注润滑油
	润滑油油质不良	更换合格润滑油
	泵轴弯曲或联轴器未找正	校直泵轴，找正联轴器
	轴承甩油环不起作用	调整油环位置或更换

8. 水泵的检修

(1) 水封的修理　填料密封将石棉绳编织成方形带子，浸泡透后晾干盘卷。常用规格有 6mm × 6mm、8mm × 8mm、10mm × 10mm 等，俗称“高压盘根”。

维修时，用带钩的铁丝或螺钉旋具等工具将填料盒内已损坏的填料取出，清洗干净内部。将同等规格的填料沿泵轴顺时针缠绕，其厚度应比取出的填料厚一些，具体厚度应通过调整决定，然后用压盖顶住填料套进螺栓内，靠旋紧螺母将压盖及填料压入填料盒。旋紧螺母时应均匀对称施力，边旋紧边转动泵轴，当压盖压入位置合适，泵轴又能灵活转动即可。然后开泵进行试验，若漏水仍超过标准，可适当再旋紧螺母。

装入填料的另一种方法是将填料在泵轴上缠绕一圈切下，做成内径与泵轴外径一样大小的开口圆环，一个一个套在泵轴上，缝隙互相错开，然后用压盖压入填料盒。水封环的位置应装得离水封管差一点距离，当压紧压盖时，填料被压缩，水封环就向前移动与水封管正好对准。

近年来，越来越多的水泵采用机械密封代替填料密封。机械密封也叫做端面密封，它是靠弹簧和密封介质的压力在旋转的动环和静止的静环的接触表面上产生适当的压紧力，使这两个端面紧密贴合，阻止液体泄漏，从而达到密封的作用。

机械密封的优点是密封可靠，在一个很长的使用周期中，泄漏很少，作用寿命长，维修周期长，但机械密封结构复杂，制造与安装精度高，成本高，对维修人员的技术要求高。

如图 4-19 所示，机械密封的动环与静环通常采用石墨、碳化钨、

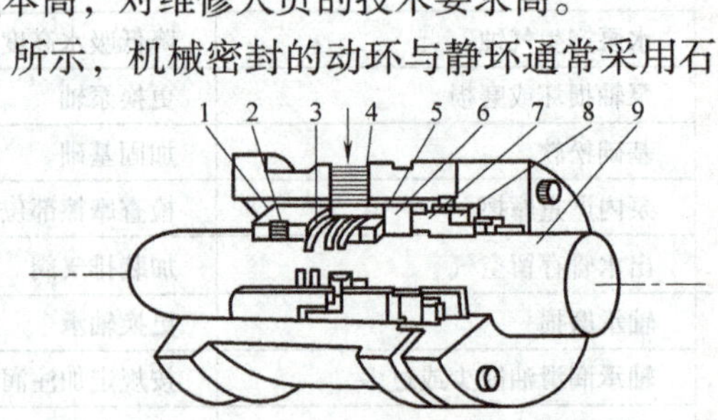

图 4-19　机械密封

1—传动座　2—螺钉　3—弹簧　4—压紧垫
5—动环密封圈　6—动环　7—静环　8—静环密封圈　9—泵轴

碳化钨、陶瓷等配合工作，磨损后必须成对更换。在装配机械密封时，泵轴的轴向窜动量要适当，过大容易产生周期性泄漏，轴向辅助密封件与轴的过盈量要适中，在保证径向密封的同时，动环装配后保证能在轴上灵活移动（把动环压向弹簧能自由弹回来）。

（2）泵轴磨损修复 泵轴与填料摩擦处最容易磨损，在泵轴与填料摩擦处装有轴套。通常轴套磨损不应超过2mm，磨损后可更换轴套。

（3）叶轮与减漏环的检修 图4-20所示为减漏环的结构形式。吸水管直径为100mm以下的水泵，叶轮与减漏环之间的间隙为1.5mm以下；吸水管直径为200mm以下的水泵，叶轮与减漏环之间的间隙为2mm以下。检查时若超过规定，说明磨损严重，已经影响泵的性能，降低了泵的工作效率，应更换减漏环。

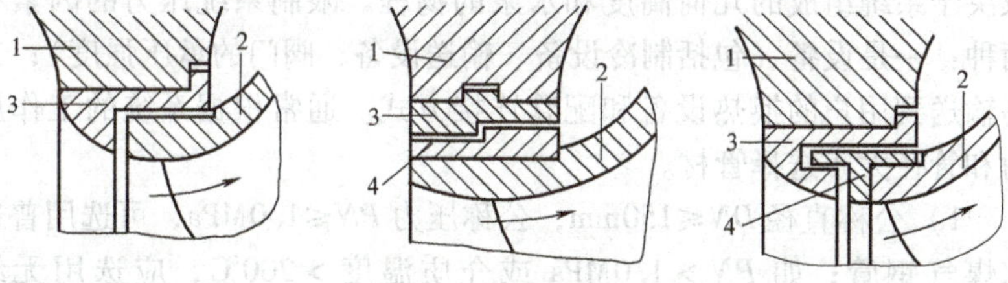

a） b） c）

图4-20 减漏环的结构形式

a）单环型 b）双环型 c）双环迷宫型

1—泵壳 2—叶轮 3—镶在泵壳上的减漏环 4—镶在叶轮上的减漏环

（4）轴承检修 检修轴承时，可拆下轴承，用手晃动外圈再与新轴承比较，晃量偏大时说明轴承内外圈之间的间隙偏大，磨损严重。更换安装新轴承时，应用纯铜棒敲打内圈，不得敲击外圈或直接用锤子敲打，以防把轴承打坏。

五、水系统中的管道与阀门

1. 管道的安装要求

进行水系统的管道安装时必须注意下列问题：

1）管道安装前，其内外壁的污物、锈蚀应清除干净。

2）热弯弯管的弯曲半径不应小于管道外径的3.5倍，冷弯弯管的弯曲半径不应小于管道外径的4倍。

3）空调冷水或热水的水平管道的坡度不够或坡向相反（即倒坡），将造成系统运行时排气不畅而形成“气塞”现象。机械循环的水路系统，水平干管应设置2‰～3‰的沿水流方向上升的坡度，使管道内聚集浮升的空气向前流动并汇集在系统的最高点，通过排气装置排入大气。

4）管道与水泵或冷水机组连接时应设置弹性减振接头。

5）采用自然补偿或安装补偿器来消除管道的热补偿量。

6）管路的高点应设置排气阀；低点处应设置泄水阀。

2. 管道的管材

常见的空调系统通常都设计为闭式水系统，此时水系统的压力取决于系统组成的几何高度和水泵的扬程。限制系统压力的因素有两种：一是设备（包括制冷设备、输送设备、阀门的承压强度）；二是输送到用户的换热设备和配管连接方式。通常根据系统的工作压力和管径大小选择管材。

1）公称直径 $DN \leqslant 150$mm，公称压力 $PN \leqslant 1.0$MPa，可选用普通水煤气钢管；如 $PN > 1.0$MPa 或介质温度 > 200℃，应选用无缝钢管。

2）公称直径 $DN \geqslant 200 \sim 500$mm，公称压力 $PN \leqslant 1.6$MPa 可选用螺旋缝电焊钢管；如 $PN > 1.6$MPa 则必须选用无缝钢管。

在实际工程中，螺纹连接的工作压力，以不大于1MPa为宜，管径以不大于 $DN80$mm 为宜。

3. 水系统中的阀门

阀门是管道中的附件，其主要用途是控制开闭管路或对管路流量进行调节。

阀门最主要的两个参数是公称压力 PN 和公称直径 DN。根据阀门的公称压力可以将其分为真空阀（< 0.1MPa 绝对压力）、低压阀（$PN \leqslant 1.6$MPa）、中压阀（$PN = 2.5 \sim 6.4$MPa）、高压阀（$PN = 10.0 \sim 80.0$MPa）和超高压阀（$PN \geqslant 100.0$MPa）。按公称直径，阀门可分为小口径阀门（$DN \leqslant 40$mm）、中口径阀门（$DN = 50 \sim 300$mm）、大口径

阀门（$DN=350\sim1200$mm）和超大口径阀门（$DN\geqslant1400$mm）。

空调水系统常见的阀门类型有：

（1）蝶阀　蝶阀的阀板安装于管道的直径方向，在蝶阀阀体圆柱形通道内，圆盘形阀板绕着轴线旋转，旋转角度为0°~90°，旋转到90°时，阀门呈全开状态。

（2）闸阀　闸阀的阀板垂直于阀体轴线作上下直线运动。闸阀通常适用于不需要经常启闭，而保持阀板全开或全闭的情况。

（3）球阀　球阀是由旋塞阀演变而来的，它具有旋转90°的动作，其中的旋塞体呈球形，有圆形通孔或通道通过其轴线。

（4）截止阀　截止阀的结构如图4-21所示。其依靠圆盘形的阀瓣沿阀座的轴线上下升降和压紧阀座实现启闭。截止阀安装时要求介质从阀瓣的下方向上方流动，当阀门关闭后，由于填料函处不受压或受压较小，便于阀门维修或更换填料函，而且阀开启时省力，便于运行操作。

这种阀门非常适合作为介质的切断或调节及节流用，但流动阻

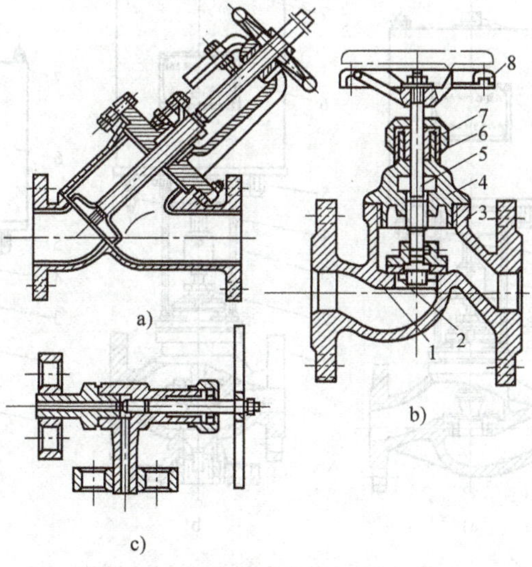

图4-21　截止阀的结构

a）直流式　b）直通式　c）角式

1—阀座　2—阀瓣　3—阀体　4—阀盖　5—阀杆　6—填料　7—压盖螺母　8—手轮

力高于其他阀门。

（5）止回阀　止回阀又叫做单向阀，是防止管道中介质倒流的自动阀门，在空调水系统中安装在冷水泵或冷却水泵的压出端。根据止回阀的结构形式，有升降式和旋启式等，如图 4-22 所示。

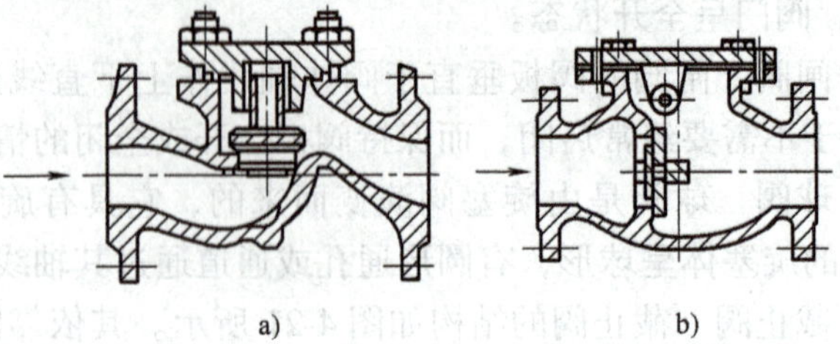

图 4-22　止回阀

a）升降式　b）旋启式

（6）电动调节阀　电动调节阀由直行程电动执行机构和调节连接组成。图 4-23 所示为直通电动调节阀的结构。微型电动机通过齿

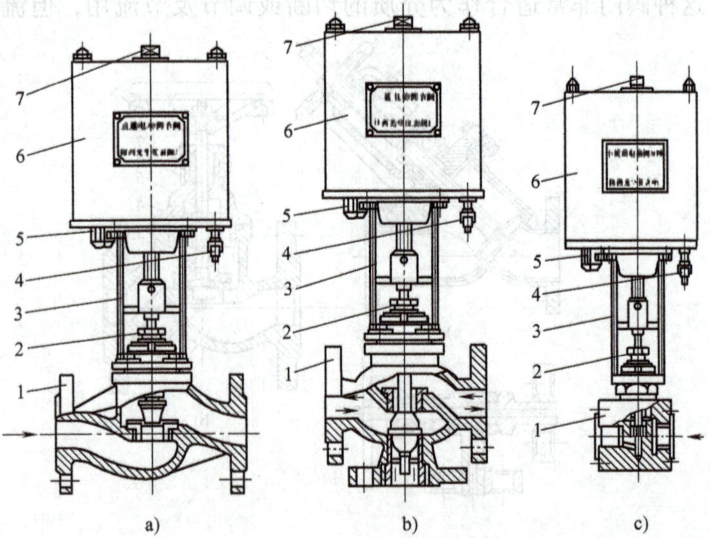

图 4-23　直通电动调节阀的结构

a）直通电动调节阀　b）三通电动调节阀　c）小流量电动调节阀

1—调节机构　2—填料压盖　3—连接架　4—接插件

5—润滑油坯　6—执行机构　7—手操轴

轮减速机构带动调节阀的阀杆上下移动，阀杆上的特形曲面阀芯与阀座位置的变化改变了流通截面大小，以调节介质流量。

电动调节阀通常安装在表冷器或表面加热器的回水管道上，作为自控系统的执行机构调节水流量。

(7) 平衡阀　平衡阀是一种具有特殊功能的阀门，具有良好的流量调节功能。它可以安装在各个分支管路处或空调机组表冷器或表面式加热器的水管路上，以保证各个分区或各个空调机组能分配到设计规定的水流量，非常有利于较大的水系统的水力平衡。图 4-24 所示为平衡阀及测量仪表。其与普通阀门的不同之处在于阀体上有开度指示，开度锁定装置和两个测压孔。在管网平衡调试时，将专用仪表与被调试的平衡阀测压孔连接后，仪表能显示出流经阀门的介质流量值及压降值，向仪表输入该平衡阀处要求的流量值后，仪表经计算、分析，可显示出管网系统达到水力平衡时该阀的开度值。

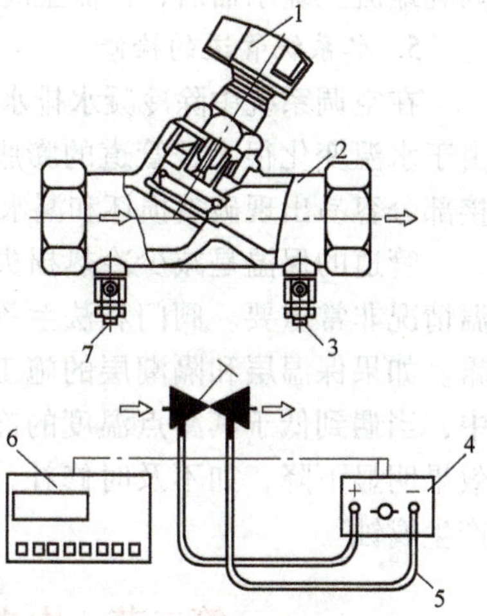

图 4-24　平衡阀及测量仪表

1—手轮　2—阀体　3、7—测压孔　4—专用压差变速器　5—橡胶管　6—专用智能仪表

4. 管路系统的水锤现象及防治

在承压水管中流动的液体由于阀门（进口端阀门或出口端阀门）或水泵突然关闭，使得流体流速和动量发生急剧变化，从而引起液体压力的骤然变化，这种现象称为水击。水击所产生的增压波和减压波交替进行，对管壁或阀门的作用犹如锤击一样，故又称为水锤。其危害性很大，严重时会使管路发生破裂。

减弱水锤危害的措施主要有：

1）尽量缩短管路。

2）增加阀门关闭或开启的时间。

3）在管路上设置安全阀，这样在水锤发生瞬间危及管路和设备时，安全装置开启，把管路系统中的部分液体放出，或把部分空气引入系统。

4）空调热水通过蒸汽热交换器加热时，蒸汽管道中蒸汽流速较快，必须使凝结水管沿水流方向设有2‰~3‰的下降坡向，以使其顺利地流至疏水器后，再流至凝水干管，以防止水锤现象发生。

5. 水系统管道的检修

在空调系统中除冷凝水排水管道外，其他的管道都是承压管道，由于水温变化很大，管道的膨胀和收缩也较大。因此，在管道的连接部分容易出现破裂损坏和漏水的现象。

管道的保温是减少冷热损失的保证。因此，定期检查管道的保温情况非常重要。阀门和法兰等直接接触空气的部分，夏天容易结露。如果保温层和隔潮层的施工质量不好，空气就会侵入保温材料中，当遇到低于其露点温度的冷表面时，就会形成结露，使保温的效果明显下降，如不及时修补，结露的面积越来越大，使管道外侧产生腐蚀。

第二节　中央空调冷却水系统

中央空调冷却水系统通常采用循环水系统，冷却水流经水冷式冷凝器和吸收式机组的吸收器时将热量带走通过冷却塔再释放到大气中去。该系统由冷却塔、冷却水箱、冷却水泵，冷水机组的冷凝器及连接管路、控制阀门和仪表组成。

一、中央空调冷却水系统的形式

1. 单机配套互相独立的冷却水系统

图4-25所示为单机配套的冷却水循环系统，冷却塔和冷水机组为一对一配置。若为多台冷水机组，冷却塔和冷水机组也应一对一配置，且彼此各自构成独立的冷却水系统，则冷水机组运行方便，便于管理，但管路较为复杂，难以布置，所以在空调工程中很少采用。

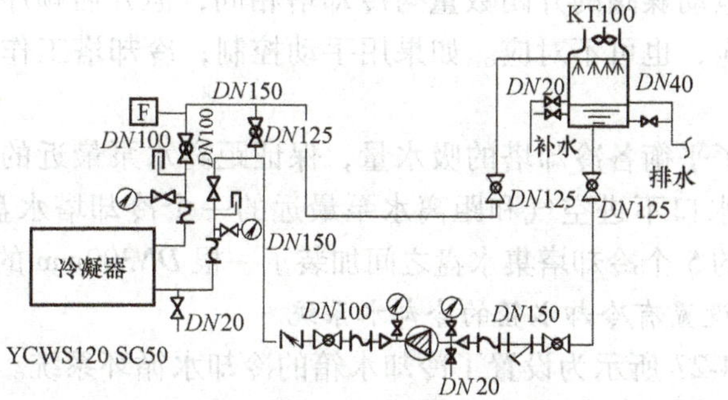

图 4-25　单机配套的冷却水循环系统

2. 共用供、回水干管的冷却水系统

图 4-26 所示为某大酒店的中央空调冷却水循环系统。冷却塔和冷水机组设置相同的台数，共用供、回水干管。

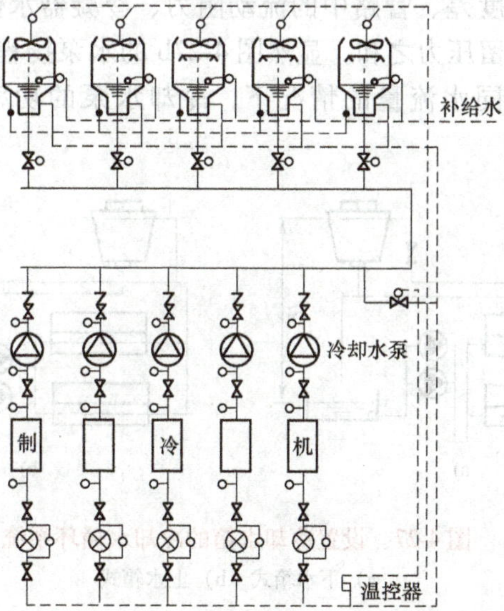

图 4-26　共用供、回水干管的冷却水循环系统

该冷却水循环系统采用冷却水泵、冷却塔与冷水机组连锁并一一对应的系统，冷却水泵的开停受冷水系统一次泵开停控制，冷却

塔供水电动蝶阀的开闭数量与冷却塔相同，但开启顺序可以与冷却水泵对应，也可不对应。如果用手动控制，冷却塔工作台数可任意选择。

为了平衡各冷却塔的吸水量，保证距离水泵最近的一个冷却塔水盘吸水口不进空气和距离水泵最远的一个冷却塔水盘不致溢流，在并列的 5 个冷却塔集水盘之间加装了一根 *DN*300mm 的平衡管。

3. 设置有冷却水箱的冷却水系统

图 4-27 所示为设置了冷却水箱的冷却水循环系统。设置冷却水箱的目的是增加系统的水容量，使冷却水循环泵能稳定地工作，以保证水泵吸入口不出现气蚀现象。

图 4-27a 中冷却水箱设置在机房内，有利于系统补水的观察和控制，且在冬季运行的情况下，仍可使用。图 4-27b 中冷却水箱设置在屋顶冷却塔旁边，此时冷却水泵的扬程应为冷却塔布水器出口与水箱液面的高度差、管路中的流动阻力、冷凝器水侧流动阻力和冷却塔布水器预留压力之和。显然图 4-27b 的水泵扬程比图 4-27a 的扬程要小，在相同水流量的情况下，冷却水泵的功率较小，运行费用低。

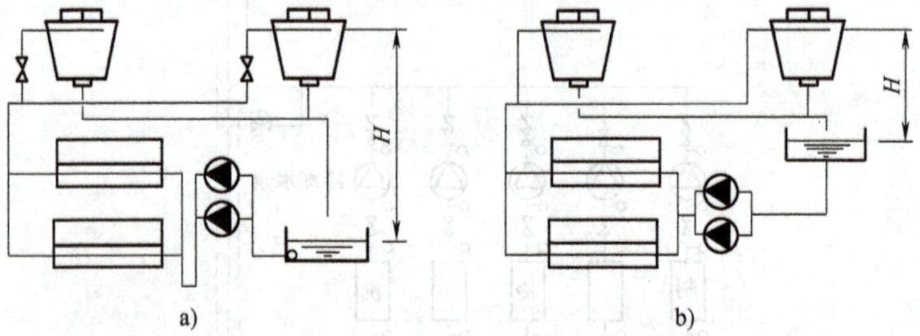

图 4-27　设置冷却水箱的冷却水循环系统

a）下水箱式　b）上水箱式

4. 冷却塔供冷的水系统

冷却塔供冷（又称为免费供冷）是一种节能降耗的空调供冷方式。在现代办公楼的内区和计算机房往往要求空调系统全年供冷。在过渡季节或冬季，当室外空气焓值低于室内空气设计焓值，又无法利用加大新风量免费供冷时，可利用冷却塔供冷系统。图 4-28 和图 4-29 表示了冷却塔直接供冷和间接供冷的两种冷却塔供冷的水系统形式。

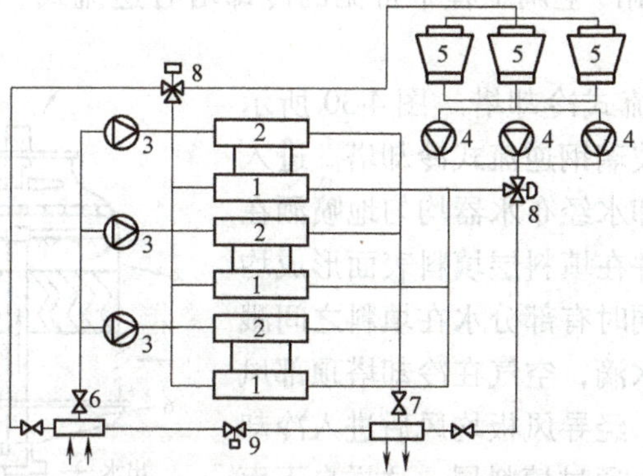

图 4-28　冷却塔直接供冷的循环系统

1—冷凝器　2—蒸发器　3—冷冻水水泵　4—冷却水水泵　5—冷却塔
6—集水器　7—分水器　8—电动三通阀　9—压差调节阀

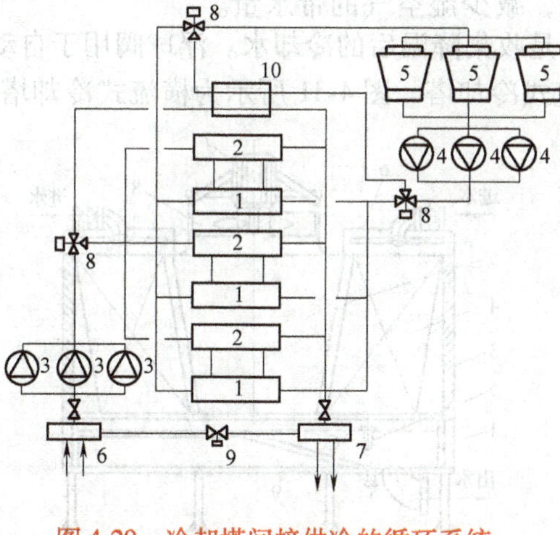

图 4-29　冷却塔间接供冷的循环系统

1—冷凝器　2—蒸发器　3—冷冻水水泵　4—冷却水水泵　5—冷却塔
6—集水器　7—分水器　8—电动三通阀　9—压差调节阀　10—板式换热器

二、冷却塔

1. 冷却塔的类型

目前，制冷空调工程中常见的冷却塔有逆流式、横流式、喷射式和闭式。

（1）逆流式冷却塔　图 4-30 所示为机械通风玻璃钢逆流式冷却塔。进入冷却塔的冷却水经布水器均匀地喷洒在填料层上，并在填料层填料表面形成均匀的水膜，同时有部分水在填料之间溅散成细小的水滴，空气在冷却塔顶部风机的作用下，经导风板均风后进入冷却塔且自下而上通过填料层。这样自下而上流动的空气与自上而下流动的水由于温差和水蒸气分压力差而传热传质，使水降温。挡板的作用是将空气中夹带的水滴分离出来，减少湿空气的带水量。集水盘的作用是收集降温后的冷却水。浮球阀用于自动补水。

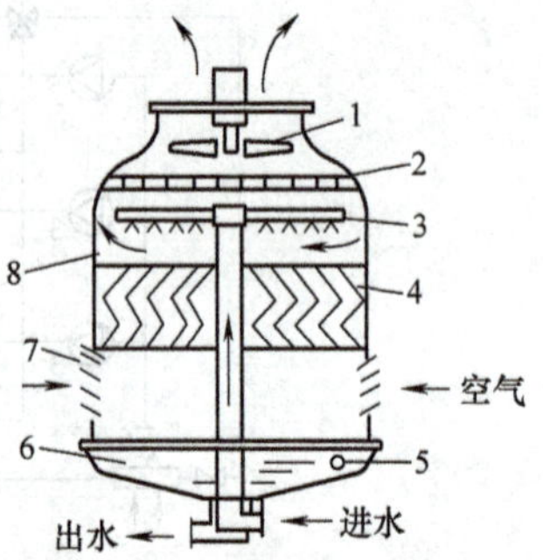

图 4-30　逆流式冷却塔

1—风机　2—挡板　3—喷淋布水器　4—填料层　5—浮球阀　6—集水池　7—导风板　8—塔体

（2）横流式冷却塔　图 4-31 所示为横流式冷却塔。空气自外向

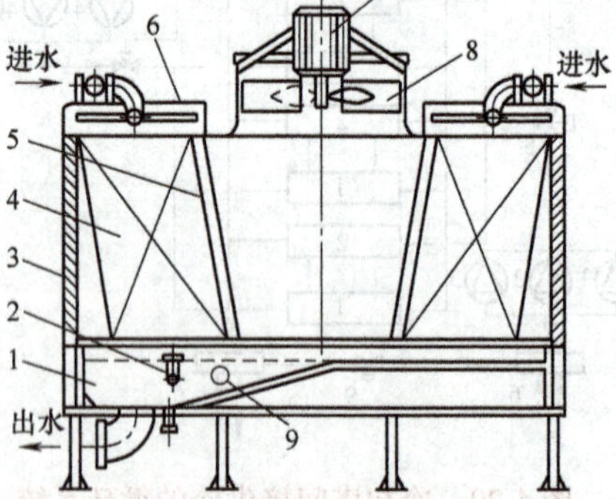

图 4-31　横流式冷却塔

1—集水池　2—溢流管　3—导风板　4—填料层　5—收水器　6—布水器　7—电动机　8—叶轮　9—浮球阀

内流经填料层，同时水自上而下流经填料层。

横流式冷却塔热湿交换效率不如逆流式高。它可根据处理水量大小来设置多台风机，也可以根据夏季室外空气湿球温度的变化，随意增减运行风机的数量，这样非常有利于节能。而且，其塔体的高度低，排列组装时占地面积较小。

(3) 喷射式冷却塔 如图 4-32 所示为喷射式冷却塔的工作原理。冷却水进入冷却塔进水管经喷嘴雾化喷入塔内。由于喷嘴的高速引射，使喷嘴周围形成负压，于是将塔外空气经空气稳流器吸入塔内，与雾化成大量细小液滴的水在气水混合室内有效地混合，水与空气在无填料的情况下进行热湿交换，以达到降低水温的目的。降温后的水滴经收水器落入塔底水池中，再由冷却水泵送往冷凝器，而空气经排气百叶窗排出塔外。

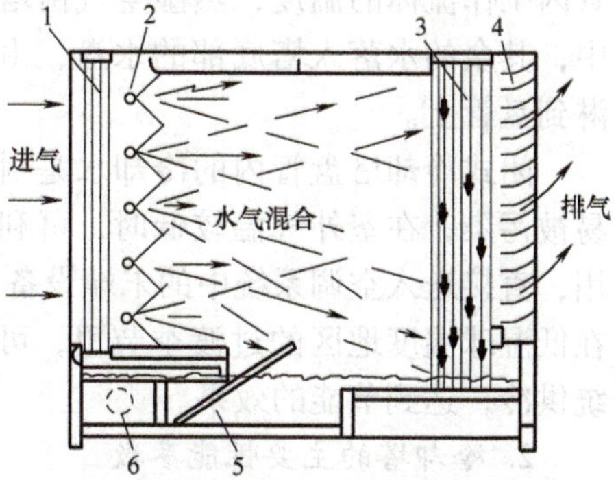

图 4-32 喷射式冷却塔的工作原理

1—空气稳流器 2—热水进口 3—收水器 4—排气百叶窗 5—水池 6—冷水出口

与装有填料的机械通风式冷却塔相比较，喷射式冷却塔无风机，无填料，振动小，噪声低，结构简单，造价较低，能耗小，但其所用水泵扬程高，且喷嘴易堵塞，对水质要求也比较高。

(4) 闭式冷却塔 闭式冷却塔又称为蒸发式冷却塔。图 4-33 所示为闭式冷却塔的工作原理。工作流体（水或其他液体）流经闭式冷却塔的盘管内进行循环，其热量通过盘管释放到流过盘管外壁的水中。同时，冷却塔周围的空气在风机的抽吸作用下从进风格栅进入塔体，

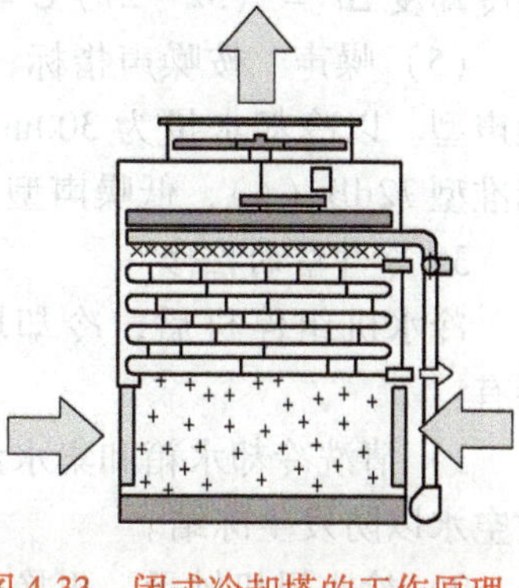

图 4-33 闭式冷却塔的工作原理

与水的流动方向正好相反，自下而上流出塔体。水在与空气逆向流动的过程中进行热湿交换，一小部分水蒸发，带走热量，从而降低管内工作流体的温度，热湿空气由塔顶部的通风机排放到周围大气中，其余的水落入塔底部的水盘，由水泵再输送到水分配装置，喷淋到盘管上。

闭式冷却塔盘管内的冷却水是封闭系统，不与大气相接触，不易被污染，在室外气温较低时，可利用制备好的冷却水作为冷水使用，直接送入空调系统中的末端设备，以减少冷水机组的运行时间。在低湿球温度地区的过渡季节里，可利用它制备的冷却水向空调系统供冷，达到节能的效果。

2. 冷却塔的主要性能参数

（1）冷却水量　冷却塔型号中的冷却水量通常以 m^3/h 为单位，也就是冷却塔的名义流量。

（2）标准设计工况　国家标准规定的冷却塔设计工况参数为进水温度 $t_1=37℃$，出水温度 $t_2=32℃$，空气湿球温度 $\tau=27℃$，大气压力 $p=9.94\times10^4Pa$。

（3）冷却度 Δt　$\Delta t=t_1-t_2$，反映温降绝对值的大小，但不反映冷却效果与外界气象条件的关系。Δt 大，说明散热量多。标准型冷却塔的冷却度 $\Delta t=5℃$，工业型塔的 $\Delta t=10℃$。

（4）冷幅高 $\Delta t'$　$\Delta t'=t_2-\tau$，冷却度 Δt 相同的情况下，冷幅高 $\Delta t'$越小，说明冷却塔的冷却效果越佳。标准型冷却塔的设计工况下的冷却度 $\Delta t'=(32-27)℃=5℃$。

（5）噪声　按噪声指标，冷却塔分为标准型、低噪声型和超低噪声型。以冷却水量为 $300m^3/h$ 的冷却塔为例，噪声指标分别为：标准型 72dB（A），低噪声型 67dB（A），超低噪声型 62dB（A）。

3. 冷却塔的检修

冷水机组停机后，冷却塔应进行必要的检修。其检修项目主要有：

1）清洗冷却水箱和集水盘中的污泥，检查有无损伤和漏水，并放空水以防发生冻结。

2）检查风机轴承，更换传动带，检查变速箱及其润滑油。

3）取出填料并用水洗净，而且要更换损坏部分。

4）清洗与检查布水器，防止出水孔堵塞。

5）拆下并分解浮球阀，检查并在必要时更换阀座，以及检查其动作和功能是否可靠。

三、冷却水箱

图 4-34 所示为冷却水箱的配管形式。它主要有冷却水进水管和出水管、溢水管、排污管及补水管。若冷却水箱采用浮球阀进行自动补水，则补水关闭的水位不应是系统的最高水位，而是应稍高于最低水位线。否则，将导致冷却水循环系统停止运行时会有大量溢流而造成水资源的浪费。

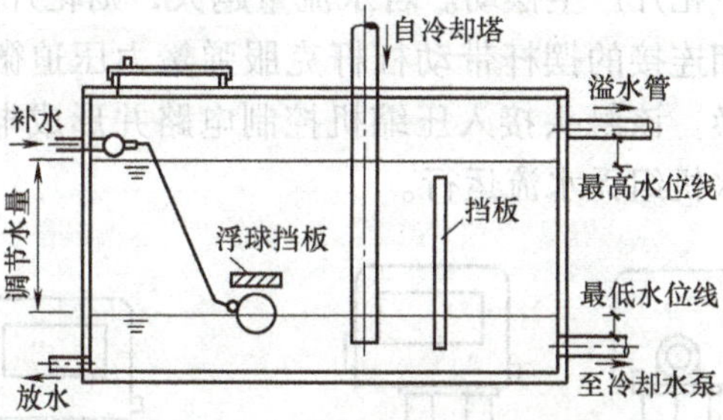

图 4-34　冷却水箱的配管形式

冷却塔填料层中的水在冷却水泵停止运行后，将全部流入冷却塔的集水盘中。因此，在冷却水泵再次起动后，进入冷却塔的水首先要将填料层表面润湿，并使水层达到正常运行时的水膜厚度，然后才能形成正常循环。所以，冷却塔集水盘和冷却水箱的有效容积应能满足冷却塔填料由基本干燥至润湿成正常运转情况所附着的全部水量。

若冷却塔底盘容积较大或选用集水型冷却塔，则冷却水系统中不再设置冷却水箱。图 4-26 所示的高层建筑中央空调冷却水系统，冷却塔设置在建筑物的屋顶上，冷冻站位于建筑物的底层或地下室，多台冷却塔共用供、回水干管，各塔的底盘之间有平衡管相通，而冷却水泵是随冷水机组逐次起动的。由于回水管存贮了较多的水，水泵起动时一般不会因补水不及时而气蚀，所以通常不设冷却水箱，从而减小了水泵的扬程，节省了运行成本。

四、冷却水系统的水流量保护

确保换热器有合适的水流量，是冷水机组可靠工作的必要保证。流经冷凝器的水流量不足将导致冷凝压力升高，引起压缩机故障。流经蒸发器的水流量不足将导致水温过低，甚至造成蒸发器传热管冻结胀裂。所以冷却水系统和冷水系统都应设置水流量保护装置。

常用的水流量保护装置有靶式水流量开关和压差式水流量开关。

1. 靶式水流量开关

图 4-35 所示为靶式水流量开关的结构。由于靶片伸入到水管中，在水流冲击下靶片产生摆动。若水流量越大，则靶片的摆角就越大，这样与靶片相连接的摆杆带动杠杆克服弹簧力压迫微动开关触头使触头进行切换。该触头接入压缩机控制电路并形成电气联锁，这样便避免了冷水机组无水流运行。

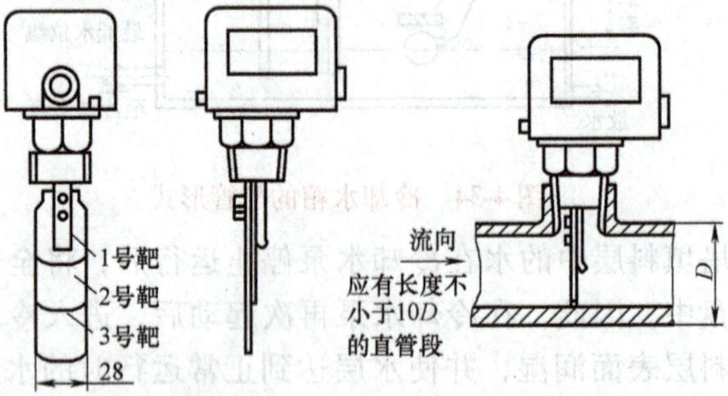

图 4-35　靶式水流量开关的结构

靶式流量开关有数个靶片，因此要根据管径与流量选用相应的靶片，以设定开关动作的最低水流量值，通过调整螺母可以调节微调弹簧的预紧力，以获得最佳设定效果。

靶式流量开关，要求安装在冷凝器和蒸发器水系统出口管路的水平直管段上，其前侧 10 倍管径的管段内不得安装阀门等影响水流正常流动的管件。

2. 压差式水流量开关

靶式水流量开关的靶片在使用时长期受水流压迫处于弯曲变形状态，易疲劳破坏，维修工作量大。压差式水流量开关安装时从压差开关连接两根纯铜管至换热器的进出口，测量进出口水的静压差，根据换热器的流量与压降的曲线关系，即可以精确反映出水系统的流量。它的控制精度高，可在生产厂事先设定好流量控制值，避免了现场调试的麻烦。相对于靶式水流量开关，它不受水泵气蚀和水系统内有气阻而引起的虚假流量信号的影响，因此工作更可靠。图 4-36 所示为压差式水流量开关的外形。

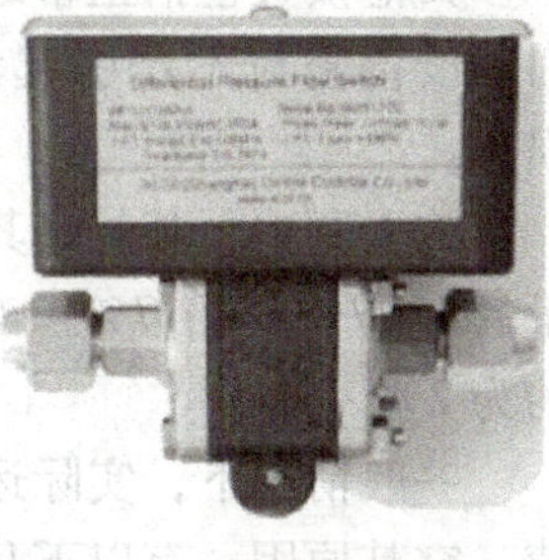

图 4-36　压差式水流量开关的外形

五、冷却水系统的补水量

在开式机械通风冷却水循环系统中，各种水量损失的总和即是系统必需的补水量。

1. 蒸发损失

冷却水的蒸发损失与冷却水的温降有关，1kg 的水降低 5℃需要释放的热量约为 21kJ。水在 32℃时的汽化热约为 2426kJ/kg，水在 37℃时的汽化热约为 2414kJ/kg，取两者的平均值为 2420kJ/kg。0.0087kg 的水汽化所吸收的热量，可吸收 21kJ 的热量，此水量为 1kg 水流量的 0.87%。所以蒸发损失可按冷却水循环量的 0.87% 考虑。

2. 飘逸损失

由于机械通风的冷却塔出口风速较大，会带走部分水量。一般来说，横流式冷却塔的飘逸损失小于逆流式冷却塔。飘逸损失的大小与冷却塔的设计和制造质量有关，可按 0.1% ~0.3% 考虑。

3. 排污损失

由于循环水中矿物成分、杂质等的浓度不断增加，需要对冷却水系统进行排污和补水。如要使系统内水的浓缩倍数不超过 3 ~ 3.5，通常排污损失量为循环水量的0.3% ~1%。

4. 其他损失

其他损失包括正常运转情况下的循环泵轴封漏水，以及个别阀门、设备密封不严引起渗漏，以及冷却水系统停止运转时的外溢损失。

综上所述，若忽略其他损失则冷却水的补水量约为系统循环水量的1.27% ~2.17%。对于吸收式冷水机组补水率要高于这一数值，约为2% ~3%。

一般情况下，实际运行的冷却水系统补水量往往远低于上述数值。究其原因，有以下几点：

1）冷水机组大部分时间都处于非满负荷运行状态，制冷量小于额定值，制冷机组的冷凝热负荷也小于额定值，冷却塔的热负荷随之下降。

2）蒸发损失是按水的温降全部由传质造成。实际运行中，当空气的温度低于水温时，必然形成水向空气的传热，气温越低，传热的贡献越明显。

3）一些单位采用软化水作为冷却水的水源，排污量减小，排污损失自然减小。

六、冷却水温度的控制

1. 冷却水温度的控制

制冷机组运行时，冷凝压力与蒸发压力之间必须形成一定的压差，才能保证制冷剂的正常循环和热力膨胀阀的工作稳定。采用压差式润滑的螺杆式机组，需要足够的压力差才能保证油分离器分离出来的润滑油流往压缩机。例如，约克YCWS型螺杆式冷水机组规定冷却水出水温度不能低于25℃，当冷却水进入温度低到10℃时，机组停机保护。溴化锂吸收式冷水机组如冷却水温度过低，将出现溶液结晶事故。如远大IX型直燃机规定，冷却水进水温度不得低于18℃。

在冬季或过渡季节运行，调节冷却水的温度以保证冷水机组正常运行，并能明显收到节能效果。常用调节方式有：

1）如图4-26所示，在冷却水的回水干管上，装有测温传感器，通过温控器控制冷却塔风机的起停，自动调节出水温度，保证了水温的稳定，同时减少了蒸发损失和飘逸损失。

2）图4-26所示的冷却水系统的冷却塔供水与出水的干管上装有一根*DN*300mm的旁通管及旁通水流电动调节阀。当冷凝器的供水温度低于给定值时，自动调节旁通阀的开启度。

2. 冷却水温度过高的原因分析及应对措施

冷却水温度升高将导致冷凝温度和冷凝压力的升高，而影响制冷机组正常工作。例如，若约克YCWS型螺杆式冷水机组冷凝器出口水温大于40℃时，则控制器将发出停机信号并显示故障信息。一般情况下，造成冷却水温度过高的原因有非正常因素和正常因素两种情况。

（1）非正常因素　非正常因素主要有：

1）缺水导致系统中进入空气，形成气阻，应排气补水并采取增大补水量的措施。

2）冷却塔轴流风机扇叶安装角小，风量不足。此时，应调大扇叶安装角，但应注意电动机的容量，避免过载现象的发生。

3）冷却塔填料脏污，此时应进行清洗。

4）冷却塔轴流风机未运行，检查传动V带或电动机是否出现故障。

5）冷却塔布水器布水不均匀，应检查出水孔是否堵塞。

6）冷却塔安装地点通风条件差。冷却塔无论是高位安装（安装在建筑物屋顶）还是低位安装（安装在地面），都应避免挡风和冷却塔运行时从上部排出的热湿气流短路回流。

7）水系统流量不足。拆卸清理水过滤器，检查系统中阀门是否开度不够或阀门有掉芯情况。

（2）正常因素　正常因素主要是由于天气造成的。如前所述，冷却水流经冷却塔，与空气进行热湿交换而降温。在炎热季节气温升高，降温主要依靠传质，传质的动力是水膜或水滴表面的饱和空气边界层的水蒸气分压力与环境空气的水蒸气压力之差。当空气的湿度增大时，其水蒸气分压力增大，此压差值减小。水分子由饱和空气边界层向空气的迁移数量减小，水的蒸发量减小。水流经冷却塔的温降会由正常时5℃上下，减小到2～3℃。这必然会影响到冷水机组的正常运行。此时可向冷却水箱投放冰块或增大排污量多补自来水，通过这样的应急措施避免制冷机组保护停机。

3. 冷却水系统噪声的控制措施

（1）噪声控制的标准　靠近居民区安装的冷却塔的噪声扰民问题，是一个令人头疼的问题。表4-3列出了国家标准中城市区域环境噪声控制标准。居民、文教区日间的控制标准是50dB（A）；夜间的控制标准是40dB（A）。

（2）噪声的来源和冷却塔的噪声控制　冷却塔的噪声来源有两个：一是风机运转中的空气动力性噪声；二是集水盘中的落水噪声。低噪声冷却塔由于采用了特殊设计的风扇叶片降低噪声4～7dB（A）；在冷却塔出风口加装排风消声器，可降低排风噪声5～10dB（A）；在冷却塔集水盘的落水区域设置消声毯可降低落水时的高频噪声。

（3）降低噪声的其他措施　购置低噪声和超低噪声冷却塔的成本比较高，有些已经投入运行的冷却水系统改造的难度很大。有效措施是增设变频装置，使冷却水泵和冷却塔轴流风机可以降速运行。因为冷水机组满负荷运行时间一般只占全年运行时间的6%～8%，而冷却水泵和冷却塔均是按满负荷运行的要求选型的。在部分负荷运行和气温降低的夜间运行时，通过变速运行减小水循环量和风机风量可大大减小落水噪声和空气动力性噪声，同时收获节能降低运行费用的成果。

表4-3　城市区域环境噪声控制标准

［单位：dB（A）］

环境类别	日　间	夜　间	备　注
特殊住宅区	45	35	高级宾馆和休养区
居民、文教区	50	40	学校与居民区
一类混合区	55	45	工商业与居民混合区
商业中心区、二类混合区	60	50	商业繁华区与居民混合区
工业集中区	65	55	工厂林立区域
交通干线道路两侧	70	55	每小时车流100辆以上

注：噪声限制值是指受噪声危害建筑外1m的声级值。

第三节 中央空调冷却水水质处理与管理

中央空调冷却水系统多为敞开式水循环系统。冷却水在循环过程中与大气不断接触，通过传热、传质降温。空气中的各种杂质进入水系统会造成水的污染。由于蒸发损失和飘逸损失，水中的矿物质和溶解盐类逐渐浓缩，水质恶化，如不采取科学有效的措施进行水质管理，将造成水系统设备和管道的结垢、腐蚀，影响传热，使冷水机组制冷效率下降，缩短设备的使用寿命，水中滋生的病菌，会危害人员的身体健康。

冷却水原水无论是采用地表水、地下水还是城市自来水，其源头都是天然水。

一、天然水中的杂质

水是世界上分布最广的物质，江河湖海中的水称为地表水，地层中存在大量的地下水，大气中有相当数量的水蒸气。雨、雪降落到地面，流入江河成为地表水，渗透到地下成为地下水，而雨雪又来自地表水的蒸发。因此，水在自然界中是不断循环的。

水在自然界的循环运动中是一种溶解能力很强的溶剂，能溶解大气中、地表面和地下岩层里的许多物质，从而使天然水中不同程度地含有各种杂质。

当水中杂质的粒径在$10^{-7}\sim10^{-6}$mm时，它们大都是以离子或溶解的气体状态存在于水中。

水中的离子杂质可以归纳为三类：第一类的阳离子主要包括钙离子（Ca^{2+}）、镁离子（Mg^{2+}）、钠离子（Na^{+}）和钾离子（K^{+}），阴离子包括碳酸氢根（HCO_3^{-}），氯离子（Cl^{-}）和硫酸根（SO_4^{2-}），它们在水中的含量为几个毫克每升至几十毫克每升。第一类杂质的含量通常最多，是工业水处理中需要净化的主要离子。

第二类的阳离子包括铁离子（Fe^{3+}）、锰离子（Mn^{2+}）、铵离子（NH_4^{+}），阴离子包括氟离子（F^{-}）、硝酸根离子（NO_3^{-}）、碳酸根离子（CO_3^{2-}）。它们在水中的含量为十分之几毫克每升至几个毫克每升。

此外，水中还含有极少的铜离子（Cu^{2+}）、硫酸氢根（HSO_4^-）等离子，它们在水中的含量不超过十分之几毫克每升，称为第三类离子。

天然水中常见的溶解气体有氧（O_2）和二氧化碳（CO_2）。

天然水中氧的主要来源是大气中氧的溶解，因为空气中含有20.95%的氧，水与大气接触使水体具有自充氧能力。

天然水中CO_2的主要来源为水中或泥土中有机物的分解和氧化，其含量在几个毫克每升至几百毫克每升之间。

另外，在天然水中还有许多微生物。

二、水的主要评价指标

水质是指水和其中杂质共同表现的综合特性。评价水质好坏的项目称为水质指标。

空调用水的水质指标有两种：一种指标是表示水中杂质离子的组成，如氯离子、钙离子等；另一种指标不代表某种纯物质，而是表示某些化合物之和或表征某种性能，如硬度、碱度等，这类指标称为技术指标。

1. 溶液含量及其表示方法

以离子形态存在于水中的杂质采用溶液含量来表示其量的多少。其中杂质称为溶质，水称为溶剂，它们共同构成水溶液。常用的溶液含量表示方法有以下几种：

（1）质量分数　溶质的质量占溶液总质量的百分比称为质量分数w，即

$$w=\frac{\text{溶质的质量}}{\text{溶液的总质量}}\times 100\%$$

（2）物质的量浓度　1L 溶液中所溶解的溶质的物质的量称为物质的量浓度，用c_A表示，其中“A”为基本单元，即

$$c_A=\frac{n_A}{V}$$

式中　n_A——基本单元为 A 的物质的量（mol）；

V——溶液的体积（L）。

注意：摩尔是物质的量的单位，符号为 mol。物质所含的基本单

元（分子、原子或离子）的数目为 6.022×10^{23} 个时，该系统中物质的量即为1mol。

（3）质量浓度　物质B的质量浓度是指物质B的质量（m）除以混合物的体积（V），符号为 ρ_B，即

$$\rho_B=\frac{m}{V}$$

质量浓度的国际单位制单位为 kg/m^3，常用单位为g/L和mg/L。

2. 水的主要技术指标

（1）硬度　硬度是指水中的钙盐、镁盐、铁盐等的总量。它们在水中以离子形式存在，其中的金属离子主要是 Ca^{2+}、Mg^{2+} 等。

碳酸盐如碳酸氢钙［$Ca(HCO_3)_2$］、碳酸氢镁［$Mg(HCO_3)_2$］在水沸腾时就从溶液中析出而产生沉淀。所以碳酸盐硬度也称为暂时硬度。

水中的某些可溶性如硫酸盐（$CaSO_4\cdot2H_2O$、$CaSO_4$），在水沸腾时不能析出沉淀。所以非碳酸盐硬度称为永久硬度。

表示水的硬度的方法主要有毫摩尔/升（mmol/L）、德国度（°G）和毫克/升 $CaCO_3$ 三种。它们之间的关系是：

1mmol/L＝2.8°G

1mmol/L＝50mg/L　$CaCO_3$

（2）碱度　碱度是表示水中能接受氢离子的一类物质的量。如溶液中的氢氧根离子（OH^-）、碳酸根离子（CO_3^{2-}）和碳酸氢根离子（HCO_3^-）。在天然水中碱度主要是碳酸氢盐形成的。

硬度是表示水中 Ca^{2+}、Mg^{2+} 离子的含量；而碱度是表示水中 OH^-、HCO_3^-、CO_3^{2-} 等阴离子的含量。

（3）电导率　表示水中导电能力大小的指标称作电导率。电导率是电阻率的倒数，单位为西门子/厘米（S/cm）。水的电阻率是指某一温度下边长为1cm立方体的水的电阻，单位为Ω·cm。

电导率反映了水中含盐量的多少，是衡量水纯净程度的一个重要指标。水越纯净，含盐量越小，电导率越小。电导率可用电导仪进行测定。

（4）pH值　纯水中只有很少一部分水分子以 H^+ 和 OH^- 的离子

形态存在，这种现象称为电离。当水中存在某些杂质时，水中的 H^+ 与 OH^- 的数量将不相等。化学上常用 pH 值表示溶液的 H^+ 离子浓度。

$$pH = -\lg[H^+]$$

在纯水中，$[H^+]=10^{-7}mol/L$，则 $pH=-\lg10^{-7}=-(-7)=7$。pH 值小于 7，则溶液中 $[H^+]>[OH^-]$，称为酸性溶液；pH 值大于 7，则溶液中的 $[H^+]<[OH^-]$，称为碱性溶液。

若溶液中 $[H^+]$ 或 $[OH^-]$ 大于 1mol/L，pH 有可能出现负值或大于 14，这时直接用物质的量浓度表示。

酸性溶液和碱性溶液都可能造成金属的腐蚀。天然淡水的 pH 值都在 7 左右。

三、冷却水的水质要求

表 4-4 列出了国家标准规定的冷却水和补给水的水质要求。

一般而言，城市民用自来水可以作为机组冷却用水，工业用水、地下水、湖水必须经过有关技术部门检测确定成分，根据表 4-4 的水质要求判断是否可以使用。

表 4-4　冷却水和补给水的水质要求

技术指标	冷却水标准值	补给水标准值	超标可能形成的危害	
			腐蚀	结垢
pH(25℃)	6.5~8.0	6.0~8.0	○	○
电导率(25℃)/(μS/cm)	<800	<200	○	—
氯化物 Cl^- 含量/[mg(Cl^-)/L]	<200	<50	○	—
硫酸根 SO_4^{2-} 含量/[mg($CaSO_4^{2-}$)/L]	<200	<50	○	—
酸消耗量(pH4.8)/[mg($CaCO_3$)/L]	<100	<50	—	○
总硬度/[mg($CaCO_3$)/L]	<200	<50	—	○
铁 Fe 含量/[mg(Fe)/L]	<1.0	<0.3	○	○
硫离子 S^{2-} 含量/[mg(S^{2-})/L]	不得检出	不得检出	○	—
铵离子 NH_4^+ 含量/[mg(NH_4^+)/L]	<1.0	<0.2	○	—
溶解硅酸 SiO_2 含量/[mg(SiO_2)/L]	<50	<30	—	○

注：○表示超标存在此危害；—表示超标不存在此危害。

四、冷却水系统结垢与腐蚀的产生及危害

由于冷却水系统多为开式循环系统，在与空气不断接触的过程中，将会产生结垢、腐蚀而影响正常高效运行。

1. 结垢

冷却水系统的结垢分为污垢和水垢两种类型。

（1）污垢　污垢一般是由细小的泥沙、尘土、不溶性盐类的泥状物、杂质碎屑、腐蚀产物等组成。

由空气进入冷却水中的固体颗粒污染物、补水中的悬浮物、结垢物的晶体、腐蚀产物、菌藻的尸体等相互粘结吸附，沉积在换热器表面而形成质地疏松的污垢。污垢影响输水能力，造成传热效率下降，引起垢下腐蚀。

（2）水垢　最常见的水垢为碳酸钙（$CaCO_3$），它是由水中不稳定的溶解盐碳酸氢钙［$Ca(HCO_3)_2$］分解形成的。

碳酸氢钙也称为重碳酸钙，以离子的形式溶解于水中。冷却水流经冷却塔，由于水的蒸发和飘逸损失，水中溶解的盐类（重碳酸盐、硫酸盐、氯化物、硅酸盐等）便逐渐浓缩，使水的腐蚀性和结垢作用不断增强，循环水的硬度和碱度相应发生变化。冷却水流经冷却塔时，溶解在水中的二氧化碳（CO_2）会逸出。碳酸钙（$CaCO_3$）在水中的溶解度很小，但当水中含有游离的二氧化碳时，碳酸钙被转化为易溶解的碳酸氢钙溶解于水中。随着二氧化碳的逸出以及水中的碳酸氢钙分解，析出的碳酸钙结晶沉积在传热表面上，形成结晶致密、比较坚硬的无机盐水垢（硬垢），它们牢固地附着在换热器表面或管道壁上，很难被水冲洗掉。通常我们见到的白色水垢，就是这种碳酸盐结晶，它是冷却水系统结垢的主要成分。

水垢的导热性能很差，通常碳酸钙水垢的平均热导率，在 0.58～6.96［W/(m·℃)］，而钢的热导率为 201.6［W/(m·℃)］，铜的热导率为 1386［W/(m·℃)］。所以水垢会降低冷凝器的传热效率，使冷凝温度、冷凝压力升高，机组的制冷量下降，功耗增加。水垢不断增厚将会增大水流阻力，降低水流量。

2. 腐蚀

冷却水系统的金属材料主要是碳钢、铜和镀锌管，它们长期与水接触会造成腐蚀。金属材料受到腐蚀后，外表变化通常表现为溃疡斑、小孔、表面有腐蚀产物（如铁锈和铜绿）、材料变薄等。此外，腐蚀还会影响到材料内部，使力学性能、组织结构发生变化。腐蚀同样会降低设备和管道的使用寿命，严重时还造成设备的报废，腐蚀产物也是泥垢的组成成分。

引起腐蚀的原因有多种。在冷却水系统中，水中的溶氧可达到饱和状态。当碳钢与溶有氧（O_2）的水接触时，由于金属表面的不均匀性和水的导电性，在碳钢表面会形成许多肉眼观察不出来的腐蚀微电池，这种腐蚀微电池由于溶解氧的去极化作用，使微电池的阳极区的金属不断溶解而被腐蚀。这种腐蚀称为电化学腐蚀。当水的 pH 值低时，水中的 H^+ 离子浓度大。H^+ 离子充当去极化剂，产生的腐蚀称氢去极化腐蚀。冷却水中铜离子（Cu^{2+}）、氯离子（Cl^-）和硫酸根离子（SO_4^{2-}）浓度增高时，都会引起电化学腐蚀。

在冷却水循环过程中，冷却塔中水喷淋带入了空气中的微生物，空气中的灰沙和尘土带有大量的微生物或它们的孢子，补充水也会将微生物带入。微生物排出的粘液与其他杂质形成的沉积物附着在金属表面，形成氧的浓差电池，促使金属腐蚀。微生物中的厌氧菌、铁细菌、硫酸盐还原菌、真菌等都会引起金属材料的腐蚀。

五、冷却水水质稳定处理

造成冷却水系统结垢和腐蚀的溶解盐浓度随着水的蒸发和飘逸损失会越来越高，这种现象称为浓缩。随着浓缩倍数的提高，水质变化很大。因此，应根据补充水水质和浓缩倍数，拟定恰当的循环冷却水水质处理方案，满足水质稳定的要求。

1. 阻垢处理

在冷却水系统运行过程中，必须不断地补充自来水或其他清洁的水，以减少循环水中溶解盐和其他无机物的浓度。当循环水中碳酸氢钙［$Ca(HCO_3)_2$］浓度小于 170mg/L（约 10°G）时不易结垢。但我国很多城市尤其是北方城市自来水的硬度已经超过这一指标。

此时必须进行阻垢处理。常用的阻垢处理方法有：

（1）投加阻垢分散剂 这种方法也称为化学阻垢法。向循环水中投加阻垢分散剂。阻垢分散剂使水中碳酸钙晶体难以长大沉淀成垢，提高了冷却水极限碳酸钙溶解浓度，循环冷却水允许总硬度可由200mg/L（以$CaCO_3$计）提高到800mg/L，可减少换水次数75%。

（2）静电场阻垢处理 在一定强度的静电场作用下，产生极化作用，使水中碳酸钙等难溶盐的正负离子难以结合、结晶、沉淀成垢。

（3）电子水处理 水经过处理后，其物质结构发生变化，水中溶解盐类的离子及带电粒子间静电引力减弱，不能相互集聚成垢。

（4）强磁水处理 流动的水经过强磁场的磁力线切割后，水的物理化学性质发生了一定变化，水的活性溶解度大大提高，有助于解决防垢、杀菌、除锈问题。

2. 缓蚀阻垢处理

缓蚀阻垢处理通常采用投加缓蚀剂，这样可以使设备表面形成一层致密的薄膜，进而使设备内表面与水隔开，用以抑制腐蚀作用的发生。

缓蚀阻垢处理一般分“清洗—预膜—正常运行”三个阶段进行。

（1）清洗 清洗是要去除循环水系统内的油污、泥垢、铁锈，使冷却设备和管道内表面清洁。清洗操作应按原循环水系统的循环回路进行，在冷却塔处加入药剂，固体药剂必须溶解后加入。

（2）预膜 预膜通常采用专业水处理公司配制的药剂，如由聚磷酸盐与锌盐组成。预膜后的金属表面形成抗腐蚀性强，不易剥落的致密保护膜。

（3）正常运行 对腐蚀性循环水进行缓蚀处理的同时应进行阻垢处理。预膜后，冷却水系统正常运行过程中要投加缓蚀阻垢剂，以达到缓蚀阻垢的目的。缓蚀剂一般用聚磷酸盐与锌盐，阻垢分散剂采用有机磷酸盐、聚丙烯盐和聚丙稀酸钠等。

在阻垢处理方法中，静电场阻垢处理、电子水处理、强磁水处理都属于物理方法。原水的硬度不太高时，物理处理的效果比较好，但原水的硬度比较高时，多以化学方法为主。图4-37所示为空调冷却水自动加药系统的工作流程。自动加药系统加药量均匀、准确、可靠。它还可以实现对电导率的检测，如电导率超标，系统将自动排污，以控制水的浓缩倍数。循环冷却水的浓缩倍数最高不超过5~6。

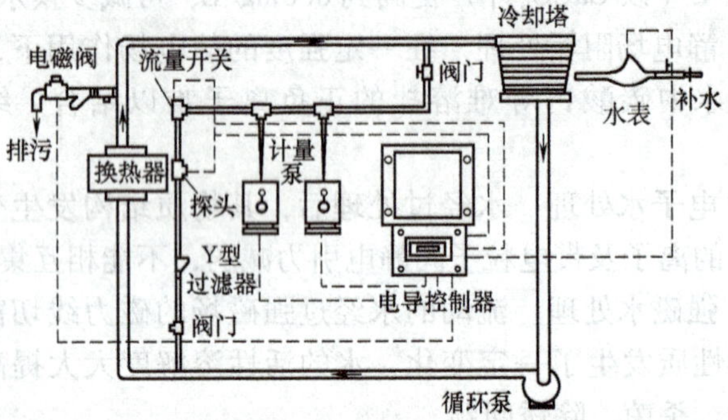

图 4-37　空调冷却水自动加药系统的工作流程

3. 杀菌灭藻

在冷却塔和水池里会有大量微生物繁殖，必须投加杀菌灭藻剂。杀菌灭藻剂有液氯、次氯酸钠、二氧化氯、臭氧、硫酸铜等。在循环冷却水杀菌灭藻处理中，用得较多的是液氯、次氯酸钠和二氧化氯。

六、离子交换水处理

运用离子交换原理，用钠离子交换树脂吸附水中的钙、镁离子，除去水中的硬度物质，使水得到软化，以防止冷却系统结垢，这种装置称为软水器。

1. 离子交换水处理原理

离子交换树脂是高分子化合物，一般呈球状，不溶于水，经过化学处理后，引入活性基因——磺酸基（$-SO_3H$）离子交换树脂经盐水浸泡后，成为阳离子交换树脂。当原水通过盛有阳离子交换树脂的软水器时，水中的钙、镁离子与交换剂中的钠离子进行交换反应。以 R 代表树脂本体，交换反应可用方程式表示为

$$2RNa + Ca^{2+} = R_2Ca + 2Na^+$$

$$2RNa + Mg^{2+} = R_2Mg + 2Na^+$$

去除了钙、镁离子的软化水，作为空调冷却水的给水或补水进入冷却水系统。吸附钙、镁离子饱和后的树脂经过钠盐溶液的处理，可重新转化为钠型阳离子交换树脂而恢复其软水能力，这一再生过程可用方程式表示为

$$R_2Ca + 2NaCl = 2RNa + CaCl_2$$

$$R_2Mg + 2NaCl = 2RNa + MgCl_2$$

上述正向和反向离子交换反复进行，就可使软化水持续不断地产生。

2. 软水器的工作循环

图4-38所示为逆流再生钠离子交换器装置，其工作过程分为以下几步：

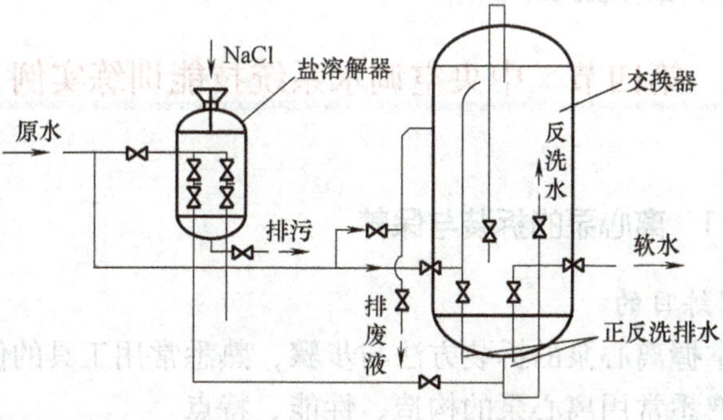

图4-38 逆流再生钠离子交换器装置

(1) 运行 原水在一定压力（0.2～0.6MPa）和流量下，通过控制阀进入交换器，自上而下通过树脂层，使钙、镁离子含量达到即定要求，实现硬水的软化。

(2) 反洗 树脂失效后，进行再生前，先用水自下而上进行反洗。其目的有两个：一是使运行中压紧的树脂层发生松动，有利于树脂颗粒与再生液充分接触；二是使树脂表面积累的悬浮物及碎树脂随反洗水排出，从而使水流阻力不会越来越大。

(3) 再生吸盐 盐溶解器中的再生用盐液在一定浓度流量下，

自下而上流经失效的树脂层，使其恢复原有的交换能力。

（4）置换（慢速清洗）　再生盐液停进后，交换器内尚有未参与再生交换的盐，用小于或等于再生液流速的清水进行慢速清洗，以充分利用盐液的再生作用并减轻正洗的负荷。这一过程也称为反洗。

（5）正洗（快速清洗）　利用清水自上而下清除树脂层中残留的再生废液，直至出水合格为止。

（6）盐溶解器注水　使盐溶解器中储存再生一次所需的盐水溶液。

现在，软水器通常制做成全自动型，可根据时间或流量实现自动循环。

应该指出的是，冷却水水质管理是一项技术性很强的工作，一般都是由专业的水处理公司在原水水质化验的基础上，提出方案，进行实施并定期监测。

第四节　中央空调水系统技能训练实例

训练1　离心泵的拆装与保养

1. 训练目的

1）掌握离心泵的拆装方法与步骤，熟悉常用工具的使用。

2）熟悉常用离心泵的构造、性能、特点。

3）了解离心泵维护保养的内容。

2. 训练器材与设备

主要有离心泵、钳工工具、扒子、润滑油、润滑脂、棉丝。

3. 训练要求

1）拆泵之前，先要根据泵的结构特点，确定拆卸的次序与步骤。

一般拆卸与装配的顺序正相反。可按照先上后下，先外后内，先部件或组件后零件的原则安排拆卸顺序。

拆卸时，如遇螺栓因锈蚀而难以松动，可先用松锈剂等喷射在要拆卸的部位，稍等几分钟后再进行拆卸。

不允许用锤子直接敲击零部件，必要时可用铜棒垫打，防止零件表面变形或打毛。

2）拆卸要严格按照工艺要求操作，应注意某些零部件的方向性，必要时先作记号，拆卸后的零部件要摆放有序，防止生锈。

3）拆装过程中重点了解以下内容：

① 泵的型号和性能参数。

② 叶轮的结构形式与叶型。

③ 轴封装置的形式与构造。

④ 轴承的型号与润滑方式。

⑤ 日常维护保养的内容和方法。

4）拆卸后要装配复原，了解试车运转的程序和检查测试项目。

训练2　冷却塔的维护与检修

1. 训练目的

1）熟悉冷却塔的构造、性能和工作原理。

2）掌握冷却塔维护保养的内容和方法。

3）分析影响冷却塔工作效率的故障因素。

2. 训练器材与设备

主要有机械通风式玻璃钢冷却塔、钳工工具、管工工具、润滑油、润滑脂、棉丝。

3. 训练要求

1）记录冷却塔的型号和性能，分析其类型。

2）查看塔体与各部件的连接螺栓与螺母是否松动。

3）轴流风机及其传动部分的检查保养，包括以下内容：

① 拨动风机叶片，看其旋转是否灵活，检查风机叶片与塔体内壁的间隙是否均匀一致，间隙值约为0.008倍的风机直径。

② 对于采用带传动的风机，要检查传动带的磨损情况和松紧程度，以及几根传动带的松紧程度是否一致，并记录传动带的型号和规格。

③ 对于采用齿轮减速的风机，应检查齿轮的磨损情况和润滑油

的油位。

④ 倾听风机运转时噪声，判断电动机、风机、齿轮箱的轴承是否有损坏。

4）查看布水器的结构。如是旋转式布水器，检查布水管端与塔体的间隙，以小于 20mm 为宜；布水管的管底与填料的间隙不宜小于 50mm。按铭牌或说明书规定，检查布水器转速。

5）查看填料的脏污程度，判断其类型。

6）分解浮球阀，了解其构造，检查其动作和功能，查看阀座的密封情况。

7）查看集水盘（槽），分析其脏污程度，掌握清洗方法。

8）归纳冷却塔维护保养的内容和要求。

9）分析影响冷却塔工作效率的主要故障因素。

复习思考题

1. 简述隔膜式气压罐定压的工作过程。
2. 简述隔膜式气压罐定压的压力参考值设定过程。
3. 离心泵的主要性能参数是什么？
4. 单级离心泵填料盒的作用是什么？
5. 简述单级离心泵水封的修理工作过程。
6. 单级离心水泵的气蚀现象是什么？
7. 水系统工作时减弱水锤现象的措施是什么？
8. 简答目前制冷空调工程中常见的冷却塔的类型。
9. 机械通风玻璃钢逆流式冷却塔的主要组成部分有哪些？
10. 简述喷射式冷却塔的工作原理。
11. 简述水系统的水流量保护在系统中的作用。
12. 简述冷却水循环系统中确定补水量的条件。
13. 简述影响冷却水水质变化的原因。

第五章

中央空调风系统与空气净化

培训学习目标 中央空调系统中设置在空调机房的空气处理设备，将空气进行适当的处理后由空调风系统输送到空调房间。风系统通过气流组织，使房间内的工作区形成较为均匀且稳定的温度、湿度、气流速度和洁净度，以满足生产工艺和人体舒适等要求。此外，空调风系统在输送空气过程中要进行合理分配，以满足各房间的风量要求；要消声减振，以满足噪声控制的要求；还要考虑能量回收和防火排烟等功能要求。

空气的输送分配设备、空调房间的气流组织设备、消声减振设备、空调排风能量回收设备和防火排烟设备等共同构成了空调风系统。

洁净室空调系统主要用于工业生产，随着微电子技术、纳米技术和其他一些高新技术的发展，洁净室的要求越来越高，应用越来越广泛。可以说，空气净化是洁净室空调系统的主要任务。

第一节 空气的输送与分配

空气的输送与分配是通过由输送空气的动力装置——通风机、通风管道（送、回风管）系统和风量调节阀组成的空气输送设备来完成的。

一、通风管道

通风管道是空调工程空气输送的通道。风管包括：集中式全空气系统的送、回风风管、空气-水系统的新风风管、空调建筑及其附属设施的排风风管、机械加压送风风道和机械排烟风道等。

1. 通风管道的分类

（1）按材质分类　按照风管的材质不同，可分为金属风管和非金属风管两大类。

1）金属风管。金属风管有薄钢板风管、不锈钢板风管、铝板风管和金属柔性风管等，其中薄钢板风管用途最为广泛。薄钢板风管又有普通钢板风管、镀锌钢板风管和彩色喷塑钢板风管等几种，后两种具有一定的防腐性能，适用于较潮湿以及有净化要求的空调系统。

2）非金属风管。硬聚氯乙烯板风管和玻璃钢风管，表面光滑，制作方便，但是造价较高，多用于对防腐要求较高的场合。

酚醛铝箔复合板风管、聚氨酯铝箔复合板风管、铝箔玻璃纤维板风管等施工方便，不需要再包覆保温层。

另外，以砖、混凝土为材料制作的风管，利用建筑空间组隔成通风风道。

（2）按风管断面形状分类　风管的断面形状主要有圆形和矩形两种。同样的截面积，圆形风管的耗材较少，且空气的流动阻力小。空调工程中，大多采用矩形风管，其原因是矩形风管容易与建筑结构和室内装饰相配合，且风管与配件容易制作。

2. 风管配件

通风管道系统是由直风管和各种异形配件，如弯头、来回弯、变径管、四通、三通、天圆地方和各种风量调节阀组合而成。图 5-1 所示为一个有回风的空调风道系统。

（1）弯头　弯头用来改变空气流动方向，使气流转 90° 弯或其他角度。图 5-2 所示为工程上常见的钢板矩形弯头的类型。其中内外同心弧型弯头气流阻力小，但占用空间较大，后三种弯头占用空间小些，但阻力相对较大，当其边长大于 500mm 时，应设置导流叶片，以减小气流阻力。弯头有时也称为弯管。

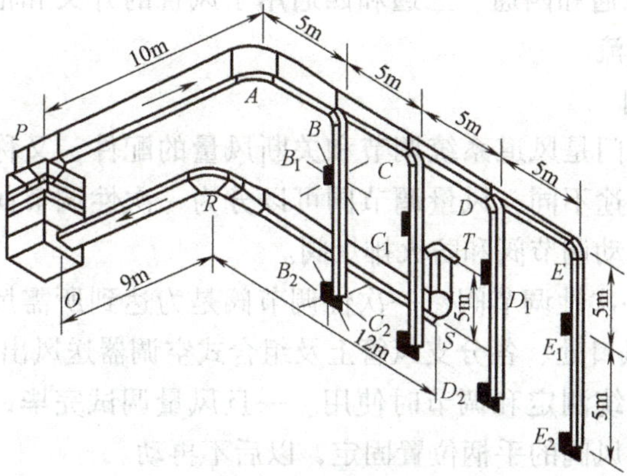

图 5-1 有回风的空调风道系统

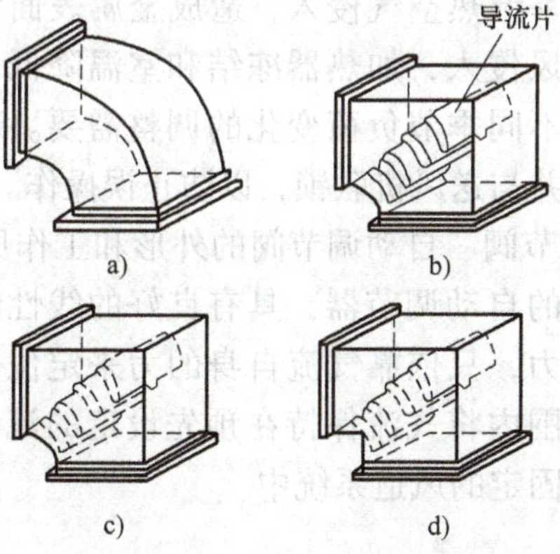

图 5-2 钢板矩形弯头

a）内外同心弧型弯头 b）内弧外直型弯头

c）内斜线外直角型弯头 d）内外直角型弯头

（2）来回弯 来回弯用来改变风管标高，可以躲让、绕过建筑物的梁柱及其他管道。

（3）变径管 变径管俗称“大小头”，用来连接截面尺寸不同的风管。

（4）天圆地方 天圆地方用于圆形风管与矩形风管的连接转换。

（5）三通和四通　三通和四通用于风管的开叉和汇合，即气流的分流与合流。

3. 风阀

风管阀门是风道系统调节和关断风量的配件，又称为风量调节阀。根据用途不同，风量调节阀可以分为一次性调节阀、经常开关调节阀、自动调节阀和防火排烟阀。

（1）一次性调节阀　一次性调节阀是为达到所需风量而设置在送（回）风口处、各分支风管上及组合式空调器送风出口处的风阀，用作空调系统测定和调节时使用。一旦风量调试完毕，并达到设计要求后，将风阀的手柄位置固定，以后不再动。

（2）经常开关调节阀　对于集中式全空气系统主要有新风阀、回风阀及排风阀等。其中，新风阀和排风阀要求在系统停止运行时关闭，以防止夏季湿热空气侵入，造成金属表面和墙面结露，也能够防止冬季时冷风侵入，加热器冻结和室温降低。回风阀应调节方便灵活，以适应不同季节负荷变化的调整需要。新风阀和排风阀最好采用电动阀，并与送风机联锁，以防止误操作。

（3）自动调节阀　自动调节阀的外形和工作原理如图 5-3 所示。它是一种机械式的自动调节器，具有良好的线性特点。它对风量的控制无需外加动力，只依靠气流自身的力来定位阀片的位置，从而在整个压力差范围内将气流保持在预先设定的流量上。自动调节阀适用于要求风量固定的风道系统中。

a)

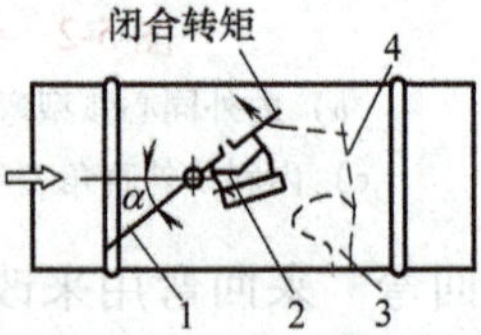

b)

图 5-3　自动调节阀

a）外形　b）工作原理

1—阀片　2—气囊　3—异形轮　4—弹簧片

（4）防火排烟阀 防火阀设在需要防火隔断处的风管上，用于火灾发生时阻断火灾沿风管蔓延的道路。其主要类型有：

1）防火阀。平时全开，70℃时易熔片动作，阀门关闭。图 5-4 所示为重力式防火阀，其易熔片熔断后叶片在重力作用下将风道隔断。防火阀如安装信号装置，阀门关断后可发出电信号至消防控制中心，还可实现联锁控制。

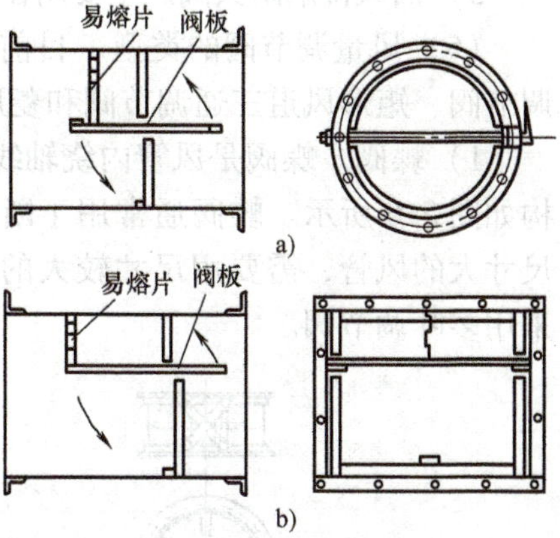

图 5-4 重力式防火阀
a）圆形风管 b）矩形风管

2）防火调节阀。平时阀门常开，阀门叶片可在 0°～90°内五挡调节，当气流温度达到 70℃时，温感器动作，阀门关闭，阀门也可手动关闭，手动复位。阀门关闭后可发出电信号至消防控制中心。温感器是防火阀的核心元件，某外形如图 5-5 所示。

图 5-5 温感器

3）防烟防火调节阀。平时阀门常开，阀门叶片可在 0°～90°内五挡调节，当气流温度达到 70℃时，温感器动作，阀门关闭。阀门也可手动关闭，手动复位。消防控制中心也可根据烟感探头发出的火警信号通过 DC 24V 电压将阀门关闭。阀门关闭时可发出反馈电信号至消防控制中心。

排烟阀一般设置在专用排烟风道或兼用风道上。其主要类型有：

1）排烟阀。一般用于排烟系统的风管上，平时常闭，发生火灾时烟感探头发出火警信号，消防控制中心通过 DC 24V 电压将阀门打开排烟。排烟阀与普通百叶风口或板式风口组合，可构成排烟风口。

2）排烟防火阀。一般安装在排烟系统的风管上，平时常闭，发生火灾时，控制中心远程控制阀的电动驱动器将阀门迅速开启排烟。当烟道内烟气温度达到 280℃时，温感器动作，阀门自动关闭。

3）回风排烟防火阀。主要用在回风排烟合二为一的兼用风道中。

（5）风量调节阀的类型　目前常见的风量调节阀有蝶阀、多叶调节阀、矩形风道三通调节阀和菱形风阀四种。

1）蝶阀。蝶阀是风管内绕轴线转动的单板式风量调节阀，其结构如图 5-6 所示。蝶阀通常用于断面尺寸较小的风管上。对于断面尺寸大的风管，需要用尺寸较大的阀板，开启和关闭都很费力，应采用多叶调节阀。

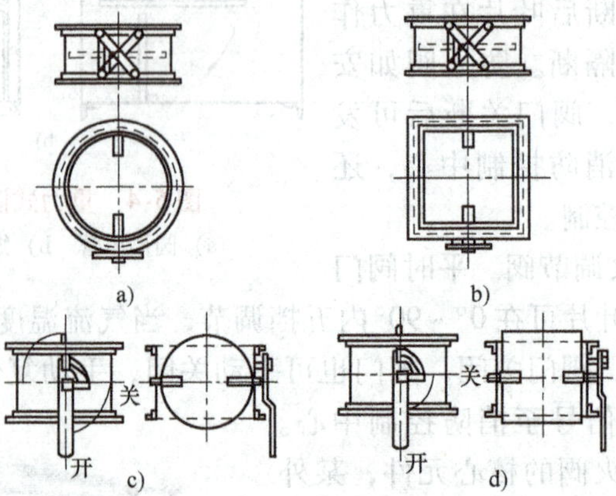

图 5-6　蝶阀的结构

a）圆形拉链式　b）方形拉链式　c）圆形手柄式　d）方形手柄式

2）多叶调节阀。有平行式多叶调节阀和对开式多叶调节阀两种类型。其启闭可以手动，也可电动或气动。图 5-7 所示为对开式电动低泄漏量密封多叶调节阀，其流量特性为等百分比，叶片间和端部均采用耐温弹性橡胶作为密封材料，泄漏量极低，一般不大于 0.5%。

图 5-7　对开多叶调节阀

3）矩形三通调节阀。主要设置在直通三通管的分支节点上，用来调节支风管的风量。如图 5-8 所示，它可分为手柄式和拉杆式两种。手柄式三通调节阀的手柄可根据需要安装在风管上部或下部；而拉杆式三通调节阀的安装位置，在拉杆一侧必须满足拉杆伸出及操作方便的要求。

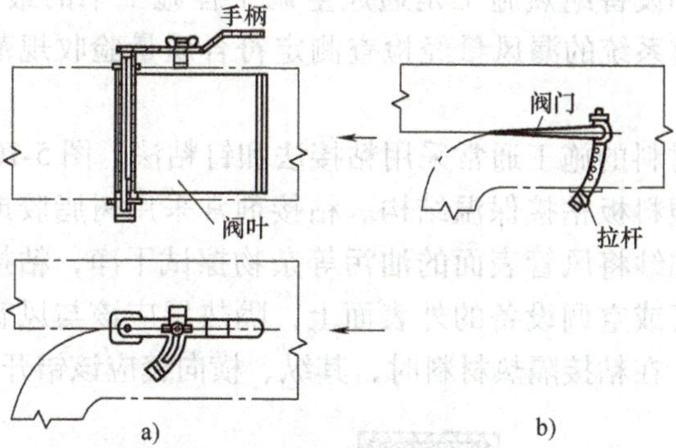

图 5-8 矩形三通调节阀

a）手柄式 b）拉杆式

4）菱形风阀。如图 5-9 所示，该种阀通过启动推拉装置作往复运动，借阀片的体积变化改变空气流通截面积来实现风量调节。菱形风阀的特点是调节范围大；叶片刚性好，可用于高速风管；能自锁；气流平稳，阻力小；具有较理想的线性调节特性。

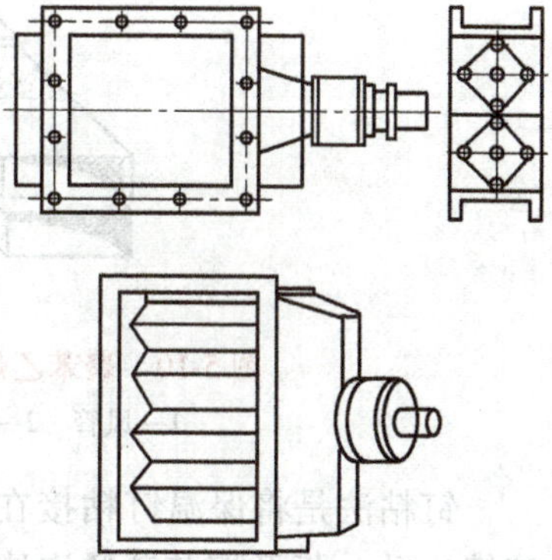

图 5-9 菱形风阀

4. 通风管道的保温、防腐及泄水

(1) 风道的保温 为了减少空气在管道输送过程中的冷热量损失，防止风道穿越房间对室内空气产生影响，以及防止低温风道表面在温度较高的非空调房间内结露，都需要对风道进行保温处理。

通风管道的保温隔热材料主要有岩棉、玻璃棉、聚苯乙烯泡沫塑料、聚氨酯泡沫塑料、聚乙烯泡沫塑料、聚氯乙烯泡沫塑料及橡塑发泡保温制品等。绝热材料应具有较低的热导率，还应具备重量轻，吸水率低，抗水蒸气渗透性强，耐热，不燃或难燃，无毒，无臭味，不腐蚀金属，有一定机械强度，施工方便，价格低廉等特点。

管道和设备绝热施工是通风空调工程施工中的最后一道工序，必须在风道系统的漏风量经检查测定符合质量验收规范要求后方能进行。

保温材料的施工通常采用粘接法和钉粘法。图 5-10 所示为聚苯乙烯泡沫塑料板粘接保温结构。粘接剂常采用树脂胶或热沥青。粘接前应用棉纱将风管表面的油污等杂物擦试干净，粘接剂应均匀地涂刷在风管或空调设备的外表面上，隔热层应该与风管或设备表面紧密贴合。在粘接隔热材料时，其纵、横向缝应该错开。

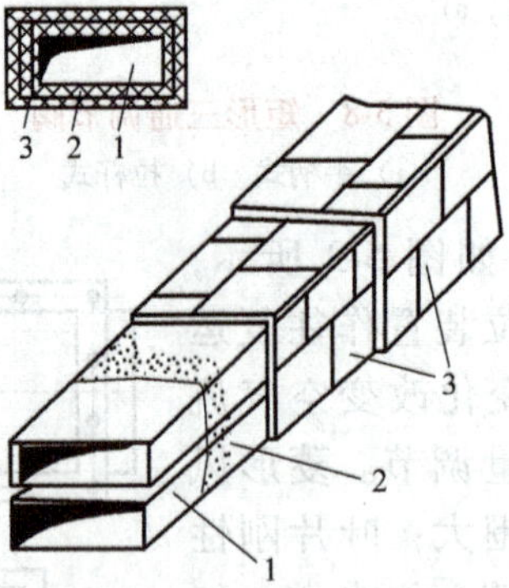

图 5-10　聚苯乙烯泡沫塑料板粘接保温结构

1—风管　2—樟丹防锈漆　3—保温板

钉粘法是将保温钉粘接在风管上，用保温钉来固定岩棉（或玻璃棉）毡、板及聚苯乙烯泡沫塑料板。图 5-11 所示为这种施工方法的结构形式。

保温钉由金属或塑料制成。施工时应将风管外表面的油污、杂物擦拭干净，为了使保温材料固定牢固，保温钉粘接的数量和分布应满足要求。岩棉（或玻璃棉）板外层一般用铝箔玻璃布包扎，其接缝的连接处，用铝箔玻璃布胶带粘接，使之成为保温的整体。如保温隔热材料的外层已事先贴有铝箔玻璃布或铝箔牛皮纸，则施工更为简便，可减少外覆铝箔玻璃布作防潮层、保护层的工序，只对

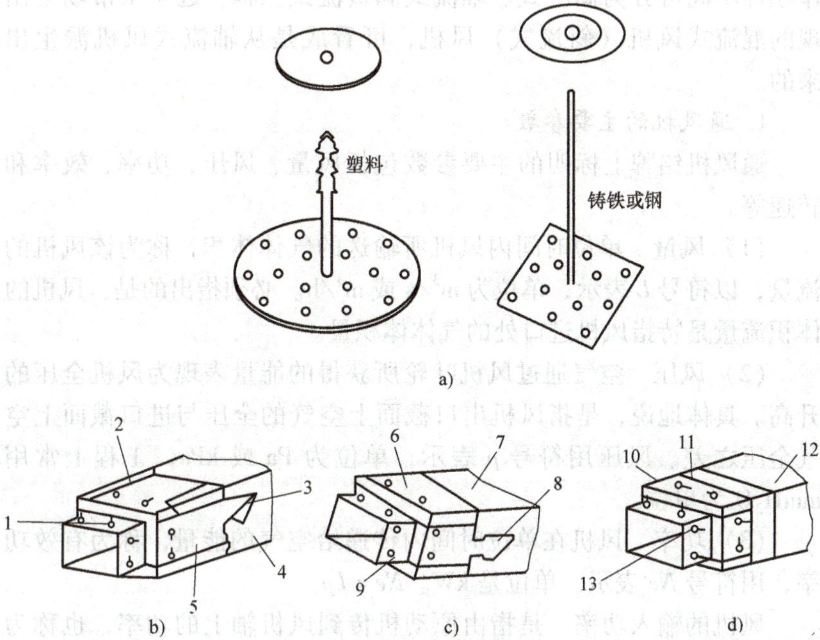

图 5-11　保温钉及用保温钉固定保温材料的结构形式

a）保温钉　b）明装　c）暗装　d）室外用

1、9、13—保温钉　2、12—镀锌钢板框

3、8—粘结剂　4—面层（玻璃布）　5、6、10—保温材料　7—铝布　11—防水纸

接缝进行处理即可。

（2）风管的防腐和泄水　普通薄钢板制做的风管的防腐措施，主要是在其表面涂覆油漆，使钢板表面与环境的周围介质隔开，以防止腐蚀。

风管在安装的过程中，应沿流动方向形成不小于0.005 的坡度，在风道最低处设水封管，将水排至下水道。另外，在通风机机壳上也应该装设带水封的排水管。

二、通风机

通风机是气体输送的动力设备，空调工程常用的通风机按照工作原理不同可分为离心式、轴流式和贯流式三种。近年来市场上出现的混流式风机（斜流式）风机，可看成是从轴流式风机派生出来的。

1. 通风机的主要参数

通风机铭牌上标明的主要参数包括风量、风压、功率、效率和转速等。

（1）风量　单位时间内风机所输送的气体体积，称为该风机的流量，以符号 L 表示，单位为 m^3/s 或 m^3/h。必须指出的是，风机的体积流量是特指风机进口处的气体体积量。

（2）风压　空气通过风机叶轮所获得的能量表现为风机全压的升高。具体地说，是指风机出口截面上空气的全压与进口截面上空气全压之差。风压用符号 p 表示，单位为 Pa 或 kPa，工程上常用 mmH_2O 为单位。

（3）功率　风机在单位时间内传递给空气的能量，称为有效功率，用符号 Ne 表示，单位是 kW。$Ne = Lp$。

风机的输入功率，是指由原动机传到风机轴上的功率，也称为轴功率，以符号 N 表示。

（4）效率　风机的有效功率 Ne 与风机的输入功率 N 的比值，称为风机的效率，用符号 η 表示，$\eta = Ne/N$。

η 是评价风机性能好坏的一项重要指标。η 越大，说明风机的能量利用率越高，效率也越高，η 通常由实验确定。一般前向叶轮 $\eta = 0.7$，后向叶轮 $\eta = 0.9$ 以上。

（5）转速　风机的风量、风压、功率等参数都随风机的转速改变而改变。风机转速是指风机叶轮每分钟的转数，以符号 n 表示，常用的单位是 r/min。

2. 离心式风机

中央空调调工程中使用最广泛的是离心式风机。

（1）离心式风机的结构　离心式风机的结构如图 5-12 所示，主要由吸入口、叶轮、叶片、机壳和机座等组成。

风机吸入口有圆筒形、圆锥形和圆弧形三种。前两种阻力较大，制作方便；后一种阻力小，但制作较复杂。

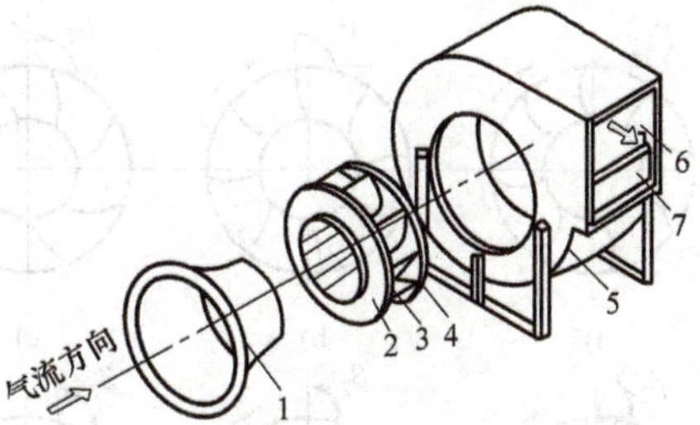

图 5-12 离心式风机的结构

1—吸入口 2—叶轮前盘 3—叶片 4—叶轮后盘 5—机壳 6—截流板 7—出口

离心式风机的叶轮由前盘、后盘、叶片和轮毂组成。叶片形状有机翼型、直板型及弯板型三种，如图 5-13 所示。机翼型叶片强度高，风机的效率高，但不易制造。直板型叶片制造方便，但效率低。弯板型叶片效率可接近机翼型叶片。

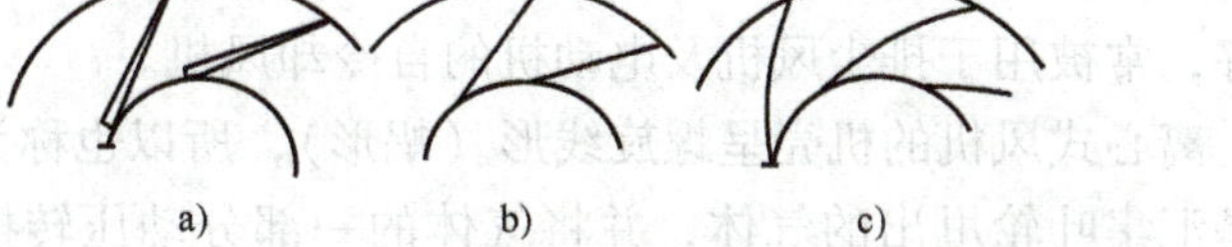

图 5-13 叶片形状

a）机翼型 b）直板型 c）弯板型

根据叶片出口安装角度不同，叶轮有前向式叶片、径向式叶片和后向式叶片三种形式，如图 5-14 所示。其中，后向式叶轮的叶道断面逐渐变化，顺流性较好，气体被增压及加速的过程比较平缓，气流的静压成分较高，故流动损失小，效率较高，噪声较小。

前向式叶轮的叶道较短，叶道断面变化大，顺流性差，气体被增压及加速过程比较剧烈，气体的涡流和脱流情况比较多，气流的动压成分较高，流动损失较大，效率较低，噪声较大，但在相同风量下，前向式风机可产生较高的压头，比其他形式风机的叶轮直径要小或者转速较低。要求尺寸小，功率消耗较小的小型或微型风机，效率指标不占主要地位，多用多叶的前向式叶轮。

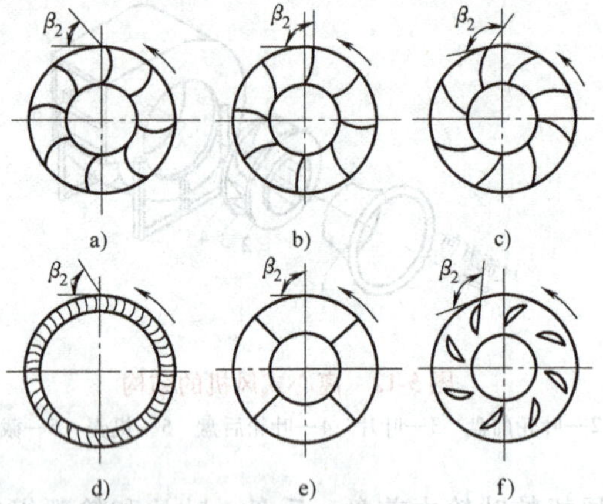

图 5-14　叶轮的形状

a）一般前向式　b）弯曲径向式　c）一般后向式
d）多叶前向式　e）直线径向式　f）机翼后向式

径向式叶轮的特点介于两者之间，由于其加工简单，叶片强度较好，常被用于排尘风机及电动机的自冷却风机。

离心式风机的机壳呈螺旋线形（蜗形），所以也称为蜗壳，其功能是汇集叶轮甩出的气体，并将气体的一部分动压转换为静压，最后将气体导向出风口。

离心式风机的出风口方向规定了“左”或“右”的回转方向，各有 8 种不同的基本出风口位置，应根据安装需要正确选用。从电动机这一侧看过去，若叶轮的转向为逆时针方向，则为“左”式；若为顺时针，则为“右”式。

离心式风机的工作原理与离心式水泵相同。当电动机带动机轴上的叶轮高速旋转时，叶片间的气流在离心力的作用下，由叶轮中心甩向边缘并获得动能和压力能。同时，叶轮中心形成的负压区促使后续气流不断进入风机。气流离开叶轮后进入机壳，由于蜗壳的扩压作用，部分动能转变为压力能后流出风口。

（2）离心式风机的性能及工况调节　离心式风机的主要性能参数之间的关系可以用性能曲线来表示。

1）离心式风机的性能曲线。图 5-15 所示为离心式风机的性能曲线。L-ρ 代表风机风量与风压的关系；L-η 曲线代表风机风量与效率的关系；L-N 曲线代表风机风量与功率的关系。若已知风机工作在某一状态的实际风量，则可以在性能曲线上找到相应的点，即相应的风压、效率和输入功率与这一风量在各条性能曲线上对应的点。

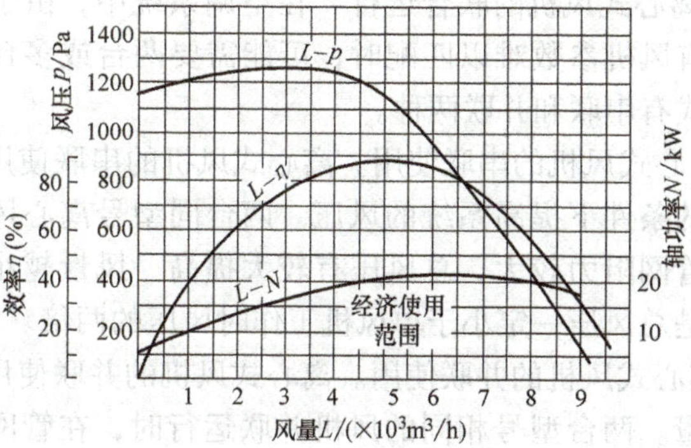

图 5-15　离心式风机的性能曲线

图中风量在 4000 ~ 6000m^3/h 这一范围内时风机效率最高，这一区域称为风机的经济使用范围，此时最为节能，风机选型时应使风机工作在这一区域。从图中曲线可以看出，风机在经济使用范围内工作时，风压随风量增大而减小，功率随风量增加而增加。

2）离心式风机的工况调节。风机在实际运行中，管路状况可能与风机设计性能存在一定差异，这时需要对管路或风机进行工况调节，以满足运行要求。风机的工况调节有改变管网特性和改变通风机特性两种调节方法。

① 改变管网特性的调节方法是在风机转速不变的情况下，通过开大（或关小）设置在空调机组送风总管上的风阀，使整个管网的阻力减小（或增大），从而使风机的风量发生改变。关小风阀人为增加阻力而减小风量的方法虽然可以达到降低风量的目的，但是会使风机效率降低，经济性变差。

② 改变通风机特性的调节方法是通过改变风机转速或改变风机进风口处的导流叶片角度实现风量调节的。在管网特性不变的情况

下，降低风机转速，风机的风压、风量和功率都会随之减小，但是风机的效率基本不变，目前常用的变频调速技术就是以此原理为基础的。此外设置在风机进口处的导流器，通过导流叶片角度的改变可以使气流进入叶轮前的旋转速度发生变化，从而达到调节风机性能的目的。

（3）离心式风机的联合运行　在空调系统中，由于所需风量或风压与现有风机参数难以匹配时，可能需要两台或多台风机联合运行，其方式有串联和并联两种。

1）离心式风机的串联使用。离心式风机的串联使用，主要是在风量不变的条件下提高系统的风压。两台同型号离心风机串联使用时，如果管网阻力较大，总风压有较大提高。风量越小，风压增加越多，但是总风压一定小于单风机工作时风压的两倍。

2）离心式风机的并联使用。离心式风机的并联使用，主要是为了增加风量。两台型号相同的风机并联运行时，在管网阻力不大的情况下，并联后的总风量小于单位台风机工作时风量的两倍，但是远大于单台风机单独工作的风量。如果管网阻力较大，并联后的总风量比单台风机的风量增加不多，失去了并联运行的意义。

3. 轴流式风机

（1）轴流式风机的特点　轴流式风机的叶片与机轴中心线有一定的螺旋角。当电动机带动叶片在机壳内转动时，空气一边随叶轮转动，一边沿轴向推进。当空气被推出后，原来占有的位置形成低压，促使外面的空气由吸入口进入。空气通过叶轮压力增高后，从出口排出。由于气体在机壳中流动始终沿轴向进行，所以称为轴流式风机。

（2）轴流式风机的结构　它由集流器（吸入口）、叶轮、圆筒形外壳、电动机、扩散筒和机架、支架等组成，如图 5-16 所示。

轴流式风机的叶轮由轮毂和固定在其上的叶片组成。叶片有螺旋桨型、机翼型等。大型轴流式风机的叶片安装角是可以调节的，通常有 15°、20°、25°、30°、35°五种安装角度，通过调整叶片安装角度，可以改变风机的风量和风压。

与离心式风机相比，轴流式风机风量大而风压小，结构简单，

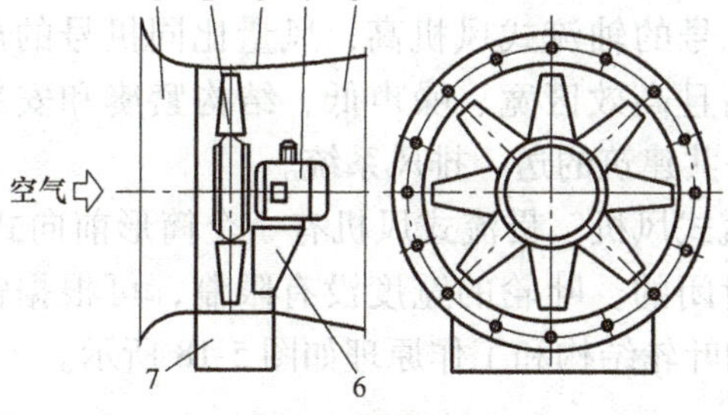

图 5-16 轴流式风机的结构

1—集流器（吸入口） 2—叶轮 3—圆筒形外壳

4—电动机 5—扩散筒 6—机架 7—支架

重量轻且叶片安装角可调式的轴流风机变工况性能好，工作范围大。轴流式风机在中央空调工程中主要应用在机械通风式冷却塔、风冷式冷凝器等设备中。

4. 其他类型的风机

（1）混流式与斜流式风机 混流式风机与斜流式风机，就其工作原理和性能特点来说是相同的，后者是前者派生的产品。

如图 5-17 所示，混流式风机的叶轮轮毂和主体风筒之间的气流通道的子午截面尺寸为圆锥形，也就是说，其子午截面尺寸沿着空气流动方向显著缩小，就如图 5-17a 所示的那样，因而气流在子午截面中获得加速。混流式风机实际上是一种子午加速轴流式风机。

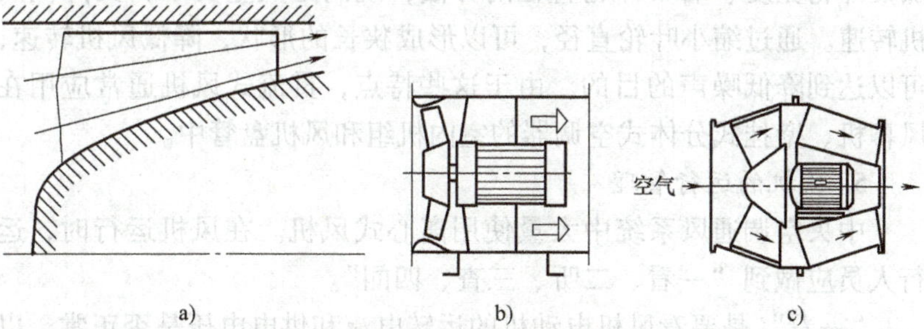

图 5-17 混流式与斜流式风机

a）混流式通风机的气流通道 b）混流式通风机 c）斜流式通风机

混流式风机兼有离心式风机和轴流式风机的特性。混流式风机的风压比同机号的轴流式风机高，风量比同机号的离心式风机大，且具有效率高且高效区宽、噪声低、结构紧凑和安装方便等特点，广泛应用于公共建筑的送、排风系统。

（2）贯流式风机　贯流式风机有一个筒形前向式多叶叶轮，其两个端面是封闭的。叶轮的宽度没有限制，可根据需要加以确定。贯流式风机的叶轮结构和工作原理如图 5-18 所示。

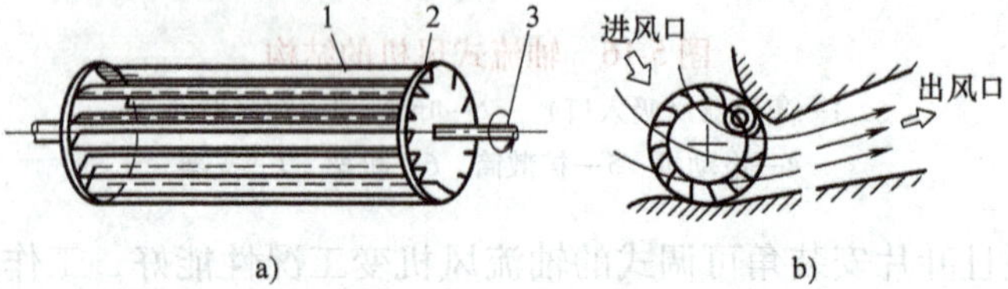

图 5-18　贯流式风机

a）叶轮结构　b）工作原理

1—叶片　2—封闭端面　3—机轴

贯流式风机的机壳有两个敞口，气流从一侧的敞口沿径向进入叶轮，横贯叶轮直径，再由另一端的敞口向外排出，两个敞口通常并非相对而开。气流在叶轮内侧产生涡旋作用，随着叶轮的不断旋转，空气不断地被吸入和压出。

由于贯流式风机的叶轮宽度可以根据需要加长，因此可以采用加大叶轮宽度、缩小叶轮直径的方法，既满足风量要求，又降低风机转速。通过缩小叶轮直径，可以形成狭长的形状，降低风机转速，可以达到降低噪声的目的。由于这些特点，贯流式风机通常应用在风幕机、壁挂式分体式空调器的室内机组和风机盘管中。

5. 风机的运行管理

中央空调通风系统中大量使用离心式风机。在风机运行时，运行人员应做到“一看、二听、三查、四闻”。

“一看”是要看风机电动机的运转电流和供电电压是否正常，以及振动是否正常；“二听”是要听风机及电动机的运行声音是否正常；“三查”是查看风机、电动机轴承温升是否正常；“四闻”是要检查风机、电动机在运行中是否有异味产生。

如果风机在运行中出现电动机运行电流过大或过小，电压过高或过低，强烈的振动或较大的摩擦声，轴承温升超过40℃或表面温度高于70℃，电动机发现冒烟现象或产生焦糊味等异常现象，必须立即停止风机的运转，并进行检查和处理，严禁设备带病运转，以免造成人员和设备发生更大的事故。

对于双风机空调系统，如一台风机发生故障，而系统又无法停运时可采取如下的风机运行方式：

1）若回风机发生故障，此时系统中的送风机既承担系统的送风又承担回风任务，应关闭系统中的排风阀，适当降低送风量，提高风机的压头，否则新风会从新风口和排风口同时吸入，系统将由于回风管路阻力的作用而使回风量减少。

2）若送风机发生故障，此时由系统中的回风机承担系统的运行任务，而且应关闭新风口和排风口，以防止回风从新风口和排风口溢出，暂时以无新风补充的全回风系统运行。

6. 风机的维护和保养

风机属运转机械，对其维护和保养必须贯穿风机运转的始终。

风机一级保养的内容除擦拭清洁外，主要有：

1）检查地脚螺栓或风机底座与减振台座，减振台座与减振器之间的连接螺栓是否松动。

2）检查联轴器或传动带轮，V带是否完好，保护是否牢靠。

3）检查各润滑部位和摩擦部位的温度是否正常。

4）监听运转声音是否正常。

5）检查调节各个阀门，保持开关灵活可靠。

6）检查软接头是否良好，管道有无泄漏。

7）对电动机进行一级保养。

风机二级保养的内容除上述一级保养的内容外，还要拆扫风机，检查叶轮是否完好，是否松动，检修或清洗轴承，检查或更换联轴器的螺钉及衬垫或带轮的V带，对电动机进行二级保养并更换损坏的电气控制元器件等。

7. 风机常风故障及其排除

风机常见故障及排防方法见表5-1。

表5-1　风机常见故障及排除方法

故障现象	故障原因	排除方法
风量、风压不足	1. 风管漏气 2. 系统阻力大、局部堵塞 3. 传动带打滑或断裂 4. 电动机转速降低 5. 风机叶轮与轴配合松动 6. 转动方向不对（新安装风机）	1. 堵塞漏风部位 2. 清除堵塞物 3. 更换传动带 4. 检查供电电压或电机以及其他原因 5. 检查松动原因进行处理 6. 检查调整转动方向
叶轮损坏或变形	1. 叶片固定螺栓松动或铆钉松动、腐蚀脱落 2. 轴承磨损，风机轴偏斜，叶轮与外壳严重摩擦（碰壳） 3. 叶轮内落入石块等硬质杂物打坏叶片	1. 重新进行固定或铆接 2. 修理变形叶片、更换轴承 3. 清理杂物、修复变形叶片
轴承过热或卡死	1. 轴承缺润滑油脂 2. 滚动轴承工作寿命已到 3. 轴承安装不好或风机轴与电机轴不同轴、轴承偏磨 4. 轴瓦刮研、安装间隙过小	1. 清洗轴承、加润滑油脂 2. 更换新轴承 3. 调整电动机、风机轴的同轴度 4. 重新刮研轴瓦，调整轴与轴瓦间隙
风机不规则振动	1. 两轴不同轴 2. 风机和电机上两皮带轮安装不平行或者电机移位，固定螺栓松动 3. 带轮键槽或键磨损、松动、带轮松动 4. 风机叶轮平衡不好 5. 机壳钢性不够	1. 调整同轴度符合要求 2. 重新进行调整、固定电动机位置 3. 修理键槽、更换磨损键 4. 进行叶轮平衡检查 5. 对外壳进行加固

风机传动带磨损过快，其主要原因是电动机轴与风机轴不平行，传动带在轮槽内偏磨。检修时可用长金属直尺在风机停机时检查带轮侧端面，一般允许偏差为1mm，若在金属直尺与带轮侧端面接触面上出现大缝隙，则说明两带轮错位或电动机轴与风机轴不平行，

应调整解决。

风机轴与轴承不同轴的主要原因是轴承调整不到位，轴承座螺栓松动或位移。

滚动轴承因缺油、润滑脂型号不对或质量不良、灰尘进入等原因会很快磨损，甚至因过热或轴承内钢珠或保持架破碎而卡死。更换新轴承时应保护配合面不要磕碰。

三、通风系统的消声与减振

对于空调系统来说，除了能够满足室内温湿度要求外，还应满足噪声控制的要求，也就是要采取消声减振的措施。

1. 噪声概述

（1）声音的产生　如图 5-19 所示，声音是由声源、传播途径（声波）和接收者（听觉器官）三个环节组成，三者缺一不可。弹性物体的振动使其周围空气微粒产生密集和稀疏状态而形成的波动就是声波。声音实质上是一个压力现象，振动物体以空气压力为手段，导致空气压力在静压的基础上交替地增大和减小，并像水波一样向周围传递。振动的物体往返一次为一个全振动。全振动所需时间形成声波的周期，用 T 表示，单位是 s。在每秒钟内完成全振动的次数称为声波频率，用 f 表示，单位是赫兹（Hz）。声波周期和频率的关系可以用式 $f=1/T$ 表示，即两者互为倒数。

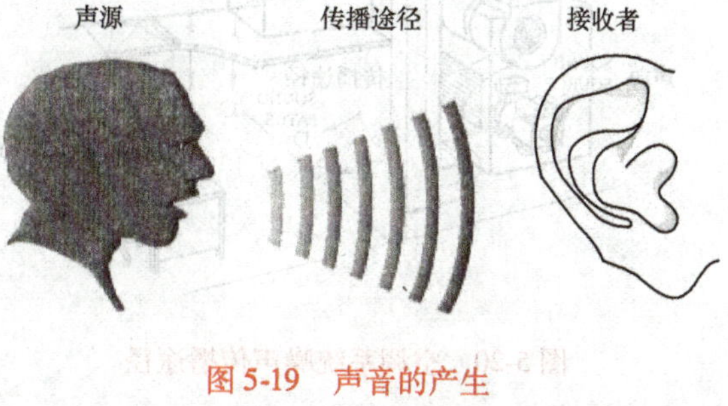

图 5-19　声音的产生

（2）声波的频率　大多数人的听觉器官所能感知的频率是 20 ~ 20000Hz，这种被人感觉到的声波称为“可闻声”。低于 20Hz 的声波叫次声波，高于 20000Hz 的声波叫超声波。通常 20 ~ 300Hz 的声音称为低频声；300～1000Hz 的声音称为中频声；1000Hz 以上声音称为高频声。低频声低沉，高频声尖锐。人耳最敏感的频率为 1000Hz。

（3）噪声的概念　就狭义而言，各种频率和声强的声音杂乱无序地组合在一起所形成的声音为噪声。从广义上讲，凡使人感到烦躁、讨厌、刺耳和影响人们工作、学习、休息的声音都称为噪声。

（4）空调系统中的噪声来源　空调系统中的噪声源是通风机、水泵、制冷机和机械通风的冷却塔。这些机械设备在运转过程中振动和转动部件之间的摩擦产生的噪声称为机械性噪声；空气的涡流、撞击和高速流动产生的噪声称为空气动力性噪声。这两种噪声会引起风道的振动并沿风道传播，在此过程中公共频率的振动会相互叠加而加剧噪声。

通风机噪声除了沿风道传入室内外，还通过建筑围护结构的不严密处传入室内，空调设备的振动和噪声也可通过地基、围护结构和风道管壁传入室内。图 5-20 显示了通风机排气噪声通过送风气流经散流器进入房间，通过送风管道壁传播到房间，通风机的运转噪声通过回风系统传播，通过机壳辐射，再经过隔墙进入房间的各种途径。

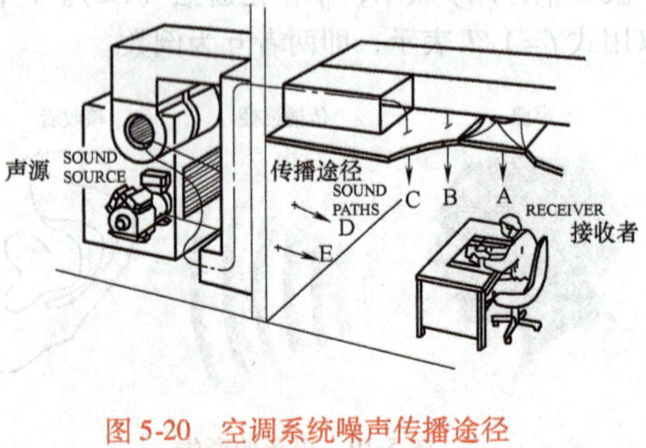

图 5-20　空调系统噪声传播途径

2. 噪声的物理量

噪声是声波的一种，而且具有声波的一切物理特性。

（1）声强与声压　声波在弹性介质（气体、液体、固体）中传播，同时也是能量的传播。垂直于声源传播方向上单位时间内通过单位面积的声能，称为声强，用符号 I 表示，单位是 W/m^2。

声波在传播时，由于空气受到振动而引起疏密变化，在原来的大气压强上叠加了一个变化的压强，该叠加压强称为声压，用符号 p 表示，单位是 μbar（微巴）。大气压静压力约为 1bar 而声压为 0.0002～200μbar。对于球面声波和平面声波，某一点的声强与该点声压的二次方成正比。

（2）声强级与声压级　声音的强弱对人耳来说具有相对意义。选定 $I_0=10^{-12}W/m^2$ 的声音作为相对比较的声强标准，称为基准声强。某一声波的声强 I 与基准声强的比值，再取其常用对数的 10 倍，称为声强级，用符号 L_I 表示，单位是 dB（分贝）。此关系如公式 $L_I=10\lg I/I_0 dB$。如震耳的炮声 $I=10^2W/m^2$，其声强级为 140dB。一般而言，人耳可感觉到的声强级范围为 0～120dB。

声强不能直接测得，而声压可用仪器直接测得。用声压级可以表示声音强弱的级别，声压级用 Lp 表示，$Lp=20\lg p/p_0$。基准声压 $p_0=20\mu bar$。

人耳对声音的感受不仅和声音大小有关，而且也和频率有关。根据人耳的特性，人们引出了一个与频率有关的响度级的概念。响度级是根据人耳的频率响应特性，以 1000Hz 的纯音作为基准声音，若某频率的纯音听起来与基准声音有同样的响度，则该频率纯音的响度级就等于基准纯音的声压级 dB 值。也就是说，响度级是把声压级和频率综合起来评价声音大小的一个主观感觉量。

测量噪声常用的仪器是声级计。在声级计上设有 A、B、C 三种不同的计数网络，其中 A 网络对高频敏感，对低频不敏感，这正好与人耳对噪声的频率响应特性一致，因此常以 A 网络测得的声级来代表噪声的大小，称 A 声级，记作 dB（A）。图 5-21 所示为一些典型情境的噪声级。

（3）声功率与声功率级　声源在单位时间内以声波形成辐射出来的总声能量称为声功率，用符号 W 表示，声功率与基准声功率 W_0 之比，再取常用对数的 10 倍，称为声功率级，用 L_W 表示，单位为 dB，其表达式为 $L_W=10\lg W/W_0 dB$。W_0 的数值为 $10^{-12}W$。声功率级

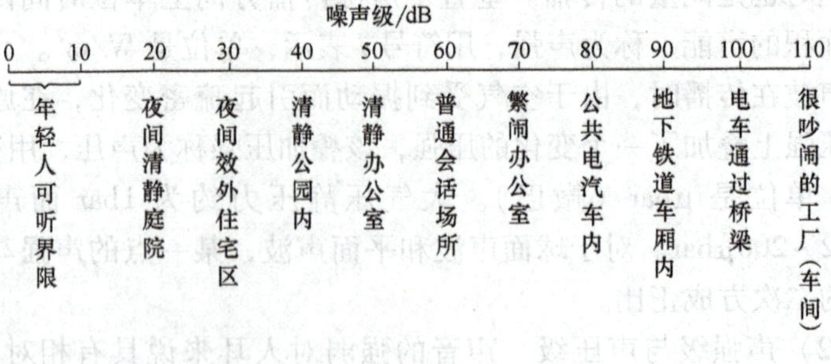

图 5-21　典型情境的噪声级

是表示声源性质的，它直接表示声源发射能量的大小。例如，小电钟的声功率是 10^{-8}W，声功率级为 40dB；普通谈话的声功率为 10^{-5}W，声功率级为 70dB；喷气式飞机的声功率为 10000W，声功率级为 160dB。

空调系统通风机产生的噪声也是用声功率级表示的。

3. 空调系统的消声减振措施

空调系统的消声减振应从多方面加以考虑。

（1）空调系统的设计和通风机的选择

1）对于噪声控制要求不同的房间，尽量不共用一个系统，必须共用一个系统时，应采取措施防止房间之间串声。

2）系统风量一定时，风机压头越高，噪声越大。减少系统阻力有助于降低噪声。因此，空调系统所服务的房间不宜过多，避免采用送风半径过大的系统，必要时可采取双风机系统取代单风机系统。

3）尽量选择高效低噪声的通风机，压头不宜留太多余量，并且使风机的工作点位于或接近最高效率点。

（2）机房的布置与通风机进出口的设计

1）机房应尽量远离要求噪声低的房间。

2）对机房内产生振动的设备，应采取隔振措施。

3）通风机的进出口，应保持气流的良好流态。通风机进出口风管处的变径管或弯头，至少应与软接头保持不少于 1.5 倍直径或风管长边尺寸的距离，流向的改变应与叶轮旋转方向一致。

（3）空调风道系统的设计

1）对于消声有严格要求的空调系统，风道中和送风口的气流速度，不宜超过表5-2中规定的数值。

表5-2 空调系统风速

室内允许噪声级/dB	干管最大风速/(m/s)	支管最大风速/(m/s)	风口最大风速/(m/s)
25～35	3～4	≤2	≤0.8
35～50	4～7	2～3	0.8～1.5
50～65	6～9	3～5	1.5～2.5
65～85	8～12	6～8	2.5～3.5

2）风道中的气流速度，从干管、支管到送风口，应保持依次递减的趋势，消声器后的气流速度，应低于消声器前风道中的速度。

3）主风管与支风管的连接，应保持有良好的气流流动特性，尽可能减少涡流区。设计风道走向时，应尽可能避免或减少气流流向与断面的急剧变化。各种异形管件之间宜保持5～10倍风管直径的直线距离。管件之间间隔过小时，气流噪声会增加10～20dB。

4）在有严格消声要求的房间的送风支管上，不宜设置风量调节阀，必须设置时，应设于距送风口大于10倍风管直径处。

5）风道和风道配件，应有足够的强度和刚度，且有良好的支撑，以保证气流通过时不致产生颤动。

在采取以上措施并考虑风道系统的自然衰减作用后仍不能达到允许的噪声等级时，应在送、回风风道上安装消声器来减小噪声。

4. 消声器

用于空调系统的消声器，根据消声原理可分为阻性、抗性、共振型和复合型等多种类型。

（1）阻性消声器 阻性消声器利用贴在风道壁面上的吸声材料，将沿风道传播的声能部分转化为热能而消耗掉，以达到降低噪声的目的。吸声材料大都是疏松或多孔性的，如玻璃棉、泡沫塑料、矿渣棉、毛毡等。阻性消声器对中频和高频噪声具有良好的消声效果。按照吸声材料的排列方式和结构形式，阻性消声器有如图5-22所示的各种形式。

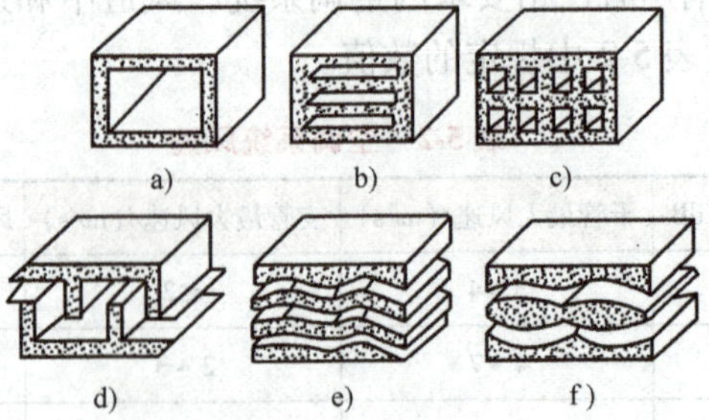

图 5-22 阻性消声器的基本形式

a）管式 b）片式 c）蜂窝式 d）小室式 e）折板式 f）声流式

（2）抗性消声器 抗性消声器由膨胀室和连接管串联而成，利用风道截面的突然扩张、收缩或旁接共振腔，使沿风道传播的某些特定频率或频段的噪声，在突变处向声源反射而不再向前传播。它对低频或低中频噪声有较好效果。图 5-23 所示为带内插入管两节串联的抗性消声器。

（3）共振型消声器 共振型消声器由一段开有若干小孔的风管和管外的密闭空腔（即共振腔）构成。小孔孔径处的空气柱和空腔内的空气构成了一个共振吸声结构。外界噪声声波与共振结构固有频率相同时，会引起小孔孔径处空气柱的强烈共振，空气柱与颈壁剧烈摩擦，将声能转化为热能而起到消声作用。该种消声器具有较强的频率选择性，对于特定频率的噪声有较好的消声效果，多用于消除低频噪声，其结构如图 5-24 所示。

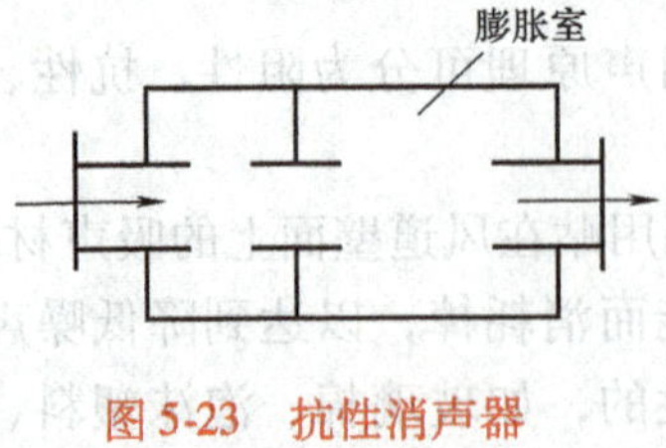

图 5-23 抗性消声器

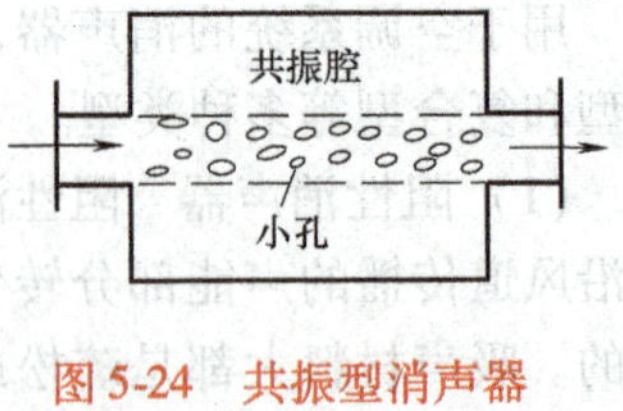

图 5-24 共振型消声器

（4）复合型消声器 复合型消声器将阻性、抗性或共振型消声器组合设计在同一个消声器内。因此，复合型消声器具有宽频程消声的特性。

除了上述几种消声器外，还可利用管构件作为消声器，如消声弯头、消声三通、消声静压箱等。如图 5-25 所示，消声静压箱通常设置在风机出口处或空调机组的送风口处，或者在空气分布器之前设置，箱内贴附吸声材料，兼具消声、分风和稳定气流等作用。

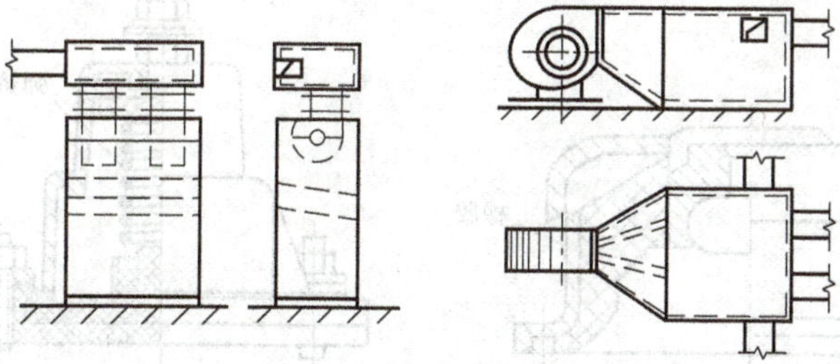

图 5-25 消声静压箱的应用

a）安装在空调机组送风口 b）安装在空气分布器之前

5. 空调系统的减振装置

空调系统的振源来自于通风机、水泵和制冷压缩机等设备。当这些设备运转时，由于转动部件的质量中心偏离转轴中心而产生振动。这种振动传至支承结构（基础、地现或楼板）而引起振动，同时以弹性波的形式沿建筑结构传到其他房间，又以噪声的形式出现。振动将影响人的身体健康，有时会影响某些工作的正常进行或危及建筑物的安全。所以，对通风空调系统中的一些运转设备，应采取隔振措施。

对于自身产生振动的设备，为减弱振源传递给支承结构的振动，通常将振源与支承结构之间的刚性连接变为弹性连接，即安装弹簧、橡胶、软木等弹性构件，使设备产生的振动大部分被这些弹性构件吸收。这些弹性构件被称为减振器（隔振器）。减振器的种类主要有以下几种。

（1）橡胶减振器 橡胶减振器是采用经硫化处理的耐油丁腈橡胶作为弹性体，并粘结在内外金属环上来承受剪切力的作用。图 5-26 所示为 JG 型橡胶减振器的结构。

（2）金属弹簧减振器　金属弹簧减振器由单个或数个相同尺寸的弹簧或弹簧簇组成，弹簧外有铸铁或塑料防护罩，减振器底板下贴有约 10mm 厚的橡胶垫，起到一定的隔声作用。图 5-27 所示为 TJ1—1—10 型弹簧减振器的结构。

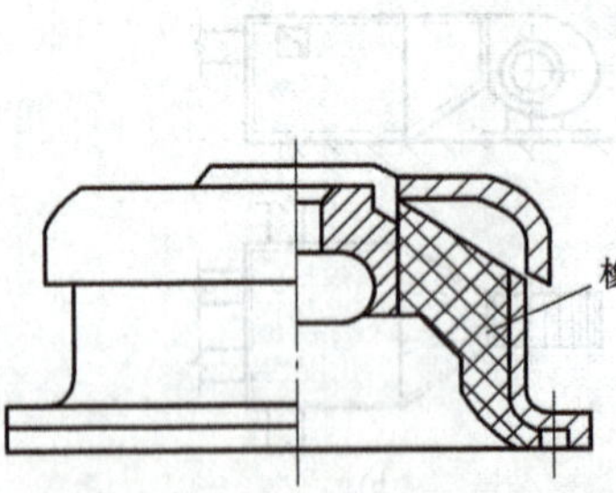

图 5-26　JG 型橡胶减振器的结构

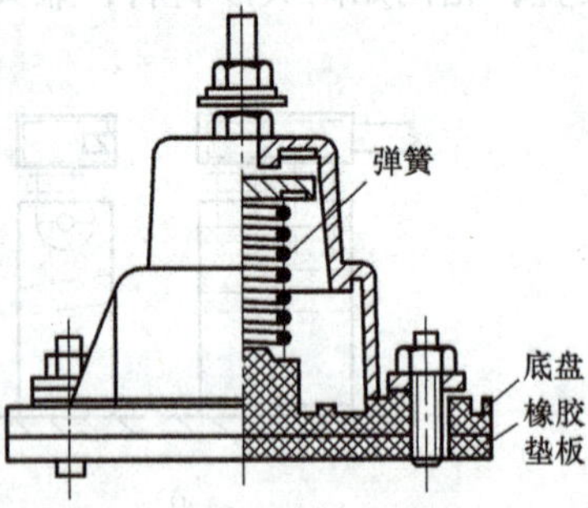

图 5-27　TJ1—1—10 型弹簧减振器的结构

（3）橡胶减振垫　橡胶减振垫采用丁腈橡胶制成，如图 5-28 所示，其有单面开肋、双面开肋、双向双面开肋等结构形式。橡胶减振垫适用于水泵基础的减振。

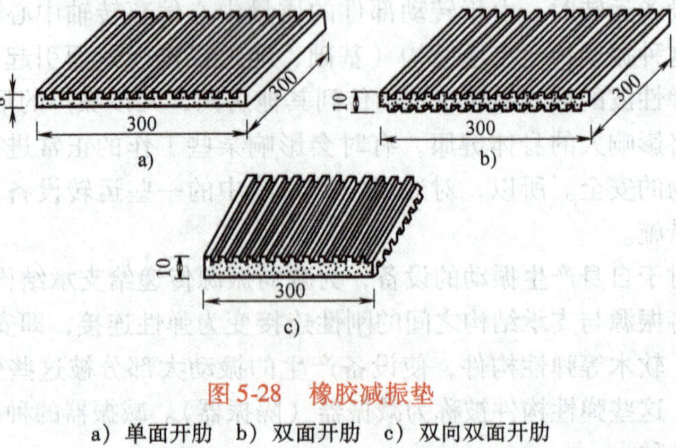

图 5-28　橡胶减振垫

a）单面开肋　b）双面开肋　c）双向双面开肋

（4）金属弹簧与橡胶组合减振器　当采用金属弹簧阻尼不足，而采用橡胶减振器又满足不了承载力等方面的要求时，可采用钢丝弹簧与橡胶组合的减振器。该种减振器常用于水泵、通风机、制冷机等设备的减振。

(5) 减振软管 为防止与水泵、风机盘管连接的水管通过固体振动传声，必须设置减振软管作为连接环节。减振软管有橡胶软管和不锈钢波纹软管两种类型，橡胶减振软管通常由内胶层、外胶层和金属法兰（或活接头）构成。图 5-29 所示为 K—XT 型橡胶软管的结构。不锈钢波纹软管能耐高温，高压和腐蚀性介质，经久耐用，但造价较高。

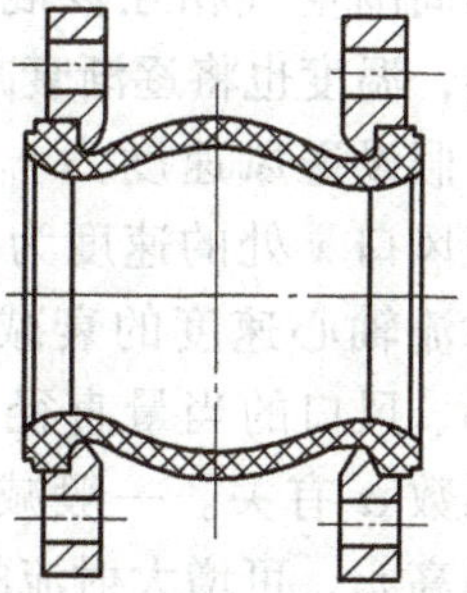

图 5-29 K—XT 型橡胶软管的结构

第二节 气流组织与送回风口

空调房间的气流组织就是要在空调房间内合理地布置送风口和回风口，使得经过净化和热湿处理后的空气由送风口送入室内后，在扩散过程中与室内空气混合并进行热湿交换，均匀地消除室内的余热和余湿，从而使空调区域（一般是指离地面高度 2m 以下的空间）形成比较均匀稳定的温度、湿度、气流速度和洁净度，达到工艺或人体舒适的要求。与此同时，通过回风口抽出部分室内空气，其中大部分返回空调机组（针对一次回风式空调系统而言），小部分排到室外。如此，在空调房间内形成了有组织的气流流动。

空调房间的气流组织又称为气流分布。影响空调房间气流分布的因素有：送风射流参数、送风口的形式和位置、回风口的位置、房间的几何形状及热源在室内的位置等。

一、送风射流的概念

空气由送风口向周围气体的外射流动称为射流，它对室内气流组织的影响最大。

如图 5-30 所示，在射流过程中将不断卷吸周围的空气，射流的断面和流量逐渐增大，速度逐渐减小，到一定距离时下落。同时，它和周围空气相互掺混并伴有热量的交换，温度也将逐渐衰减。

假设送风速度为 v_0，射流轴心线上距风口 x 处的速度为 v_x，则 v_x/v_0 称为射流轴心速度的衰减度。它与 x 的大小、风口的当量直径 d_0 及风口的湍流系数 α 有关。一般减小 α、加大 d_0 或提高 v_0，可增大射流的射程。

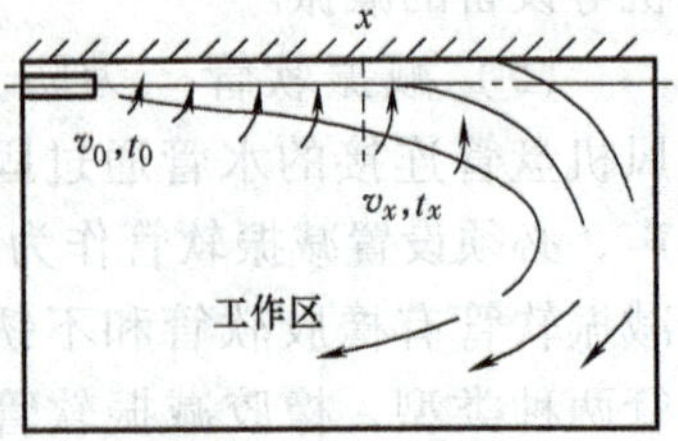

图 5-30　射流

假设射流出口温度（即送风温度）为 t_0，距风口为 x 的射流断面上轴心上的温度为 t_x，室内空气的温度为 t_n，则 $\Delta t_x = t_x - t_n$ 和 $\Delta t_0 = t_0 - t_n$ 分别称为射流的轴心温差和送风温差；而 $\Delta t_x/\Delta t_0$ 则称为射流轴心温差的衰减度，其变化规律与速度衰减相似，但与温度衰减相比速度衰减要快一些，可认为 $\Delta t_x/\Delta t_0 \approx 0.8 v_x/v_0$。

由于送风射流与室内空气温度不同，密度也将不同，因此所受浮力与重力不相平衡，射流轨迹会发生弯曲，热射流向上弯，冷射流向下弯。

如图 3-30 所示，射流送风口位于顶棚下面贴近顶棚时，送风射流的流动将受到顶棚限制。邻近顶棚的一面不能卷吸空气，流速较大，静压较小；而下部不受限制的一面卷吸空气，流速较小，静压较大。因此将使射流贴附表面运动，形成贴附射流。贴附射流只有一面卷吸空气，故衰减过程较慢，射程较长。空调工程中常采用贴附射流的送风方式。要形成贴附射流，应使送风口距地面的高度不小于房间净高（顶棚下表面的高度）的 0.7 倍或使送风口的外层水平百叶向上倾斜 10°~20°。

采用贴附射流送风，房间上部为射流区，下部为回流区，这样可使房间的工作区或生活区（统称为空调区）位于回流区。回流区的平均风速一般不大于 0.25~0.3m/s，同时使射程 x 处的轴心温差 Δt_x 不大于要求的空调精度。

二、送、回风口的类型

通常将各种类型的送风口、回风口（或排风口）统称为空气分布器。

1. 送风口类型

对于各类送风口空气动力性能的测定，主要包括全压损失和气流射程两部分。其中，气流射程是指送风射流的轴心速度下降到0.5m/s时该点到风口的水平（或垂直）距离。

（1）侧送风口　侧送风口是一种轴向送风口，即气流沿送风口轴线方向送出。这种风口安装在空调房间的侧墙上或风管的侧壁上。常用侧送风口的形式见表5-3。

表5-3　常用侧送风口的形式

名　称	风口形式	射流特性及应用
格栅送风口	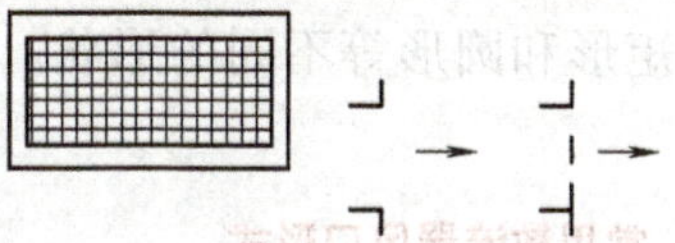	叶片或空花图案的格栅，用于一般空调工程
单层百叶送风口	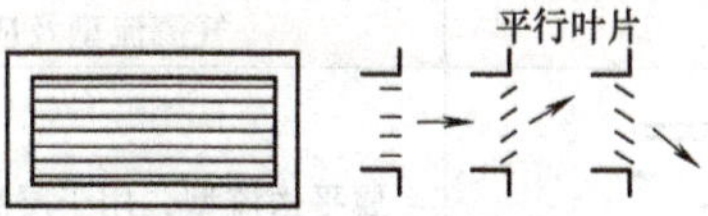	叶片可活动，可根据冷热射流调节送风的上下倾角，用于一般空调工程
双层百叶送风口	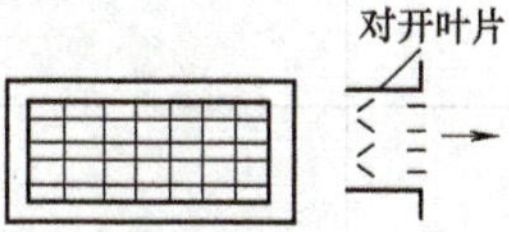	叶片可活动，内层对开叶片用以调节风量，用于较高精度要求的空调工程
三层百叶送风口	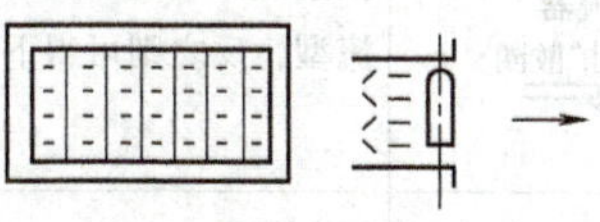	叶片可活动，对开叶片可调节风量，且水平垂直叶片可调节上下倾角和射流扩散角，用于有高精度要求的空调工程
带调节板活动百叶送风口	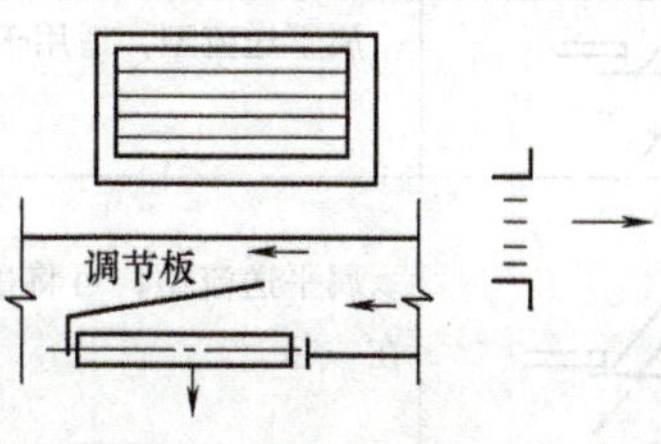	通过调节板调整风量，用于有较高精度要求的空调工程

（续）

名　称	风口形式	射流特性及应用
带出口隔板条缝送风口	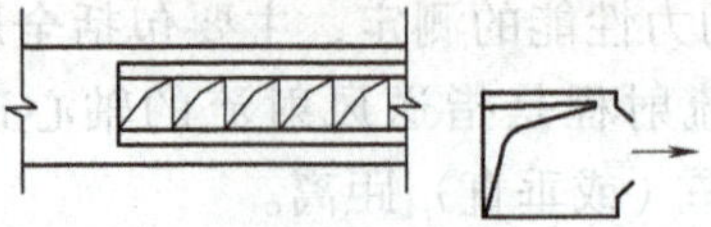	设置在工业车间中截面积变化均匀的送风管道上，用于有一般精度要求的空调工程
条缝送风口	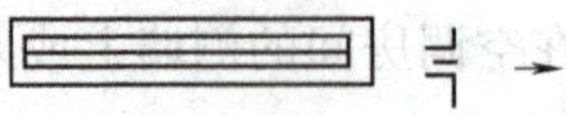	常配合静压箱一起使用，可作为风机盘管、诱导器的出风口、用于有一般精度要求的民用建筑空调工程

（2）散流器　散流器是一种辐射型送风口，即送出的气流呈辐射状向四周扩散。这种风口安装在房间的顶棚上，一般与顶棚下表面平齐。散流器可有方形、矩形和圆形等不同的形状。表 5-4 列出常用的散流器风口形式。

表 5-4　常用散流器风口形式

名　称	风口形式	气流流型及应用
盘式散流器	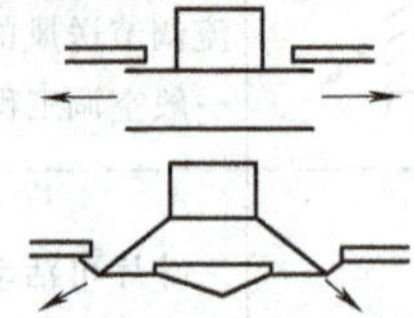	属平送流型，用于层高较低的房间挡板上可贴吸声材料，能起消声作用
直片式散流器	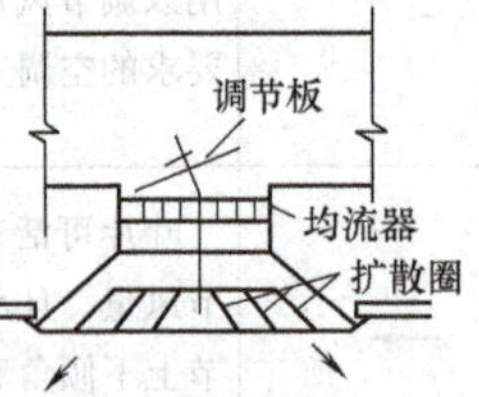	平送流型或下送流型（降低扩散圈在散流器中的相对位置时可得到平送流型，反之则可得下送流型）
流线型散流器	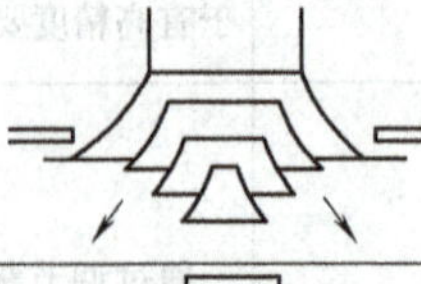	属下送流型，适用于净化空调工程
送吸式散流器	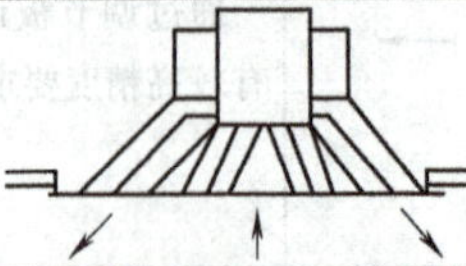	属平送流型，可将送、回风口结合在一起

(3) 孔板送风口　孔板送风口是利用顶棚上面的空间作为送风静压箱（或另设静压箱），空气在箱内静压作用下，通过在金属板上开设的大量小孔（孔径一般为 6 ~ 8mm）大面积地向室内送风。根据孔板在顶棚上的布置形式不同，可分为全面孔板和局部孔板。

(4) 喷射式送风口　大型体育馆、礼堂、剧院和通用大厅等建筑常采用喷射式送风口。图 5-31a 所示为圆形喷口，该喷口有较小的收缩角度，并且无叶片遮挡，因此喷口的噪声低，湍流系数小，射程长。为了提高喷射送风口的使用灵活性，还有如图 5-31b 所示的形式，既能调方向又能调风量。

另外，还有条缝形散流器、旋流送风口等。

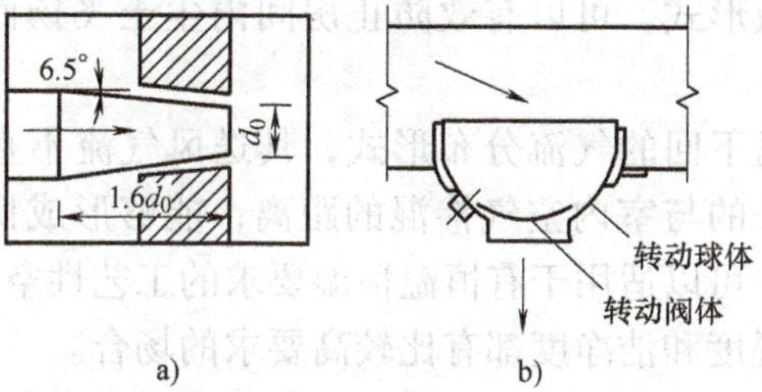

图 5-31　喷射式送风口

a）圆形喷口　b）球形转动风口

2. 回风口类型

由于回风口附近气流速度衰减很快，对室内气流组织的影响不大，因而构造简单，类型也不多，主要有如图 5-32 所示的矩形网式回风口和如图 5-33 所示的活动篦板式回风口。此外，如格栅、百叶风口、条缝风口、孔板风口等，均可当回风口用。

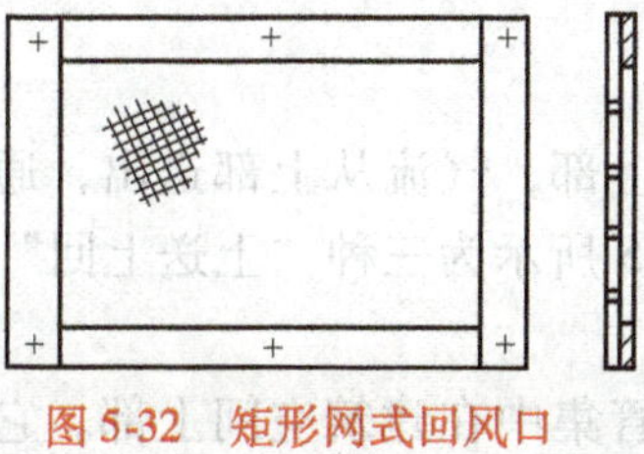

图 5-32　矩形网式回风口

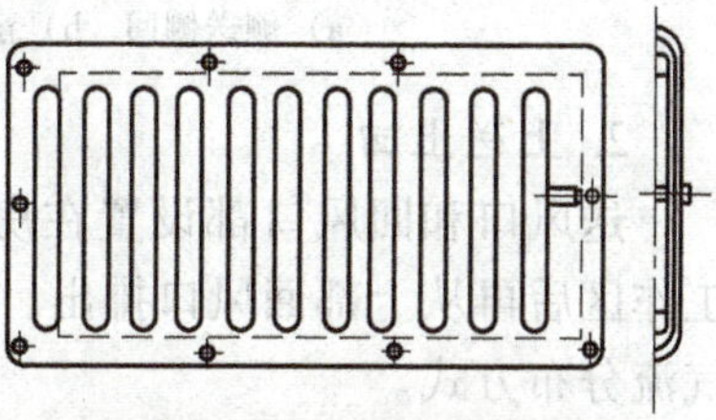

图 5-33　活动篦板式回风口

三、气流组织形式

根据送风口的形式及送、回风的布置位置不同，空调房间室内气流分布的形式有以下 4 种。

1. 上送下回

送风口设在房间的上部（顶棚或侧墙），回风口设在房间的下部（地板或侧墙），气流从上部送出，由下部排出房间。图 5-34 所示为三种不同的上送下回方式，图 5-34a 为侧送侧回，可根据房间面积不同，扩大为双侧送回；图 5-34b 为散流器送风，可根据房间面积不同，增减散流器数量；图 5-34c 为孔板送风，通过适当地选择孔板出口风速和孔板形式，可以有效防止房间内尘土飞扬而满足较高的洁净度要求。

这种上送下回的气流分布形式，其送风气流不直接进入空调工作区，有较长的与室内空气掺混的距离，能够形成比较均匀的温度场和速度场，可以适用于有恒温恒湿要求的工艺性空调。图 5-34c 尤其适用于温湿度和洁净度都有比较高要求的场合。

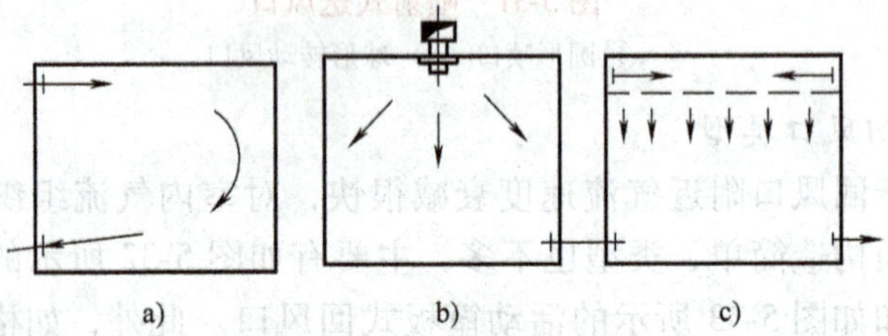

图 5-34　上送下回气流分布

a）侧送侧回　b）散流器送风　c）孔板送风

2. 上送上回

送风口和回风口都设置在房间的上部，气流从上部送出，通过工作区后再从上部回风口排出。图 5-35 所示为三种“上送上回”的气流分布方式。

这种气流分布方式可将送、排风管集中在建筑空间上部。它主

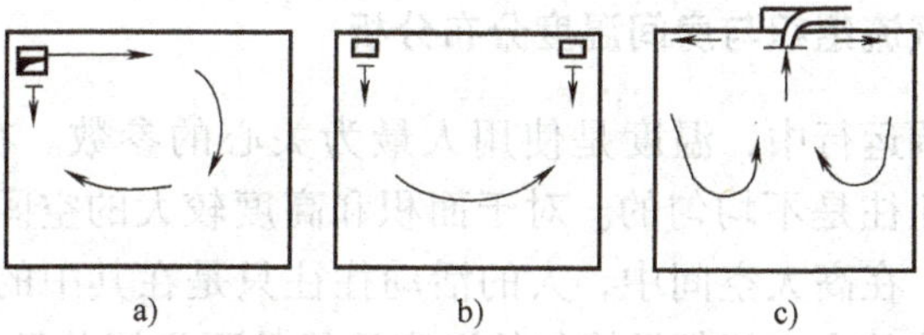

图 5-35 上送上回气流分布

a）单侧上送上回 b）异侧上送上回 c）散流器上送上回

要适用于以夏季降温为主且房间层高较低的舒适性空调系统。对于夏冬季均要使用的空调系统而房间下部无法布置回风口的情况下也可采用这种形式。

3. 下送上回

这是一种送风口设置在房间下部，回风口设置在上部的一种气流组织方式，如图 5-36 所示。下送风方式要求送风温差不能过大并控制工作区的风速，但其排风温度要高于工作区的温度，故具有一定的节能效果，同时有利于改善工作区的空气品质。这种形式主要适用于大型计算机房、剧场、电影院等场所。

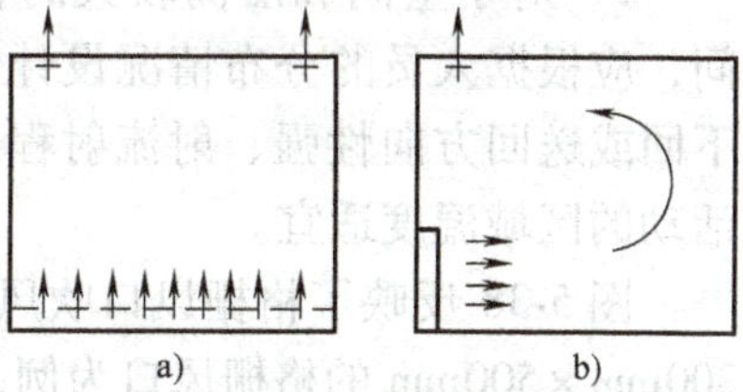

图 5-36 下送上回气流分布

a）地板下送 b）置换式下送

4. 中送风

对于某些高大的建筑空间，实际的空调工作区处在房间的下部，没有必要将整个空间作为控制调节的对象，可采取如图 5-37 所示的中送风方式。这种方式在满足工作区空调要求的前提下，有明显的节能效果，但就竖向空间而言，存在着温度“分层”的现象。

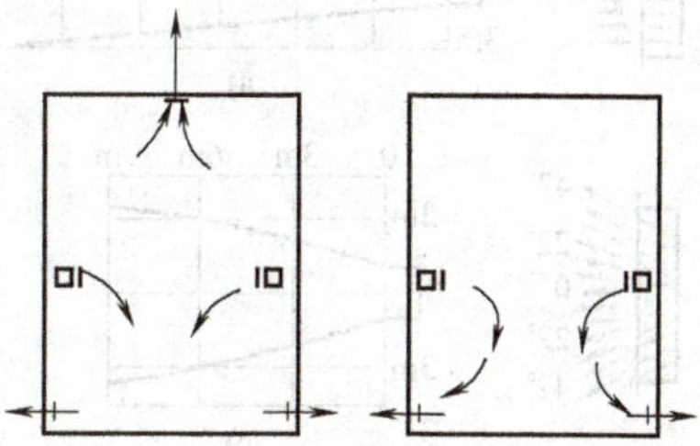

图 5-37 中送风

四、气流组织与房间温度分布分析

在空调运行中，温度是使用人最为关心的参数。在空调房间，温度分布往往是不均匀的。对于面积和高度较大的空间，这一现象尤为明显。在高大空间中，人的活动往往只是在其中的一个高度范围内，要使整个空间都呈均匀的温度显然是不经济并且也没有必要，对于多数空调房间，需要保持舒适温度的只是2m以下高度范围内，空调系统气流组织就是要在这个范围内满足人体舒适要求。

1）对于常见的办公室、客房等房间，由于面积较小且层高较低，房间内容易形成比较均匀的温度场，因此气流分布和送风形式可以有多种选择，选择的依据主要是便于施工和节省空间。

2）对于空间和层高较大的礼堂、宴会厅、饭店大堂等高大房间，应根据人员的分布情况设计气流分布和送风方式，宜选用中送下回或送回方向性强、射流射程长的方式，以保证房间中下部人员活动的区域温度适宜。

图5-38反映了格栅风口吹风角度与气流分布的关系。以长宽为300mm×500mm的格栅风口为例，当颈部风速为3m/s时，吹风角度不同，气流射程也不同，图5-38a为11.6m而图5-38d只能达到6.8m。

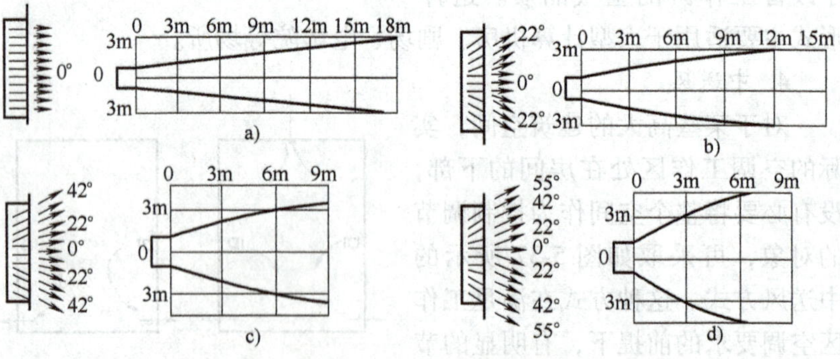

图5-38　格栅风口吹风角度与气流分布的关系

3）温度场的分布不仅要考虑送风的位置、方向和射程，还应考虑射流的性质。具体地说，就是由于供暖风的热射流和供冷风的冷射流密度不同，因而在同一送风口以相同速度射出后，射流的方向会有所不同。如图 5-39 所示，在层高较大的房间，如采取顶部送风的方式，夏季送冷风时（见图 5-39b），冷射流的密度较大而下沉，送风可以到达空间下部的人员活动区；冬季送热风时（见图 5-39a），热射流密度较小而上浮，送风很难达到人员工作区。图 5-40 描述了侧送风时的情况，此时温度均匀性得到了一定改善，但是热射流上浮造成的冬季房间下冷上热情况仍比较明显。

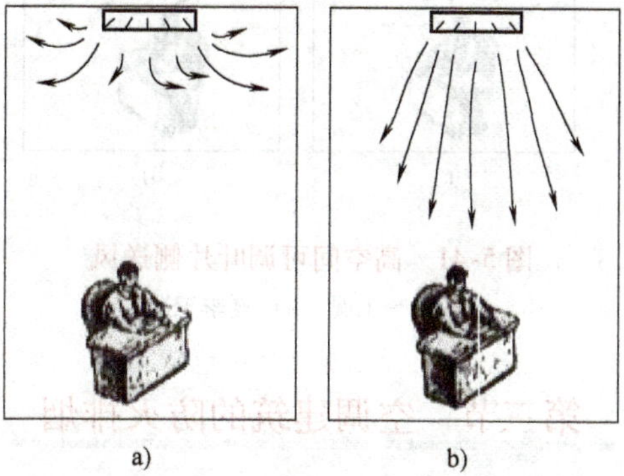

图 5-39　高空间上送风

a）冬季工况　b）夏季工况

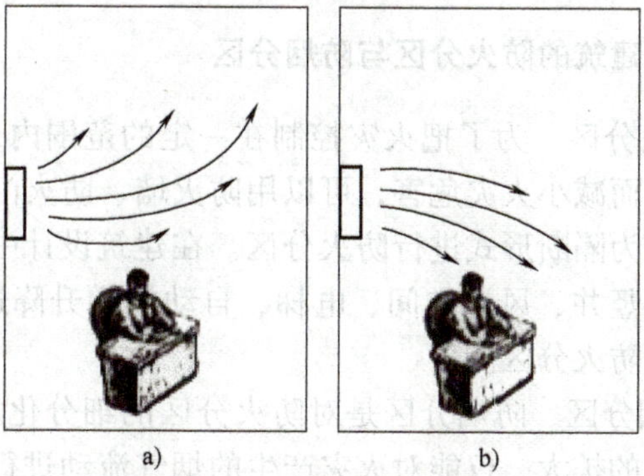

图 5-40　高空间侧送风

a）冬季工况　b）夏季工况

为了解决这一问题，可像图 5-41 那样，选用具有可调叶片的侧送风口，冬季使叶片向下倾斜，迫使热射流向斜下方喷射，更多地与下部空气混合；夏季叶片保持平直，使冷射流水平射出后自然与下部空气混合。

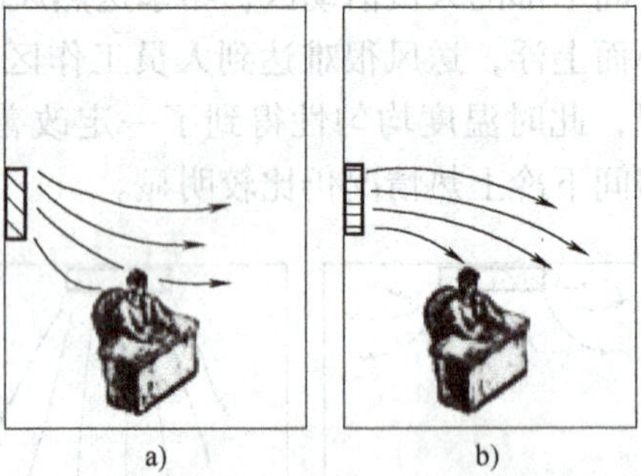

图 5-41　高空间可调叶片侧送风

a）冬季工况　b）夏季工况

第三节　空调建筑的防火排烟

高层建筑的防火排烟设施是建筑设计和施工中的重要组成部分，其与空调系统有着密不可分的关系。

一、空调建筑的防火分区与防烟分区

（1）防火分区　为了把火灾控制在一定的范围内，阻止火灾蔓延与扩大，从而减小火灾危害，可以用防火墙、防火门、防火卷帘、耐火楼板等作为隔断形式进行防火分区。在建筑设计中，通常规定：楼梯间、通风竖井、风道空间、电梯、自动扶梯升降通路等形成竖井的部分作为防火分区。

（2）防烟分区　防烟分区是对防火分区的细分化。防烟分区内不能防止火灾的扩大，仅能对火灾产生的烟气流动进行有效的控制。首先，要在有发生火灾危险的房间和用作疏散通道的走廊间架设防烟隔断，在楼梯间设置前室，并设置可自动关闭的门作为防火防烟

的分界。此外，还应注意竖井分区，如百货大楼的中央扶梯处是一个大开口，应设置用烟感器控制的隔烟防火卷帘。

图 5-42 所示为某百货大楼的防火防烟分区实例。从图中可以看出，它是将顶棚送风的空调系统和防烟分区结合在一起考虑的。

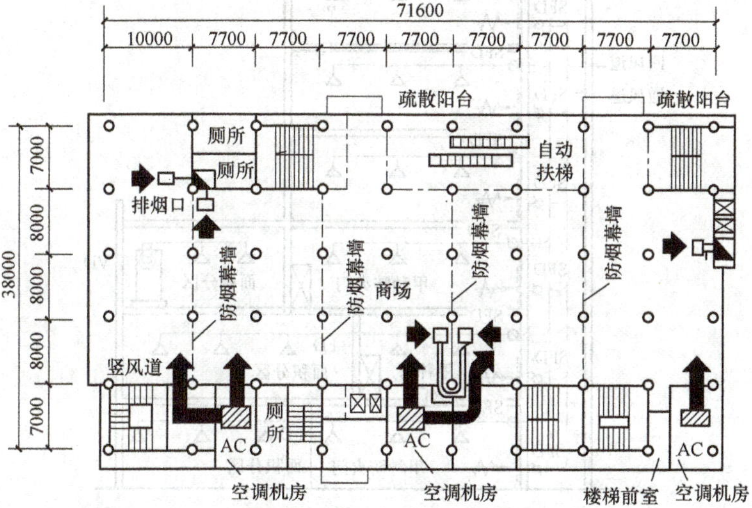

图 5-42　防火防烟分区实例

二、空调系统的防火与防烟

（1）通风管道设置防火阀　在空调风系统管道的防火关键位置设置防火阀，是防止火灾经管道蔓延与扩大的最重要措施。图 5-43 所示为一个设置实例。

应设置防火阀的部位主要有：送风、回风、总管穿越机房和重要的或火灾危险性较大的房间的隔墙、楼板处；垂直风管与每层水平风管交接处的水平支管处；穿越防火分区隔墙处的送、回风管道上；穿越沉降缝、变形缝的墙的两侧风管上；直接接室外且与相邻建筑物距离较小的新风管。

（2）排风管道防止回流的措施　排风管道设置防止回流的措施，这将有助于提高空调系统的防火、防烟性能，防止火灾的蔓延与扩大。

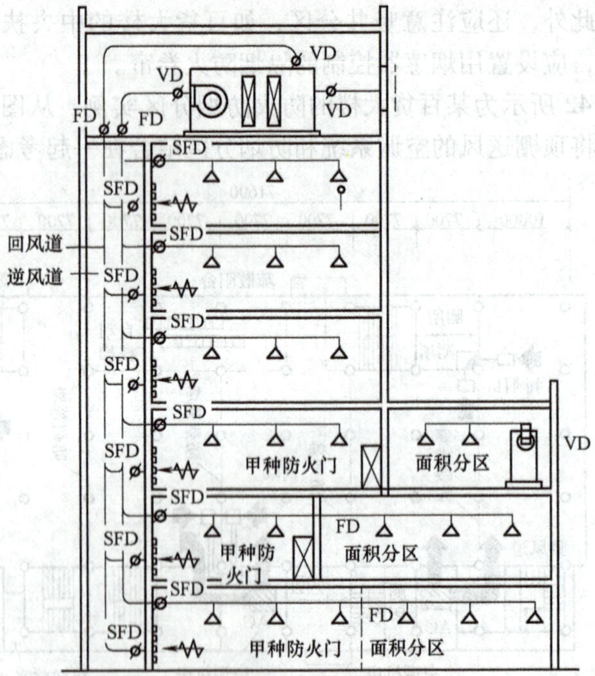

图 5-43　防火阀门设置示例

SFD—与烟感器联动的自动闭锁阀　FD—带易熔环的风量调节阀　VD—风量调节阀

防止回流的方法如图 5-44 所示。图 5-44a 是加大各层垂直排风

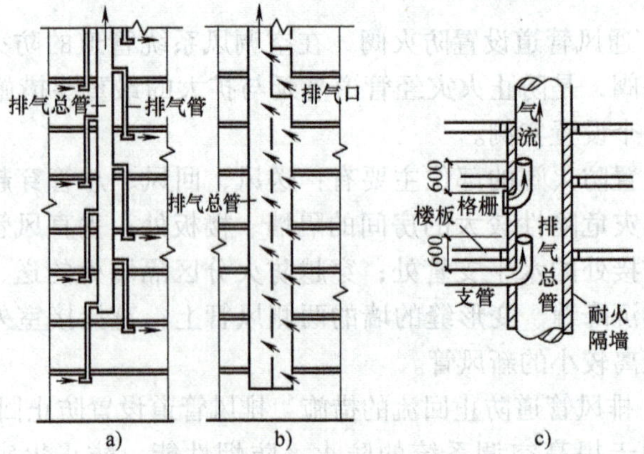

图 5-44　排气管防止回流的构造

支管的穿越高度，使其穿越两层楼板；图 5-44b 是把排风竖管分成大小两个管道，总竖管直通屋面；图 5-44c 是将支风管顺气流方向插入排气竖管道。此外，在排气支管上安装止回阀和防火阀也可以有效地防止回流。

（3）空调系统其他防火措施　通风系统的管道和管道的保温材料、消声材料及其粘结剂，应采用非燃烧材料，难以采用非燃烧材料时，才允许采用难燃材料。对于聚苯乙烯泡沫塑料之类的保温材料必须采用添加了阻燃剂的自熄型，而绝不能采用非自熄型。一般情况下，可以采用点燃法进行鉴定，如离开火种即可熄灭，即为自熄型的；如离开火种仍燃烧，即为非自熄型的。

空调系统装有电加热器时，电加热器开关与通风机的启闭必须联锁，要求风机停转时电加热器电源相应切断。

当空气中含有易燃、易爆物质时，为了防止风机停转后，此类物质从风管倒流至风机内，必须采用相应的措施，以防止火灾、爆炸等事故的发生。

三、机械排烟与自然排烟

建筑物高度超过 24m 设有防烟楼梯（疏散楼梯）和消防电梯的建筑物，按照设计规范，均应设置防排烟设施，以保证发生火灾时，人员疏散通道或主要房间的安全。常用的排烟方式有机械排烟和自然排烟两种。

（1）机械排烟　机械排烟可以将火灾产生的烟气通过排烟风口和排烟风道由排烟风机排至室外，其优点是通风效果较好，能有效地保证疏散通路，使烟气不向其他区域扩散。但是，在排烟的同时必须向排烟房间补风，且投资多，操作较复杂。图 5-45 所示为机械排烟、机械补风的机械排烟系统。

机械排烟系统通常由挡烟垂壁、排烟口（或带有排烟阀门的排烟口）、防火排烟阀门、排烟风机和排烟出风口组成。活动挡壁由烟感探测器控制，或与排烟口联动，或由消防中心控制。发生火灾时，活动挡烟垂壁落下，其下端距地面的高度应大于 1.8m，使人员能够顺利通过。在排烟过程中，当烟气温度达到或超过 280℃时，由于烟

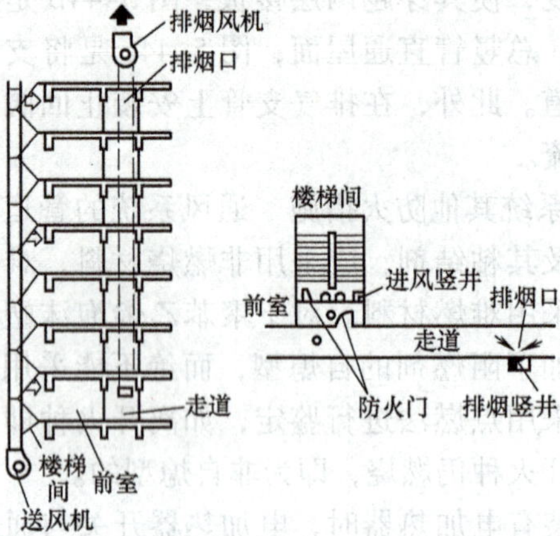

图 5-45　机械排烟系统

气中已带火，防火排烟阀门的温感器动作并自动关闭，以防止烟火扩大到其他区域而造成新的危害。

（2）自然排烟　利用火灾产生的高温烟气的浮力作用，或室外风力作用，通过建筑物的对外开口（如门、窗、阳台等）或排烟竖井，将室内烟气排至室外。图 5-46 所示为自然排烟的两种方式。自然排烟的优点是不需电源或设备、简单、节能、投资少。其缺点是当开口部位在迎风面时，不仅降低排烟效果，有时还可能使烟气流向其他房间，且排风量不稳定。因此，上下层窗之间外墙应有足够高度。

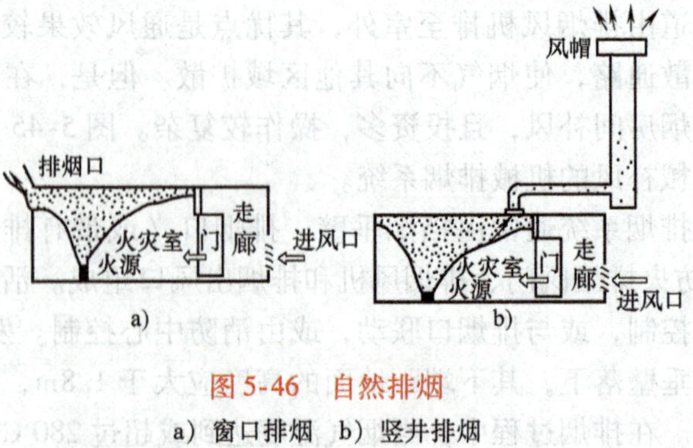

图 5-46　自然排烟
a）窗口排烟　b）竖井排烟

四、防火排烟系统的控制

防火排烟系统由设置在建筑内的消防中心进行控制。消防中心是火灾自动报警与消防联动控制系统的神经中枢。

（1）火灾自动报警系统的组成 它主要由火灾探测器、火灾手动报警按钮、火灾自动报警控制器等组成。

1）火灾探测器。火灾探测器按其被探测的烟雾、高温、火光及可燃性气体等火灾参数，可分为感烟探测器、感温探测器、感光探测器、可燃气体探测器4种基本类型。图5-47所示为火灾探测器的外形。

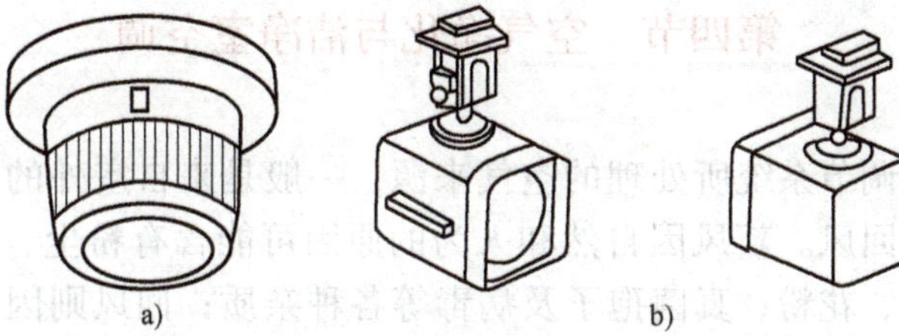

图5-47 火灾探测器的外形

a）感烟探测器 b）红外光束感烟探测器

2）火灾手动报警按钮。火灾手动报警按钮是用手动方式起动火灾自动报警系统的器件，应用于火灾现场的紧急人工报警。

3）火灾自动报警控制器。火灾自动报警控制器是为火灾探测器供电并接收、显示和传递火灾报警信号的自动控制装置，也是能对自动消防设备发出控制信号的一种火灾报警联动装置。集中式火灾报警控制器设置在消防中心。

（2）防火排烟系统的控制 当火灾自动报警控制器接收到火灾探测器发出的信号并经确认后，将驱动外控继电器，以便联动所需控制的消防设备或外接声光报警信号。

1）消防联动控制对象。消防联动控制对象主要是灭火设施、防排烟设施、电动防火卷帘及防火门、电梯、非消防电源的断电控制设施等。

2）对防火排烟系统的控制。发生火灾后，对防火排烟系统的控制主要有：

① 自动关闭防火门、窗，停止通风空调系统，关闭有关部位电动防火阀。

② 对于疏散通道上的防火卷帘在感烟探测器动作后，卷帘下降至距地（楼）面1.8m；用作防火分隔的卷帘，火灾探测器动作后，卷帘应下降到底。

③ 起动有关部位的防烟和排烟风机、排烟阀等，并控制挡烟垂壁等防烟设施。

④ 控制消防水泵、喷洒水泵及其他灭火设施。

第四节　空气净化与洁净室空调

空气调节系统所处理的空气来源，一般是来自室外的新风和来自室内的回风。新风因自然和人为的原因可能含有粉尘、烟气、烟尘、细菌、花粉、真菌孢子及病毒等各种杂质；回风则因室内人员的活动、工作和生产工艺过程等原因可能被污染。为了保证室内空气环境满足卫生要求和工作生产的要求，就必须在空调系统中设置相应的空气净化设备，对空气进行洁净处理，以免危害人体健康和影响产品质量。

一、空气的净化要求和标准

空气中的杂质绝大多数是以固体粒子的形式存在于空气中。含尘浓度即是指单位体积空气中所含的尘粒质量或数量，有下面3种表示方法。

（1）质量浓度　单位体积空气中含有的尘粒质量（kg/m^3）。

（2）计数浓度　单位体积空气中含有的尘粒颗粒数量（粒/m^3或粒/L）。

（3）粒径颗粒浓度　单位体积空气中所含的某一粒径范围的尘粒颗粒数量（粒/m^3或粒/L）。

1. 室内空气的净化要求和标准

室内空气的净化要求是以含尘浓度来划分的。根据人们的工作生活要求和生产工艺要求，通常将空气净化分为以下3类。

（1）一般净化　一般净化无具体要求，只需用粗效过滤器作一般净化处理即可，大多数以调节温度和湿度为主的民用与工业建筑空调均属此类。

（2）中等净化　中等净化对室内空气的含尘量有一定要求，通常提出质量浓度指标。如规定在大型公共建筑物内空气中的悬浮微粒的含尘量为0.15～0.25mg/m³，并应过滤掉不小于0.5μm的尘粒。此时，除需采用粗效过滤器外，还应采用中效过滤器。

（3）超净净化　超净净化对空气的含尘浓度有严格的要求，一般称为洁净室空调（或超净空调）。《洁净厂房设计规范》（GB 50073—2001）中规定的空气洁净度等级见表5-5，《空气洁净技术》中关于洁净室级别的规定见表5-6。超净空调用于超级精密加工技术，如集成电路产品的生产、某些药品的生产和医院的手术室等。需要一个无菌的空气环境称为生物洁净室，它也属于超净净化的类型。

表5-5　空气洁净度等级

等　级	每立方米（每升）空气中≥0.5μm尘粒数	每立方米（每升）空气中≥0.5μm尘粒数
100级	≤35×100（3.5）	
1000级	≤35×1000（35）	≤250（0.25）
10000级	≤35×10000（350）	≤2500（2.5）
100000级	≤35×100000（3500）	≤25000（25）

注：对空气洁净度为100级的洁净室内对不小于0.5μm尘粒的计数，应进行多次采样，当其多次出现时，方可认为该测定数据是可靠的。

表 5-6　洁净室级别的规定

<table>
<tr><th>级　别</th><th>尘粒径
/μm</th><th>平均含尘浓度
/（粒/L）</th><th>温度范围
/℃</th><th>相对温度范围
/%</th><th>正压值
/Pa（mmH_2O）</th><th>噪声
/dB（A）</th></tr>
<tr><td>3 级</td><td>≥0.5</td><td>≤3</td><td rowspan="5">18～26</td><td rowspan="5">40～60</td><td rowspan="5">≥5
（≥0.5）</td><td rowspan="5">≤65</td></tr>
<tr><td>30 级</td><td>≥0.5</td><td>≤30</td></tr>
<tr><td>300 级</td><td>≥0.5</td><td>≤300</td></tr>
<tr><td>3000 级</td><td>≥0.5</td><td>≤3000</td></tr>
<tr><td>30000 级</td><td>≥0.5</td><td>≤30000</td></tr>
</table>

2. 超净净化空调系统的特点

超净净化空调系统是以空气净化处理为主要任务的空调系统，它要使空调房间的空气洁净度达到相应的级别以满足工艺要求。其与一般空调系统的主要区别有：

（1）空气过滤的要求不同　一般空调系统采用一级过滤，只是在要求较高的大型公共场所才采用两级过滤，而超净净化空调系统必须设置三级或三级以上的过滤器。

（2）室内压力的控制要求不同　一般空调系统要求空调房间的空气压力稍高于室外，但无严格的数值要求，而超净净化空调系统要求最小压差值不能低于5Pa，有些场合还会提出上限要求，因此必须采取一定的技术措施加以控制。

（3）气流组织的形式不同　一般空调系统常采用贴附射流的气流组织形式，形成较强的二次诱导气流或涡流，而超净净化空调系统则要求采取孔板送风等气流组织形式，以减小二次回流及涡流，并限制和减少尘粒的扩散飞扬，进而使其迅速排出室外。

（4）换气次数的不同　一般空调系统的换气次数在 5～8 次/h 即可，而超净净化空调的换气次数最少也要达到 10 次/h，甚至高达数百次。换气次数的差别导致了能耗的不同，后者能耗和每立方米的造价是前者的几倍或几十倍。

3. 超净净化空调系统的类型

超净净化空调系统的基本形式有以下几种：

（1）全室净化 全室净化应用集中式净化空调系统使整个房间具有相同的洁净度，适合于工艺设备高大、数量很多，且室内要求相同洁净度的场所。图5-48所示为设有值班风机的集中式净化空调系统。从图中可看出，中效过滤器设在了系统的正压段，用以防止污染空气渗入净化空调系统而再次污染经过中效过滤器过滤的空气；而高效过滤器（或亚高效过滤器）布置在尽可能靠近洁净室的送风口，以防高效过滤器后管壁上附着的灰尘重新被吹入室内。对于间歇运行的洁净室，系统停止运行后，室外污染空气将很快通过围护结构缝隙和由新风口经回风管道渗入洁净室内。若洁净室不工作时也要维持一定的洁净度和温、湿度，则需要设置值班风机，其风量按维持室内预定正压值和温、湿度三者中所需的最大一项换气次数来确定。

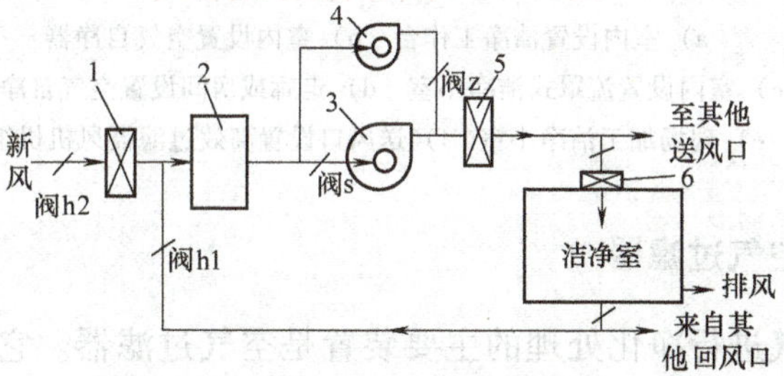

图5-48 设有值班风机的集中式净化空调系统

1—粗效过滤器 2—温湿度处理室 3—正常运行风机

4—值班风机 5—中效过滤器 6—高效过滤器

注：正常运行时，阀h1、h2、s打开，阀z关闭；值班运行时，阀z、h1打开，阀h2、s关闭。

（2）局部净化 局部净化以净化空调器或局部净化设备（如洁净工作台、棚式垂直层流单元、层流罩等），在一般空调环境中可以使局部区域具有一定洁净度。因此，局部净化适合于生产批量较小，或利用原厂房进行技术改造的场所。图5-49所示为局部净化的几种方式。

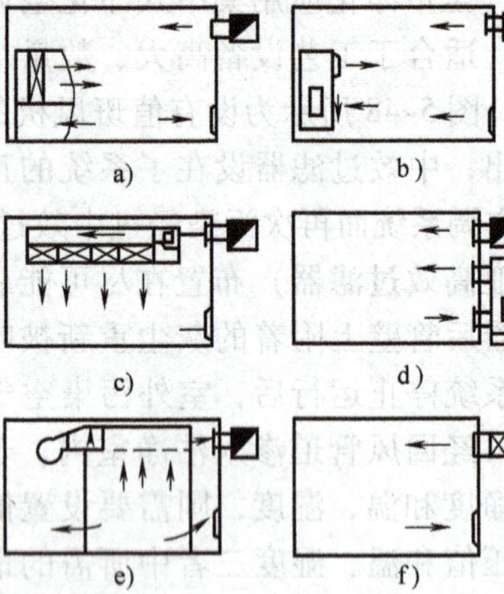

图 5-49　局部净化的几种方式

a）室内设置洁净工作台　b）室内设置空气自净器

c）室内设置流罩式洁净小室　d）走廊或房间设置空气自净器

e）现场加工洁净小室　f）送风口设置高效过滤器风机机组

二、空气过滤器

对空气进行净化处理的主要装置是空气过滤器。它的作用是采用过滤的方法滤除空气中的各种尘粒杂质。按其工作原理的不同，主要有纤维过滤器和静电过滤器。

1. 空气过滤器的性能指标

（1）过滤效率　过滤效率是指在额定风速下过滤前、后空气含尘浓度差与过滤前含尘浓度之比的百分数。

（2）穿透率　穿透率是指过滤后含尘浓度与过滤前含尘浓度之比的百分数。过滤效率与穿透率是从不同的方面说明同一个问题。

（3）过滤器阻力　过滤器阻力是指空气流经过滤器的阻力损失。过滤器阻力分为初阻力和终阻力。初阻力是指额定风量下过滤器没有积尘时的阻力。终阻力是指额定风量下过滤器的容尘量达到足够大而需要清洗或更换滤料时的阻力。

（4）容尘量　在一定风速下过滤器的允许沾尘量的最大值叫做

容尘量。若过滤器上沾附的尘量超过这个最大值，则过滤器的阻力将增大，过滤效率也会下降。此时就应清洗或更换过滤器。

判断容尘量的方法是根据阻力的增加情况。当在一定的风量下，因积尘而使阻力达到终阻力时，容尘量即达到最大值。终阻力一般为初阻力的 2 ~4 倍。

（5）过滤风量　过滤风量是每台过滤器在经济过滤风速下的处理空气量。过滤器迎风断面通过的气流速度称为面速，而滤料面积上气流通过速度称为滤速。在特定的过滤器结构条件下过滤器的额定过滤风量同时反映了过滤器的面速和滤速。

2. 过滤效率的测定方法

常见的过滤器过滤效率测定方法有：

（1）质量法　采用称重的方法测量过滤器的质量浓度效率。这种方法适用于粗效过滤器的效率测定。

（2）比色法　其工作原理是在过滤器前后利用滤纸采样后，将各自被污染的滤纸放在光源下进行照射，根据透光和反射光的多少，用光电管比色计测出透光度，再换算成过滤器的前后粉尘的质量浓度，以换算出过滤效率。这种方法适用于中效过滤器和静电过滤器的效率鉴定。

（3）计数法　计数法直接用光电粒子计数器对通过过滤器的含尘气流进行自动检测，通过记录尘粒的数量与大小，以此来计算出过滤器的过滤效率。这种方法适用于高效过滤器的效率检测。

（4）钠焰法　以粒径约为 0.44μm 的氯化钠粒子为尘源，检测粒子在 H_2气体中燃烧生成的波长为 5.89×10^{-7}m 的光焰强度，再转化为电量以计算高效过滤器的过滤效率。

另外，若以 DOP（邻苯二甲酸二辛酯）粒子（0.3μm）或油雾粒子（0.3 ~0.5μm）作为尘源，则分别称为 DOP 法和油雾法。这两种方法与钠焰法相似，都是高效过滤器的过滤效率的检测方法。

3. 过滤器的种类

按国家标准空气过滤器分为粗效、中效、高中效、亚高效和高效过滤器几类，而高效过滤器又可细分为 A、B、C、D 四种。各类空气过滤器的分类及主要性能见表 5-7。

表 5-7 空气过滤器的分类及主要性能

空气过滤器性能分类	过滤器形式	有效的捕集尘粒直径/μm	适应的含尘浓度①	压力损失/Pa	过滤效率（%）			容尘量/(g/m^2)	备注
					质量法	比色法	DOP 法		
粗效过滤器	块式玻璃纤维过滤器 自净油过滤器 网格过滤器 粗、中孔泡沫塑料块状过滤器 滤材自动卷绕过滤器	>5	中—大	30~200	70~90	15~40	5~10	500~2000	作高效、亚高效、中效过滤器前的预过滤用（滤速以 m/s 计）
中效过滤器	滤材折叠（或袋式）的中细孔泡沫塑料、无纺布、玻璃纤维过滤器	>1	中	80~250	90~96	50~80	15~50	300~800	滤材实际面积与迎风面积之比在 10~20 倍以上（滤速以 dm/s 计）
亚高效过滤器	超细石棉玻璃纤维滤纸（或合成纤维滤布）过滤材料做成多折型	<1	小	150~350	>99	80~95	50~90	70~250	同上。但 20~40 倍以上（滤速以 cm/s 计）
高效过滤器	超细石棉、玻璃纤维滤纸类过滤材料做成多折型	<1	小	250~490	无法鉴别	无法鉴别	95~99.99（一般指≥99.97）	50~70	同上。30~50 倍以上
静电过滤器	二段电过滤器，能定期清洗	<1	小	80~100	>99	80~95	60~95	60~75	—

注：粉尘浓度大—0.4~7.0mg/m^3，粉尘浓度中—0.1~0.6mg/m^3，粉尘浓度小—0.3mg/m^3 以下。

（1）粗效过滤器　粗效过滤器主要用于过滤 10～100μm 的大颗粒尘粒。一般采用纤维、无纺布、粗中孔聚氨酯泡沫塑料作为滤料。其结构形式有平板式、袋式和自动卷绕式。其中平板式粗效过滤器的外形如图 5-50a 所示，其具有结构简单、价格便宜过滤面积小、容尘量小的特点。为提高过滤效率和增大额定风量，平板式粗效过滤器可以采用如图 5-50b 所示的人字形排列或倾斜式的安装方法。图 5-51 所示的袋式粗效过滤器过滤面积大，容尘量大，强度高。对于自动卷绕式粗效过滤器，当滤料积尘到一定程度后，卷绕机构可在前后压差的控制下，使滤料自上而下运动。一卷滤料用完后再更换新的。由于自动卷绕式粗效过滤器的结构比较复杂，而且占用空间大，更换滤料不太方便，因而在集中式空调系统中很少采用。

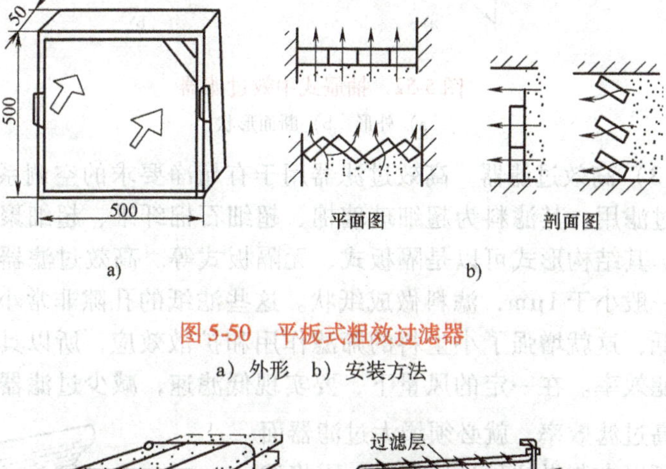

图 5-50　平板式粗效过滤器

a）外形　b）安装方法

图 5-51　袋式粗效过滤器

a）外形　b）断面形状

（2）中效过滤器　中效过滤器主要用于过滤 1～10μm 的尘粒，一般采用玻璃纤维、无纺布、中细孔聚氨酯泡沫塑料等作为滤料。其结构形式可以是平板式、袋式、抽屉式等。图 5-52 所示为抽屉式中效过滤器的外形和断面形状。

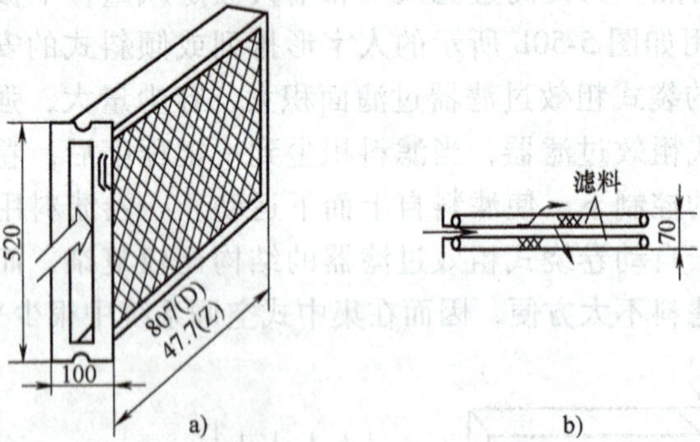

图 5-52　抽屉式中效过滤器

a）外形　b）断面形状

（3）高效过滤器　高效过滤器用于有超净要求的空调系统，作为终过滤用。其滤料为超细玻璃棉、超细石棉纤维、超细聚丙烯纤维等。其结构形式可以是隔板式、无隔板式等。高效过滤器的纤维直径一般小于 1μm，滤料做成纸状。这些滤纸的孔隙非常小，滤速又很低，这就增强了小尘料的筛滤作用和扩散效应，所以具有很高的过滤效率。在一定的风量下，要实现低滤速，减少过滤器的阻力和提高过滤效率，就必须增大过滤器面积，所以在制做这种过滤器时，需将滤纸往复折叠多次，使其过滤面积为迎风面积的 50～1000 倍。如图 5-53 所示的高效过滤器在折叠后的滤纸间通道用波纹分隔板隔开，其特点是强度好，且耐高温、高湿，但占用空间大，笨重，是传统的形式；无隔板的高效过滤器具有制作简单，效率高，厚度小，质量轻等

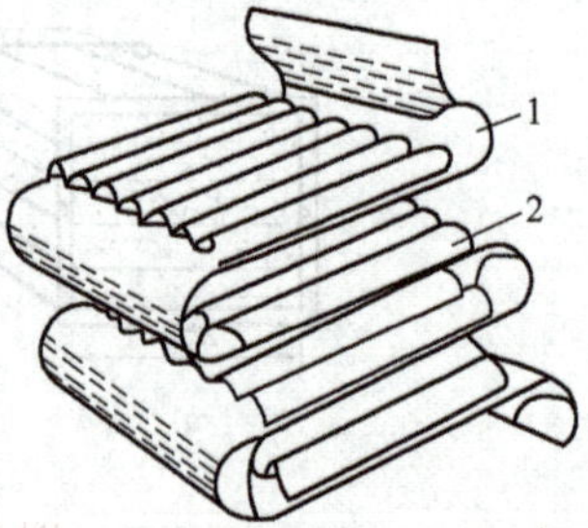

图 5-53　有隔板的高效过滤器

1—滤纸　2—隔板

优点，因而在许多场合可以代替有隔板式高效过滤器。

高效空气过滤器被用于有无菌要求的生物洁净室时，因为大部分细菌的平均尺寸都在 3μm 以上，病毒往往附着在尘埃上，因此能被高效过滤器有效地捕获。

（4）静电过滤器　上述的三类过滤器，其滤料为纤维制品，所以称为干式纤维过滤器。而静电过滤器是利用高压电极使空气电离，也就是使尘粒带电，然后在电场作用下产生定向运动，使尘粒附着在电极板上，从而达到净化空气的目的。图 5-54 所示为静电过滤器的工作原理。

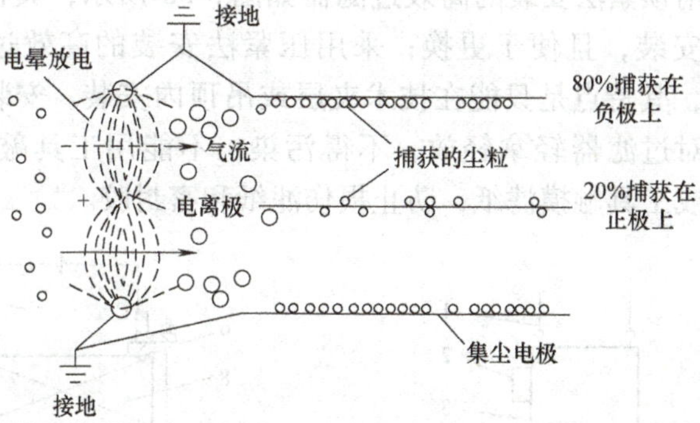

图 5-54　静电过滤器的工作原理

空调工程中常用的静电过滤器为二段式结构，第一段为电离段；第二段为集尘段。

电离段等距平行安装有金属板（或流线形管柱），作为接地电极，接地电极之间布有金属放电线，加上 10 ~ 12kV 直流电压时，放电线与接地电极之间形成不均匀的电场，使金属放电线周围产生电晕放电现象。含尘空气经过辉光放电区时被电离，在放电线周围充满正离子和电子，电子移向放电线而被中和，而正离子在遇有中性尘粒时就附着其上，使中性尘粒带上正电荷，然后随气流流入集尘段。集尘段设有平行于气流的高压电极板和接地极板，在 5kV 直流电压下，电极间形成均匀电场，当带有正电荷的尘粒进入电场时，因受库仑力的作用，尘粒沉积在负极性的接地极板上。

静电过滤器的过滤效率随着电场强度的增加和过滤风量的减少而提高。

三、洁净室空调运行管理

1. 洁净度达不到设计要求的原因分析

空气洁净室的洁净度达不到设计要求时，应对下列部位进行检查并采取相应的措施。

（1）高效过滤器与过滤器箱或高效过滤器与风口连接处　高效过滤器与组装高效过滤器的框架一般采用顶紧法和压紧法进行密封安装。采用顶紧法安装的高效过滤器如图 5-55 所示，其特点是能在洁净室内安装，且便于更换；采用压紧法安装的高效过滤器如图 5-56 所示，其特点是只能在技术夹层或吊顶内安装。安装高效过滤器时，要对过滤器轻拿轻放，不得污染，不能用工具敲打、撞击，严禁用手或工具触摸滤纸，防止损伤滤纸和密封胶。

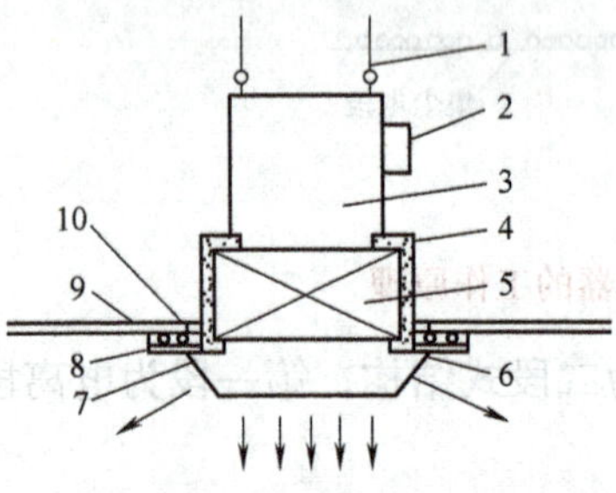

图 5-55　采用顶紧法安装的高效过滤器

1—拉杆　2—连接风管　3—静压箱
4、10—密封垫　5—高效过滤器　6—压块
7—扩散板　8—风口翻边　9—轻质吊顶

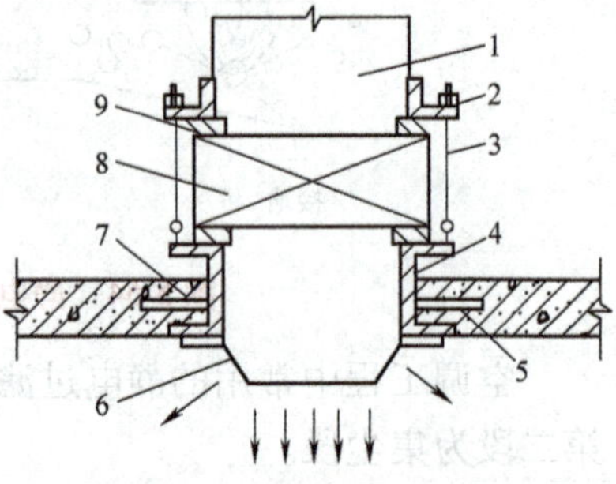

图 5-56　采用压紧法安装的高效过滤器

1—柔性短管　2—螺母　3—螺杆
4—预埋短管　5—钢筋混凝土顶板
6—扩散板　7—锚固钢筋
8—高效过滤器　9—密封垫

过滤器与框架的密封垫，一般采用闭孔海绵橡胶板或氯丁橡胶板。当过滤器与框架的密封采用硅橡胶时，在涂抹硅橡胶前，应先清扫过滤器和框架上的杂物和油污，再饱满均匀地涂抹硅橡胶。

高效过滤器与过滤箱的框架或高效过滤器与送风口连接处不严

密的主要原因是：

1）框架与高效过滤器接触的表面不平整。

2）密封垫片压偏。

3）密封垫片的连接处有缝隙。

4）压紧螺栓拧紧程度不一致。

因此，过滤器箱框架与高效过滤器接触的表面必须平整；密封垫片必须一面用胶粘剂或密封胶粘牢，防止密封垫压偏；密封垫片自身的连接处不能用直缝，必须采用梯形或楔形连接；与过滤器连接用的压紧螺栓必须松紧一致，以保证密封垫片接触严密。

（2）高效过滤器的密封胶与滤料　高效过滤器上的密封胶开裂，或滤纸局部有损坏都将造成过滤空气偏流而影响净化效果。

（3）洁净室围护结构的密封处　洁净室的围护结构，特别是装配式洁净室的壁板、吊顶，在组装过程中板与板之间必须用橡胶密封条密封。如围护结构的密封出现损坏将诱发泄漏而影响室内的洁净度。

（4）过滤器失效　若过滤器积尘过多，不但会影响过滤器的滤尘效率，还会使通风系统的阻力增大，风机的静压增大，动压减小，送风量的减小将使换气次数减少，满足不了洁净度的要求。表5-8列出了洁净室为满足换气次数要求所必须达到的最小送风量。

表5-8　洁净室的送风量

空气洁净度等级		100级		1000级	10000级	100000级
送风量	气流流型	垂直单向流	水平单向流	非单向流	非单向流	非单向流
	气流流经室内断面风速/(m/s)	≥0.25	≥0.35	—	—	—
	换气次数/(次/h)	—	—	≥50	≥25	≥15

2. 中效过滤器过滤效果欠佳的原因分析

（1）中效过滤器错设在通风系统负压段　洁净室空调系统的组合式空调机组的中效过滤段设置在负压区，将降低中效过滤器的效率，而使未经粗、中效过滤的空气短路而吸入系统中，这样将增加高效过滤器的负担，降低高效过滤器的使用寿命。对于两级过滤的洁净系统，降低洁净室的洁净度。

（2）框架式或袋式中效过滤器安装不严密　中效过滤器安装不严密，将导致未经过滤的污染空气带入系统中，并增加高效过滤器的负荷，降低高效过滤器的使用寿命，影响洁净效果。

造成过滤器安装不严密的原因是过滤器框架不平整，密封垫片厚度不够及紧固不均匀。

（3）中效过滤器与风机出风口的距离短　在场地狭小的空调机房，设计人员为了减小空调机组的体积不恰当地将中效过滤器放置在风机段，这将严重影响中效过滤器的过滤效果。由于通风机出口处气流分布极不均匀，进而导致过滤器各部位通风量相差悬殊，中效过滤器将很快失效，需要频繁更换，也降低了高效过滤器的使用寿命。此时，应该在风机段之后增设均流段，使通过中效过滤器的滤速均匀一致。

3. 洁净房间内静压不稳定的分析

对于多室的洁净空调系统，如要求较高的房间内的静压低于要求较低的房间，则要求较低的房间的气流要渗入要求较高的房间，并干扰房间内的空气洁净度。所以，各房间的风量平衡后还要再对各房间的静压进行平衡，以使要求高的房间的静压大于要求较低的房间的静压。

为了保持室内为正压，通常依靠调节房间内回风量的大小来实现。在房间送风量不变的情况下，开大房间的回风调节阀，就可以减小室内正压值；关小调节阀就会增大正压值。

当洁净室内设有局部排风系统时，应在送风量调整后再将各房间的排风量调节到设计值，最后调整回风量以保证各房间内的正压要求。如在正常运转过程中，各洁净室能维持调整后的静压值，但由于共用排风系统，若各洁净室根据各自的工作情况而任意将排风量增加，会引起洁净室内静压的降低，甚至产生负压。因此，为了保证洁净室内静压调整后的稳定性，应加强管理，避免风阀的随意开闭。

第五节 中央空调风系统与空气净化技能训练实例

训练 离心式风机的拆装与保养

1. 训练目的

1）掌握离心式风机的拆装方法与步骤，熟悉常用工具的操作要领。

2）熟悉常用离心式风机的构造、性能和特点。

3）熟悉离心式风机维护保养的项目和方法。

2. 训练器材与设备

主要有：离心式通风机、钳工工具、扒子、润滑油、润滑脂、棉丝、指示表与磁性表座。

3. 训练要求

1）拆卸之前，先要切断电源，根据风机的结构特点，确定拆卸的次序与步骤。

2）按顺序进行拆卸，操作步骤如下：

① 拆下传动端的联轴器或带轮。

② 拆下吸入口、机壳。

③ 拆下锁紧装置。

④ 卸下叶轮、轴和轴承装置。

⑤ 拆下轮毂机座。

拆卸时应注意的是，将卸下的零件按一定顺序放置好。拆完之后，重点了解并检查分析以下内容：

① 所拆风机的型号、性能参数。

② 构成部件名称。

③ 有无蜗舌。

④ 叶轮的结构形式与叶型。

⑤ 吸入口、排出口、转向的相互关系。

⑥ 与电动机的连接方式。

⑦ 轴承有无损坏。

⑧ 轴承润滑脂是否充足或变质。

3）离心风机的组装。组装时先将零件装配成部件，再把部件组装成整机，并按照与拆卸相反的顺序进行。组装时应注意以下内容：

① 检查风机轴与电动机轴的同轴度。

② 盘动叶轮，应无卡阻现象。

③ 试运转，检查叶轮旋转方向、轴承温升、噪声与振动等是否正常。

④ 归纳总结风机维护保养的项目和要求。

复习思考题

1. 空调输送空气的系统组成是什么？
2. 简述通风管道的保温、防腐及泄水有哪些措施？
3. 中央空调通风系统中风机的运行管理注意事项有哪些？
4. 空调通风系统的消声减振措施有哪些？
5. 空调系统的减振装置有哪些？
6. 简述空气净化处理的主要装置有哪些？
7. 简述空调运行中气流组织与房间温度分布分析。
8. 简述空气洁净室的洁净度达不到设计要求的原因分析。

第六章

中央空调冷热源

培训学习目标 了解中央空调系统冷热源的类型，以及典型冷水机组的制冷流程、特点和工作参数，掌握冷热源运转管理的主要项目，能够对冷热源机组进行正常的维护和保养。

第一节 往复活塞式冷水机组

冷水机组向中央空调系统中的空调箱（机）、风机盘管和非独立式新风机提供冷源。蒸气压缩式冷水机组将压缩机、冷凝器、蒸发器、节流机构及控制系统等集中在一个公共机座上，按所用压缩机的形式可分为活塞式、螺杆式、离心式、涡旋式等。按照制冷剂冷凝方式可分为水冷式和风冷式。热泵型冷（热）水机组不但可以为中央空调系统提供冷水，还可以在供暖季节提供空调用热水。中央空调系统所用吸收式机组以溴化锂水溶液作为工质，可以提供冷水、供暖用温水和生活热水，具有节电和无污染等优点。

评价冷水机组性能的指标是制冷性能系数 COP，即

$$COP = \frac{Q_n}{P_n}$$

式中 Q_n——净制冷量（kW）；

P_n——机组消耗的总功率（kW），包括压缩机电动机、油泵电动机和控制电路的总输入功率，在风冷式机组中，

还应包括放热侧冷却风机电功率。

往复活塞式冷水机组简称为活塞式冷水机组，它与螺杆式和离心式冷水机组相比，具有下列优点：

1）压力范围广，能适应比较宽广的制冷量要求，在偏离设计工况时，热效率仍然比较高。

2）系统简单，加工容易，低制冷量时，造价较低。

3）采用多机头半封闭式制冷压缩机并列运转的形式后，可以提高单机容量，并减小体积，使能量调节更加灵活。

另外，与螺杆式和离心式机组相比，往复活塞式机组的 COP 较低，但仍以它的小型、轻量、适应性而在中小容量的空调系统中有广泛的应用。

一、典型活塞式冷水机组

国内应用最多的活塞式冷水机组是上海合众—开利空调设备有限公司生产的 30HK、30HR 系列活塞式冷水机组。它采用半封闭压缩机，由多台压缩机组合，逐台起动，在部分负荷运行时节能效果显著。压缩机底部有减振弹簧，防振性能好。机组多采用双制冷回路，当一个回路保护装置跳脱或发生故障时，另一个回路可继续运行，这样就提高了机组运行的可靠性。由于机组设有手动转换开关，可以改变机组的起停顺序，用以均衡压缩机的磨损，并延长机组使用寿命。

二、30HK 和 30HR 系列活塞式冷水机组的制冷系统

1. 制冷系统流程

以 30HR—161 型机组为例，介绍该系列活塞式冷水机组制冷系统。该机组配备有四台制冷压缩机、两台冷凝器和一台具有两个并列制冷回路的蒸发器。每个制冷回路中各有一台 06E6 系列压缩机（有一组气缸可以卸载）和一台 06EF 系列压缩机（三组气缸均不能卸载）。如图 6-1 所示，冷凝器位于机架最下端，中间为 4 台横向排列的制冷压缩机，上部为蒸发器，电器控制箱位于蒸发器的前面。

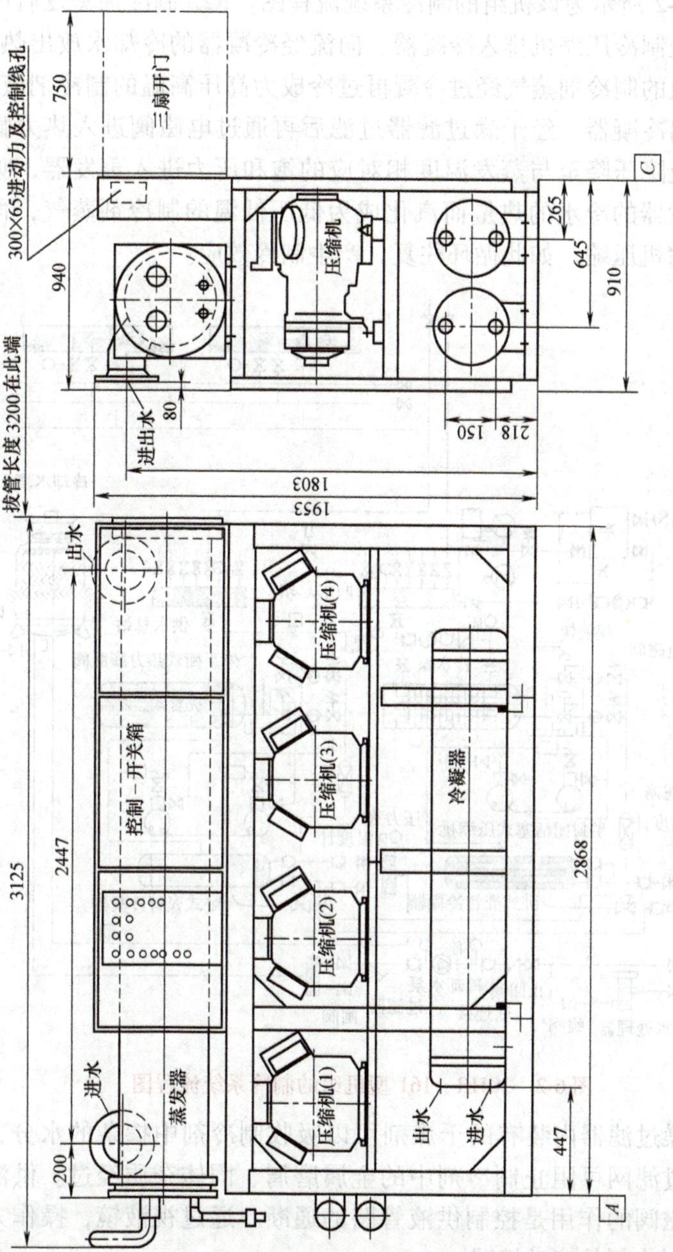

图6-1 30HR—161型机组的外形和尺寸

图 6-2 所示为该机组的制冷系统流程图。R22 制冷剂蒸发后产生的气体经制冷压缩机排入冷凝器，向流经冷凝器的冷却水放出热量，高压高温的制冷剂蒸气经过冷凝再过冷成为高压高温的制冷剂液体，然后流出冷凝器，经干燥过滤器过滤后再通过电磁阀进入热力膨胀阀，节流降压降至与蒸发温度相对应的饱和压力进入蒸发器，吸收流经蒸发器的冷水的热量而汽化成为低压低温的制冷剂蒸气，再被吸入压缩机压缩。如此循环往复，产生制冷效应。

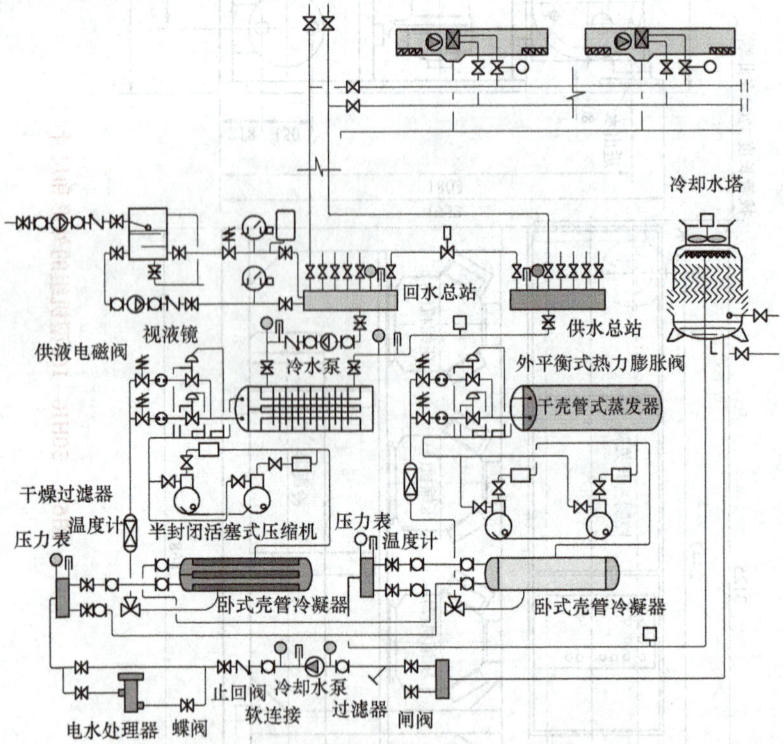

图 6-2　30HR—161 型机组的制冷系统流程图

干燥过滤器内装有的干燥剂可以吸收制冷剂中掺杂的水分，其内部的过滤网可阻止制冷剂中的金属磨屑、固体杂质经过。供液管路上电磁阀的作用是控制供液管路的通断。通过视液镜，操作人员可观察制冷剂的流动情况。

每台冷凝器上都装有一只安全阀，开启压力设定为3MPa，蒸发器每条环路上也装有一只安全阀，阀的整定值为1.8MPa。

压缩机的吸气口装有吸气截止阀，压缩机的排气口装有排气截止阀，阀上的操作口用于取出压力信号和维修时接管用。干燥过滤器前端装有供液阀，其上有一个1/4in的维修用接口。

额定工况下冷凝器出口处制冷剂液体的过冷度为3～5℃，压缩机吸气过热度为4.4～5.6℃。

2. 制冷系统的部件

(1) 制冷压缩机　如图6-3所示为06E系列半封闭式压缩机的外形。

图6-3　06E系列半封闭式压缩机的外形

半封闭式制冷压缩机既保持了开启式压缩机易于拆卸与维修的优点，同时又取消了开启式制冷压缩机的轴伸和轴封装置。其结构紧凑，噪声低。但是机体上仍然存在许多零部件连接面，靠垫片密封连接，所以不能像全封闭式制冷压缩机那样完全消除泄漏。如图6-4所示，从吸气截止阀15进入压缩机的低温制冷剂蒸气，经吸气过滤器过滤后，先流经电动机，带走电动机绕组的热量，然后再流入吸气腔。通过吸气截止阀被吸入到气缸中去。电动机转子与制冷压缩机曲轴为同一根轴，转子的转动通过曲轴6上的活塞连杆组7转化为活塞在气缸内的往复直线运动，从而实现吸气、压缩、排气和膨胀的四个过程。压缩后的高压高温气体经排气截止阀8送入冷凝器。

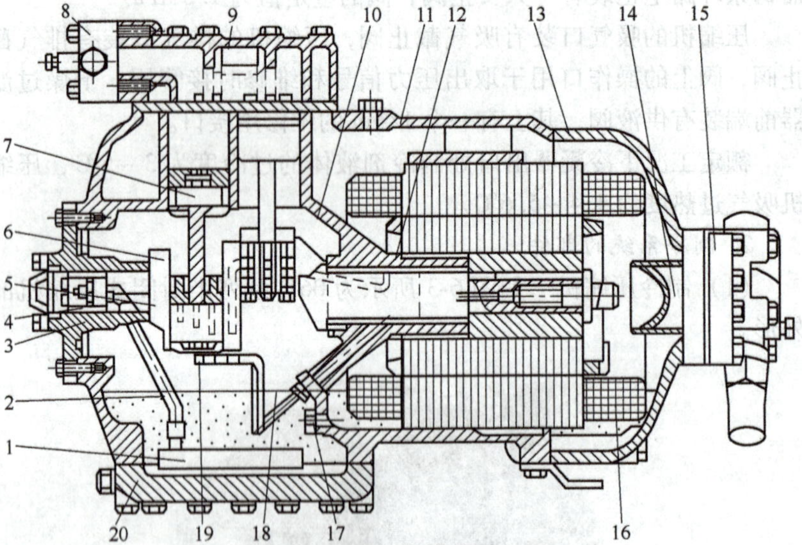

图 6-4　06E 系列压缩机的基本结构

1—滤油器　2—吸油管　3—端轴承　4—油泵轴承　5—油泵　6—曲轴　7—活塞连杆组　8—排气截止阀　9—气缸盖　10—曲轴箱　11—电机室　12—主轴承　13—电机室端盖　14—吸气过滤器　15—吸气截止阀　16—内置电动机　17—油孔　18—油位　19—油压调节阀　20—底盖

06E 系列制冷压缩机的油泵 5 通过滤油器 1、吸油管 2 将曲轴箱 10 中的润滑油吸入，加压后通过曲轴上的油路通道，分别送往端轴承 3，主轴承 12 和曲柄销，润滑曲轴前后轴承和连杆大头。连杆小头和气缸与活塞之间的润滑则依靠曲轴高速旋转中飞溅出的润滑油。压缩机排气中不可避免地夹带有润滑油的雾滴和蒸气，在冷凝器中与液态制冷剂溶解在一起，最后流回压缩机，在压缩机的电动机室内分离出的润滑油聚集在电动机室下部，经油孔 17 流入曲轴箱内的油池。油压调节阀的作用是设定油泵的排油压力，以保证足够的润滑油量。油泵装于曲轴的后端，依靠曲轴驱动。

往复活塞式制冷压缩机通过气缸卸载可以对输入量进行调节。

它是设法使多缸压缩机中的一个气缸或几个气缸卸载，从而减少压缩机的输气量。实现气缸卸载的方法，主要有吸气旁通法和吸气截止法。

图 6-5 所示为采用吸气旁通法卸载的一种装置——油压启阀式卸载装置。图中在吸气阀片下面设有几根顶杆，顶杆上套有弹簧，其下端分别座于转动环上具有一定斜面的 V 形槽内，当油缸内未通入液压油时，顶杆位于转动环上端面，吸气阀片被顶杆托起，活塞上行时，气缸内的气体由于吸气阀没有关闭而旁通流回压缩机吸气腔。此时该气缸处于卸载状态。当需要加载时，液压油进入油缸，活塞克服弹簧向前移动，与活塞杆固定在一起的推杆带动转动环转动，顶杆在弹簧力的作用下落入 V 形槽沟底，吸气阀落下盖住吸气阀座。

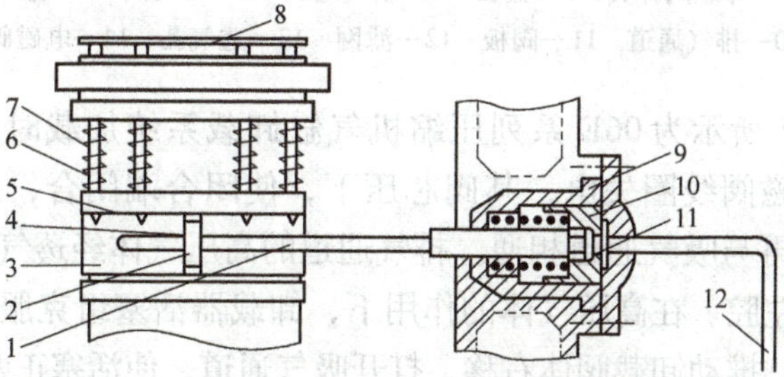

图 6-5 油压启阀式卸载装置

1—推杆 2—缺口 3—转动环 4—传动杆 5—斜面缺口 6—顶杆弹簧 7—顶杆 8—吸气阀片 9—液压缸 10—活塞 11—弹簧 12—油管

吸气截止法是采用堵住气缸吸气口的方法进行卸载，由于气缸中没有气体流动损失，因而比吸气旁通法的能耗损失小。

图 6-6 所示为 06E 系列压缩机气缸卸载系统卸载时的状态。此时电磁阀线圈得电，其阀芯抬起，闭合端打开，卸载器活塞组在腔内的高压气体排至吸气通道侧。在卸载阀弹簧的作用下，卸载阀体向左移动，将吸气通路截断，制冷剂蒸气不能进入气缸，活塞不能起到压缩排气的作用。

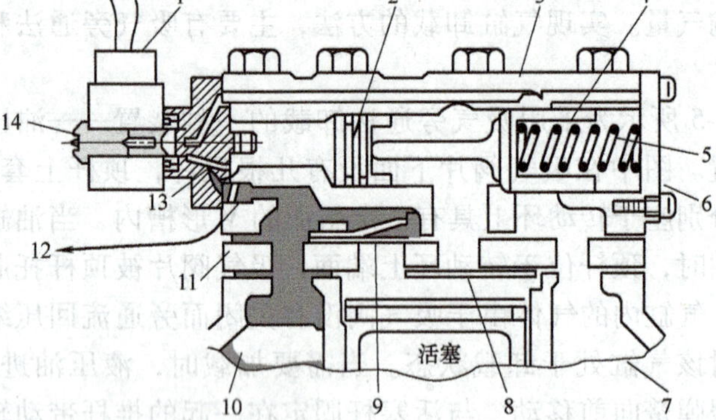

图 6-6　06E 系列压缩机气缸卸载系统卸载时的状态

1—线圈　2—卸载器活塞组　3—卸载器盖　4—卸载阀体
5—卸载阀弹簧　6—盖板　7—吸气通道　8—吸气阀　9—排气阀
10—排气通道　11—阀板　12—滤网　13—透气孔　14—电磁阀组

图 6-7 所示为 06E 系列压缩机气缸卸载系统加载时的状态。此时由于电磁阀线圈失电，其阀芯压下，使闭合端闭合，卸载器活塞组左腔不再与吸气通道相通。排气通道的高压气体经透气孔进入卸载器活塞组左腔。在高压气体的作用下，卸载器活塞组克服卸载阀弹簧的作用力，推动卸载阀体右移，打开吸气通道，使活塞正常工作。

06E 系列制冷压缩机有三排 6 个气缸，成 W 形排列。30HK、30HR 系列冷水机组采用 06EA229 型压缩机，当吸入端饱和温度为 7℃（t_0 =7℃），吸气端气体温度（过热温度）为 18℃，排气饱和温度为 40℃（t_k =40℃），液体过冷温度为 0℃时的排气量为 2.34m^3/min，制冷量为 129.02kW，功率为 31.56kW，工作电流为 56.76A。06E6 型压缩机可有一组气缸卸载。压缩机中间气缸盖上装有一只如图 6-8 所示的热敏开关，当排气温度达到 120℃时，热敏开关断开。

压缩机曲轴箱内装有电加热器，在压缩机停机时可以对曲轴箱内润滑油进行加热，防止油中溶解的制冷剂量过多。加热器由弹簧夹定位，必须装紧以防退出。压缩机壳体上设有观察油位的视镜。

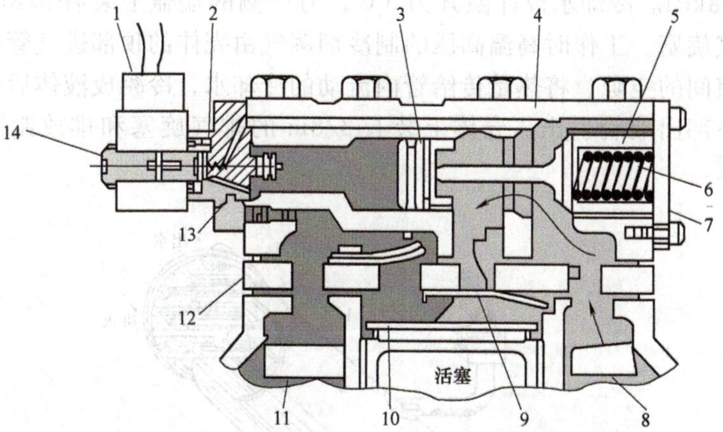

图 6-7 06E 系列压缩机气缸卸载系统加载时的状态

1—线圈 2—闭合端 3—卸载器活塞组 4—卸载器盖 5—卸载阀体 6—卸载阀弹簧 7—盖板 8—吸气通道 9—吸气阀 10—排气阀 11—排气通道 12—阀板 13—透气孔 14—电磁阀组

（2）冷凝器与蒸发器 机组的冷凝器与蒸发器均为卧式壳管式换热器。这种换热器主要由钢板卷制的筒体、换热管、两个焊接在筒体两端用于固定换热管的管板组成，换热管以胀接或焊接的方式固定在管板上并形成密封。管板外侧装有端盖，端盖的内部有隔板，以使换热管内的流动介质可以多次往返流动，从一侧端盖向另一侧端盖流动。其中每流动一次称为一个流程。

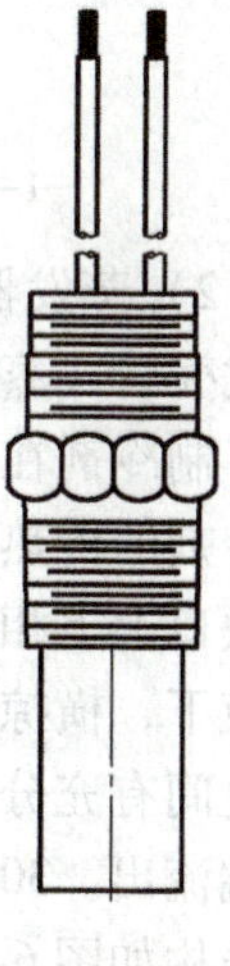

图 6-8 热敏开关

1）冷凝器。图 6-9 所示为卧式壳管式冷凝器的结构。30HR—161 型机组采用的冷凝器型号为 09RQ070，筒身外径 325mm，总长度 1772mm，采用内外翅片高效传热管 94 根。一侧端盖上装有 DN70 的进出水法兰接口，冷却水下进上出，水程为 2，每个冷凝器的水流量为 $50m^3h$，压头损失为 38kPa。冷却水设计温升为 5℃，另一侧的端盖上装有 3/8in 的排气旋塞。工作时高温高压的制冷剂蒸气由壳体的顶部进气管进入管束间的空隙，将热量传给管内流动的冷却水，冷凝成液体后由壳体下部出液管引出。壳体上装有 3/8in 的排气旋塞和排放制冷剂旋塞。

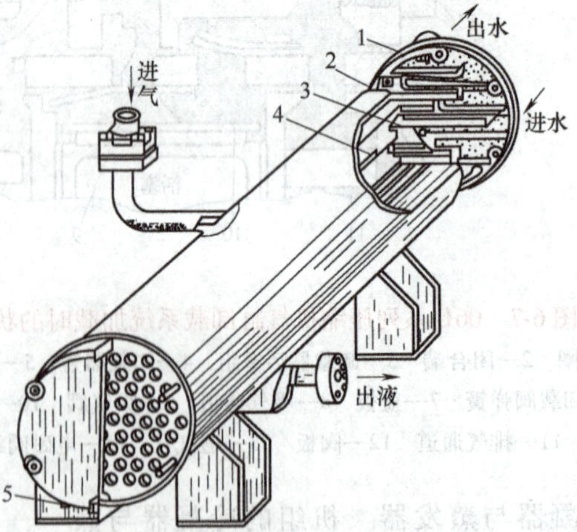

图 6-9　卧式壳管式冷凝器的结构

1—端盖　2—橡胶圈　3—管板　4—冷凝管　5—放水闷头

2）蒸发器。30HK、30HR 系列活塞式冷水机组所用蒸发器称为干式壳管式蒸发器。其结构如图 6-10 所示。

制冷剂在管内流动，下进上出，载冷剂在管间流动。为了增加载冷剂的传热，在壳体内横跨管簇装设了圆缺形的折流板，折流板的缺口上下相间装配。载流剂从管壳一端进入壳体后，在折流板的约束下，横掠过换热管束，使载冷剂保持一定流速，以保证同换热管之间有充分的接触时间，经过多次曲折流动后，载冷剂从管壳另一端流出。30HR—161 型机组采用的是具有双制冷回路的蒸发器，其结构如图 6-11 所示。一侧的端盖上装有左右并列的两路制冷剂进出口接管，另一侧端盖与管板之间有分隔板，形成隔离室。30HR—161 型机组所用的蒸发器型号为 10HA160，筒身外径 410mm，共有

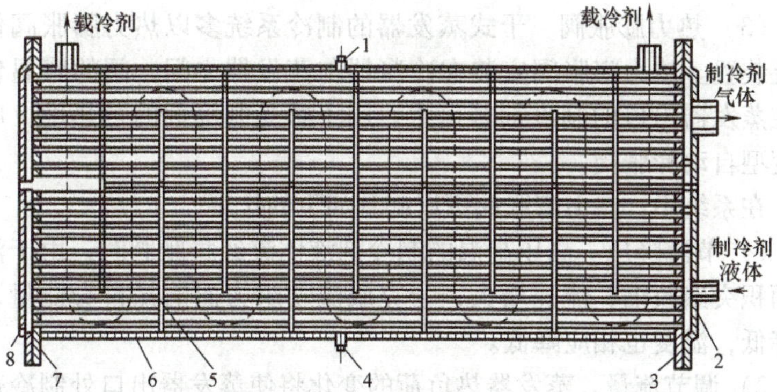

图 6-10 干式壳管式蒸发器的结构

1—放气口 2、8—端盖 3、7—管板 4—排污口 5—折流板 6—筒体

258 根长度为 2784mm 的内肋管。冷水进出口都位于壳体侧面上方，接口为 DN150 的法兰。壳体内的折流板数量为 9 块。冷水额定流量为 $80m^3/h$，压头损失为 38kPa，进出口温差为 5℃，壳体上的排水旋塞口径为 3/4in 的锥管螺纹。

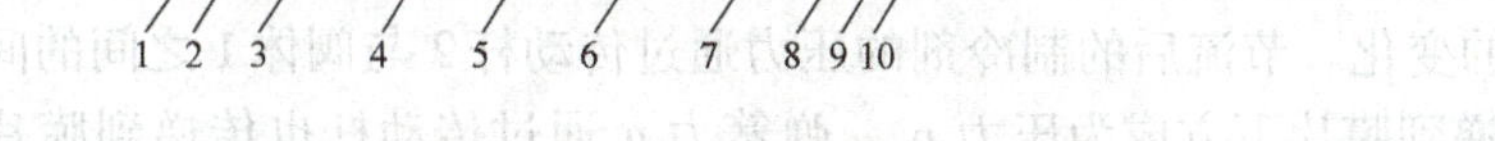

图 6-11 双制冷回路蒸发器的结构

1—前端盖 2、8—管板 3、7—底脚 4—折流板
5—壳体 6—传热铜管 9—隔离室 10—后端盖

干式蒸发器与满液式蒸发器相比较，制冷剂液体的充装量少，润滑油容易返回压缩机，一般不会发生换热管冻结胀裂的现象。但是干式蒸发器中制冷剂流动吸热汽化后与管外的水的热交换效率会显著降低，管外（水垢）清洗比较困难，折流板与壳体及管子之间

存在间隙，会影响载冷剂的正常流动及传热效果。

（3）热力膨胀阀　干式蒸发器的制冷系统多以热力膨胀阀作为节流装置。热力膨胀阀安装在冷凝器与蒸发器之间，阀的感温包安装在蒸发器出口的制冷剂管道上，用于感受制冷剂的过热度，属于温度型自动膨胀阀。

在系统中，热力膨胀阀可以起到如下的作用：

1）节流降压。高压高温的制冷剂液体流经膨胀阀时，由于流道截面积突然收缩，流速增大，为克服流动阻力而消耗自身能量，压力降低，温度也相应降低。

2）调节流量。蒸发器热负荷的变化将使蒸发器出口处制冷剂的过热度发生变化，膨胀阀通过感温包感知这一温度变化来改变阀的开度，进而调节进入蒸发器的制冷剂流量，使供液量与蒸发器的热负荷相匹配。

3）控制过热度。通过对热力膨胀阀的设定与调整，可以使蒸发器出口制冷剂具有5℃上下的过热度，这样既保证了蒸发器的换热面积得到充分利用，又可以防止压缩机吸气带液，进而造成“液击”冲缸事故发生。

热力膨胀阀是基于力平衡的原理而改变其阀门开度的。依其传力件不同而分为膜片式和波纹管式。

图6-12所示为内平衡式热力膨胀阀。它的传力件采用膜片。膜片与感温包、毛细管组成一个密闭的感温系统，其内充有感温剂。制冷剂在蒸发器出口的温度变化，形成了感温剂在膜片上方的压力p_1的变化。节流后的制冷剂的压力通过传动杆2与阀体1之间的间隙传递到膜片下方成为压力p_2，弹簧力p_3通过传动杆也传递到膜片下方。当$p_1=p_2+p_3$时，阀针5的位置不发生改变。当膜片上下方所受压力不平衡时，阀针5上下移动并改变阀门的开度，用于调节供液量。转动调节杆10可以改变弹簧6的预紧力，以设定蒸发器的蒸发压力。

以上介绍的热力膨胀阀膜片下方的制冷剂压力p_2来自阀体内部与蒸发器入口压力相同，称为内平衡式热力膨胀阀。当蒸发器阻力损失较大时，必须采用外平衡式热力膨胀阀。

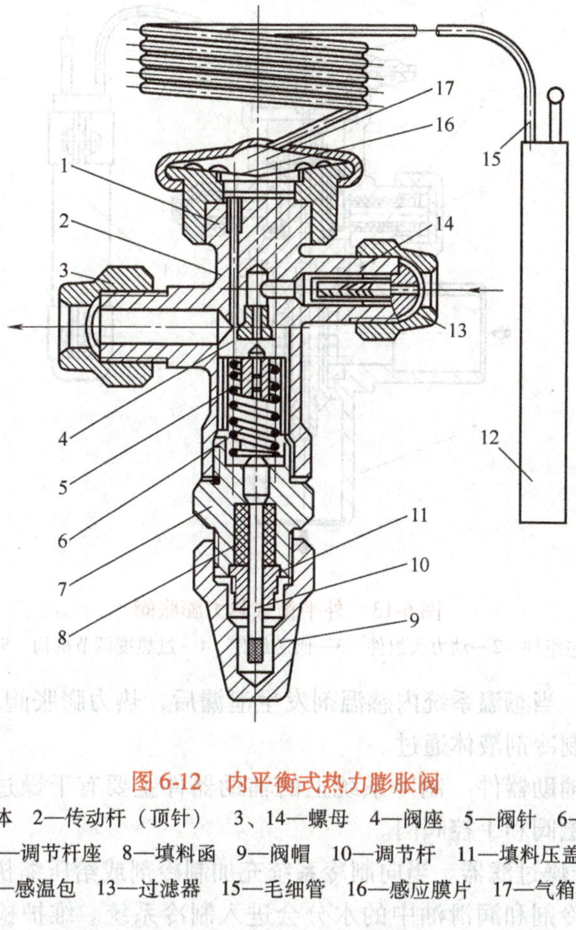

图 6-12 内平衡式热力膨胀阀

1—阀体 2—传动杆（顶针） 3、14—螺母 4—阀座 5—阀针 6—弹簧 7—调节杆座 8—填料函 9—阀帽 10—调节杆 11—填料压盖 12—感温包 13—过滤器 15—毛细管 16—感应膜片 17—气箱盖

图 6-13 所示为拼装式外平衡式热力膨胀阀。外平衡式热力膨胀阀多了一个平衡管接口，该接口通过一根直径约为 6mm 的平衡管接到蒸发器出口感温包下游约 100mm 处。于是膜片下方的压力 p_2 就是蒸发器出口处的压力，这样就避免了蒸发器及蒸发器前分液器的阻力损失的影响。30HK、30HR 系列活塞式冷水机组即是采用外平衡式热力膨胀阀。

热力膨胀阀的感温包应安装在蒸发器制冷剂出口水平管段上，且应避免管内积液、积油的影响，应扎紧保温以正确感知制冷剂出

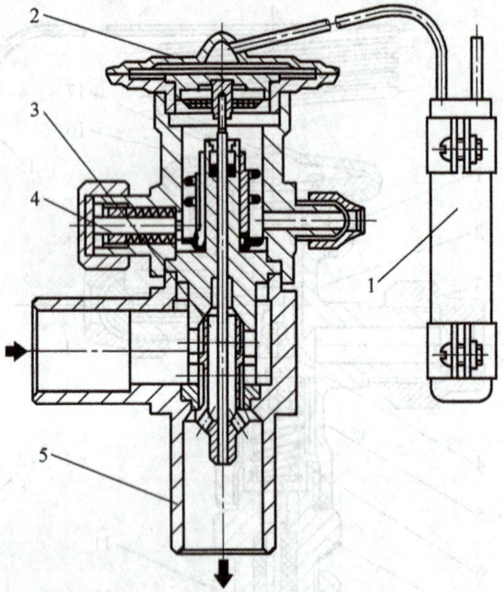

图 6-13　外平衡式热力膨胀阀

1—温包组件　2—动力头组件　3—阀芯组件　4—过热度调节机构　5—阀体

口过热度。当感温系统内感温剂发生泄漏后，热力膨胀阀不能打开，以致不能制冷剂液体通过。

（4）辅助器件　制冷系统上的辅助器件主要有干燥过滤器、视液镜、电磁阀和手控阀门。

1）干燥过滤器。当向制冷系统充加制冷剂或给压缩机添加润滑油时，制冷剂和润滑油中的水分会进入制冷系统。维护检修时抽真空不彻底，也可能带入水分。制冷系统运行时，低压侧出现负压，空气从不严密处进入系统。

氟利昂与水不相溶解。水与制冷剂、润滑油发生化学反应会造成材料的腐蚀和电动机绕组的损坏，腐蚀的产物会造成系统流道的堵塞。对于低温制冷系统当制冷剂流经节流机构时，由于温度降至0℃以下，游离的水分结成冰粒而形成“冰堵”。所以氟利昂装置通常都在冷凝器后的液管上装有干燥过滤器。图 6-14 所示为 LFD 型不可拆干燥过滤器。其内装填的干燥剂是分子筛。其中的过滤网可以阻挡粒径 100μm 以上的固体杂质。30HK、30HR 系列机组所用的干燥过滤器内装有模压成型的多孔滤芯，滤芯起到脱水和过滤的作用，滤芯失效后可以更换。图 6-15 所示为是装有滤芯的干燥过滤器。

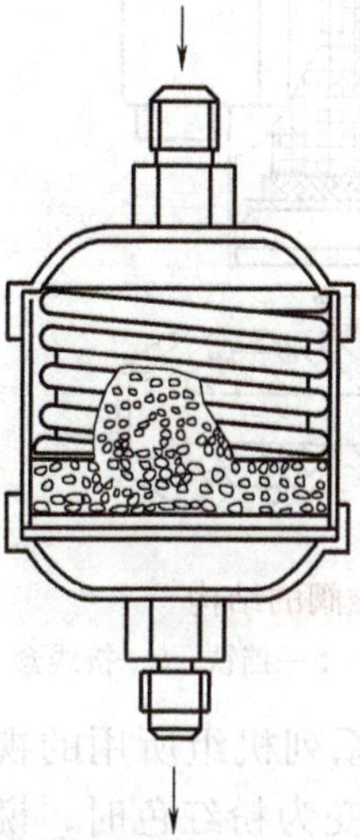

图 6-14 LFD 型不可拆干燥过滤器

图 6-15 装有滤芯的干燥过滤器

2）电磁阀。图 6-16 所示为一次开启式电磁阀的结构。电磁阀是一种开关式电控阀门，装在热力膨胀阀前的电磁阀属于常闭电磁阀，线圈通电时阀门才开启。压缩机得电运转的同时，电磁阀线圈得电，打开供液通路。当压缩机停机时，电磁阀立刻断电关闭，以切断高压侧液态制冷剂通往低压侧蒸发器的通路；否则在压力差的作用下，制冷剂将继续流往低压侧，而积存在蒸发器中，当压缩机再次开启时，蒸发器中的制冷剂液体因压缩机吸气口压力骤降而剧烈汽化，氟利昂液体进入气缸而造成“液击”。

3）视液镜。又称为液体指示器，安装于热力膨胀阀之前，用以显示制冷剂或润滑油的流动情况，还可以指示制冷剂中含水量的变化。

如图 6-17 所示，视液镜由观察玻璃、水分敏感示片和本体三部分组成。敏感示片上涂有对水分敏感的金属盐，其颜色会随制冷剂

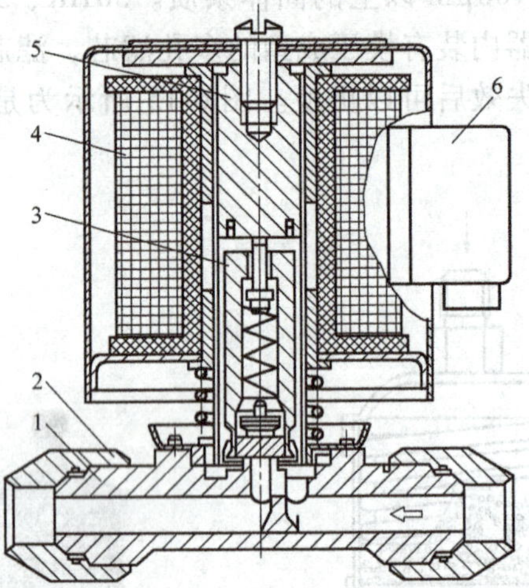

图 6-16　一次开启式电磁阀的结构

1—阀体　2—螺母　3—铁心　4—线圈　5—挡铁　6—接线盒

中的含水量而发生变化。30HK、30HR 系列机组所用的视液镜敏感示片的颜色为蓝色时表示制冷剂干燥；变为粉红色时，说明含水量较高；变为紫色时，就必须更换干燥过滤器的滤芯。敏感示片的颜色是可逆的。应注意的是，机组至少工作 12h，敏感示片同液体制冷剂经充分接触，才能得到正确的湿度指示。

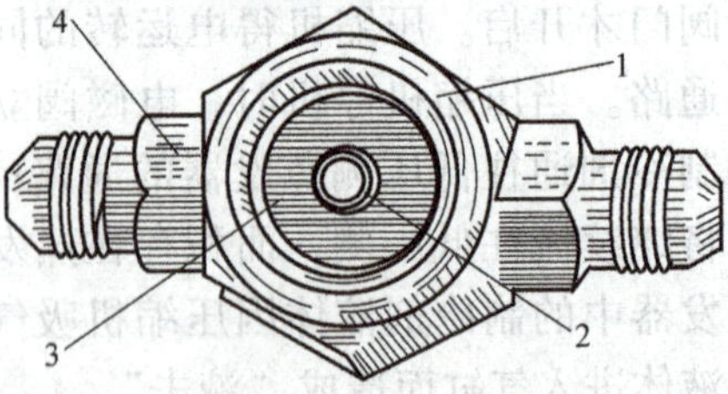

图 6-17　视液镜

1—比色片　2—水分敏感示片　3—观察玻璃　4—本体

从视液镜中观察到流动的制冷剂应澄清无泡，有气泡则说明制冷剂不足。

三、30HK 和 30HR 系列活塞式冷水机组的电控系统

30HK 和 30HR 系列机组电气控制箱安装在机座上，其内部电路可以分为电源部分和控制部分。电源部分包括：总电源接线端子、压缩机回路断路器 CB⊖、接触器 C。控制部分包括：回路断路器、控制继电器、温度控制器、高低压开关和低水温切断保护继电器等。总电源引入电气控制箱的接线端子，控制保护回路所需要的压力温度信号通过毛细管与箱内的电气器件相连。

控制箱前部是控制面板，上面装有机组启-停总开关 SW、压缩机回路断路指示灯 CBL、压缩机排气温度保护指示灯 DTL、排气高压保护指示灯 HPL、吸气低压保护指示灯 LPL、冷水流量保护指示灯 CWFSL 和低水温切断保护指示灯 LWTCL。

压缩机上的主要电器就是电动机，此外还装有排气温度保护开关 DGT、卸载电磁阀 U、曲轴箱油加热器 CH。

制冷系统上有供液电磁阀 LLSR、冷水系统上有冷水水流开关 CWFS。这些电器和压缩机上的电器都是通过连接导线接入控制箱。

图 6-18 所示为 30HK-065 型活塞式冷水机组电气控制原理。

下面以此机型为例，对机组的电气控制原理进行简要分析：

1. 双Y型四极笼型异步电动机及其起动方式

06E 系列活塞式制冷压缩机所用电动机并非一般的Y系列笼型交流异步电动机，而是双Y型四极笼型异步电动机。如图 6-19 所示，其定子嵌有两个接成Y型的绕组，1、2、3 号端子为Y型绕组 A 的引出端子，7、8、9 号端子为Y型绕组 B 的引出端子，起动方式可分为全绕组直接起动和部分绕组起动两种。该电动机电源的工作频率为 50Hz、60Hz 两种。当额定电压为 400V（允许使用电压范围为 342～440V），同步转速为 1500r/min。当 60Hz 时电压为 460V（允许使用电压范围为 414～506V），同步转速为 1800r/min。

⊖ 本部分中出现的文字符号为了与生产实际应用电路保持一致，未按新国家标准进行改动。

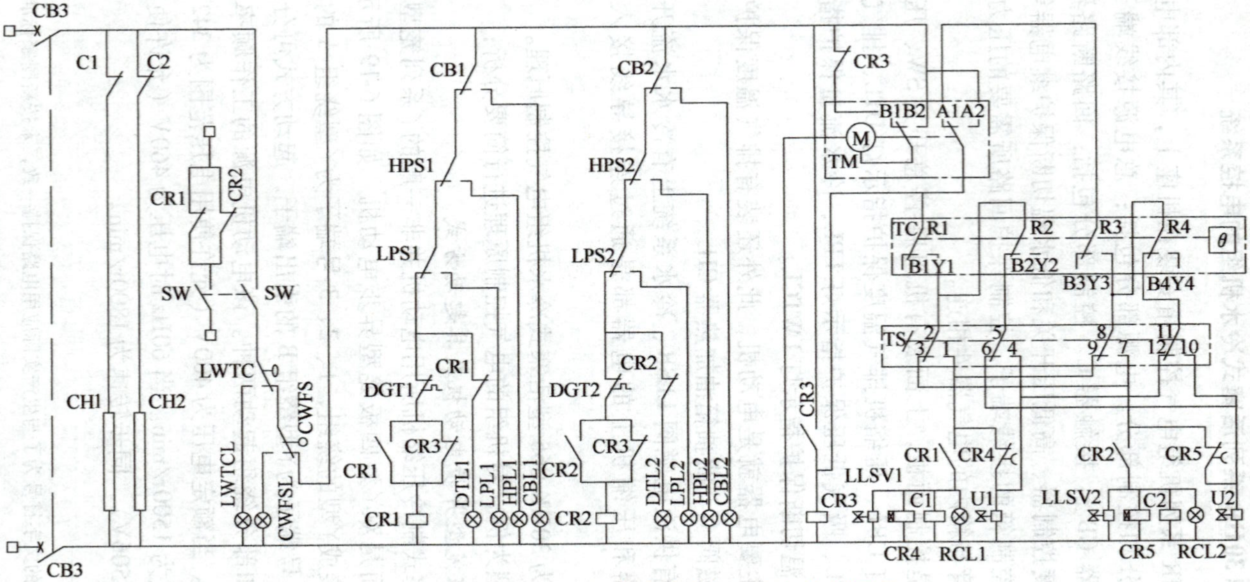

图6-18　30HK—065型活塞式冷水机组电气控制原理

C—接触器　DGT—排气温度保护开关　SW—启-停开关　CB—断路器　DTL—排气温度保护指示灯　LPS—低压保护开关
CBL—压缩机回路断路指示灯　HPL—高压保护指示灯　LWTC—低水温切断　TC—温度控制器　CH—曲轴箱电加热器
CP—压缩机　HPS—高压保护开关　LWTCL—低水温切断保护指示灯　CR—控制继电器　R—继电器
LLSV—供液电磁阀　TM—定时器　CWFS—冷水水流开关　RCL—压缩机运行指示灯
TS—转换开关　CWFSL—冷水水流保护指示灯
LPL—低压保护指示灯　U—卸载电磁阀线圈

如图 6-19 所示，部分绕组起动时先通过 C1 将绕组 A 引入三相电源，电动机在单绕组通电情况下起动 1 ~ 2s（不得大于 2s）。此时电动机已达到一定的转速，起动电流已从接通瞬间的 207A 降低很多，随即将绕组 B 引入三相电源。该起动方式较之传统的星形—三角形转换起动方式，不存在当Y联结向△联结转换时的反电动势冲击，同时可减少一只接触器（星形—三角形转换起动需要三只接触器），电路也比较简单。

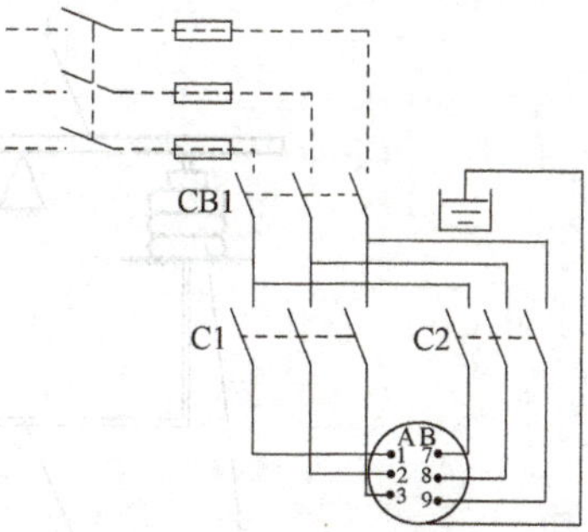

图 6-19　部分绕组起动接线情况

图 6-20 所示为压缩机电动机直接起动方式，电动机绕组引出端子 1 和 7 接入电源 L1 相，2 和 8 接入 L2 相，3 和 9 接入 L3 相，起动电流在 50Hz、400V 时约为 345A。30HK、30HR 系列机组中除 30HK—036 为单台压缩机外，其余均为多台压缩机，该起动电流对于机组总配电容量而言是比较小的，不会引起电网电压太大的波动，故采用两绕组同时通入电源的直接起动方法。

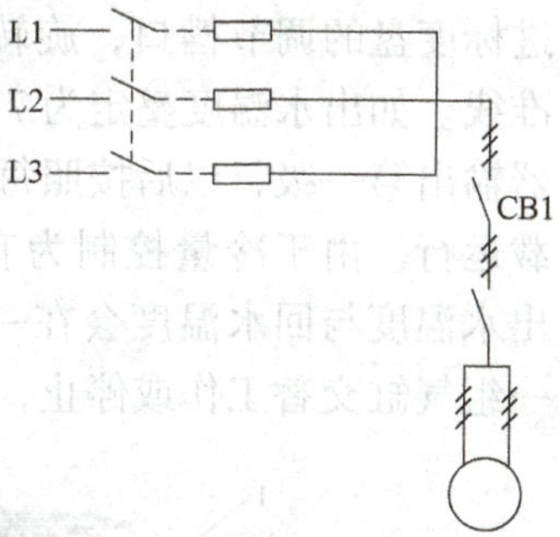

图 6-20　直接起动接线情况

2. *温度控制方式*

机组通过感测冷水回水温度，利用多级输出的冷量控制器，使机组制冷量和负荷相匹配，维持机组冷水出水温度稳定。

（1）30HK 系列机组温度控制方式　该系列机组采用四级输出蒸气压力式温度控制器。其工作原理如图 6-21 所示。正常工作时，安装在蒸发器回水管道上的温度探头将温度信号转换成压力信号，经毛细管传递到波纹管内，使波纹管产生轴向的膨胀或收缩，杠杆机构将机械位移信号放大并以接通或断开四级微动开关作为输出。温度控制器在出厂前经过整定，可控制 5.6℃的冷水进出水温差。

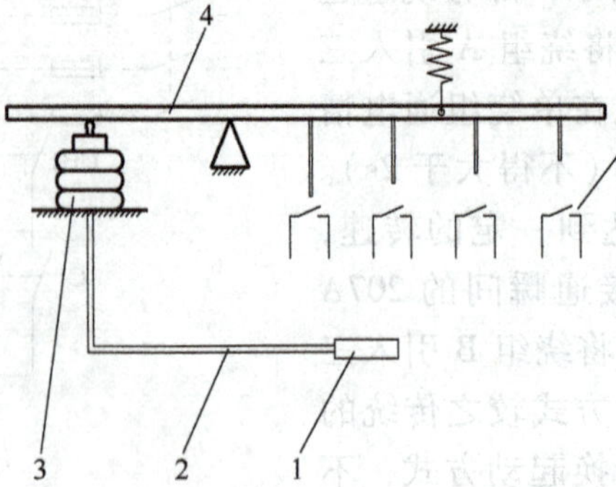

图 6-21　四级输出蒸气压力式温度控制器

1—感温包　2—毛细管　3—波纹管　4—调节扛杆　5—微动开关

图 6-22 所示为蒸气压力式温度控制器的外形。以小螺钉旋具伸进标度盘的调节槽口，旋转标度盘，将选定的出水温度对准红色的准线。如出水温度整定为 7℃，则回水温度稍高于 7℃时，温度控制器输出第一级，以后按照每升高 1.4℃再输出一级调试，直至机组满载运行。由于冷量控制为有级控制，不可能与负荷百分百相匹配，出水温度与回水温度会在一定范围内波动，同时会有一台压缩机或一组气缸交替工作或停止，以补偿冷量和负载的匹配。

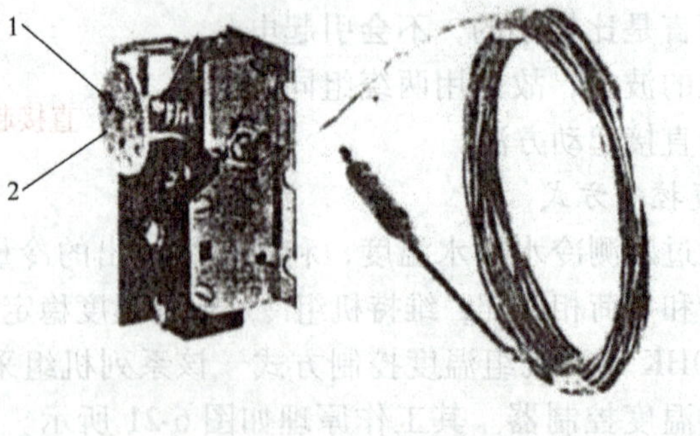

图 6-22　蒸气压力式温度控制器

1—调节槽口　2—出水温度计整定点

（2）30HR 系列机组温度控制方式　该系列机组的温度控制由一个温度探测变送器和一个带初始化复位的分级输出控制器来实现。

其工作原理如图 6-23 所示。

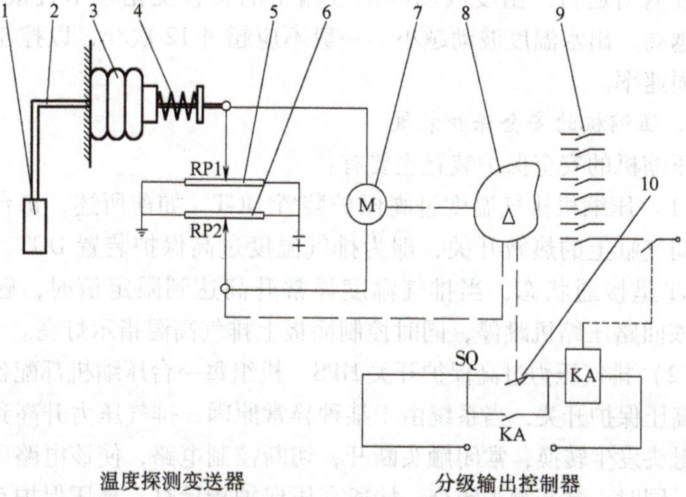

图 6-23　30HR 系列机组温控工作原理

1—感温包　2—毛细管　3—波纹管　4—弹簧　5—电位器　6—位置反馈电位器
7—分级输出电动机　8—凸轮组　9—微动开关　10—限位开关

图 6-23 中，温度探头将探测到的温度信号转换成压力信号，通过毛细管传送到温度变送控制器的波纹管，波纹管克服弹簧力带动电位器 RP1 的滑臂，从而将温度信号转换成电阻分压信号，此分压信号与输出位置反馈电位器 RP2 的电阻分压信号比较放大后的电位差，用于驱动分级输出控制器的电动机 M，电动机则带动凸轮组一起旋转，进行相应的分级输出控制。同时，电动机带动反馈电位器 RP2 的滑臂，使反馈电位器的分压值与温度变送控制器的电位器分压值趋向一致，电位差为零，电动机停止旋转，机组冷量百分比和负荷相匹配。

分级输出控制器带有自动初始化功能。当控制器刚接通电源时，输出微动开关的公共触头断开，微动开关与电源不能形成回路。此时电动机向初始化位置旋转。当到达初始位置后接通限位开关 SQ，微型继电器 KA 吸合并自保持，输出微动开关的公共触头接通，分级输出控制器开始进行输出控制，每接通一个微动开头，即增加一级冷量。最多可以实现 8 级冷量控制。

由于是有级控制，因此总会有一台压缩机或一级卸载装置交替投入或退出运行。温度波动与末级输出的交替变化频率直接相关，频率越高，出水温度波动越小。一般不应超过 12 次/h，以控制设备的磨损速率。

3. 压缩机的安全保护装置

压缩机的安全保护装置主要有：

（1）压缩机排气温度过高保护装置 DGT　如前所述，每台压缩机中间气缸上的热敏开关，即为排气温度过高保护装置 DGT，正常时 DGT 呈接通状态，当排气温度异常升高达到限定值时，触头断开，该回路压缩机跳停，同时控制面板上排气高温指示灯亮。

（2）排气压力过高保护开关 HPS　机组每一台压缩机都配备一只排气高压保护开关，当系统由于某种异常原因，排气压力升高到限定值时触头发生转换，常闭触头断开，切断控制电路，使该电路压缩机跳停。同时，常开触头闭合，接通高压保护指示灯。高压保护动作后需待压力降低后按下高压保护开关上的复位按钮才可以使其恢复。

（3）吸气低压保护开关 LPS　每一制冷回路装有一只吸气低压保护开关，如遇异常原因使吸气压力降低到限定值时触点转换，常闭触头断开，切断该控制电路，跳停该电路所有压缩机。同时，常开触头闭合，接通吸气低压保护指示灯。当该制冷回路低压侧压力回升后，低压保护开关会自动复位，此时控制面板上的低压保护指示灯熄灭，但排气高温指示灯会亮。此属正常现象，切换启-停开关 SW 后此灯会熄灭。

（4）压缩机电动机过载保护断路器 CB　如图 6-19 和图 6-20 所示，每台压缩机的主电路上都装有一只过载保护断路器，当电动机出现过载、断相或不能起动及短路等故障时，断路器跳脱，断开主电路，防止电动机烧毁。同时 CB 的辅助触头发生转换，常闭触头断开，切断该控制电路。常开触头闭合，接通该压缩机电路的断路指示灯。过载保护断路器跳脱后也需要手动闭合。但是，在重新起动前必须查找出故障原因并排除，否则极易引起电动机绕组的损坏。由图 6-18 可以看出，DGT 和 CB 保护动作后，需将启-停开关拨到停进行复位才能重新开机。

（5）曲轴箱加热器 CH　每台压缩机曲轴箱底部都有一只油加热器，当压缩机停机时油温降低，此时制冷剂在油中的溶解度将随油温的降低而增加，使油变稀，粘度降低，润滑性能变差。压缩机再次起动时，油中溶解的制冷剂因曲轴箱的压力降低而沸腾汽化，油中产生大量的气泡，造成润滑不良，严重时会造成抱轴，损坏曲轴连杆等故障。同时曲轴箱中制冷剂汽化会夹带润滑油进入气缸而造成油击。CH 通过压缩机电动机控制接触器的常闭触头而接通。所以压缩机停机后，油加热器 CH 会通电加热，以保持一定的油温。

4. 蒸发器的安全保护装置

蒸发器的安全保护装置主要是要防止因水温过低结冰而冻坏蒸发器。

（1）低水温切断温度控制器 LWTC　低水温切断温度控制器为蒸气压力式温度控制器，其感温探头装于蒸发器的出水管路上。当水温下降至设定值时，温控器的常闭触头断开，切断控制电路，机组所有压缩机停机。温控器的常开触头将闭合，接通低水温切断保护指示灯。当水温回升后必须按一下低水温切断温度控制器上的复位按钮使其复位，复位后，低水温切断保护指示灯熄灭，机组自动重新起动进行制冷循环。

（2）冷水水流开关 CWFS　机组采用靶式流量开关作为冷水水流保护。冷水流量不足或断水将造成冷水温度急剧下降，且由于冷水断流后没有水流流动，装在蒸发器进出口上的温度探头无法正确探测蒸发器内水温而不能进行正常的温度控制，而使低水温切断保护失灵。

靶式流量开关的作用就是当水量不足或断流时，通过其常开触头断开，而切断压缩机控制回路，压缩机停机。同时其常闭触头接通而点亮缺水保护指示灯。当冷水流动恢复正常后，机组自动复位重新起动投入制冷循环。靶式流量开关如图 6-24 所示。其上的靶片伸入水管中，水流的冲击使其摆动，通过杠杆装置压迫微动开关触头使其闭合。

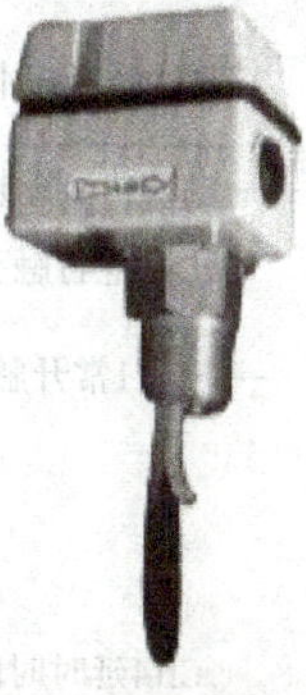

图 6-24　靶式流量开关

5. 压缩机起动顺序转换开关 TS

压缩机起动顺序转换开关 TS 安装在控制面板上，用以改变各台压缩机起动和停止的先后顺序，使各台压缩机总的运行时间比较接近，磨损趋向均匀。

6. 30HK—065 型冷水机组电气控制系统的工作原理分析

（1）起动　置 SW 于起动位置，水流正常 CWFS 触头接通并无其他异常情况，则线圈 CR1 和 CR2 得电。TC 的 4 个转换触头均处于常开接通位置，即 R1-Y1、R2-Y2、R3-Y3 和 R4-Y4 闭合。TS 触头的位置如图 6-18 所示，即（2-3）、（5-6）、（8-9）、（11-12）闭合接通。

定时器 TM 电动机 M 开始计时。至 t_1 时刻（6min 延时），TM 的 A2 触头接通，则线圈 CR3 得电，其常闭辅助触头断开；但是，由于此时 B2 触头处于接通状态，这样便为 TM 电动机 M 提供了一条新的供电回路。此时电路工作过程如下：

线圈CR3得电 → CR3常开触头闭合，使线圈自保持
线圈CR3得电 → CR3常闭触头断开，切断TM电动机M的电源供电回路

电源经CR3常开触头 → TC(R1–Y1) → TS(2–3) → CR2常开触头
CR2常开触头 → 线圈LLSV2得电 → 2号供液电磁阀开启
CR2常开触头 → 线圈C2得电 → 2号压缩机轻载起动
CR2常开触头 → 线圈CR5得电 → 开始计时
CR2常开触头 → RCL2得电 → 2号压缩机运行指示灯亮

线圈CR5延时时间到，其常闭触头断开 → 线圈U2失电 → 2号压缩机满载运行

TM计时至t_2时刻，A1触头接通，而B2触头断开 → 电动机M断电 → TM停止计时
电源经A1触头 → TC(R3–Y3) → TS(8–9) → CR1常开触头
CR1常开触头 → 线圈LLSV1得电 → 1号供液电磁阀开启
CR1常开触头 → 线圈C1得电 → 1号压缩机轻载起动
CR1常开触头 → 线圈CR4得电 → 开始计时
CR1常开触头 → RCL1得电 → 1号压缩机运行指示灯亮

CR4延时时间到 → 线圈U1断电 → 1号压缩机满载运行

至此，起动程序完成。如拨动 TS 则其四组触头转换为（1-2）、（4-5）、（7-8）、（10-11）接通，则 t_1 时刻 1 号压缩机先起动，t_2 时刻 2 号压缩机起动。

（2）运行中的卸载　按图 6-18 中 TS 触头的位置，运行中随负荷减小，冷水回水温度降低，低于第 4 级设定温度时，TC 的触头（R4-B4）接通，电流经（R4-B4）→TS（11-12）→U1 得电→1 号压缩机卸载，机组以 83% 能量运行。低于第 3 级设定温度时，TC 的触头（R3-Y3）断开，1 号压缩机停机，机组以 50% 能量运行。低于第 2 级设定温度时，TC 的触头（R2-B2）接通，U2 得电→2 号压缩机卸载，机组以 33% 能量运行。到达第 4 级设定温度时，TC 的触头（R1-B1）接通，C2 断电→2 号压缩机停机。

四、活塞式冷水机组的安装与调试

《通风与空调工程施工质量验收规范》（GB50243—2002）和《制冷设备、空气分离设备安装工程施工及验收规范》（GB50274—1998）对制冷机组及相关附属设备、管道的安装、施工和验收作出了规定。冷水机组的安装、试运转、工程验收都应遵守相关规定的内容。冷水机组的生产厂家在说明书中对安装的要求也会有一些具体的说明。

1. 活塞式冷水机组的安装

活塞式冷水机组的安装大致有以下几个步骤：

（1）基础的施工、检查和验收　基础的作用是把压缩机在运转时由于作用力所产生的动载荷均匀地传递、分散到基础周围的土壤中，基础还要承受机器本身重量的净载荷，吸收和隔离因动力作用所产生的振动。此外，基础要根据制冷工艺要求将机组固定在一定的位置（设计标高和中心线位置）。图 6-25 所示为 30HR—225 型机组的基础参考尺寸及受力点负荷情况。

基础施工完成后，要根据图样和技术规范，对其进行全面的检查和验收。

（2）机组的上位找平和固定　设备到货后应进行开箱检查，根据设备清单逐一核对名称、规格、数量，同时进行外观检查。如机组已充有制冷剂，需立即检查制冷剂泄漏情况。打开压力表表阀观

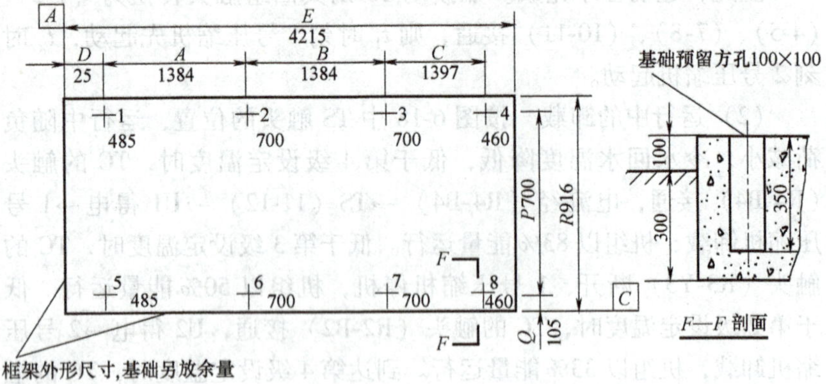

图 6-25　30HR—225 型机组基础参考尺寸及受力点负荷情况

察系统内制冷剂压力，记录这一数据，并与制冷剂热力性质表中相应环境温度下的饱和压力进行对照，看其是否相等。如果机组存在泄漏，机组内的压力可能降低，甚至为零。

机组安装前应按机房平面设计图样进行“放线”，以找出基础中心线并划定纵横基准线。

机组的上位就是将机组准确地放置在基础安装位置上，可以采用吊装、叉车搬动、滚杆滚动等方法。吊装时应正确地选择绳索的结扎位置。不允许将绳索随意结扎在机组本体上，而是要利用机组上设置的起吊孔或吊装支架。叉车搬动时应利用机组携带的垫木。用滚杆滚动时，作用力只能施加在机架或垫木上。

机组就位后，去掉滑动垫木，用水平仪校准水平。传统的找平方法是在机组底下放置一组垫铁，垫铁有平垫铁、斜垫铁、可调垫铁等类型，通过调整垫铁使机组的纵向和横向都达到水平度要求。按标准规定，制冷压缩机的纵、横向水平度偏差不得大于 0.2/1000。水平找正后，机组应该稳固于垫铁上，各轴线对齐，地脚螺栓在预留孔内能自由活动。

用细碎石的混凝土填满地脚螺栓孔，称为灌浆。在混凝土强度达到 70% 以上时，对机组再进行一次精平，即可将地脚螺栓均匀地拧紧，然后的工作是进行二次灌浆，即将底座和基础之间的空隙用混凝土填满，并将垫铁埋在混凝土中。至此，机组的固定工作就完成了。

（3）水管的安装 图6-26所示为30HK、30HR系列冷水机组的典型接线和管路布置。冷凝器和蒸发器的外接水管，如果是双回程水路，应布置在同一侧端盖上。如果是单回程式、三回程水路，则分别布置在两侧的端盖上。冷凝器和蒸发器的进、出水均为下进上出。干式蒸发器的进、出水接管连接在筒体上。30HK、30HR系列机组（30HK—036型除外）从机组的正面看过去，冷水从蒸发器的左端进入（回水），从右端流出（出水）。

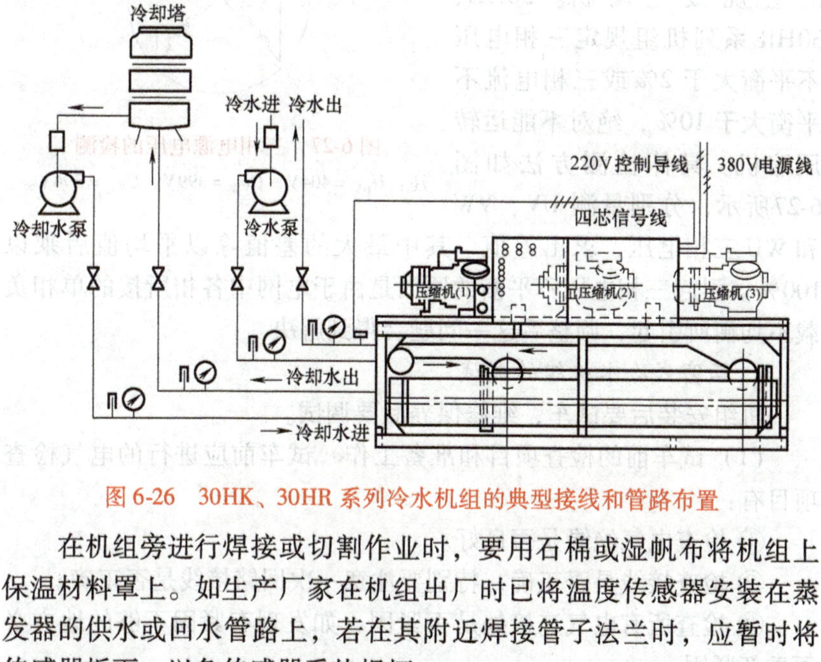

图6-26 30HK、30HR系列冷水机组的典型接线和管路布置

在机组旁进行焊接或切割作业时，要用石棉或湿帆布将机组上保温材料罩上。如生产厂家在机组出厂时已将温度传感器安装在蒸发器的供水或回水管路上，若在其附近焊接管子法兰时，应暂时将传感器拆下，以免传感器受热损坏。

冷凝器和蒸发器检修和清洗时，端盖水室需要打开，与机组连接的管子要方便拆卸。冷凝器和蒸发器的进、出水管道要采用柔性接头与机组连接，以消除机组振动的传递。冷凝器和蒸发器进、出水管道上分别设有温度计和压力表，为了便于比较进出水的压力、温度参数，进出水管路上的温度计和压力表尽可能靠近。

（4）接线 30HK、30HR系列机组的主电源和控制电源都要接到电气控制箱相应的接线端子上。主电源的标称电压是400V，控制电源的标称电压是交流230V。控制电源可由一单独电源引入，也可由主电源的三相四线引出。30HK、30HR系列机组除了水流量保护开关及其水泵联锁触头外，其余接线在出厂前都已组装完成。但不得忘记主电源应包括接地线。

三相电源电压不平衡将引起三相电流更大的不平衡，影响电动机运转的平稳性，严重时会烧毁电动机。30HK、30HR系列机组规定三相电压不平衡大于2%或三相电流不平衡大于10%，绝对不能运转压缩机。具体检测方法如图6-27所示，分别量测UV、VW和WU三相电压，求出差值，其中最大的差值除以平均值后乘以100%。引起三相电压不平衡的原因是由于电网中各相所接的单相负载不均衡所引起，调整后这一问题会得到解决。

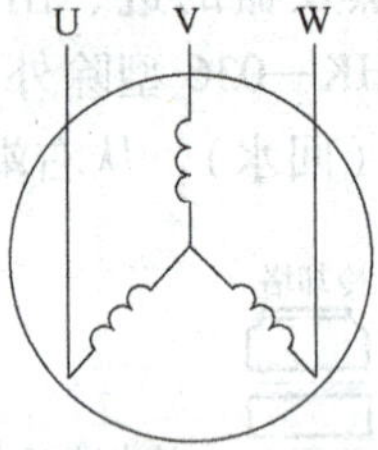

图6-27　三相电源电压的检测

注：$U_{UV}=404V$，$U_{VW}=399V$，$U_{WU}=394V$。

2. 活塞式冷水机组的调试

机组安装后要试车，维修保养后要调试。

（1）试车前的检查项目和准备工作　试车前应进行的电气检查项目有：

① 检查电气绝缘是否良好。

② 检查接线是否正确，特别要注意一次回路接线是否正确。

③ 检查所有电气连接处是否紧固，如发现有紧固不够的地方必须重新紧固。

④ 检查电源电压是否符合要求。

⑤ 检查各装置整定值是否符合工艺要求和图样要求，如不符合需重新整定。

⑥ 检查曲轴箱电加热器是否涂有传热膏并与曲轴箱锁紧。

其他的检查和准备项目主要有：

① 检查所有的辅机设备，如冷水循环泵、空气处理设备是否能

正常运行。

② 打开压缩机的吸排气截止阀。其中，压缩机吸排气截止阀的结构如图 6-28 所示。

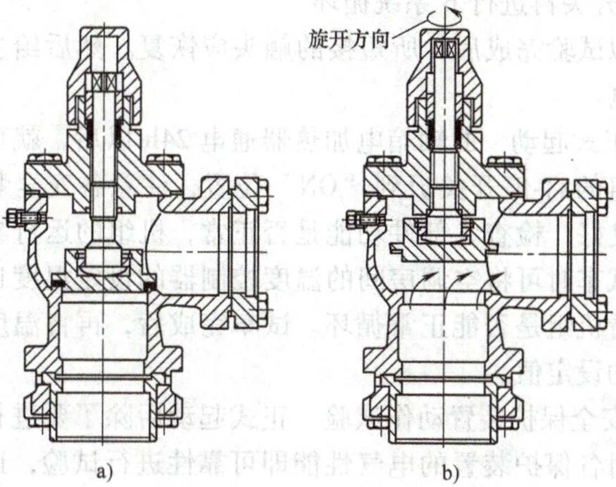

图 6-28 压缩机吸排气截止阀的结构

a）闭合 b）打开

③打开靠近干燥过滤器前的供液阀。

④检查压缩机的曲轴箱的油位。检查压缩机弹簧隔振器上的锁紧螺钉是否去除（压缩机是否可以在底座上自由浮动）。

在完成上述各项检查和准备项目后，即可合上控制电路断路器，此时曲轴箱电加热器应通电，检查电加热器附近的曲轴箱壁应有升温的感觉。正式起动前，必须打开吸排气截止阀，并接通电加热器 24h 以上。

（2）模拟试验 机组在工厂内已进行过模拟试验，在现场也可以再作一次。不给主电源电路供电而仅给控制电路送电。若控制电源是从三相四线的主电源引出的，则可切断所有压缩机电路断路器，而短接辅助触头。先闭合控制电路断路器，电加热器通电，起动水泵，流量开关触头闭合，继而将启-停开关切换到开状态。30HK 系列机组经 6min 延时后，接通控制第一台压缩机的接触器，30HR 系列机组的分级输出控制器则进入初始化过程，初始化完成后凸轮电动机反转，先接通第一台压缩机的接触器。然后，再按顺序接通其他压缩机接触器或断开卸载电磁阀的线圈电路。如水温较低，不能使所有压缩机的接触器接入，可将温度控制器上的温度设定值调到比环境温度低得多，即能完成起动循环。A 系统循环完成后，可停机转换 TS 开关再进行 B 系统循环。

在模拟试验完成后，所短接的触头应恢复。然后给主电源、控制电源送电。

（3）正式起动　曲轴箱电加热器通电 24h 以后，就可以正式起动。将机组的启-停开关扳到“ON”位置，注意各安全装置的工作状态是否良好，检查各部件功能是否正常，机组的运行参数是否存在异常。试车时可将空调房间的温度控制器的设定温度比环境温度低很多，看机组是否能正常循环。试车完成后，再将温度控制器恢复到正常的设定值。

（4）安全保护装置动作试验　正式起动后除了要进行常规检查外，还可对各保护装置的电气性能即可靠性进行试验，试验前首先应明确由制冷工艺所决定和提供的各保护装置的整定参数。需要在现场进行实地检验的项目有：

1）冷水流量开关。逐渐关闭冷水管路上的阀门，降低水流量，在水流量降到限定值时机组应跳停，冷水水流保护指示灯亮。如此时的水流量与要求的水流量动作不相符，则可打开靶式流量开关外壳，调整整定螺钉到要求的动作值。机组跳停后重新开大阀门恢复水量，保护指示灯熄灭，机组重新进入循环。机组冷水系统通常不配置流量检测仪表。此时可临时采取从水箱抽水的办法，通过测量水箱中水位的变化计算泵的供水量以设定靶式流量开关的动作值。对于新机组可以观察冷水进出口的压力差，如果与规定值相符合，即可认为流量达到了要求。这种方法受压力表精度的影响是很大的，所以最好采用经过校验的精度较高的压力表。

2）排气高压保护开关。逐渐关小冷却水阀门，降低冷却水流量，并注意观察压力表，当压力升高到限定值时，该回路压缩机跳停，高压保护指示灯亮。如整定值不正确，可调节高压保护开关正面的滚齿状转柄，直到正确的整定值。高压保护开关跳停后，待压力降低，按下复位按钮，重新开大阀门，恢复冷却水流量，然后重新开机。

3）吸气低压保护开关。逐渐关小供液截止阀，吸气压力降低，观察低压压力表，当压力降低到限定值时，该回路压缩机应跳停，低压保护指示灯应亮，压力回升后低压保护开关自动恢复，低压保护指示灯熄灭，排气高温指示灯亮，切换启-停开关后即可恢复正常并重新起动。

4）低水温切断保护开关。将温度控制器冷水出水温度设定点调到低于水温保护限定值，使机组制冷量大于负荷，冷水出水温度逐渐降低，注意观察冷水温度，水温降到限定值时机组应跳停，低水温切断保护指示灯亮。待水温回升后，按下复位按钮指示灯熄灭，机组重新进入起动循环。

其他安全保护装置的设定值在生产厂已调整好，不必进行动作试验。

五、活塞式冷水机组的运转管理

机组运转管理的原则是确保机组安全高效地运行。

1. 开机与关机

开机前应检查压缩机曲轴箱的油温和油位。停机时电加热器通电加热，使油温保持在40～50℃。油位在机组运行时，一般在视镜中线上下波动。开机的顺序是：

1）起动空气处理设备，使机组有足够的负荷。

2）起动冷水泵，冷水泵运行后，检查轴封有无不正常的泄漏，泵体有无异常振动、发热和噪声，并监视冷水泵电流表的读数是否过大。

3）待冷水泵起动15s后，冷水系统水循环得以建立时，方可起动冷却水泵。机组试运行时，通过调节冷却水泵出口阀门开度和冷凝器进、出水管阀门开度，使冷却水流量维持在说明书规定的水流量。冷却水的进出口温度会随环境温度的变化而变化，但在满负荷运行时供回水温差通常按5℃考虑。

冷却水泵运行后，也应该对其运行状况进行检查。

4）冷却水泵起动15s，冷却水循环建立起来后，起动冷却塔风机。

一般情况下，冷却塔安装在屋顶。机房现场只能通过压力表读数来判别其运行情况。但每一班至少要到冷却塔现场巡视一次，检查冷却塔喷水是否均匀，浮球阀补水是否正常等。

5）冷水和冷却水泵起动且水循环正常5min后，将启-停开关扳到开位置，起动冷水机组。冷水机组的电控系统应按照一定的规律，依次起动各台压缩机逐渐加载。

对于30HK和30HR系列机组，大都有两个制冷回路，分别叫做A系统和B系统。每一系统都有一台或若干台制冷压缩机，将转换开关TS（顺序开关）置于1或2的不同位置，可以得到两种不同的起动顺序。表6-1为30HR—225型冷水机组的冷量控制方案。该机组共有6台压缩机，其中1、2、3号压缩机构成A系统（环路1），4、5、6号压缩机构成B系统（环路2）。各系统压缩机的曲轴箱彼此连通，以保证各台压缩机在各自系统中的回油均匀。转换开关置于1位置时，压缩机的起动顺序为1—4—5—2—6—3，卸载顺序为3—6—2—5—4—1。转换开关置于2位置时，压缩机的起动顺序为3—6—5—2—4—1，卸载顺序为1—4—2—5—6—3。为了使各台压缩机磨损均匀，应定期改变转换开关的位置。

表6-1　30HR—225型冷水机组的冷量控制方案

控制级数	总冷量（%）	转换开关置于1位置		转换开关置于2位置	
		环路1	环路2	环路1	环路2
		工作压缩机号码		工作压缩机号码	
6	16.7	1		3	
	33.3	1	4	3	6
	50	1	4、5		6、5
	66.7	1、2	4、5	3、2	6、5
	83.3	1、2	4、5、6	3、2	6、5、4
	100	1、2、3	4、5、6	3、2、1	6、5、4

停机时，将启-停开关扳到“OFF”位置。机组停止运行后，水系统的水泵必须保持运行状态，5min以后再停止水泵的运行。

若某环路上压缩机由于保护装置跳闸而停机，则扳动机组的启-停开关，就可以使另一制冷环路上的压缩机停机，两条环路的压缩机在分级输出控制器完成控制顺序后会自动复位。

2. 机组运行参数的分析与调整

30HK、30HR 系列机组运行中的工作参数会随外界条件的变化而变化，参数相互之间有一定的关联。掌握运行参数的特点及其变化规律对于机组的安全高效运行至关重要。

（1）蒸发压力与蒸发温度　蒸发压力又称为低压压力，从制冷系统的低压压力表可以读出制冷系统的蒸发压力。蒸发温度与蒸压力存在一一对应的关系。如蒸发温度为 3℃时，对于 R22 制冷剂相应的饱和压力为 0.55MPa（绝对压力）。采用不同的制冷剂，制冷系统的高低压压力是完全不同的。活塞式冷水机组通常采用 R22 作为制冷剂。将压力表的读数加上 1 个大气压换算为绝对压力，即可在 R22 的热力性质表中查到相对应的蒸发温度。

30HK、30HR 系列机组额定工况的冷水出水温度为 7℃，回水温度为 12℃，冷却水进水温度为 32℃，出水温度为 37℃。机组的自动控制和保护元器件的整定值将使冷水的进出水温度保持稳定。由于提高冷水的出水温度对机组运行的经济性十分有利，因此在满足空调使用要求的前提下，应尽可能提高出水温度。一般情况下，蒸发温度比冷水出水温度低 2～4℃。所以额定工况下蒸发温度常控制在 3～5℃。相应的 R22 的蒸发压力为 0.55～0.58MPa。

蒸发温度与冷水出水温度差随蒸发器的热负荷增减发生增大或减小的变化。能量调节的目的就是要使制冷量适应负荷的变化，以此来维持蒸发压力和蒸发温度的稳定。负荷超过机组的最大制冷能力后，低压就会升高。

膨胀阀的过液量应随负荷的变化而调整，负荷增大时，膨胀阀的开度应增大以增加过液量；负荷减小时，膨胀阀的开度应减小以减少过液量。膨胀阀的调整应在机组运转一段时间，冷水出水温度下降并接近温控器的设定温度时进行。热力膨胀阀的控制原理是使进入蒸发器内的液态制冷剂全部汽化并在蒸发器的出口有 5℃上下的过热度，即蒸发器出口处制冷剂的温度比蒸发温度高 5℃。热力膨胀阀调整不当，开度过大时会造成蒸发压力过高；开度过小时，会造成蒸发压力过低。

制冷系统干燥过滤器、热力膨胀阀或电磁阀前的过滤网堵塞也会影响制冷剂的流动，并造成蒸发器供液量不足而蒸发压力偏低。系统中制冷剂量不足，即日常所说的缺氟，也会导致蒸发压力和蒸发温度偏低。

蒸发器水侧的污垢和制冷剂侧的润滑油积聚都会影响到传热效果，造成蒸发温度的降低和机组的制冷量下降，效率降低。因此，要适时地清除蒸发器水侧的污垢，采取必要的措施将润滑油引回到压缩机油箱中。

（2）冷凝压力与冷凝温度　冷水机组中高压表所指示的压力称为冷凝压力，该压力所对应的饱和温度称为冷凝温度。

冷凝器所使用的冷却介质，对机组的冷凝温度和冷凝压力有决定性的影响。机组冷凝温度高低随冷却介质温度高低而变化。水冷式冷凝器的冷凝温度比出水温度高 2～4℃；风冷式冷凝器的温度比出风温度高 4～8℃。水冷式冷水机组额定工况时的冷却水进水温度为 32℃，出水温度为 37℃，冷凝温度为 40℃，以 R22 为制冷剂时，相应的冷凝压力为 1.53MPa（绝对压力）。

在冷凝负荷一定的情况下，冷却水进出水温差与冷却水的流量成反比关系，冷却水流量减小，冷却水进出口温度差增大，冷凝温度也会随之升高；反之亦反。所以机组在规定进出口水温度差的同时，规定了冷却水流量。如 30HR—161 型机组，冷却水流量为 $100m^3/h$，相应的压力降为 38kPa。试运行时要调整冷却水泵出口阀门，冷凝器进出水阀门，使冷却水进出水压降维持在 38kPa。

运行过程中，冷却水进水温度升高，必然会使冷凝温度和冷凝压力提高，使机组的功耗增大，效率下降，严重时会造成保护装置动作，使机组不能正常运行。冷却水的进水温度取决于大气温度和相对湿度，高温高湿的天气会造成冷却塔效率下降，使冷却水温度升高，应临时采取补救措施，使冷却水降温。冷却塔填料层中的污垢或布水器喷水口堵塞都会造成冷却塔冷却能力的下降，因此需定期清扫冷却塔。

水冷式冷凝器中的水垢、风冷式冷凝器翅片中的污垢都将影响传热效果。冷凝器中进入空气等不凝性气体后，由于它们占据了一定的换热空间，使有效换热面积减小。这些都会使冷凝压力和冷凝温度升高。但对于水冷式冷凝器来说，这时冷凝温度与冷却水出口温度差增大，但冷却水进出口温度差反而减小。

制冷系统中制冷剂的充注量同样会影响到冷凝压力和冷凝温度

的高低。若制冷剂充注量过多，并积存在冷凝器中，则冷凝器中用于冷凝的空间将减小，在压缩机排气量不变的情况下，制冷剂比容减小，压力增高，造成冷凝压力和冷凝温度升高。机组说明书都规定了制冷剂的充注数量，如 30HR—161 型机组 R22 的充注量为 78kg。系统加氟时应按照说明书的要求控制加入量。

（3）压缩机的吸排气温度　压缩机吸气温度的高低，也会影响排气温度的高低，而且对压缩机的容积制冷量产生影响。压缩机吸气温度高时，排气温度也高，制冷剂吸入时的比容大，此时，压缩机的单位容积制冷量小。相反，压缩机吸气温度低时，其单位容积制冷量大。但是，压缩机吸气温度过低时，可能造成制冷剂液体被吸入压缩机，使往复式压缩机发生“液击”。而对于离心式压缩机过低的吸气温度，使压缩机吸入压力过低而可能发生喘振。所以要规定吸气过热度。30HK、30HR 系列机组规定压缩机吸气过热度为 5℃左右。这一吸气过热度是通过热力膨胀阀的调整来控制的。除此之外，压缩机吸入管道的长短和其上保温材料的性能和施工质量的好坏，对吸气过热度也会产生影响。

压缩机的排气温度是指排气腔中高压制冷剂蒸气的过热温度，这一温度比冷凝温度高得多。吸气温度的高低直接影响到排气温度，两者是正比关系。此外，它还与制冷剂的种类和压缩机排气压力与吸气压力之比有关系，因此在蒸发压力和吸气过热度不变的情况下，冷凝压力的升高也会使排气温度升高。当机组的热负荷超过机组的制冷能力时，机组的蒸发温度、蒸发压力、冷凝压力都会升高，压缩机的吸、排气温度自然也会升高。压缩机排气温度高时，压缩机的温度必然升高。过高的温度将影响到润滑油的润滑效果，甚至会使润滑油碳化变质。对于半封闭或全封闭的制冷压缩机而言，温度过高会危害电机绕组的绝缘。30HK、30HR 系列机组在压缩机上设置了排气温度过高保护开关，不允许排气温度超过 120℃。如果活塞式压缩机吸、排气阀片不严密或破碎将造成高压侧的气体向低压侧泄漏（内泄漏），排气温度会明显上升，这时就必须更换或修理压缩机才能解决问题。

当排气温度异常降低时，很可能是因为发生了“液击”而造成。

（4）油压差、油温和油位高度　润滑油系统为机组的相互接触的运动零件提供润滑和冷却的条件，是机组正常运行的保证。有些机组还要利用润滑油作为驱动能量调节装置的动力。润滑油的油压差、油温和油位高度是润滑油系统工作正常与否的三个要素。

活塞式制冷压缩机将润滑油储存在压缩机的曲轴箱内，曲轴上开有可供润滑油流动的流道和油孔。润滑油在油泵的驱动下，在油系统的管道中流动，并克服流动阻力，将油输送到前后主轴颈与轴承之间、曲柄销与连杆之间，有时还输送到连杆小头和活塞销之间及能量调节机构的驱动油缸中。油压差即是指油泵出口压力与曲轴箱内制冷剂压力之差。没有足够的油压差就不能保证能量调节机构动作灵活。通常活塞式机组的油压差控制在 0.15 ~ 0.30MPa。有些机组设置了油压差继电器，当油压差低于设定值时，停车保护。发现机组油压差偏低，应及时调整排除故障。

油温的高低对润滑油的粘度产生影响。油温过低使油的粘度增大，流动性变差，不易形成均匀的油膜，影响润滑效果，同时会使润滑油的流量减小。若油温太高，使油粘度下降，在运动部件表面的油膜难以达到一定的厚度，造成润滑状况恶化，致使运动部件磨损。30HK、30HR 系列机组规定曲轴箱内的油温不能超过 30 ~70℃的范围。

油位高度反映了曲轴箱中润滑油量的多少。30HK、30HR 系列机组规定油位应在视油镜 1/8 ~3/8 高度处。油位过低易造成油泵失油，甚至造成机组运行故障或损坏事故。曲轴箱中的油过多有可能造成“油击”事故。每台 06E 系列压缩机的加油量为 9L。

（5）机组运行电流与电压　为给机组供电分配，配电柜上通常装有电压表和电流表。电压表中显示的运行电压值应在电动机额定电压的 ±10% 以内，三相电压的不平衡度不能超过 2%。

机组的运行电流会随能量调节机构的动作而改变，对于活塞式机组投入运行的缸数越多，电流值就越大。因此，电流表读数的差别反映了压缩机电动机负荷的大小和在相同供电电压下电动机耗功的大小。

压缩机起动运行后，压缩机电动机的工作电流在正常情况下都不应该高于铭牌上的额定电流值。

以上对运行参数的分析，不仅适用于活塞式冷水机组，对于螺杆式和离心式冷水机组也是适用的，因为它们都要满足空调工况的要求。

3. 冷水机组的运行记录

冷水机组的操作值班人员应认真做好运行记录工作，以形成机组的技术档案，并作为了解机组故障发生的频繁程度和设备性能优劣、制订维修保养计划的依据。表 6-2 是活塞式冷水机组运行记录表的一种形式，要求每隔 2h 填写一次。

表 6-2 活塞式冷水机组运行记录表 年 月 日

气象条件：晴、阴、雨；气温： ℃；相对湿度 %；记录者：															
记录时间									记录时间						
蒸发器		蒸发压力	MPa					冷却塔风机	电压	V					
		蒸发温度	℃						电流	A					
		冷水回水温度	℃												
		冷水供水温度	℃					主电机	电压	V					
		冷水回水压力	MPa						电流	A					
		冷水供水压力	MPa						输入功率	kW					
	冷水泵	电流	A					压缩机	油压差	MPa					
		吸入压力	MPa						油温	℃					
		排出压力	MPa						吸气压力	MPa					
冷凝器		冷凝压力	MPa						排气压力	MPa					
		冷凝温度	℃						油位	± mm					
		冷却水回水温度	℃					其他	制冷剂液位	± mm					
		冷却水出水温度	℃						补充制冷剂量	kg					
		冷却水回水压力	MPa						补充润滑油量	kg					
		冷却水出水压力	MPa						湿度计颜色						
	冷却水泵	电流	A												
		吸入压力	MPa												
		排出压力	MPa												
故障及其处理情况	维修人员： 时间														

4. 长期停机的操作管理

若机组较长时间停机，应将系统内的大部分制冷剂输送到冷凝器中，以降低系统低压侧的压力。其操作步骤如下：

1）切断供液电磁阀电源后使机组运转（或关闭供液阀）。

2）当低压表的压力下降至比大气压稍高时，将启-停开关扳到“OFF”位置。

3）关闭压缩机的吸排气截止阀。

4）1.5min 后停冷水泵和冷却水泵。

5）切断电源，分断断路器。

6）如果机组停机期间会遇到结冰温度，应将冷凝器和蒸发器内的水全部放空。

5. 冷水温度控制器的整定

图 6-29 所示为 30HR 系列机组所用的冷水温度控制器的外形。在初次开机前，要先调节冷水温度控制器的整定点（主刻度）和调节范围。该控制器的主刻度范围为 -9.4 ~ 32.2℃，调节范围从 F 到 Min（最小），可参见如图 6-30 所示的冷水温度控制曲线。

图 6-29 冷水温度控制器的外形

1—整定点刻度 2—温度调节螺钉 3—节流范围调节螺钉

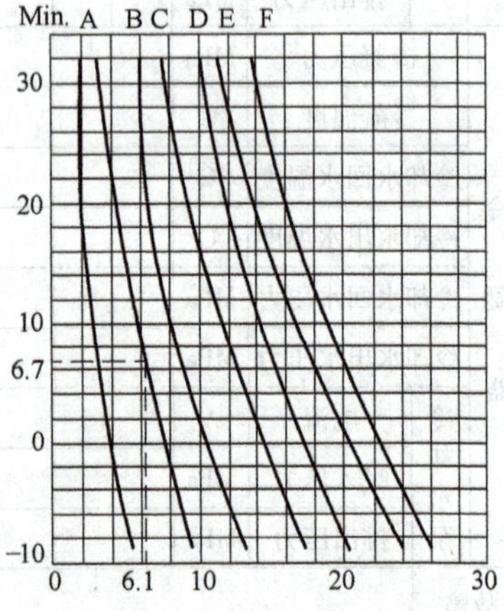

图 6-30 冷水温度控制曲线

整定点应当是设计出水温度减去一个 X 值，X 值通过试验确定。

试验时压缩机在5min内的循环次数不超过一次，X值见表6-3。利用温度调节螺钉对整定点设定。

表6-3　X值的确定　（单位：℃）

压缩机数量/台	设计温升		
	4.4	5.6	6.7
4	0.4	0.5	0.7
5	0.4	0.5	0.7
6	0.4	0.5	0.7
7	0.4	0.5	0.7
8	0.4	0.5	0.7

利用调节范围调节螺钉设定调节范围。调节范围等于设计温升加上X值。从图6-30的纵坐标找到出水温度设定值，从横坐标上找到调节范围值，沿着两坐标交点最相近的曲线再找到该曲线顶部的读数即为实际调节范围。

六、活塞式冷水机组的维护保养

机械设备都需要保养与维修，对冷水机组来说，保养与维修尤为重要。所谓保养就是为了机械设备保持良好的运转状态，而进行的检查与维护工作，是一种预防性的有计划进行的经常性的维护工作。而维修则是机械发生故障时进行的维护与修理工作，是一种突击性的修理工作。

机械设备在运转过程中不可避免地会出现损耗和性能的衰减，按照保养计划，对冷水机组定期检查和维护，进行适当的调整，并更换润滑油，补充制冷剂，清洗系统或更换零部件，这是保证机组正常运转，不发生重大事故，延长设备寿命，节省维修费用的必要措施。

冷水机组的维护保养工作可以按照每日、每周、每月、每季、每年，列出各自的保养项目，编制全年的保养计划。这是一项复杂和细致的工作，可以参照厂家的说明书制订。

活塞式冷水机组的维护保养工作主可有：

1. 日常的保养检查

表 6-4 给出了以 R22 为制冷剂的 30HK、30HR 系列机组的保养检查项目。其中，大部分工作是需要每日进行的，而电动机绝缘电阻、控制器和接触器的检测可在每年季节性停机后进行。

表 6-4　保养检查项目

设备名称	检查点	检 查 项 目	检 查 标 准
压缩机	吸气管	吸气温度	应高于蒸发温度 +5℃
	排气管	排气温度	低于 120℃
	油量计	油　量	在油量计的 1/8 ~ 3/8
	曲轴箱室	箱内温度（油温）	应在 30 ~ 70℃ 范围内
	气缸盖	阀的声音	应没有异常声音
	整体	异常声音	运转中，起动、停止时应没有异常声音
	电动机	电压	在额定电压的 ±10% 以内，不平衡量在 2%
		电流	低于铭牌记载值
		绝缘	大于 2MΩ
		线圈电阻	高于规定值
冷凝器	冷却水	出口水温	进口和出口的温度差相应于负荷
		水量	应为规定值
	壳体	温度	不应异常地升高
干燥器	壳体	温度	进出口没有温度差
蒸发器	蒸发器出口管	过热	应比蒸发温度高
	载冷剂	流量	应为规定值（还应讨论同冷凝器的热平衡）
压力表	高压压力表	高压	换算成温度，应为 20 ~ 50℃
	低压压力表	低压	应高于 0.3MPa（表压）
液体配管	视镜	制冷剂量	应为无泡满液
	电磁阀	温度	进出口应没有温度差
控制器	压力开关	动作压力	在设定值下应可靠地动作
	恒温器	动作温度	
	液压开关	动作压力	
接触器	电磁开关	触头	表面应光滑，配线连接部位的螺钉应没有松动现象
	起动接触器		
	辅助继电器		

2. 润滑油的充注与排放

由于润滑油长期在制冷系统内部进行循环，经受温度、压力的反复变化及制冷剂中的残余水分及其他物质（如不凝性气体、密封圈、有机绝缘材料等）的作用，其品质将发生变化，使油中出现悬浮有机酸等腐蚀产物，导致油的性能变差。当发现油的透明度变差，颜色由微红变为红褐色时，就应该更换新油了。

30HK、30HR 系列机组放油时，应选择该制冷系统中的某一台压缩机，短接该制冷回路的低压保护元件，关闭该系统的全部压缩机吸气截止阀，强制该台压缩机合闸运行，利用压缩机自身将本系统所有压缩机曲轴箱抽至 0.02～0.03MPa（表压）后，停止压缩机运行，并关闭所有压缩机的排气截止阀。拧开所选压缩机曲轴箱下部的放油旋塞，放出该系统中所有的润滑油。此时应手动关闭油加热器电源，防止发生安全事故或烧毁油加热器。

放油后可根据需要清洗滤油器和油池。

加油时应将放油旋塞拧紧，再拧开曲轴箱上部的加油旋塞，用漏斗将新油慢慢加入曲轴箱中，油会通过曲轴箱间的连通管流到其余各压缩机的曲轴箱中。从视油镜中观察油位，到量后再拧紧加油旋塞。

补油时可参照上述的放油方法，将压缩机曲轴箱内压力抽至 0.02～0.03MPa 后进行。

3. 制冷剂的充注与取出

制冷剂的充注与取出是维护保养中最基本的操作。

(1) 制冷剂的充注　活塞式冷水机组在出厂时已充注好了润滑油和制冷剂。作为机组的操作人员，一般是在运行中补充制冷剂或在机组拆卸修理后向系统内充注制冷剂。在充注制冷剂前，系统必须进行气密性试验并确定不存在泄漏。30HK、30HR 系列机组一般利用干燥过滤器前的充液阀从高压侧充注，如图 6-31 所示。

1）将 R22 钢瓶通过连接管道接到供液阀 8 的充注口，钢瓶立放置于磅秤上，阀 7 连接到真空泵。

2）打开阀 2、3、7、8 利用真空泵将整个系统抽至压力表的显示值为 -0.1MPa。若只是补氟，则利用氟瓶里的制冷剂将供液阀至

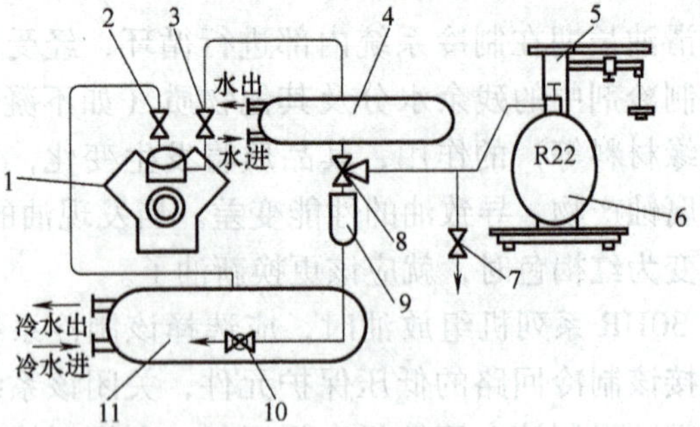

图 6-31　机组供液阀处充注制冷剂

1—压缩机　2、3、8—截止阀　4—冷凝器　5—磅秤　6—R22 钢瓶

7—连接阀　9—过滤器　10—节流阀　11—蒸发器

氟瓶连接管内的空气排净即可。

3）关闭阀 7 后，停止真空泵运转。打开 R22 钢瓶阀后微开阀 8 的充注口，R22 气体在压差作用下进入系统。

4）当系统内的压力升高到 0.4MPa（表压），即相当于 0℃ 的饱和压力时，将 R22 钢瓶倒置，向系统充入液体制冷剂，此时可开大阀 8 的充注口。

5）监视磅秤的显示情况。当到达预设的钢瓶重量时，迅速关闭 R22 钢瓶的阀门，以停止充注。若系统内的压力与钢瓶内的压力平衡，R22 液体不能再流进系统中，而预设的钢瓶重量未达到时，则可以利用电吹风等装置对钢瓶加热，以提高钢瓶内的压力使系统内充入足够数量的制冷剂。切忌用明火对钢瓶加热。如果能够起动冷水机组，那么充注速度会加快。

6）充注制冷剂时不管机组是否运行，都应使冷水和冷却水循环，防止蒸发器和冷凝器的水侧发生冻结。

以上操作可以使用图 6-32 所示的组合修理表阀。左侧蓝色连接管接真空泵，LO 阀相当于图 6-31 中的阀 7，右侧红色连接管接供液阀充注口，钢瓶则与中间的黄色接管相连。操作过程中使用的真空泵如图 6-33 所示。

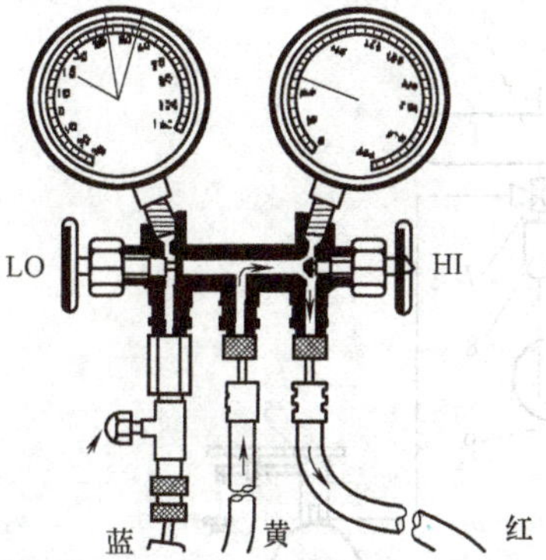

图 6-32 组合修理表阀

图 6-33 真空泵

1—电动机 2—电容器 3—开关 4—底座 5—放油旋塞 6—油镜 7—油箱壳 8—加油旋塞 9—排气管 10—进气管 11—手柄

如机组只是少量缺氟时，要利用吸气截止阀的多用口以气态的形式向系统中补充制冷剂。

（2）制冷剂的取出　当制冷系统需要进行某些维护保养项目或者因制冷系统某一部分发生故障需要修理时，为了维护或检修的需要，减少环境的污染必须将制冷剂从系统中取出，暂时存放在钢瓶中。从系统中抽取制冷剂前，应准备好足够数量的空钢瓶。30HK、30HR 系列机组抽取制冷剂的操作，可按照图 6-34 所示进行接管操作。

1）用连接管连接机组液体管路中过滤器前的供液阀 7 的充注口和空 R22 钢瓶，并利用钢瓶中剩余的制冷剂驱除连接管中的空气。若利用组合修理表阀，则可将黄管接钢瓶，将红管接充注口。红管与充注口先不拧紧，开启钢瓶瓶阀和组合修理表阀右侧的 HI 阀，利用钢瓶中的制冷剂排除连接管中的空气后，再拧紧红管与充注口。钢瓶的位置最好低于阀 7 的位置。

2）短接低压控制器的相应触头，起动冷水泵、冷却水泵和冷却塔风机，选择好这一制冷系统中的某一台制冷压缩机，强制接通该压缩机的控制接触器，使这台压缩机运转。

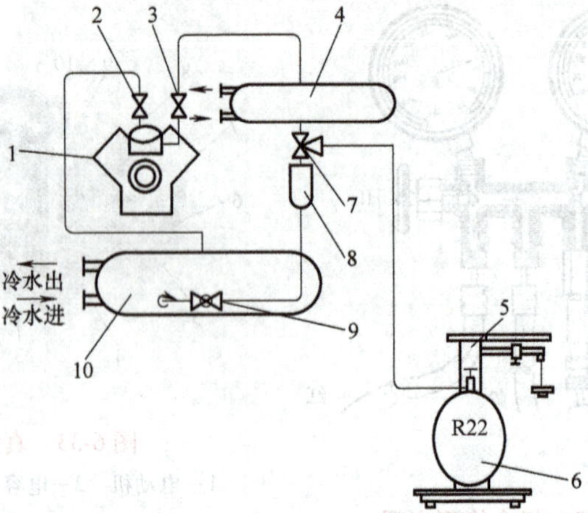

图 6-34　往复式机组抽取制冷剂

1—压缩机　2、3—截止阀　4—冷凝器　5—磅秤

6—R22 钢瓶　7—供液阀　8—过滤器　9—节流阀　10—蒸发器

3）打开充注口和钢瓶瓶阀，适当逐步关小供液阀，干燥过滤器前的高压液态制冷剂就会流入钢瓶内。此时应密切注意磅秤的读数。钢瓶内充入的制冷剂数量不应超过钢瓶容积的 70%。

4）每一个钢瓶充入的制冷剂量达到允许充入量后，先关闭充注口后关闭瓶阀，并在钢瓶上标明重量，抬离磅秤，重新接入另一只空钢瓶继续抽取。

5）随着系统中制冷剂的减少，其蒸发压力逐渐降低，冷凝压力也会有所下降。当磅秤上的钢瓶重量不再增加时，表明系统中的制冷剂已所剩不多了，可以停机。但是冷却水泵仍应继续运行。过 1 ~ 2h 后，再次起动制冷压缩机将残余的制冷剂充入钢瓶中。如此反复几次，可将系统中的制冷剂基本上都排入钢瓶中。

6）如机组有两个制冷系统，抽取第一个系统的制冷剂后，再抽取第二个系统的制冷剂。

（3）制冷剂的净化再生　制冷剂在系统中经过长期使用，其中含有的水分、油、酸、氯离子、固体颗料等杂质增多，将影响到制冷剂的品质，长期使用这样的制冷剂会影响机组的工作效率和使用寿命。如果将这些制冷剂排放到大气中去，会造成对环境的污染和破坏。所以这种制冷剂必须经过净化再生后，再将其重新充入系统使用。表6-5给出了制冷剂中的杂质含量及对应的再生方法。

表6-5 制冷剂中的杂质含量及对应的再生方法

杂质	再生时的含量	再生方法
水分	蒸发温度下有游离水分	对系统抽真空干燥，更新干燥器
油分	10%（质量分数）	利用油分离装置分离油或送生产厂处理
酸	全酸值超过0.1mgKOH/g制冷剂	更新干燥器
氯离子	>（2~3）$\times10^{-3}$%	更新干燥器，超过3×10^{-3}%时换新制冷剂

通常对制冷剂的纯度和品质的测定，应由专门的化验部门进行试验和分析。如果缺乏条件可以在现场进行简易的检定。

要判断回收到钢瓶内的制冷剂中油和酸的含量多少，可以用一张白色滤纸放在氟利昂钢瓶的瓶口上，放出一些液体制冷剂，观察它蒸发后留在滤纸上的痕迹，品质好时不会留下什么痕迹或痕迹不明显。用石蕊试纸检查制冷剂的酸碱度时，品质好时，蓝色和红色的试纸都不应变色。

目前，市场上有多种型号的制冷剂回收处理设备，可以实现制冷剂的回收、循环再生、定量充注等功能。图6-34所示为其中一种装置的工作流程。图6-35所示为某回收/再循环装置的工作流程。

该装置采用0.55kW全封闭制冷压缩机用于回收，并装有制冷剂液体泵进行再循环用。在回收过程中，制冷装置中的制冷剂通过进口过滤器、毛细管、回收电磁阀进入蒸发器，汽化后的制冷剂进入油分离器将油分离。制冷设备中产生的酸有95%溶解于油中。随着油的分离这部分酸已经随油一起除去。气态制冷剂经压缩机升压、升温后，首先经过压缩机油分离器，然后经冷凝器冷凝后送入回收容器。运转液泵回收容器中的制冷剂将经过干燥过滤器循环，去除剩余的酸和水分、固体杂质等，从而使制冷剂得到净化再生。

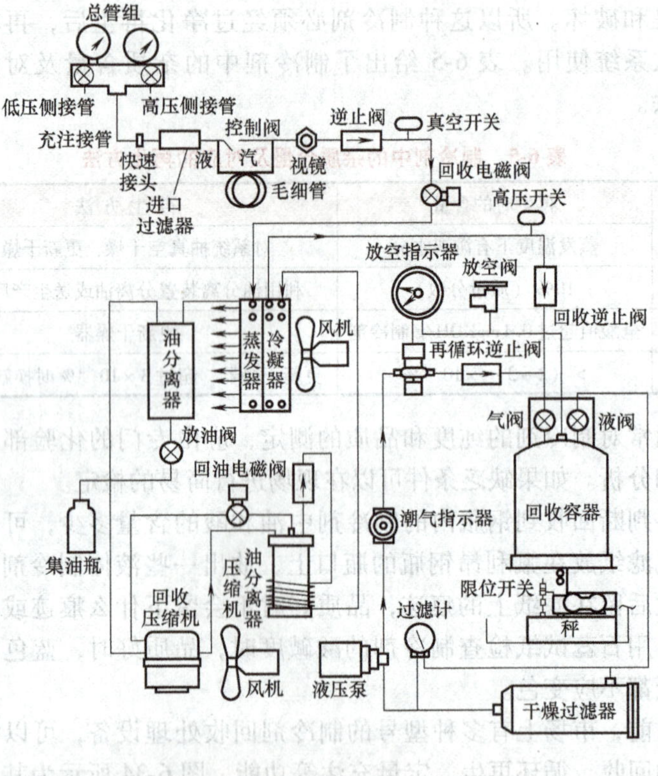

图 6-35　某回收/再循环装置的工作流程

4. 冷凝器的清洗

冷凝器脏污、堵塞、结垢是造成冷凝压力异常升高的原因之一。冷凝器的清洗可以采用机械法或化学法。

（1）机械法　用螺旋钢丝刷伸入到冷却水管内反复拉刷，同时用水冲洗，可以去除管内的淤泥等附着物。市场上有一种专用铜丝刷，其长度不大，一端有螺纹可以拧在铜棒上用于刷内孔，在铜棒另一端用塑料管连接，便于向刷子通水，使用时可以做到边冲边刷，增强刷洗效果。

（2）化学法　化学法除垢可分为循环法和静置法两种操作方法。图 6-36 所示为循环酸洗法除垢的示意图。其操作方法如下：

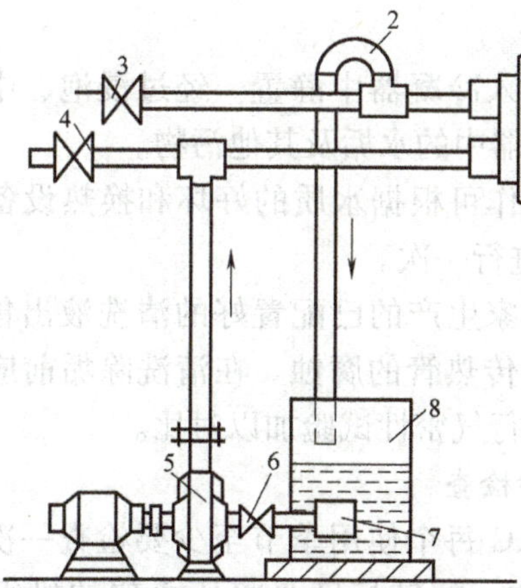

图 6-36　循环酸洗法除垢

1—冷凝器　2—回流弯管　3、4、6—截止阀

5—耐酸泵　7—过滤网　8—溶液箱

1）首先将制冷剂全部抽出，关闭冷凝器的进水阀，放净管道内的积水，拆掉进水管，将冷凝器进出水接头用相同直径的水管（最好采用耐酸塑料管）接入酸洗系统中。

2）向塑料制成的溶液箱 8 中倒入适量的酸洗液。酸洗液的实际需要量可按冷凝器的大小进行配制。开动耐酸泵，使酸洗液在冷凝器中循环流动，于是酸洗液与水垢发生化学反应，这样水垢溶解后便从管壁上脱落下来。

3）待循环 20 ~ 30h 后，使耐酸泵停止工作，打开冷凝器两端的端盖，用刷子在管内来回拉刷，然后用清水冲洗一遍，重新装好两端端盖，利用原设备换用氢氧化钠溶液，循环流动 20 ~ 30min，中和残存管道中的酸洗液，最后再换用清水循环清洗两遍，每遍 20min，除垢工作即告结束。

利用冷却水泵作为循环动力时，只要将酸洗液缓蚀剂投入到冷却水中，利用机组的冷却水系统进行循环，然后将系统内的洗涤液排放掉，向冷却塔内注满清水，使冷却水系统运行 5min 进行水洗。

以同样的方法进行不少于 3 次的水洗，洗净后卸下冷却塔的喷嘴，进行喷嘴的检查。

净置法是将酸洗液倒入冷凝器中静置。经过浸泡、中和、水洗的操作步骤，清除掉冷凝器中的水垢及其他污物。

冷凝器的清洗除垢工作可根据水质的好坏和换热设备的使用情况，一般可间隔 1 ~2 年进行一次。

市场上有不同生产厂家生产的已配置好的清洗液出售，应按厂家说明书进行操作，防止传热管的腐蚀。在清洗除垢前应检查冷凝器是否漏水，洗净后再进行气密性试验加以对比。

5. 低水温切断装置的检查

低水温切断装置 LWTC 每个使用季节至少要检查一次。检查时把螺钉旋具伸进调节槽中，旋转标度盘将所希望的机组停机温度（通常为 2℃）正好对准指针，然后，把温包浸在装满水和碎冰的混合液的容器里，用温度计搅拌此混合液，冰融化时温度会降低，记下温度继电器触头断开时的温度，这一温度只能与标度盘上设定的温度相差 1 ~2℃。

对于低水温切断装置，当温度高于设定值 4℃ 以上时才能人工复位；若低水温切断装置的精度降低或损坏，则必须更换。

第二节　离心式冷水机组

离心式冷水机组以离心式制冷压缩机为主机，通常采用水冷式冷凝器。离心式制冷压缩机属于速度型制冷压缩机，具有如下的特点：

1）叶轮转速高，压缩机输气量大，单机容量大，特别适合于大中型中央空调系统。

2）结构紧凑，重量轻，占地面积小，工作可靠，维修费用低。

3）运转平稳，振动小，可以进行无级能量调节。

离心式制冷压缩机的缺点是制冷量不能太小，单级压缩机组的压缩比较小，工况范围较窄，当能量调节范围下降到 60% 以下时易发生喘振。

一、典型离心式冷水机组

1. YK 型离心式冷水机组

YK 型离心式冷水机组采用开启式制冷压缩机，以 R134a 或 R22 为制冷剂，制冷量的范围为 1354～3868kW。

以 YKGCFDH75CUE 型机组为例，其制冷量为 3164kW，输入功率 583kW，COP 为 5.43，满负荷电流 998A，起动电流 2651A；蒸发器水流量 151.4L/s，水压降 77kPa；运行质量 16800kg。图 6-37 所示为 YK 型离心式冷水机组的外形。图 6-38 所示为该型离心式冷水机组制冷剂流程。机组运行时，蒸发器内的载冷剂（冷水或盐水）与制冷剂进行热交换，制冷剂吸热汽化，载冷剂放出热量后温度降低。低温载冷剂被泵送到空调机或风机盘管与流过翅片式换热器表面的空气进行非接触式热交换，带走空气中的热量，载冷剂吸热后温度升高，然后返回到冷水机组中，形成闭式载冷剂的循环。若采用喷水室作为空气热湿处理装置，则载冷剂的循环属于开式循环。

图 6-37 YK 型离心式冷水机组的外形

1—双泄压阀 2—吸气管 3—微机控制盘 4—排气管
5—压缩机 6—电动机支座连接器及机罩 7—电动机
8—蒸发器 9—制冷剂充注阀 10—干燥器 11—视镜

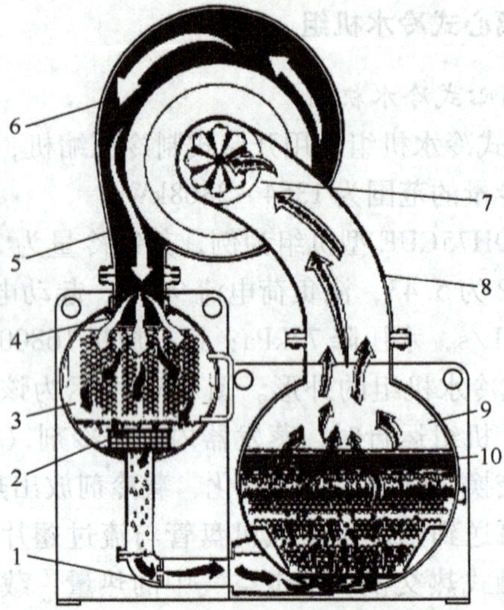

图 6-38 YK 型冷水机组制冷剂流程

1—流量控制节流孔 2—过冷器 3—冷凝器
4—折流板 5—排气管 6—压缩机
7—导流叶片 8—吸气管 9—蒸发器 10—分液网

蒸发器中的制冷剂蒸气被吸入到压缩机中，由高速旋转的叶轮对其做功而升压升温，然后排入冷凝器中。流过冷凝器换热管中的冷却水吸收管外制冷剂蒸气的热量，使之冷却、冷凝。冷却水泵往冷却塔冷却后再流入冷凝器进行循环冷却。冷凝后的制冷剂液体流经流量控制节流孔而降压、降温，再进入蒸发器，而构成了制冷剂循环。

YK 型离心式冷水机组主要包括压缩机、冷凝器和蒸发器、节流机构、润滑系统（见图 6-39）和微机控制中心等。

（1）压缩机　离心式制冷压缩机依靠动能的变化来提高气体的压力。当带叶片的转子（即叶轮）转动时，叶片带动气体一同旋转，同时在离心力的作用下，气体将沿叶片间高速流动而被甩出叶轮。由于叶轮对气体做功，使气体获得动能而具有很高的流速，同时其压力也不断增高。与叶轮出口相连的是扩压器，气流流经扩压器时，

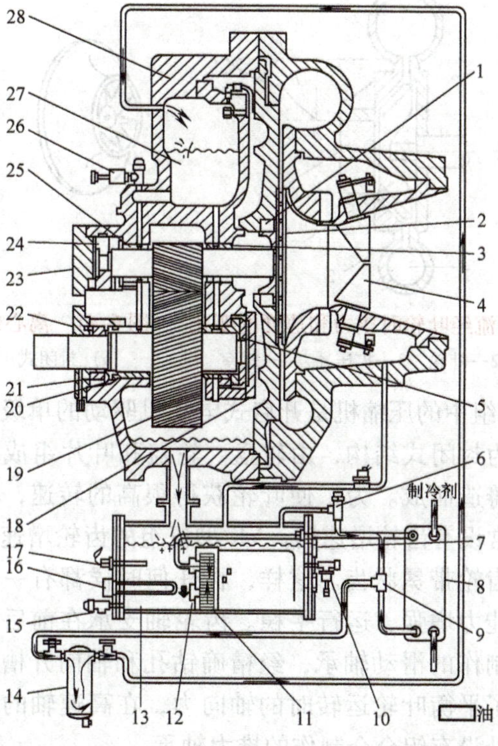

图 6-39　YK 型离心式冰水机组压缩机润滑系统

1—高速轴承　2—叶轮　3—轴承　4—导流叶片　5—止推套环轴承　6—可调泄压阀　7—视镜　8—油冷却器　9—旁通阀　10—低油压传感器　11—液压泵及电动机　12—液压泵入口　13—油槽　14—油过滤器　15—放油阀　16—油加热器　17—热敏电阻器　18—低速止推盖　19—低速齿轮　20—低速轴后轴承　21—低速轴轴封　22—低速轴承盖　23—高速止推盖　24—止推套环　25—主轴颈止推轴承　26—高压传感器　27—应急油槽　28—压缩机转子支撑部分

沿流动方向的流通截面积逐渐扩大，气流流速逐渐降低，压力进一步升高，一部分动能转换成压力能。图 6-40 所示为气流流经叶轮时压力和速度的变化情况。图 6-41 所示为封闭式与半开式离心式叶轮的结构。

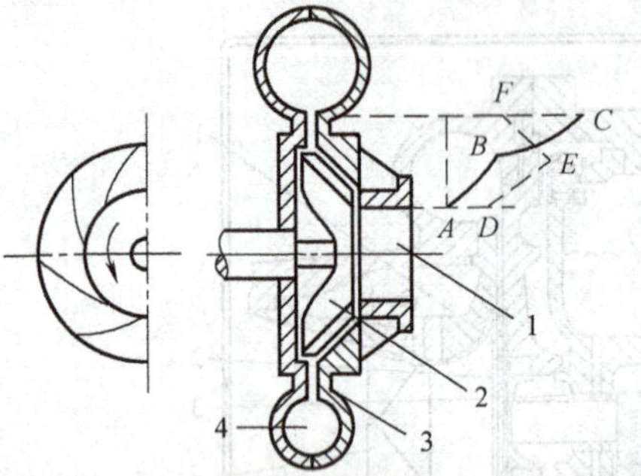

图 6-40　气流流经叶轮时压力和速度的变化

1—吸气口　2—叶轮　3—扩压器　4—蜗室

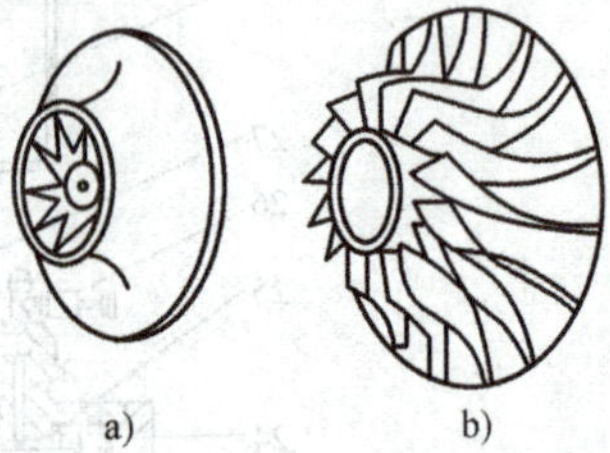

图 6-41　离心式叶轮的结构

a）封闭式　b）半开式

YK 型机组中的压缩机是开启式电动机驱动的单级离心式制冷压缩机。叶轮为封闭式结构，由轮盘、轮盖和叶片组成，采用轻质高强度铝合金铸造而成。为了使叶轮获得很高的转速，单级离心式制冷压缩机通常设有齿轮增速器。YK 型机组的齿轮增速器采用特殊设计的单螺旋齿轮带冕状齿。这样，在任何时候都有一个以上的齿啮合，使承载能力增强，运行平稳。齿轮轴支承在前后轴承上，轴承为由铝合金制作的滑动轴承，经精确钻孔和轴向开槽，以形成油道和油槽，为了平衡叶轮运转时的轴向力，在高速轴的后轴承和低速轴的前轴承处设有铝合金制作的推力轴承。

开启式制冷压缩机的优势是，在电动机绕组烧毁的情况下，制冷系统内的制冷剂和润滑油不会受到污染，从而不必对制冷系统进行彻底清洁。但开启式制冷压缩机很难彻底解决制冷剂泄漏问题，而且必须装设轴封装置。图 6-39 中的 21 即为低速齿轮轴的轴封装置。它包括弹簧承载、加工精密的石墨环、两个能耐高温且弹性极佳的“O”形橡胶静密封圈和一个能减小阻力也很精密的搭接密封套。石墨环作为静环；搭接密封套作为动环。当压缩机运行时，液压油在动环与静环的摩擦面之间形成油膜，避免了动、静环之间的直接摩擦，并带走摩擦热量。停车时，弹簧将静环与动环彼此压紧。“O”形橡胶静密封圈用于防止制冷剂气体和润滑油沿轴向泄漏出压缩机机壳。

为了使压缩机的制冷量适应热负荷的变化和轻载起动，离心式制冷压缩机叶轮进口前都设有进口可调导流叶片装置，如图 6-42 所示。导流叶片呈扇形，其叶形剖面呈机翼形或对称机翼形，叶片根部带有转轴，装在进气室按圆周等距离分布在轴孔内，若干个可转动的进口导叶就组成了菊形阀。压缩机入口导叶的结构如图 6-43 所示。导叶转轴上装有小齿轮或绕有钢丝绳的导轮或连杆。当安装在压缩机外部的伺服电动机旋转时，通过齿轮、绳轮或铰链等传动机构，使进口导叶同步旋转相同的角度，从而改变进入进气室的气流方向，使气流进入叶轮时产生圆周方向的环绕。环绕使压缩机的特性曲线发生改变，从而改变运行工况点，达到转速不变而调节制冷量的目的。当叶片开到最大时相当于压缩机满负荷，当叶片全关闭时相当于压缩机最小负荷，这就是压缩机的能量调节。YK 型离心式压缩机的进口可调导流叶片装置可以在冷水机组设计制冷量的 55%～100% 之间实现无级能量调节。

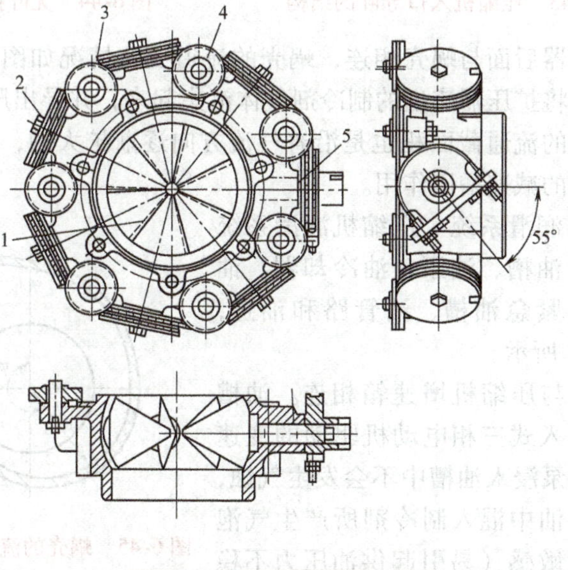

图 6-42　进口可调导叶机构

1—导叶　2—从动轮　3—钢丝绳　4—过渡轮　5—主动轮

扩压器的作用是使叶轮甩出的气流减速，并将动能转化为压力能。离心式制冷压缩机通常采用无叶扩压器，如图 6-44 所示。机组的扩压器是由两个等宽的平行壁面构成的等宽度环形流道，气体流经环形通道时随着扩压器直径的增大，流通截面积也相应增大，因而气体的流速逐渐降低而压力升高。

图 6-43　压缩机入口导叶的结构

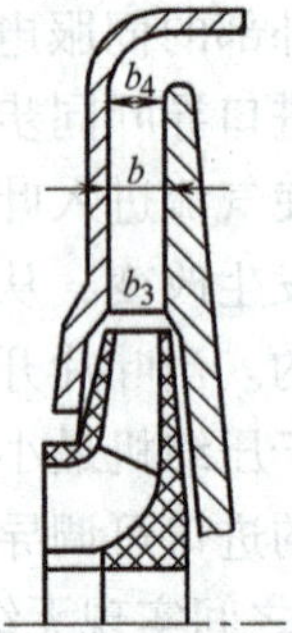

图 6-44　无叶扩压器

扩压器后面与蜗壳相连，蜗壳的流道变化情况如图 6-45 所示。其作用是将扩压器流出的制冷剂气体汇集起来，并导出压缩机之外。由于蜗壳的流通截面积也是沿着气流方向逐渐扩大的，所以也可以起到一定的减速增压作用。

（2）润滑系统　压缩机润滑系统主要包括油槽、油泵、油冷却器、油过滤器、紧急油槽、油管路和油道，如图 6-39 所示。

油槽与压缩机增速箱相连。油槽内装有浸入式三相电动机驱动的变速油泵。油泵浸入油槽中不会发生气蚀，但对润滑油中混入制冷剂所产生气泡现象较为敏感（易引起供油压力不稳定）。变速油泵能保持油压的稳定。

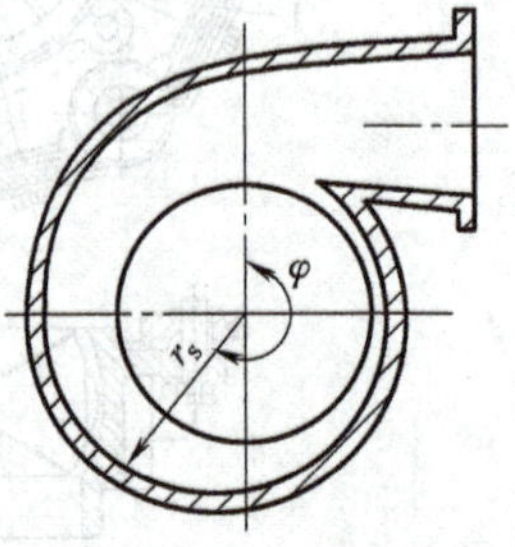

图 6-45　蜗壳的流道变化情况

油泵运行时油压升高，可调泄压阀用来控制油压的设定值。油槽上部空间通过平衡管与压缩机吸气室相连通，其压力与蒸发器压力基本相同。供油压力实际上是指油压差。高压传感器 26 和低油压传感器 10 分别测量应急油槽 27 的排油压力和油槽 13 的低压压力，以调节变速油泵的转速，来保持油压差的稳定。

油泵排出的温度较高的润滑油先经板式换热器结构的油冷却器 8，与流经换热器的制冷剂进行热交换后降温（油泵送出的油一般在 55 ~65℃，经油冷却器后降至 35 ~45℃，以保持适当的粘度并控制轴承的温升）。三通阀形式的旁通阀实际是一个油温控制器，通过调整旁通油量，以使油温不致过低。冷却后的润滑油经油过滤器而送至压缩机变速箱内的应急油箱中，再经压缩机增速箱内的油道分别送往高速轴止推套环 24、主轴颈止推轴承 25、前轴承 3、低速轴后轴承 20、低速轴轴封 21、止推套环轴承 5、前轴承及低速齿轮 19 和高速齿轮的啮合面。

应急油槽的作用是当冷水机组运行过程中如遇突然断电停机或其他事故突然停机时，利用应急油槽的油位高度差，将存油供给各润滑部位，以保证压缩机惯性运转过程中不致损坏。

油槽内装有电热管型的油加热器。当机组长时间闲置时，油槽中的润滑油会最大限度地溶解制冷剂，而且溶解量大小取决于油温和油槽中的压力。当油温降低时，溶解量会增加。当系统起动时会大量起泡，造成油压脉动而出现保护性停机。油加热器对油槽中的油进行恒温控制，当压缩机停机时，使油温保持在 62. 8 ~68. 3℃范围内。图中的 16 即为油加热器，17 为测油温用的热敏电阻器。

冷水机组起动前，可以靠手动控制建立稳定的油压，对压缩机进行预润滑。不管系统因何原因停机，油泵都会继续运行 150s。在这段时间内，系统是不能再起动的。

（3）电动机驱动装置　开式电动机配有 D 型法兰（端盖上有凸缘）与压缩机上的铸铁柜架用螺栓连接，从而保证了电动机和压缩机轴的精确定位。

电动机轴通过柔性圆盘联轴器与压缩机轴直接相联。联轴器是全金属结构，无磨损件，使用寿命长，并且无润滑要求，维修量少。

（4）冷凝器和蒸发器　冷凝器和蒸发器都是卧式壳管式换热器。各厂家所生产的离心式冷水机组换热器的结构形式大同小异。YK 型机组的蒸发器筒体侧面装有两个 38mm 视液镜，用以观察制冷剂的液位。蒸发器筒体上方装有双联卸压安全阀。

由于离心式冷水机组的蒸发器为满液式形式，进入蒸发器的制冷剂液体中溶解的润滑油由于温度的降低而有一部分从制冷剂中分离出来而悬浮在蒸发器内制冷剂液面上，这样既影响传热又会使油槽中的润滑油逐渐减少。YK 型机组采用了如图 6-46 所示的回油系统来解决这一问题。

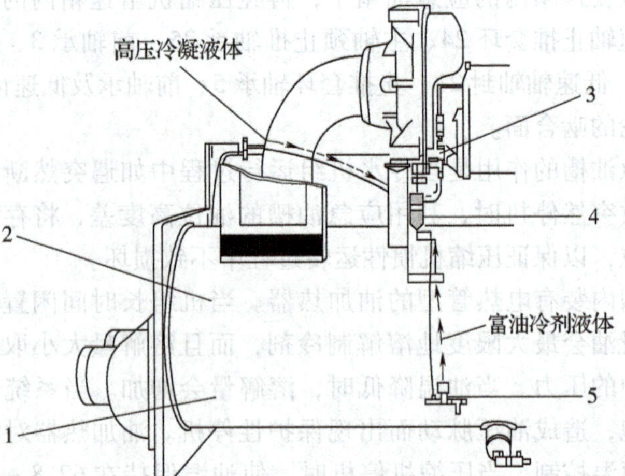

图 6-46　回油系统

1—蒸发器　2—冷凝器截止阀　3—引射器　4—干燥器　5—截止阀

冷凝器上方装有一个截止阀，从该处引一股高压制冷剂气体送往引射器，并经引射器喷嘴高速流出，造成引射器接口处产生负压，将蒸发器内富油层处的混合液经干燥器过滤干燥后吸入引射器，并与高压制冷剂气体相混合，进入压缩机吸气口，油与气分离后流回油槽。

（5）节流孔板　节流孔板是满液式蒸发器所采用的一种节流机构，它由两块孔板组成，采用两级节流。如图6-47所示，在冷凝器至蒸发器液管上装有两个开有固定节流孔的孔板，当设计工况满负荷运行时，制冷工质通过1#孔板时，刚好达到饱和液体状态，基本不闪发，再经过2#孔板的供液量与蒸发器的负荷相匹配。当负荷下降时，蒸发器压力降低，孔板上下游的压力差增大，制冷工质的流速增大，因摩擦阻力而产生的热量增大，经过1#孔板节流后的制冷工质产生了闪发蒸气。由于闪发蒸气占据了一部分空间，使制冷工质通过2#孔板的流量减小，从而使供液量适应了蒸发器负荷的变化，而保持蒸发器液面和蒸发压力的稳定。然而孔板的流量调节是有一定限度（约20%）的，因而当冷水机组运行偏离设计工况较远时，将会造成制冷系数下降，功耗增大或其他不良后果。

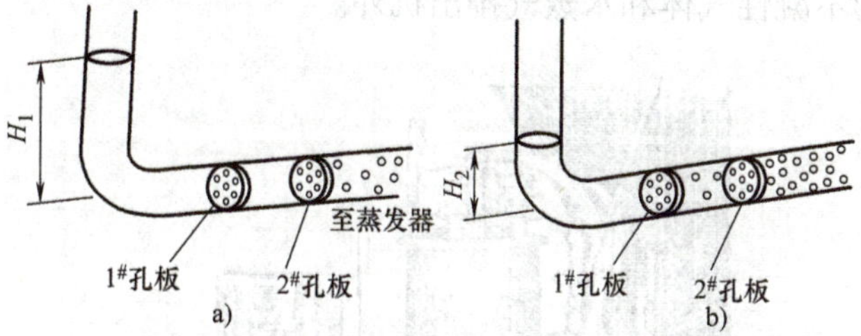

图6-47 孔板节流装置的工作原理

YK型离心式冷水机组采用了可变节流孔板来解决上述问题。在冷凝器中设有一个液位传感器，向主控板输出一个代表液位的电压模拟量。主控板则按照微机中设定的程序将可变节流孔开大或关小，从而使冷凝器中的液位达到设定要求，以使供液量适应蒸发器负荷的变化。

(6) 彩色图像显示控制中心　它通过控制导流叶片来调节冷水的出水温度，限制电动机的工作电流，进行各种保护控制，显示运行参数，并能实现远程控制和远程通信。

(7) 固态起动器　固态起动器是个减压起动器，它利用晶闸管整流器，控制电动机起动时电流上升比较平稳，减小对电网的冲击。

(8) 变频调速装置　变频调速装置通过制冷量控制逻辑，分析机组传感器传来的信息，通过PWM调制方式改变电动机的转速，以得到最佳的部分负荷性能。

(9) YT型机组及其自动排气装置　YT型离心式冷水机组是采

用 R123 作为工质的，这是一种高温低压的制冷剂，其在标准大气压下的沸点是 27.3℃，当蒸发温度为 4℃时，相应的蒸发压力为 0.0392MPa，比大气压（760mmHg）低 465mmHg；当冷凝温度为 40℃时，相应的冷凝压力为 0.154MPa。由于机组运转时低压侧的压力比大气压低很多，空气不可避免地要渗入系统，并聚集在冷凝器中，占据一部分换热空间，导致机组的排气压力和排气温度升高，运行费用增加，还可能导致高压过高而停车保护。随空气渗入的水分生成酸，将造成对机件的腐蚀。为此，YT 型机组设置了如图 6-48 所示的自动排气装置。机组运行时，排气装置即投入工作，及时将系统中的不凝性气体和水蒸气排出机外。

图 6-48　TURBOGUARD 排气装置

图 6-49 所示为这种称为 TURBOGUARD 排气装置的工作原理。圆筒中装有盘管式热交换机器，运转时从冷凝器来的一股液体制冷剂经过一个孔板进入热交换器，在与蒸发器相似的温度下汽化吸热。聚集在冷凝器上部的空气和制冷剂蒸气的混合物经止回阀和除污器进入抽气装置的圆筒，以气泡的形式通过油层后，向热交换器中的制冷剂放出热量后，制冷剂液化溶解于油中，空气中的水蒸气也变成水混合于油中，而留在油面之上的则是不凝性空气。换热器中的制冷剂则流往蒸发器。

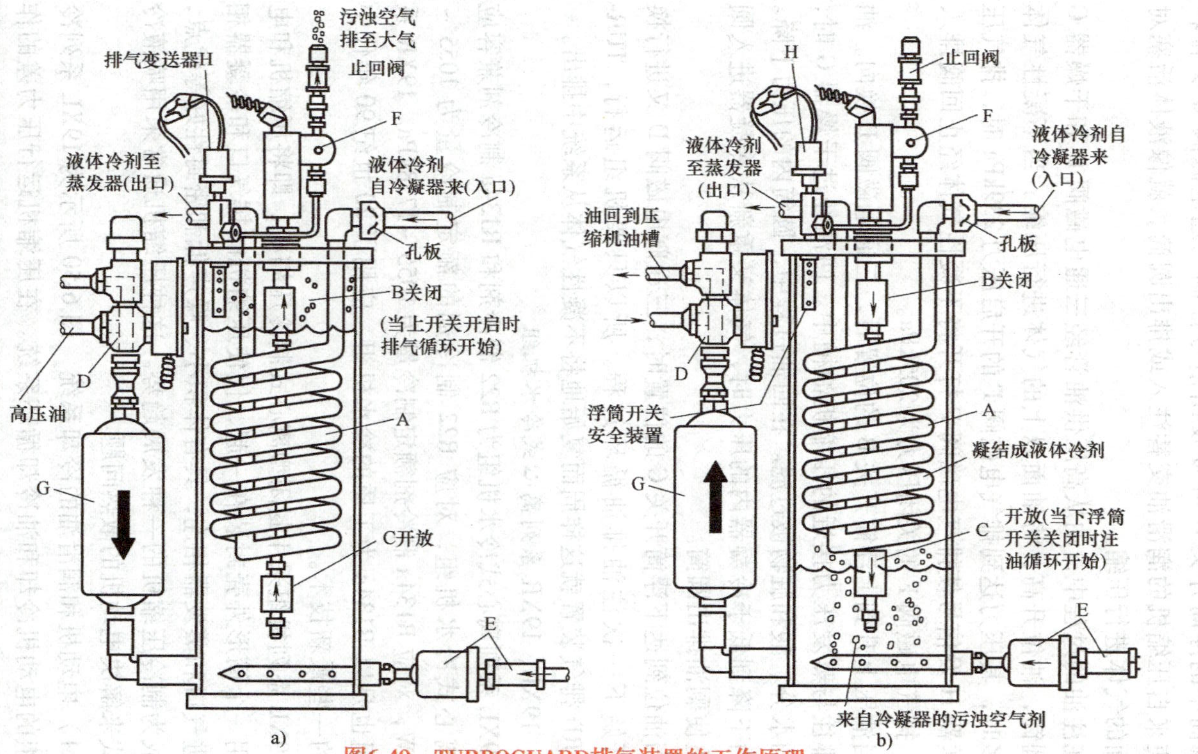

图6-49 TURBOGUARD排气装置的工作原理

a) 注油循环 b) 排油循环

A—热交换器 B、C—浮筒开关 D—三通电磁阀 E—除污器与止回阀 F—排气电磁阀 G—干燥器 H—排气压力变送器

圆筒中的浮筒开关 B 与 C 发出信号控制三通电磁阀 D 交替转换，使来自压缩机的润滑油交替注入或排出圆筒，就像液体活塞对其上面的气体进行压缩。

在注油的过程中，油从高压供油管经三通电磁阀 D 和干燥器 G 进入圆筒，油位升高，将油面以上的气体进行压缩。当不凝性气体足够多时，其压力达到排气电磁阀 F 的开启压力 239kPa 时，排气压力变送器 H 发信号使排气电磁阀 F 打开将不凝性气体经止回阀排入大气。排气电磁阀 F 的关闭压力为 205kPa。

当油压上升到上浮筒开关 B 的位置时，三通电磁阀 D 换向。油开始排往与蒸发压力接近的压缩机油槽中。回油经过干燥器 G 时，其中的水分、酸和脏物被过滤。在回油过程中，圆筒内的压力下降。当压力下降到低于冷凝器内的压力时，气体又重新从冷凝器进入圆筒，迫使剩油排出圆筒。

当油位到达下浮筒开关 C 的位置时，三通阀电磁阀 D 又进行换向，开始下一次注油排油循环过程。所以只要机组运行，TURBOGURD 排气装置就这样周而复始地将不凝性气体从系统中排出。

2. 19XL、19XR 系列离心式冷水机组

19XL 系列离心式冷水机组为 R22 制冷剂和 R134a 制冷剂兼容应用的离心式冷水机组，对应 R22 制冷剂的额定制冷量为 1055 ~ 2100kW，对应 R134a 制冷剂额定制冷量为 1055 ~ 1758kPa。19XR 系列机组也是以 R134a 为工质的冷水机组，应用了 20 世纪 90 年代中后期的一些最新技术。

19XL 系列机组采用封闭型离心式制冷压缩机，即将压缩机和电动机用一个筒形外壳封装在一起，仅使压缩机的排气口和冷凝器相通，进气口和蒸发器相连，具有体积小、噪声低和密封性好等优点，已经成为制冷压缩机的一种发展趋势。这种压缩机通常采用喷液冷却方式来解决电动机的散热问题。

（1）电动机和润滑油的冷却系统　图 6-50 所示为 19XL 系列冷水机组的电动机冷却和油冷却循环系统。在压缩机运行压力差的作用下制冷剂不断循环流动，一部分制冷剂经过隔离阀、干燥过滤器、视镜后，分流至电动机冷却和油冷却系统。

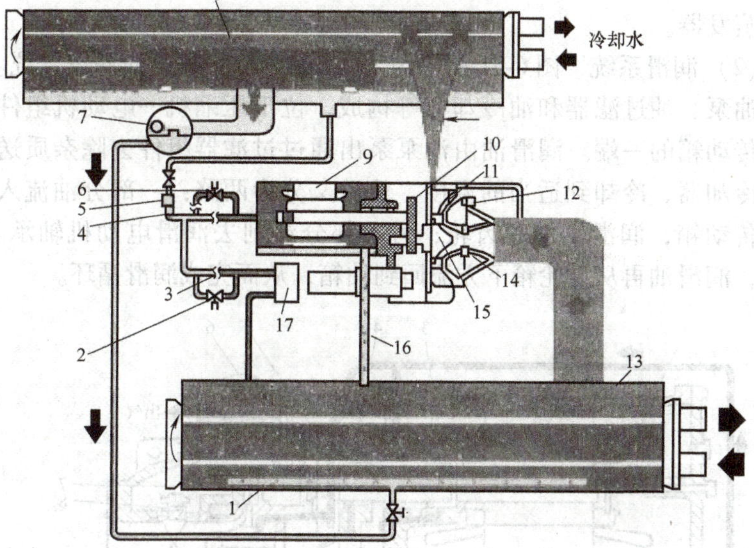

图 6-50 19XL 系列冷水机组的电动机冷却和油冷却循环系统

1—均液管 2—热力膨胀阀 3—孔板 4—视镜 5—干燥过滤器 6—冷却电磁阀 7—线性浮阀室 8—过冷室 9—电动机 10—传动机构 11—扩压器 12—导叶电动机 13—蒸发器 14—导叶 15—叶轮 16—孔板 17—冷却器

其中，到达电动机的这一路制冷剂，经过节流孔板后进入电动机，通过喷淋嘴喷淋整个电动机。电动机冷却管路的支路上还有一个节流孔板和一个电磁阀，电动机需要进一步冷却时，电磁阀就开启，增大供液量。制冷剂集中到电动机的底部排放回到蒸发器。回气管上的一个限流孔使电动机室内的压力高于蒸发器的压力。电动机的温度由埋在定子绕组内的温度传感器测取。当电动机的温度高于51℃时，就会开启电磁阀。如果温度进一步升高到此设定点以上5.5℃，就会逐步关闭进口可调导叶机构。如果温度高于安全极限，压缩机就会关机。

另一路流往油冷却器的制冷剂由一个热力膨胀阀调节。旁通通入油冷却器的制冷剂经过一个节流孔板以保持最小供液量。热力膨胀阀的感温包安装在油冷却器的油出口感应油温，并及时调节热力膨胀阀的开度，以改变供液量。流经板式油冷却器的制冷剂汽化后返回蒸发器。

（2）润滑系统　图 6-51 所示为 19XL 系列冷水机组的润滑系统。它由油泵、油过滤器和油冷却器等构成，位于压缩机—电动机组件齿轮传动箱的一端。润滑油由油泵泵出通过过滤器组件去除杂质送至油冷却器，冷却到适当的温度，然后又分为两路：一部分油流入齿轮传动箱，润滑轴承和齿轮；另一部分油则去润滑电动机轴承。最后，润滑油再从齿轮箱下方流回到油箱，从而完成润滑循环。

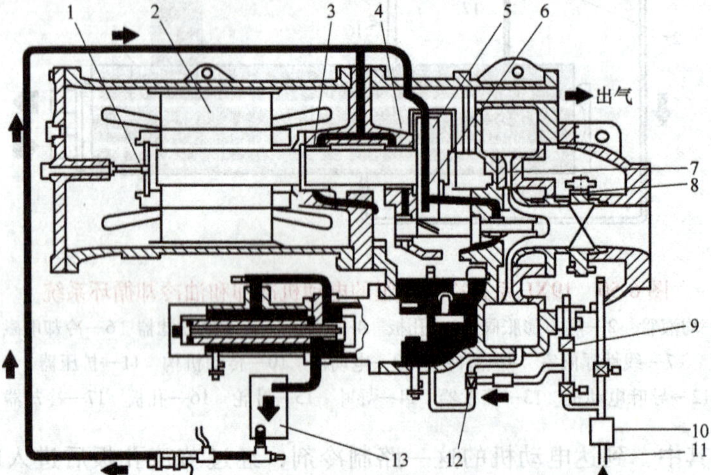

图 6-51　19XL 系列冷水机组的润滑系统

1—喷嘴　2—内置电动机　3、4—电动机轴承　5—增压齿轮对　6—后小齿轮轴承　7—扩压器　8—油喷嘴　9—止回阀　10—过滤器　11—蒸发器回油管　12—引射器　13—油冷却器

油箱上有两个视镜可用于观察油位。压缩机关机时，正常油位在上视镜的中间和下视镜的顶部之间。机组运行过程中至少有一个视镜可以看到油位。

油压释放阀使油压差保持在 103 ~ 172kPa。油过滤器进出口有截止阀，更换过滤器芯时不必将系统中的油全部放出。油冷却器出口的油温控制在 43 ~ 19℃。油出口管路上装有油压传感器，用于测量排油压力。在止推轴承和轴颈轴承的轴承腔中装有温度传感器，用于测量该处的油温作为轴承温度。机组停机后油槽中的油加热器可以使油保持一定的温度。

机组起动过程中压缩机运转前，机组先接通油泵，建立油压使轴承有 45s 的预润滑。关机时油泵在压缩机停机后继续运行 60s。

（3）润滑油回油系统　润滑油回油系统主要回收两个区域的润滑油，使其返回到油槽。第一个区域是导叶罩壳中的油。在机组满负荷或高负荷运行过程中，被压缩机抽吸进入导叶罩壳的制冷剂气体夹带有油，油往往在此处滴落下来，聚积在罩壳底部。第二个区域是蒸发器制冷剂液面上部的油，在压缩机的抽吸作用下，通过蒸发器回油管路经过过滤器和电磁阀进入导叶罩壳后也聚积在罩壳底部。引射器利用高压制冷剂蒸气将罩壳中的油引射出来排入油箱。

在负载较轻的情况下，吸入压缩机的制冷剂气体没有足够的速度夹带油滴，而且引射器也没有足够的压差把导叶罩壳里的油抽回到油箱中。回油管路上的两个电磁阀在负载变化时发生转换，引射器直接从蒸发器里抽出油和制冷剂的混合液体，再排入油箱，进入油箱和齿轮传动箱的制冷剂闪蒸成气体，经压缩机罩壳顶部油去雾器滤除油雾后进入压缩机的吸气口，再吸入压缩机。

（4）冷凝器和蒸发器　图 6-52 所示为 19XL 系列冷水机组中的冷凝器。冷却水从右下侧进水管 17 进入，从右上侧出水管 1 流出。在额定工况下，冷却水的温升为 5℃。离心式制冷压缩机的排气从进气管 8 进入冷凝器，为了防止高速气流直接冲刷换热管，正对进气口处的管簇上方装有一块钻有小孔的防冲击板 7。高压气体沿冷凝器纵向扩散后与冷凝管内的冷却水发生换热而冷凝。影响冷水机组性能系数的重要因素就是热交换器的传热效率，该冷凝器的换热管 9 就采用了管外带锯齿，管内有螺旋形凸缘的高效换热管，它同时增强了管内与管外侧的换热。在同样的管内水流速（1.5～2.0m/s）下传热系数比光滑圆管可提高 5～6 倍。冷凝后的制冷剂液体经冷凝器下部两侧的节流孔板 14 进入过冷器 15。节流过程中的闪发气体吸热使制冷剂过冷，闪发的气体又通过过冷器中的换热管换热并再次发生冷凝。过冷后的制冷剂液体经冷凝器中间孔口流入线性浮阀室 16。

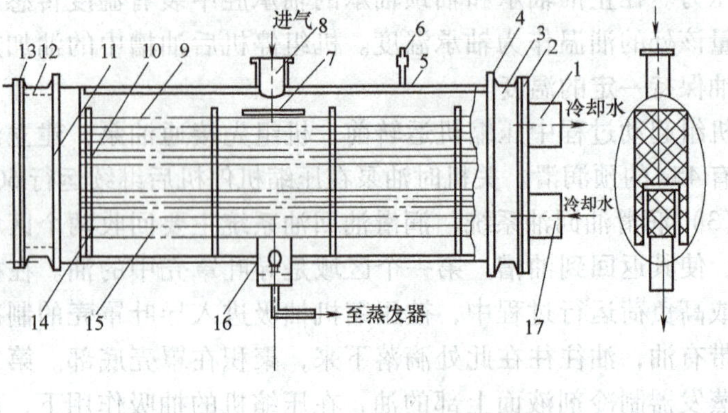

图 6-52　19XL 系列冷水机组冷凝器

1—出水管　2—右端盖　3、12—水室　4—右管板　5—壳体　6—安全阀　7—防冲击板　8—进气管　9—换热管　10—支撑板　11—左管板　13—左端盖　14—节流孔板　15—过冷器　16—线性浮阀室　17—进水管

离心式冷水机组通常采用满液式蒸发器。该种蒸发器的制冷剂走管间，载冷剂走管内，换热管浸泡在液态制冷剂内，传热系数比干式蒸发器要高。

图 6-53 所示为 19XR 系列冷水机组满液式蒸发器的结构。从线性浮阀室来的制冷剂液体和气体混合物先从进液管 15 进入分配箱 13 进行横向和纵向的分配。扰动喷嘴 12 分布在分配箱的顶部和侧部。喷嘴的孔口为圆锥形，湿蒸气以较高的速度从喷嘴喷射而出，增加了蒸发器内液体的扰动，起到强化沸腾传热的作用。在使用中要防止喷嘴孔口被堵塞。蒸发管 14 的表面有许多针形小孔，小孔底部均有遂道相通，管内表面有螺旋形凸起以强化冷水侧的换热。换热管簇有多块纵向布置的支撑板 7 支撑。换热管在支撑处为光管表面。换热管两端采用胀管法胀接在管板上。吸气管 8 与压缩机吸气口相连。

（5）线性浮阀及浮阀室　线性浮阀彻底解决了固定双孔板节流装置存在的调节范围窄，低负荷时效率低的缺陷。图 6-54 所示为 19XL 系列冷水机组线性浮阀的结构。浮阀室位于冷凝器底部中间位置。过冷的制冷剂液体流入浮阀室。连接至冷凝器顶部的铜管将高

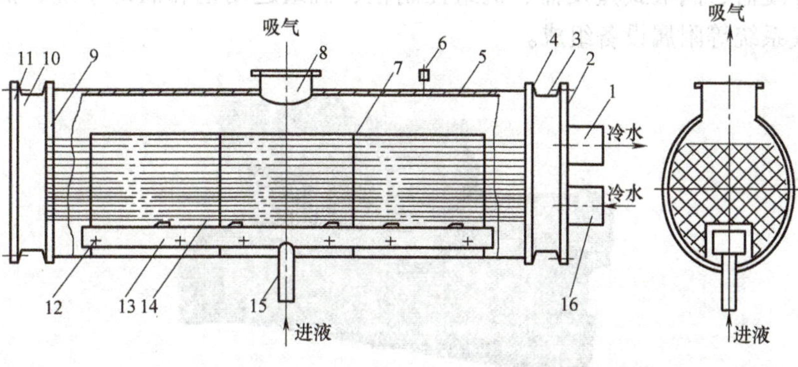

图 6-53 19XR 系列冷水机组满液式蒸发器

1—出水管 2—右端盖 3—右水室 4—右管板 5—壳体 6—安全阀 7—支撑板 8—吸气管 9—左管板 10—左水室 11—左端盖 12—扰动喷嘴 13—分配箱 14—蒸发管 15—进液管 16—进水管

压高温的制冷剂气体通过浮阀室内的导管引入浮腔内。浮腔通过销与内衬筒连接。当冷凝器内液位上升或下降时，浮腔随之升降，从而带动内衬筒调节线性浮阀的开度，达到改变过液时控制蒸发器液位的目的。滤网的作用是滤除制冷剂中的固体杂质，制冷剂流过轴向孔槽时起到节流降压的作用，浮动内衬筒改变孔槽的开度，机组停机时浮腔在最低处也保持最小开度。

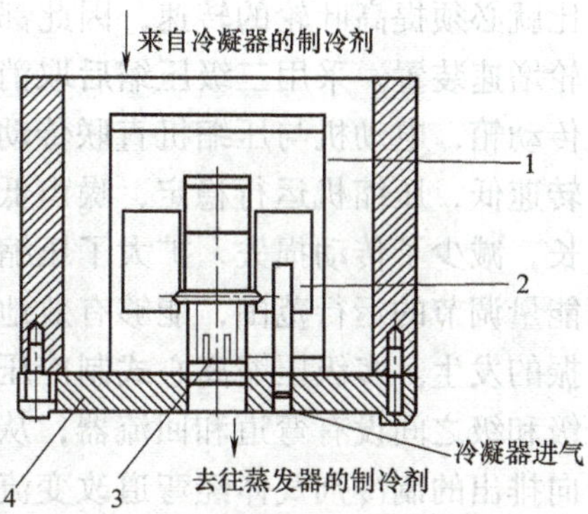

图 6-54 19XL 系列冷水机组线性浮阀

1—滤网 2—浮腔 3—孔 4—盖

3. CVHE/G 系列水冷三级压缩离心式冷水机组

CVHE/G 系列水冷三级压缩离心式冷水机组标准工况制冷量为 1055～4750kW。机组使用 R123 为制冷剂，可应用于大中型空调系统或工艺冷却，也可用于冰蓄冷系统。图 6-55 所示为该系列冷水机组的结构。它主要由三级离心式制冷压缩机、两级经济器、壳管式冷凝器、满液式蒸发器、机组控制柜、机组起动柜和润滑系统、抽气系统等附属设备组成。

图 6-55　CVHE/G 系列水冷三级压缩离心式冷水机组

（1）三级压缩离心式制冷压缩机　单级离心式制冷压缩机，要获得较大的压缩比就必须提高叶轮的转速，因此都设有齿轮增速装置。采用三级压缩后取消了齿轮传动箱，电动机与压缩机直联传动，叶轮转速低，压缩机运行稳定，噪声低，寿命长，减少了传动损失，扩大了压缩机有效能量调节的运行范围，能够有效地避免喘振的发生。多级压缩离心式制冷压缩机在级和级之间设有弯道和回流器，从前级径向排出的制冷剂气体经弯道改变流动方向后，经回流器沿轴向进入下一级叶轮。CVHE/G 系列制冷压缩机在每一级叶轮进口前都设置了进气导流叶片，第一级与第三级的导流叶片由装在外面的步进电动机操纵控制，它既可调节气体流量满足部分负荷的需求，也可预先转动制冷剂气流方向，使其以最佳角度进入叶轮，使压缩机部分负荷性能得到进一步改善。第二级的导流叶片是固定的，主要用以调整气流方向。图 6-56 所示为一种带中间加气口的弯道和回流器的结构。加气口用于带经济器的多级节流中间补气制冷循环中间级机组。

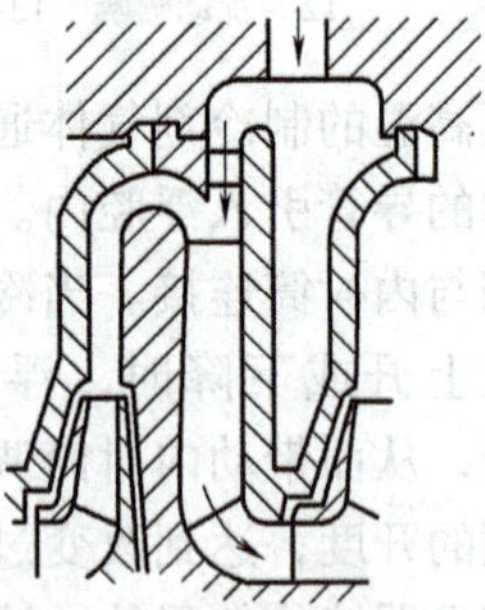

图 6-56　带中间加气口的弯道和回流器

（2）两级经济器　图 6-57 所示为 CVHE/G 两级经济器的工作原理。来自冷凝器的液体制冷剂经节流器孔板 A 节流后，高压段经济器 A 室上方的闪发蒸气至压缩机第三级叶轮的制冷剂液体再经节流器孔板 B 节流后进入低压段经济器，B 室上方的闪发蒸气至压缩机第二级叶轮，制冷剂液体再流经节流器孔板 C，达到相应的蒸发压力和蒸发温度而进入蒸发器。

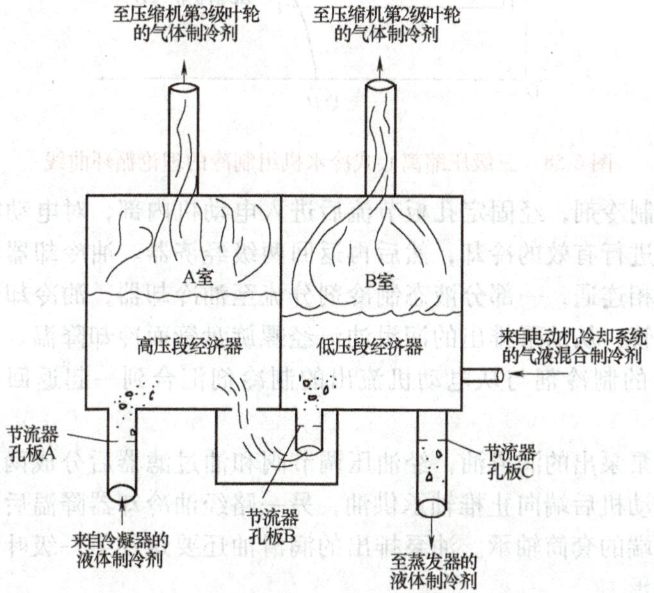

图 6-57　CVHE/G 两级经济器的工作原理

图 6-58 所示为三级压缩离心式冷水机组制冷的理论循环曲线。采用了两级经济器后，由于第二级和第三级叶轮入口前补入了温度较低的制冷剂气体，使压缩前的制冷剂气体过热度降低，这样就提高了压缩机的工作效率；而进入蒸发器的制冷剂干度减小，也提高了蒸发器的利用率。由于这两个方面的作用，两级经济器（节能器）使冷水机组的效率提高约 7%。

（3）压缩机的润滑系统与电动机冷却系统　图 6-59 所示为 CVHE/G 系列机组压缩机的润滑系统与电动机的冷却系统。来自冷

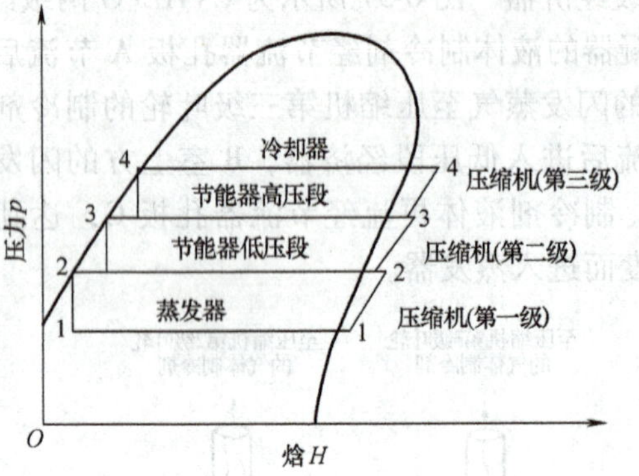

图 6-58　三级压缩离心式冷水机组制冷的理论循环曲线

凝器的制冷剂，经固定孔板节流后进入电动机内部，对电动机定子和转子进行有效的冷却，然后再返回两级经济器。油冷却器与电动机壳体相连通，一部分液态制冷剂分流至油冷却器，油冷却器内有螺旋盘管，从油泵排出的润滑油流经螺旋盘管而冷却降温。从冷却器流出的制冷剂与从电动机流出的制冷剂汇合到一起返回两级经济器。

油泵泵出的润滑油，经油压调节阀和油过滤器后分成两路：一路至电动机后端向止推轴承供油，另一路经油冷却器降温后润滑电动机前端的套筒轴承。油泵排出的润滑油还要送往第一级叶轮前端的前轴承。

油罐上装有两个引射器（喷射器），利用冷凝器上部的高压气体将压缩机吸气口和蒸发器制冷剂液面上方的润滑油引射回流到油罐中。

二、离心式冷水机组的喘振与反喘振

离心式冷水机组以其容量大，效率高而在大中型中央空调系统中获得广泛应用，但速度型压缩机所固有的喘振现象却给用户带来麻烦。

1. 喘振产生的机理

喘振之所以产生是因为在压缩机流道中气流流动状况恶化，产

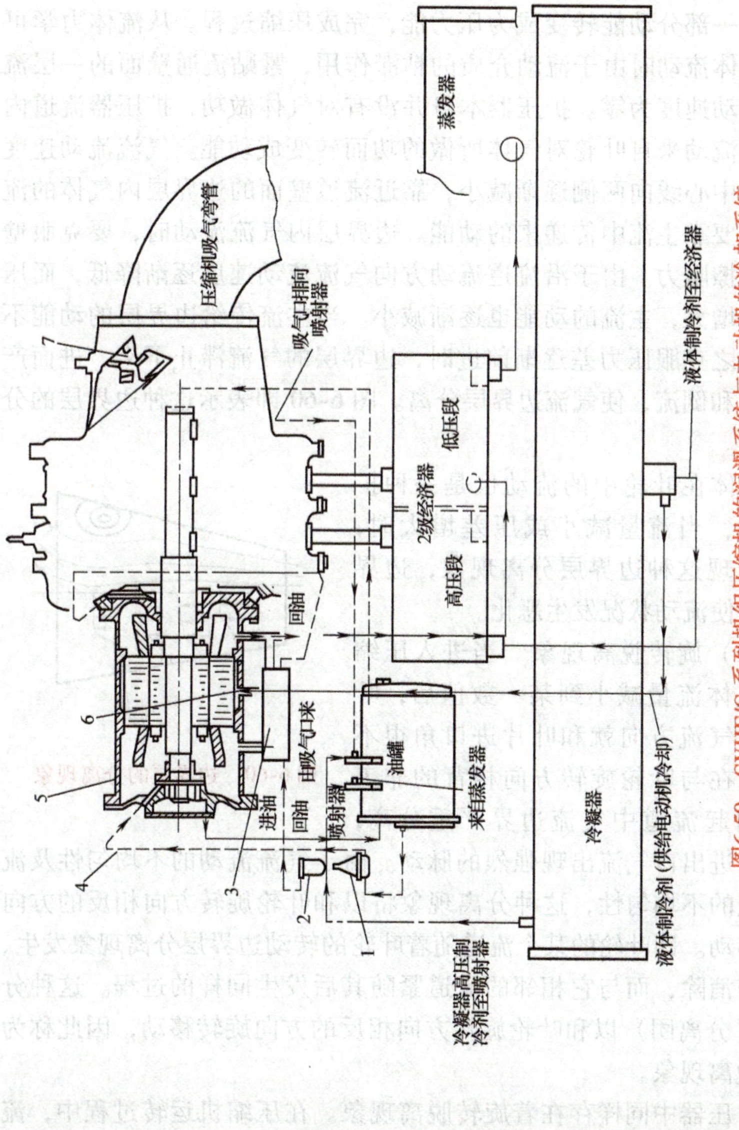

图6-59 CVHE/G系列机组压缩机的润滑系统与电动机的冷却系统

1—油压调节阀 2—油过滤器 3—油冷却器 4—供油进管 5—压缩机组合体 6—电动机制冷剂冷却进口 7—进口导叶组合体

生了边界层分离和旋转脱离现象。

（1）扩压器内边界层分离现象　如前所述，高速气流从叶轮流出后，再流经扩压器降速升压，气体流速逐渐降低，压力逐渐升高，气体的一部分动能转变成为压力能，完成压缩过程。从流体力学可知，流体流动时由于流动介质的粘滞作用，紧贴流通壁面的一层流体的流动速度为零。扩压器本身并没有对气体做功，扩压器流道内气流的流动来自叶轮对气体所做的功而转变成动能。气流流动速度从流道中心线向两侧逐渐减小，靠近流道壁面的边界层内气体的流动，主要靠主流中传递来的动能。边界层内气流流动时，要克服壁面的摩擦阻力。由于沿流道流动方向气流流动速度逐渐降低，而压力逐渐增大，主流的动能也逐渐减小。当主流传给边界层的动能不足以使之克服压力差逐渐前进时，边界层的气流滞止下来，进而产生旋涡和倒流，使气流边界层分离。图 6-60 即表示这种边界层的分离现象。

气体在叶轮中的流动也是一种扩压流动，当流量减小或压差增大时，也会出现这种边界层分离现象，边界层分离使流动状况发生恶化。

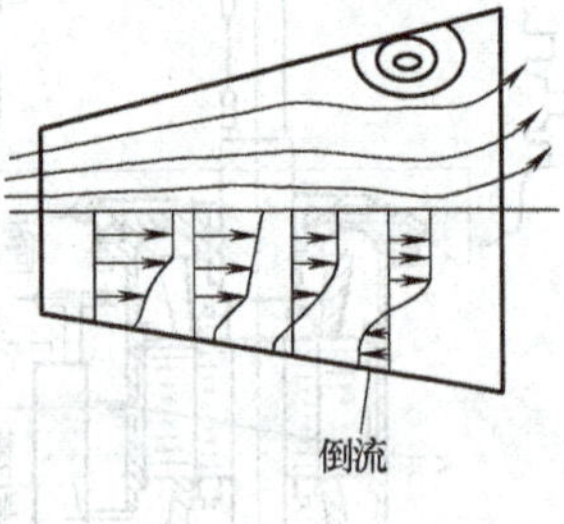

图 6-60　边界层的分离现象

（2）旋转脱离现象　当进入压缩机的气体流量减小到某一数值后，叶轮进口气流方向就和叶片进口角很不一致，在与叶轮旋转方向相背的非工作面引起流道中气流边界严重分离，使流道进出口气流出现强烈的脉动。由于气流流动的不均匀性及流道型线的不均匀性，这种分离现象将以和叶轮旋转方向相反的方向旋转移动。即叶轮的某个流道随着叶轮的转动边界层分离现象发生、发展与消除，而与它相邻的流道紧随其后发生同样的过程。这种分离区（分离团）以和叶轮旋转方向相反的方向旋转移动，因此称为旋转脱离现象。

扩压器中同样存在着旋转脱离现象。在压缩机运转过程中，流量减小达到某一数值时，流道中出现严重的旋转脱离现象，流动状况严重恶化，而扩压器内边界层分离现象会加剧这种恶化，使压缩机出口压力突然大大下降，低于冷凝器中的压力，气体产生倒流而流回压缩机中，一直到冷凝压力低于压缩机出口压力为止，倒流也相应停止，压缩机排量增大，恢复正常工作。但由于总负荷很小，压缩机的进气量小而限制了压缩机的排量，随着排量的减小，气体又产生倒流。如此周而复始地在系统中产生周期性的气流振荡现象，这种现象被形象地称为喘振。

从以上分析可知，造成喘振的直接原因是因为气流产生了严重的旋转脱离现象，而使流动状况恶化，气体产生倒流。而形成喘振的条件是压缩机进出口压力差和排气量达到压缩机的喘振点。每种离心式制冷压缩机的喘振点是由该种压缩机性能曲线确定的。

离心式冷水机组部分负荷运行时，随着压缩机导叶开度减小，压缩机的吸排气量减小，叶轮达到压头的能力减小。而与压缩机出口相连的冷凝器中冷凝压力由于冷却水温度未变而维持不变。当排气压力低于冷凝压力时，就难免发生喘振现象。

2. 喘振的后果

离心式制冷压缩机发生喘振时，将造成压缩机的损坏，并导致下列严重后果。

1）使压缩机的性能严重恶化，气体参数（压力排量）等产生大幅度脉动。

2）噪声加大。

3）大大加剧整个机组的振动。喘振使压缩机转轴承受交变动应力，强烈的振动使轴承和密封损坏，叶轮动应力也随之加大。

4）电流发生脉动变化。

压缩机在什么样的运行工况下要发生喘振，要通过对机组进行性能测试，再加上经验来判断，将不同工况的喘振点连接而成，即可得到压缩机的喘振线，如图 6-61 所示。

3. 热气旁通法防喘振原理

从图 6-61 中的喘振线可以看出，压比和负荷是影响喘振的两大因素。当冷凝压力升高或蒸发压力降低时，冷凝压力与蒸发压力的比值（即压比）增大，且达到某一极限点时便发生喘振。当负荷越来越小，且小到某一极限点时也会发生喘振。我们用冷凝压力与蒸发压力的压差 Δp 来代表压比的变化，并将 Δp 作为纵坐标。当离心式冷水机组的负荷减小时，冷水的进口温度与出口温度之差 Δt 会减小，图中的横坐标即为表示负荷大小的 Δt。一旦进入喘振工况，应立即采取调节措施，降低出口压力或增加入口流量。用热气旁通法进行喘振防护，就是靠近喘振线作出一条喘振保护线，通过控制热气旁通阀的开启或关闭，防止机组运行进入喘振工况，从而达到保护的目的。

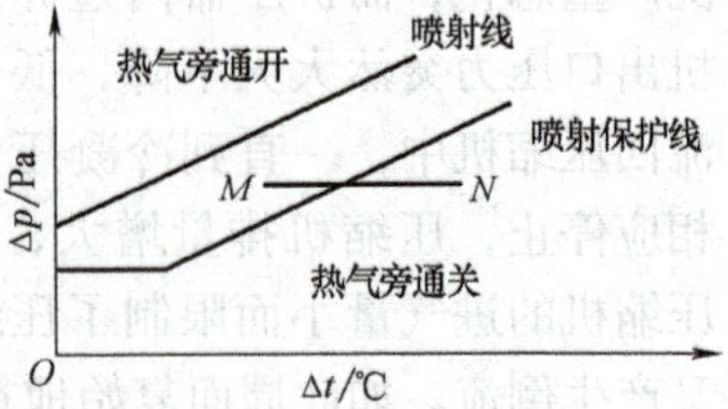

图 6-61　喘振保护工作原理

图 6-62 所示为用热气旁通法防止喘振的循环系统。从冷凝器上部连接一旁通管到蒸发器，旁通管上装有热气旁通阀。当机组的运行工况到达喘振保护点，控制系统即开启热气旁通电磁阀，使冷凝器中的部分高压制冷剂蒸气经旁通管进入蒸发器，降低了压比，同时提高了压缩机的输气量，从而避免了喘振的发生。

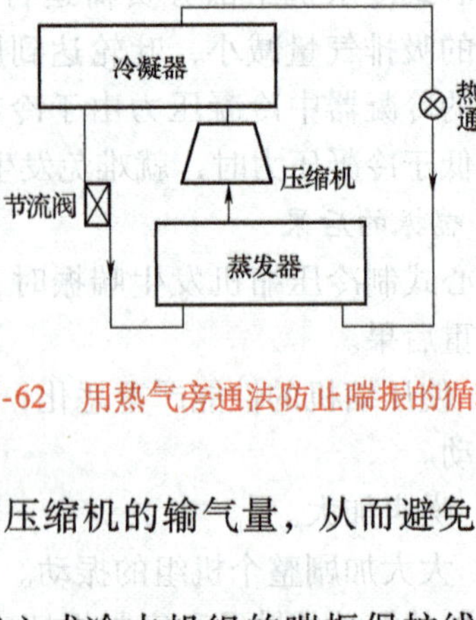

图 6-62　用热气旁通法防止喘振的循环系统

图 6-63 所示为 19XL 系列离心式冷水机组的喘振保护线。机组在喘振保护线右下方运行时，热气旁通电磁阀关闭，一旦机组的运行参数到达喘振保护线，热气旁通电磁阀即开启。

图中的参数为制冷剂 R22 时的数值。

$\Delta p_1=517\text{kPa}$ 与 $\Delta t_1=0.8517℃$ 的负载点称为最小负载点，$\Delta p_2=1272\text{kPa}$ 与 $\Delta t_2=5.6℃$ 的负载点称为最大负载点，将两点连接而成的直线即为喘振保护线。

4. 防喘振的其他措施

热气旁通法防喘振简单易行，但经济性能较差。各生产厂家均

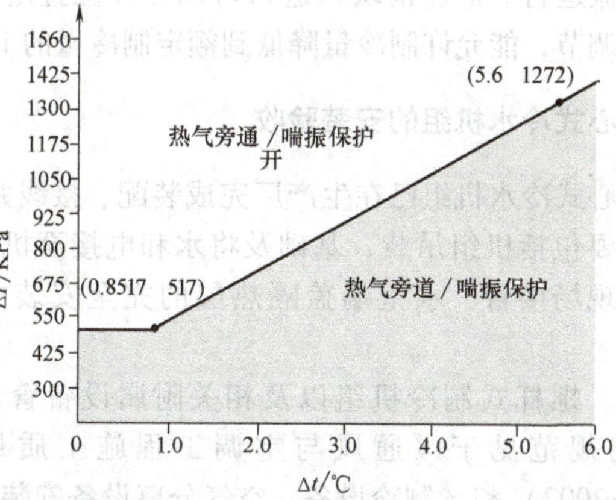

图 6-63 19XL 系列离心式冷水机组的喘振保护线

从优化设计和采取其他措施入手，力求设计并制造出喘振点相对较低的离心式制冷压缩机，扩大压缩机的稳定工作范围。

1）采用变频调速电动机驱动压缩机，增大稳定工况区域。

2）采用多级压缩在同样压比时可大大降低压缩机的转速，增大稳定工况区域。

3）采用可移动排气散流滑块。如图 6-64 所示，当负荷减小时，可移动式排气散流滑块往内侧移动，减小扩压器的通道截面积，以保持制冷剂气流的流速，防止边界层脱离现象的发生，以避免压缩

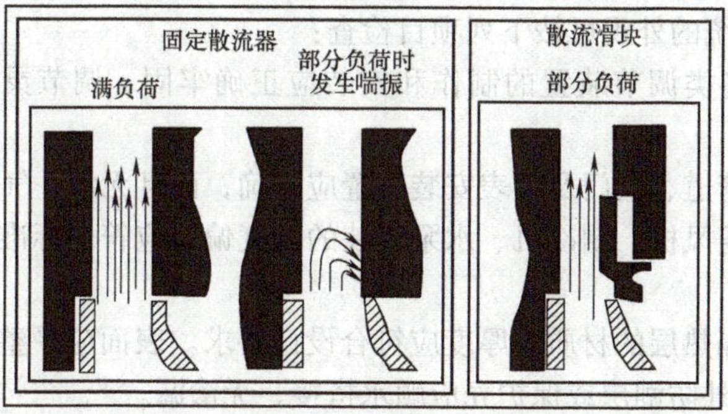

图 6-64 散流滑块的工作原理

机不稳定喘振运行。散流滑块以进口可调导叶位置定位和导叶相配合进行能量调节，能允许制冷量降低到额定制冷量的10%。

三、离心式冷水机组的安装验收

一般离心式冷水机组已在生产厂完成装配、接线并经泄漏测试。安装工作主要包括机组吊装、基础及将水和电接至机组。其中，起吊、安装、现场接管、水室端盖隔热层的完全安装由建设单位来完成。

离心式、螺杆式制冷机组以及相关附属设备管道的安装、施工和验收的规范见于《通风与空调工程施工质量验收规范》（GB50243—2002）和《制冷设备、空气分离设备安装工程施工及验收规范》（GB50274—1998）两部国家标准。

离心式制冷机的安装规定：

1）安装前，机组的内压应符合设备技术文件规定的出厂压力。

2）机组应在压缩机的机加工平面找出水平，其纵、横向水平度允许偏差在GB50243中规定为0.1/1000；在GB50274中规定为1/1000。

3）基础底板平整，底座安装应设置隔振器，隔振器压缩量应均匀一致。

两部国家标准中对离心式、螺杆式制冷机空气负荷试运转、系统试运转、工程验收等都作出了具体规定。其中，对于通风与空调工程各系统的外观可按下列项目检查：

1）各类调节装置的制作和安装应正确牢固、调节灵活、操作方便。

2）管道、阀门及仪表安装位置应正确，而且无水、气渗漏。

3）通风机、制冷机、水泵安装的精度偏差应符合标准有关条文的规定。

4）隔热层的材质、厚度应符合设计要求。表面应平整无断裂和松弛。室外防潮层或保护壳应顺水搭接、无渗漏。

5）通风与空调工程在联合试运转中，应检查系统各设备的运转情况。其运行应符合规范的有关条文的规定。

各生产厂家在相关的技术文件中对机组的基础，吊装、维修空间的预留等都作出了具体规定。

四、离心式冷水机组的运转管理

随着信息技术和控制技术的飞速发展，现在生产的大中型离心式和螺杆式冷水机组无不采用微机控制和故障诊断。操作人员通过微机控制系统的控制盘进行人机对话，起动或停止制冷压缩机，监视运行参数，设定或修改控制参数值，了解故障停机的原因，修改控制模式等。各生产厂家所采用的微机和人机界面不尽相同。下面以 YK 型机组的 CodePak 控制中心为例，介绍如何通过控制盘进行运转管理。

1. 微机控制中心

图 6-65 所示为该控制中心及其控制盘。它以一个微处理器为核心，通过控制入口导叶来控制冷水温度和限制电动机电流。控制中心的面板上有 5 组键，一个开关以及一行有 40 个字符的真空荧光显示器。

（1）字符显示器　字符显示器位于“STATUS（状态）”键的右边。在此可以看到各种信息、参数、设定值和其他数据。操作人员或维修人员与微机控制中心通过显示器进行信息交换。

（2）DISPLAY（显示）键组　通过该键组能够选择冷却水温度、冷冻水温度、制冷剂压力、油压、电动机电流限制百分比、累计运行小时等相应参数，在显示器上直接读出。

（3）ENTRY（输入）键组　这些键被用于输入操作人员编制的设定值。在编程模式时，该键组与“SETPOINT（设定值）”键配合使用。

（4）SETPOINTS（设定值）键组　这些键的用途是：

① 在任何工作模式时均能查看每一个设定值。

② 在编程模式时选择冷冻水温度、电流限值百分比、降温时间需求、时钟、每日运行安排、假日远程再设定范围、数据记录等具体设定参数。按某一键确定设定参数后，再按“ENTRY（输入）”键，设定参数值。

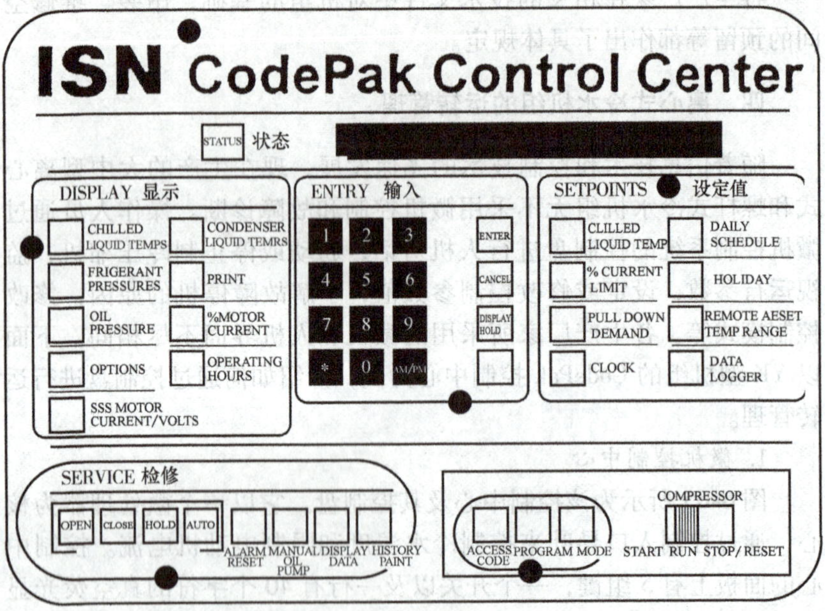

图 6-65　微机控制中心

（5）SERVICE（检修）键组　这个键组包括 8 个按键。其中 4 个键用于维修时将机组进口导叶开启、关闭、保持或置于自动控制状态。另外 4 个键用于报警、复位、手动起动油泵、显示数据或历史数据打印。

（6）MODE（模式）键组　这个键组包括三个按键和一个摇臂式开关。其中，“ACCESS CODE（存取代码）”键供操作人员输入密码以允许存取程序用，“PROGRAM（程序）”键供操作人员对控制中心编程操作，“MODE（模式）”键供操作人员检验控制中心当时正处于何种模式工作，有 4 种模式可供选择：

① Service（检修）：可手动控制入口导叶，并通过显示器读出入口导叶的动作情况。

② Local（就地）：用控制盘面板上的压机开关手动开机。

③ Program（程序）：允许操作人员进行设定值编程。

④ Remote（远程）：压缩机的起动、停止及冷冻水温度和电流

限值百分比采用远程遥控、远程再设定。

另外，COMPRESSOR-START，RUN，STOP/RESET，SWITCH（压缩机-起动，运行，停机/复位开关），它是一个3位置摇轴式开关，用于非远程模式时机组的起动、停机和运行/复位。

2. 机组的起动

（1）起动前的准备　起动CODEPAK机组前要查看微机控制中心，显示器应明确显示出“机组准备起动”。起动前应按照下列步骤做好准备工作：

1）油加热器。如油加热在停机前失电，则在机组起动前必须通电12h。如果油温低于71℉（22℃），机组起动不起来。

2）油泵。检查油泵时，通过“SERVICE（检修）”键组中的“MANUAL OIL PUMP（手动油泵）”键，油泵会运行10min。

3）入口导叶。试验入口导叶必须将起动器联锁端子跨接（检测完毕要断开）置控制盘“SERVICE（检修）”模式时，按入口导叶“OPEN（开启）”、“CLOSE（关闭）”键，对导叶的动作进行观察，动作的情况将在显示器上显示出来。检查完毕应退出检修模式，回到要求的工作模式。

4）电流限值百分比。电动机满负荷电流（FLA）值由出厂前设定好，按下“DISPLAY”键组的“% CURRENT LIMIT（电流限值百分比）”键，则显示器显示出“电流限值=100% FLA”。如设定值不是100%，则显示器会显示出编程后所设定的值。

5）所有设定值在机组起动前均应输入控制中心。时钟在起动前也必须输入正确的日期和时间。否则按如下规定：

LCWT（冷冻水出水温度）=45℉（7.2℃）

% CURRENT LIMIT=100% FLA（100%满负荷电流值）

PULL DOWN DEMAND（降温时间要求）=NONE（无）

CLOCK（时钟）=SUN 12:00AM（星期日上午12:00）

HOLIDAY（假日安排）=NONE（无）

REMOTE RESET TEMP. RANGE（远程温度再设定范围）=20℉（6.7℃）

DATA LOGGER（数据记录）=NO OPERATION（不工作）

（2）机组起动　起动机组前，首先应起动冷冻水泵，当通过蒸发器的水流量建立起来后，靶式流量开关发出信号，控制中心才允许起动机组。

拨动 COMPRESSOR（压缩机）开关到“START（起动）”位置。此开关会自动弹回到“RUN”（运行）位置（如机组事先起动过，则应先将该开关拨到“STOP/RESET（停机/复位）”位置，然后再拨到“START（起动）”位置起动机组）。

当机组停机时，入口导叶会自动关闭为下次轻载起动做好准备。

触发起动程序后，机组按下列程序自动工作，如图 6-66 所示。

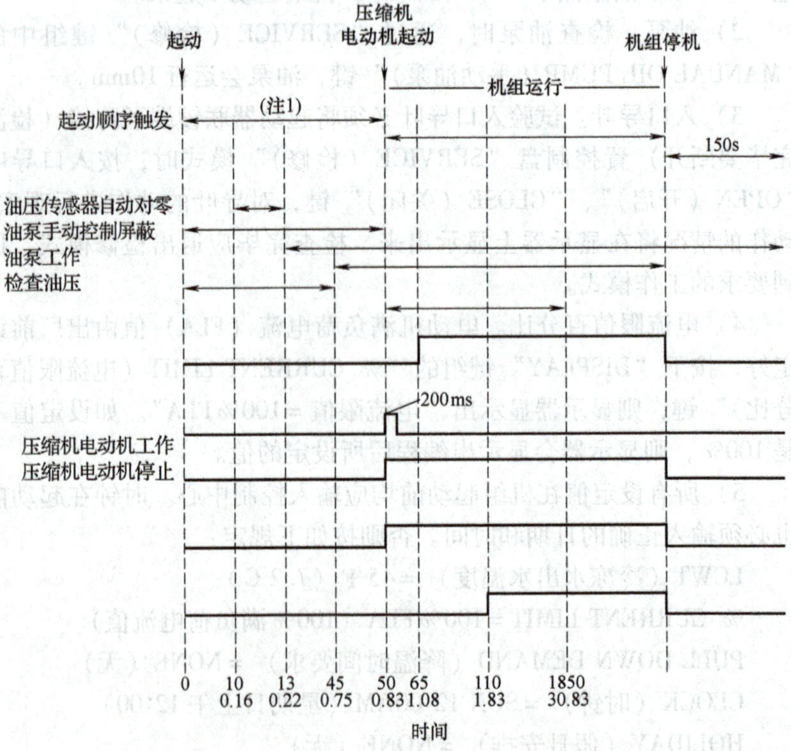

图 6-66　CODE PAK 冷水机组起动顺序与停机顺序

1）显示器上显示“起动顺序触发”信息是 50s。

2）起动时，油泵手动起动功能将被屏蔽，油压传感器有 3s 的自动对零过程，油泵有 37s 的预运转，使油循环建立油的流量，以充分对压缩机内所有轴承、齿轮及传动面进行预润滑。油泵在机组停机后继续运转 150s。控制中心在得到起动信号 45s 后，开始检查油压。

3）压缩机电动机起动后，控制中心的计时器开始计时，30min 内不允许再次起动。

4）操作人员触发起动信号 50s 后，压缩机起动运转，显示器显示“机组运行—出水温度控制”的信息。

3. 机组运行

在压缩机达到工作转速后，入口导叶开始打开，控制中心根据冷冻水出水温度对导叶进行控制。机组的产冷量随之改变，使冷冻水出水温度保持在设定值。在微机电路板的控制下，驱动器按照比例加微分规律调节导叶开度。如冷冻水温度下降，驱动器会关小入口导叶，以减小制冷量；反之，则开大入口导叶，以增加制冷量。

在机组运行期间的任何时候，压缩机电动机的工作电流都不会超过“电流限值百分比”的设定值。当电流达到 100%“电流限值百分比”相应的设定值时，入口导叶将不再开大。如果电流继续上升到该值的 104% 时，导叶会关小，直到达到限流值为止。

“SET POINTS（设定值）”键组中的“PULL DOWN DEMAND（降温时间需求）”键用于机组起动的节能。在机组起动后，由于空调负荷大，冷冻水温度高，将出现急剧降温的阶段，此时的电力需求量将很大。为了限制此阶段的电力需求量，可通过该键设定此时间段的时间和电流限值百分比，从而限制降温速率，时间最长可达 4h，电流限值百分比可以在 40%～100% 的范围内作无级设定。超过了规定时间后，电流限值控制使回到“% CURRENT LIMIT（电流限值百分比）”的设定值。

如果在入口导叶全关后负荷继续减少，则机组会被“水温过低（LWT）”控制功能触发停机，并在显示器上显示出：“星期一 10:30 上午，出水温度过低，自动停机”。

当出水温度降到比设定值低 4℉（2.2℃）或降到 36℉

(2.2℃)，达到两者中较高的一个温度值时机组就会自动停机。

4. 冷却水温度控制

CODE PAK 机组的设计在机组全年运行时，充分利用冷却塔自然冷却得到较低的冷凝温度而减少机组的能耗。对大多数工程来说不需要对冷却水实行一些附加的控制，如冷却塔旁通。CODE PAK 机组只要求冷却水温度最低不低于如下公式的计算值，即

冷却水进水温度最低值 = 冷冻水出水温度 - 冷却水温差 + 5℃ + (15 ×% 负荷值) /100

在机组起动时，冷却水进入温度可能会比原先停滞的冷冻水回水温度低 25℉ (13.9℃)。在大多数情况下，利用对冷却塔风扇的控制就足以控制冷却水进水温度。

5. 运行中的检查

机组运行时，应检查下列内容：

1) 从起动到压缩机转速达到正常前，入口导叶应一直保持关闭，以后驱动装置根据负荷情况对导叶进行调节。

2) 机组运行时，应确保油泵也在运行，即油泵指示灯要一直亮着。

3) 检查油压显示情况，如轴承油压减少 5 ~ 10PSIG (34.4 ~ 68.9kPa，在吸气压力与排气压力恒定的情况下)，表明油过滤器可能很脏。当油压降到比正常压力低 30% 时，则应更换过滤器。轴承实际油压是随压缩机吸气压力和排气压力而变化的。在新机组第一次正常满负荷工况运行时，应记录好轴承油压，该值将作为与以后参数比较的基准值。

按“DISPLAY”键组中的“OLL PRESSURE (油压)”键显示的字符信息为“油压 = × × ×. × 磅/英寸^2 压差”。

油压差为安装在压缩机机壳内急用油箱出口处的高压传感器和装在油槽的低油压传感器所测油压之差。

6. 运行工况的监视与记录

机组运行工况的监视主要通过“DISPLAY (显示)”键组中的相关键进行，这些键的操控有三种方式：

1) 按下再放开有关的显示键，此信息会在显示器上显示 2s。

2）按下且不放开有关的显示键，此信息会显示出并每0.5s校正一次，直到放开此键为止。

3）先按下再放开有关的显示键，然后再按下、放开“ENTRY（输入）”键组的“DISPLAY HOLD（显示器保持）”键，此信息会显示出并每2s校正一次，直到过了10min显示才会消失。如这中间再次按下、放开该显示保持键，显示会立即消失。

需要监视的运行参数有：

（1）油压差　通过“OIL PRESURE（油压）”键进行。同时还要检查油槽中的油位是否正常，运行时油位应位于上、下视镜之间，否则就要补充或放出一部分润滑油。

（2）冷却水进出水温度　通过“CONDENSER LIQUID TEMPS（冷却水温度）”键进行。

（3）冷冻水进出水温度　通过“CHILLED LIQUID TEMPS（冷冻水温度）”键进行。

（4）蒸发压力与冷凝压力　通过“FRIGERANT PRESSURES（制冷剂压力）”键进行。

（5）蒸发温度与冷凝温度　按下“SERVICE（检修）”键组中的“DISPLAY DATA（显示数据）”键且不放开，显示器即会显示出：

NO.1“蒸发器饱和温度＝××.×℉，冷凝器饱和温度＝××.×℉”

NO.2“排气温度＝××.×℉”，油温＝×××.×℉

NO.3“高油压＝×××.×PSIG，低油压＝××.×PSIG”

其中的冷凝器饱和温度是基于冷凝器压力传感器感受的冷凝压力而转换过来的。

（6）压缩机排气温度　压缩机正常运行时的排气温度不应超过220℉（104.4℃）。

（7）压缩机电动机的电压与电流　该参数通过起动器的仪表或显示器监视。

（8）监视警告信息　当显示器上出现“按状态键”的指示时，按下显示器左端的“STATUS（状态）”键，即可显示出当时的警告信息。

机组运行工况（温度、压力等参数），应由当班人员每隔1h或2h

作一次记录。表6-6提供了一张离心式冷水机组运行操作记录表以供参考。YK型机组可以配备一台属任选项的打印机，按下“DISPLAY（显示）”键组中的“PRINT（打印）”键就可以打印相关参数。

表6-6　离心式冷水机组运行操作记录表

年　　月　　日

气象条件：晴、阴、雨；气温：　　℃；相对湿度：　　%；记录者：

记录时间							记录时间						
压缩机	导叶开度	%					蒸发器	蒸发压力	MPa				
								液面高度	mm				
								冷水回水温度	℃				
	主轴承温度	℃						冷水回水压力	MPa				
主电机	电压	V						冷水出水温度	℃				
	电流	A						冷水出水压力	MPa				
	温升	℃						水泵 电压	V				
	输入功率	kW						水泵 电流	A				
润滑系统	油面高度	mm						水泵 排出压力	MPa				
	油箱温度	℃					抽气回收装置	起动次数	2～3次/h				
	油箱压力	MPa						抽水量	$30cm^3$				
	油泵排出压力	MPa						湿度计颜色					
冷凝器	冷凝压力	MPa											
	冷却水回水温度	℃					冷却塔风机	电压	V				
	冷却水回水压力	MPa						电流	A				
	冷却水出水温度	℃											
	冷却水出水压力	MPa					其他	制冷剂充入量	kg				
	水泵 电压	V						润滑油充入量	kg				
	水泵 电流	A											
	水泵 排出压力	MPa											
故障及其处理情况								维修人员：	时间				

冷凝器出水温度与冷凝器制冷剂出口温度之差是确定冷凝器换热管束是否脏污或结垢的重要参数。将运行中检测到的这一温度差与新机组时记录的该温度差值进行比较，如高出了4℉（2.2℃）则说明冷凝器的传热效率降低，需进行清洗。

7. 微机控制中心的编程

机组设定值在任何时候，甚至在运行时也可输入或修改。设定值有“冷冻水温度”、“电流限值百分比”、“降温时间需求”、“时钟”、“每日运行安排”、“假日设定值”、“远程再设定温度范围”等。以“冷冻水温度”设定为例，其操作步骤如下：

1）按模式键组中的“ACCESS CODE（存取代码）”键，显示出如下信息“输入正确存取代号＿＿＿”。

2）用“ENTRY（输入）”键组输入说明书提供的四位数码。

3）按“ENTRY（输入）”键，显示出“获准可以使用编程键”。

4）按“PROGRAM（程序）”键，显示出“编程模式，选择设定值”。

5）按下再放开“CHILLED LIQUID TEMPS（冷冻水温度）”键，显示器很快会显示编程信息“出水温度设定值 = ××．×℉（基值）”。

6）用“ENTRY”键组输入需要值。

7）按下再放开“ENTRY”键，即显示出“编程模式”，选择“设定值”。操作者可继续设定其他设定值。当需要的设定值全部输入完毕，按“ACCESS CODE”键，退出编程模式，显示器将显示出“编程模式功能终止”。

8. 机组设定值的查看

通过控制中心可以查寻到当时已编入程序的设定值数值。如要显示“% CURRENT LIMIT（电流限值百分比）”设定值，利用“% CURRENT LIMIT”设定值键就会显示出“电流限值 = ×××% FLA（满负荷电流）”的信息。

当控制中心在以“LOCAL（就地）或PROGRAM（程序）”模式工作时，显示值就是操作人员的编程值。若是按REMOTE（远程）模式工作，则显示值是同EMS（能量管理系统）通过远程电流限定设定值的输入所确定的设定值。

9. 机组停机

（1）安全保护性停机　机组控制系统的一个重要功能是当非正常工况出现时，保护机组免受损失。当机组运行超出预设的保护值时，控制中心将作出反映，实行安全保护性停机，显示器上会显示出“机组停机”。按下“STATUS（状态）”键，显示器即会显示出星期几、几点钟以及停机原因。安全保护性停机需要操作人员在重新起动机组前在控制中心上进行复位。当显示器显示“START SEQUENCE INITATED（起动顺序触发）”时，表明停机原因已经从存储中自动消除。

安全保护性停机的保护项目和参数有：

1）断电。

2）蒸发压力过低。机组运行过程中蒸发器压力下降到56.2PSIG（387kPa，以R22为制冷剂）或27PSIG（186kPa，以R134a为制冷剂）时，控制中心抑止导叶进一步开大，并显示出信息“机组在运行，低压限定在实施中”。如蒸发器压力进一步减小到54.3PSIG（374kPa，R22时）或25PSIG（172kPa，R134a时），机组紧急停机。

3）油压过低。机组运行时，油压差降到15PSIG（102kPa）保护性停机。

4）冷凝压力过高。冷凝器压力增大到256PSIG（1827kPa，R22）或180PSIG（1241kPa，R134a）时，紧急停机。

5）蒸发器压力传感器或温度传感器故障。如冷冻水出水温度与蒸发器饱和温度之差持续10min超出了－2.5～25℉（－19～－3.9℃）时，机组保护性停机。

6）压缩机排气温度过高。排气温度达到212℉（104.4℃）时机组保护性停机。

7）油温过高。油槽上安装的热敏电阻达到180℉（82℃）时，机组保护性停机。

8）油压传感器故障。当油压差升高到125PSIG（620kPa）时，机组保护性停机。

9）启动器故障。控制中心在压缩机起动信号未接通时，至少有10s时间探测到电动机电流值大于15% FLA，机组紧急停止起动程序。

10）排气温度传感器故障。排气温度低于30℉（-1.1℃）或排气温度传感器断路时，保护性停机。

11）辅助安全装置保护。

12）电动机相电流不平衡（只是配备固体起动器的机组有）。

机组安全保护性停机后，只有在相关参数下降到安全值或更换了损坏的传感器后，才可以重新起动机组。

（2）周期性停机 如果机组停机后显示器显示“机组停机”，按下“STATUS”键后，显示“星期几、几点钟以及停机原因”，但重新起动前不需要在控制中心上进行手动复位，当停机原因排除后，机组会自动再起动。周期性停机的主要原因有：

1）电源断电（主控板装有自动再起动程序跳线）。

2）水温过低。

3）水流开关故障。

4）系统定时运行。

5）多台机组交替定时运行。

6）内部时钟使之停机。

7）防止重复起动。

8）程序触发复位。

9）油温过低（低于12.7℃）。

10）交流电压过低。

11）线电压过低或过高（只是配备固体启动器的机组有）。

12）油温差小。

（3）关机 通过编程可使冷水机组在一天之内按设定时间自动开机和关机一次。手动停机通过控制盘上“STOP/RESET（停机/复位）”开关进行。显示器上会显示出“机组惯性停机”，此时油泵继续运转，150s后油泵停止，显示信息变换为“机组准备起动”。然后使冷冻水泵、冷却塔风机、冷却水泵停止运转。

（4）长期停机 冷水机组作长时间停机（例如过冬季），应做好以下工作：

1）用检漏仪对系统所有连接处进行检漏，排除漏点，并在停机期间定期检测系统的严密性。

2）系统闲置期间如可能遇到冰点温度，应仔细将系统中的水放掉。

3）将时钟切换到关闭的位置，以减少电池的耗电。

五、离心式冷水机组的维护保养

1. 润滑系统的维护保养

润滑系统的维护保养包括以下几方面的工作：

（1）油过滤器的更换　YK型机组的油过滤器安装在油冷却器之后，其两端都有截止阀。当油压差比新机组时的油压差降低30%时，就应及时更换油过滤器，否则应每半年更换一次。利用油过滤器进出口的截止阀在机组停机时，很容易进行这项操作。更换时，应仔细检查滤芯上是否粘有铝屑，如有则表明轴承可能出现了磨损。

（2）回油系统的维护保养　回油系统是利用冷凝器中高压气体通过引射器将蒸发器中的润滑油源源不断地引入到压缩机的油槽中，以保证油槽的油位。回油管路中的过滤器也应每半年更换一次，更换时按如下的步骤操作：

1）关闭冷凝器气体管路上至引射器的截止阀和蒸发器至干燥器的液体管路上的截止阀及干燥器出口的截止阀。

2）卸下干燥器。

3）装上新的过滤干燥器。

4）开启关闭的截止阀，检查干燥器接头处是否渗漏制冷剂。

（3）润滑油的充注和更换　YK型机组规定每年更换一次压缩机中的润滑油，如果油变黑、变稠，应随时更换。19XL系列机组推荐第一年运行后，以及以后每三年更换一次润滑油。如果每年进行油分析，换油间隔时间还可以延长。

以YK型机组为例，充注润滑油按如下的步骤进行：

1）停止机组运转。

2）如图6-67所示，将与机组配套的注油泵的吸入管浸入清洁的新油筒内，将泵的压出管接到机组油槽的注放油角阀处。当油泵泵过几行程并将连接管中的空气赶出后再拧紧注放油阀的接头，以防止空气被带入系统中。

3）打开注放油阀，将油压入机组，直到压缩机油槽中的油位大约在上视镜中间位置为止。然后，关闭注油阀，卸下手动注油泵的接管。

4）一旦完成注油工作后，立刻闭合至起动器的电源，以给油加热器通电，这样可以使油中的制冷剂浓度降到最小。

当油槽是初次注油时，应手动起动机组油泵，将油注入管道、通路、油冷却器和油过滤器。油槽中的油位因此而降低后，再利用手动注油泵添加润滑油，使油位回升到上视镜的中间位置。

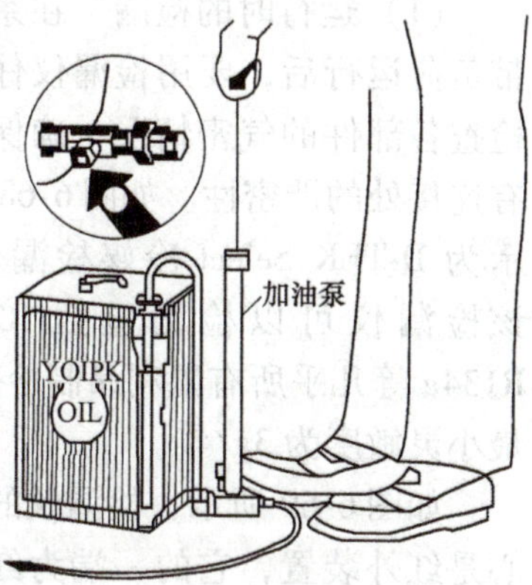

图 6-67　机组加油

2. 制冷剂充注量的检查和充注

每周都应对制冷剂的充注量进行检查。待压缩机和水泵停止运转4h后，冷凝器和蒸发器中的制冷剂压力和环境温度达到平衡，再通过蒸发器上的视液镜观察蒸发器中的液位，以液位在视液镜中部可见为宜。

当系统中的制冷剂不足时，应该利用制冷剂充注阀补充制冷剂。但当对机组抽真空干燥处理后，往系统中重新充注制冷剂时，为了防止蒸发器管束里的冷冻水结冰应先充气，即将氟瓶上部的制冷剂蒸气先充入系统，直到系统内的压力超过冷冻水冰点，即对应的压力为止。以 R134a 作为制冷工质时，此时的表压为 58.9kPa。只有超过这一压力后，才可以向系统中充入液态制冷剂。

冷水机组的生产厂家根据机组的规格及冷凝器与蒸发器容量的大小，规定了机组中制冷剂的充注量。在抽空气去湿后，向制冷系统内充注制冷剂时要按照厂家的规定进行定量充入，并记下蒸发器中制冷剂的液位，作为平时检查是否亏氟的依据。

3. 机组的检漏

机组中制冷剂量不足（亏氟）往往是由于泄漏造成的，发现这种情况后，要对机组进行检漏。

（1）运行时的检漏　在系统带负荷运行后，要用检漏仪仔细检查各部件的气密情况，确保所有连接处的严密性。如图 6-68 所示为 D-TEK Select 冷媒检漏仪。该检漏仪可以检测包括 R22、R134a 等几乎所有氟利昂制冷剂，最小灵敏度为 3g/年。

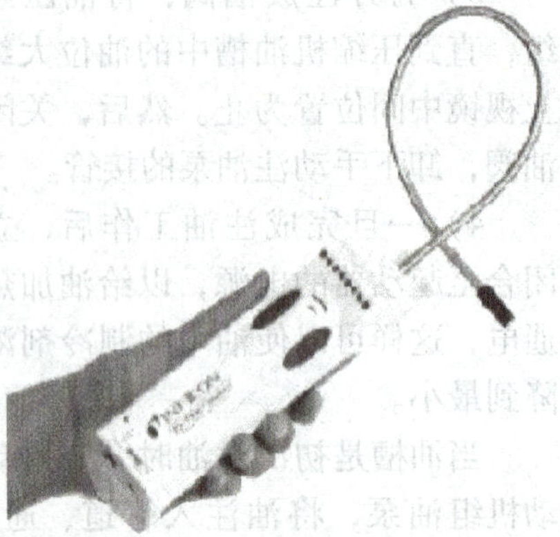

图 6-68　D-TEK Select 冷媒检漏仪

如图 6-69 所示，检漏仪的核心是红外装置，它的一端为红外发射源，另一端为红外能量检测器，两者之间是滤光器的取样单元。红外能量是电磁波能谱的一部分，大多数材料能够吸收特定波长的红外能量。在（7.5～14）$\times10^{-6}$mm 波长范围所有冷媒有相似的吸收谱图。

红外发射源产生一个包括所有红外谱波长的高强度能量的流束，这个流束通过滤光器，它阻挡除冷媒吸收波长外的所有波长。过滤的红外能量撞击检测器使它发热。当冷媒在内部泵的作用下通过取样单元时，某些红外能量被冷媒吸收，这导致达到检测器的红外能量减小和检测器温度的降低，从而触发 D-TEK Select 冷媒检漏仪报警，整个过程在几分之一秒内即可完成。

使用时将检漏仪进气口贴近检测部位，但不要接触并沿检测部位移动，遇到泄漏点时，检漏仪即发出声光报警信号。

查出泄漏点后应立即进行修补。一般来说，拧紧喇叭口接头的螺母或法兰连接的螺栓即可以解决这一问题，但如果是焊口处有泄漏点，则要将制冷剂取出或转移，方可处理。

（2）用制冷剂作压力检漏　修补焊口处的泄漏点后，给系统充入少量 R22 与干燥氮气的混合气体，就可以用电子检漏仪或卤素检

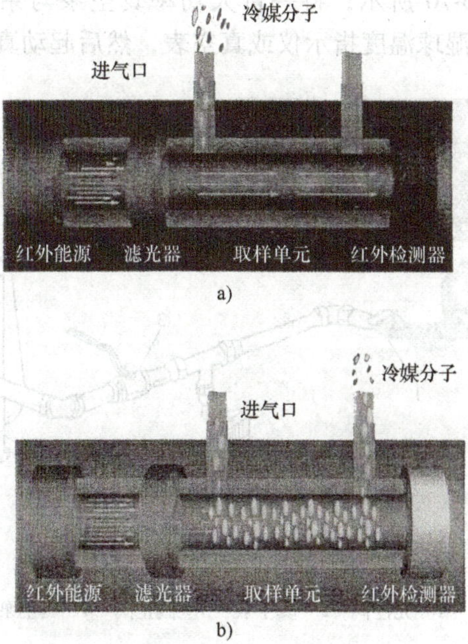

图 6-69　检漏仪的工作原理
a）未通入冷媒分子　b）通入冷媒分子

漏灯来查漏，其操作步骤如下：

① 在系统无压力时，通过充注阀向系统充入 R22，使系统内压力达到 13.8kPa（表压）。

② 将干燥氮气充入系统，使压力达到 172 ~ 344kPa（表压），要确保制冷剂已达到系统的各个部位。稍微开启注油阀，用检漏仪查验是否已有制冷剂，然后关闭注油阀。

③ 对每个接头和焊口进行仔细检查，检漏仪的移动要慢，以便有足够的接触时间。

④ 为检查冷凝器和蒸发器是否渗漏制冷剂，应打开冷凝器和蒸发器水室上的放空气孔进行检查，如果没有发现制冷剂，就可以认为管束和管板气密性良好。

（3）真空检漏和真空干燥　真空检漏的操作步骤如下：

1）如图6-70所示，将一台大功率真空泵与系统充注阀相连，管路上要配置湿球温度指示仪或真空表，然后起动真空泵。

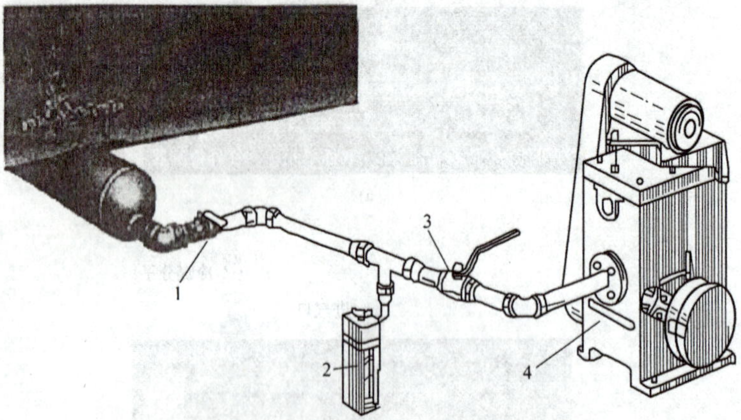

图6-70　CODE PAK冷水机组抽真空

1—充注阀　2—真空表　3—截止阀　4—真空泵

2）打开系统所有阀门，包括抽气装置和压力表的阀门，而所有与大气相通的阀门均应关闭。

3）抽真空直到湿球温度为0℃或压力为5mmHg（0.663kPa）为止，此时水的饱和温度为1.7℃。表6-7为系统压力的换算关系和相应的水的饱和温度值。

表6-7　系统压力的换算关系和相应的水的饱和温度值

表　压	绝对压力			饱和水温度/℃
mmHg	kPa	mmHg	μmHg	
0	101.325	760	760000	100.0
260.10	66.392	500	500000	88.9
560.07	26.649	200	200000	66.1
659.89	13.342	100	10000	51.1
709.93	6.674	50	50000	38.3
735.08	3.316	25	25000	25.6

(续)

表压	绝对压力			饱和水温度/℃
mmHg	kPa	mmHg	μmHg	
750.06	1.324	10	10000	11.1
753.62	0.841	6.3	6300	4.4
754.89	0.683	5	5000	1.7—冰点
757.99	0.269	2.0	2000	-9.4
759.00	0.131	1.0	1000	-17.2
759.49	0.069	0.5	500	-23.9
759.89	0.014	0.1	100	-38.9
759.94	0.007	0.05	50	-45.6
759.98	0.001	0.01	10	-56.7
759.99	0	0	0	—

4）为了使抽空干燥更彻底，可以向蒸发器和冷凝器管束中通入热水（温度不得超过51.7℃），但不要使用蒸汽。为了避免发生泄漏，温度应慢慢升高，以使管束和筒体均匀受热。

5）关闭系统充注阀以及真空计与真空泵之间的截止阀，然后令真空泵停止运转。

6）保持真空度8h后，若压力有轻微回升，则表明有泄漏或有潮气，或两者均有。如果过了8h，真空计中的湿球温度未超过4.4℃或压力未超过6.3mmHg（0.8413kPa），就可以认为系统是严密的了。

7）如果未达到上述要求，就必须再次查漏并予以补漏。

以上抽真空的方式也是系统充注制冷剂前必须进行的抽空干燥操作，此时，抽空干燥的时间取决于机组的尺寸和容积，以及真空泵的容量和效率、室温和系统中水分的含量。另外，也不一定要向蒸发器和冷凝器管束通热水，而是将系统中压力降低后，其中水的饱和温度大大低于室温，让室内热量传入系统，水分受热蒸发，潮气由真空泵抽走。

当系统中压力降低时，测试管中的水温也会下降，一直降到饱和温度为止。这时壳管中的水分开始汽化，只要汽化过程未结束，温度值就恒定不变。汽化过程一旦结束，压力和温度都会不断下降，最后降至温度 1.6℃，压力 5mmHg。达到该状态时，一般来说系统中的空气都被抽干净了，但仍有少量的残余潮气存在，为了使这些残余潮气能用真空泵抽走，就要向系统充入氮气，使之升至大气压力，这时真空计的温度又跟室温接近了，再次关闭系统的阀门，进行第二次抽真空。

依靠这种方法，可以将残余潮气抽干净，真空计的温度和压力应同时下降，最后降至温度 1.6℃，压力 5mmHg。当抽空和除湿达到厂家推荐的要求，可以向系统内充注制冷剂了。图 6-71 是两次抽真空过程中饱和温度的变化过程。

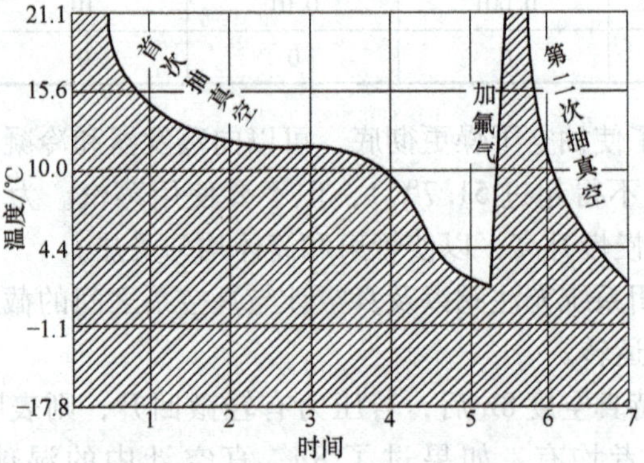

图 6-71　两次抽真空过程中饱和温度的变化过程

4. 冷凝器和蒸发器的维护保养

冷冻水和冷却水中的矿物质可能会腐蚀管束或在其表面沉淀结垢而影响传热。冷凝器与蒸发器的维护保养至少每年进行一次。其主要工作有：

1）检查与清洗水过滤器。

2）检查与清洗管束。两种沉淀会引起管束结垢。其一是灰尘和淤泥，它们会淤积在管道内而影响传热和水流畅通，可以利用铜丝刷刷洗，以清除掉脏物。具体做法是：将铜丝刷安装在长度合适的管子一端，铜丝刷上面留几个小孔；另一端与水管相连，边刷边用水冲洗。水垢是影响管子传热的第二种垢层，它们是矿物质沉淀，这些沉淀尽管很薄，甚至肉眼观察不到，但是对传热效果影响巨大。如果管路上结有坚硬的水垢，就只能请专业的酸洗人员进行酸洗，但是在酸洗之前应采用上述的方法将相对松软污物刷洗掉。

冷凝器管束中的污垢将使排气压力升高，冷凝温度升高，噪声增大，功耗增大，但这些现象也可能由于不凝性气体的存在而引起。蒸发器管束中的污垢，将引起制冷量下降，蒸发器冷冻水出口温度与制冷剂进口温度的温差增大。但系统有泄漏，制冷剂不足，蒸发器中润滑油过多，都会导致系统性能下降，制冷量减小，所以最终的判断需要打开换热器的水室检查。

3）冷凝器和蒸发器管束的检漏。冷凝器和蒸发器的管束泄漏或换热管与管板的胀口处泄漏，将导致制冷剂渗入水中或水漏入制冷剂中，这取决于两者的压力大小。如果制冷剂漏入水中，停机一段时间后可以在水室的放气管处检查出来。如果是水漏入制冷剂中，系统的效率和制冷量会很快下降。一旦管子发生泄漏，水进入制冷系统，要立即关闭冷凝器和蒸发器的水路阀门，并将水排干，以免发生严重的锈蚀和腐蚀。如果确定有泄漏现象，可利用下述方法来确定泄漏位置：

① 将水室拆掉。倾听每部分管束是否有“咝咝”声，若有则表明这部分管束有泄漏。

② 用水清洗管板和所有管子的端口。

③ 用氮气或干燥压缩空气对管子进行吹污处理，以便使泄漏通道保持畅通。然后立即用软填料，如橡皮泥或橡胶塞塞住管子的两端，对其他可疑管子也可重复上述的操作。

④ 12~14h 后，若塞子从管口一端蹦出来，则表明此处泄漏是较大的，否则要用卤素灯进行彻底的检查。如图 6-72 所示为丙烷卤素检漏灯，它由燃烧部分、丙烷液化气储存部分和供气检测管三大部分组成。使用时，微开手柄阀门，放出丙烷液化气，用火柴在点火口点燃丙烷气，使之燃烧，待到火焰上面的铜片烧红后，便可投入检漏工作。检漏前应将火焰调整到适当的亮度，以维持正常的燃烧，检漏时吸气管口应靠近要检漏的部位，然后观察火焰颜色的变

化情况，以判断泄漏发生的部位及泄漏的严重程度。

无泄漏时，火焰为淡蓝色，呈透明状。当有氟利昂气体在喷嘴处产生的虹吸作用下，与空气一起进入吸气管时，在 600～700℃ 的高温下，氟利昂分解成氯化氢和氟化氢。当这些气体接触到烧红的铜片时，与铜发生反应使火苗变成绿色，甚至紫色。进入燃烧头的氟利昂气体越多，则火焰颜色越深。

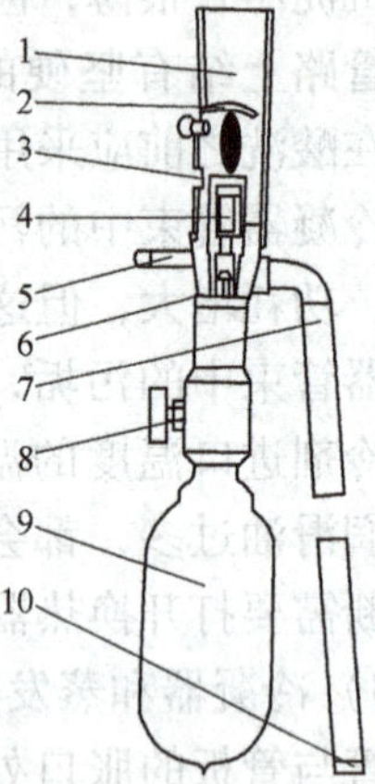

图 6-72　丙烷卤素检漏灯

1—风罩　2—铜片　3—点火口　4—燃烧头　5—手柄　6—喷嘴　7—吸气管　8—阀门　9—液化气桶　10—空气过滤网

检漏需两人共同操作，将管端塞子拿开后，一人在管子一端用风机向另一端吹风，另一人在另一端将卤素灯的吸气管伸入管子 5cm 处放置 5min，若观察到颜色由蓝色变绿甚至变紫，则可判定该管存在泄漏。

⑤给确认的泄漏管作上标记。

⑥如果管子与管板的连接处发生泄漏，可以用卤素检漏灯来检查。另外，可以用肥皂水涂刷在泄漏处，若管口周围不断冒泡，则表明该处存在泄漏。

5. 压缩机驱动电动机的维护保养

压缩机驱动电动机的维护保养应每年进行，主要包括以下内容：

1）清洁空气通路和绕组。

2）润滑滚动轴承。

3）测量电动机绕组的绝缘电阻值。在切断电动机主电路电源和压缩机电动机起动器并停机 24h 后进行，即按图 6-73 所示分别测量电动机相间和相与地之间的绝缘电阻值，并分析是否满足要求。

6. 其他维护保养项目

其他维护保养项目主要有：电控元件的检查和电气柜的清扫与检查，以及水系统的化学分析，这些工作应每年进行一次。

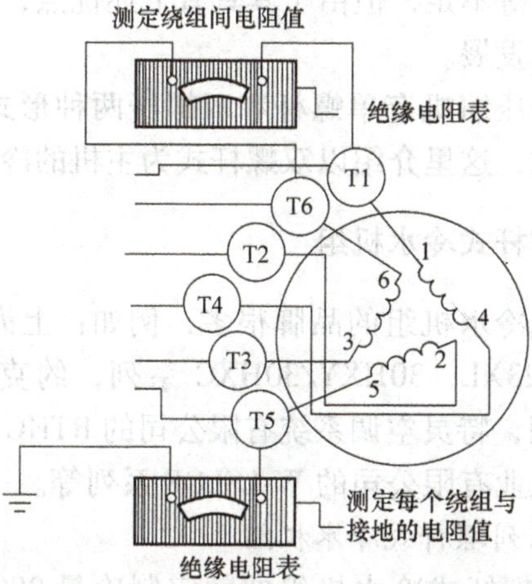

图 6-73　电动机定子绕组绝缘电阻的测定

第三节　螺杆式冷水机组

螺杆式制冷压缩机具有如下的特点：

1）与活塞式制冷压缩机相比，螺杆式制冷压缩机的结构简单，零部件数量仅为前者的1/10，且没有气阀、活塞、活塞环、气缸套、活塞销等易损零件，因此机组重量轻，运行可靠，维修工作量小。

2）运动部件少，无往复运动的惯性力，运转平稳，振动小，对基础要求低，可以将制冷机房靠近用冷地点，也可在高层建筑的楼板上放置。

3）由于无余隙容积和吸排气阀片，故有较高的容积效率。活塞式制冷压缩机的容积效率随压缩比的增大而急剧下降，而螺杆式制冷压缩机的压缩比可达20，但容积效率变化并不大，仍有较高的性能系数，因此适合作为热泵机组的主机，因为热泵运行的压缩比往往比较高。

4）冷量可在 15% ~100% 范围内实现无级调节，而且冷量在 60% ~100% 之间变化时，功率消耗几乎与制冷量按相同的比例变化。

5）单机制冷量较大。

螺杆式制冷压缩机虽然存在着润滑油系统复杂、运转噪声大、加工制造难度大等不足，但由于其具有上述优点，20 世纪 70 年代以来获得了长足的发展。

螺杆式制冷压缩机有单螺杆和双螺杆两种形式。我们日常所见的多为双螺杆式，这里介绍以双螺杆式为主机的冷水机组。

一、典型螺杆式冷水机组

国内螺杆式冷水机组的品牌很多，例如：上海一冷开利空调设备有限公司的 23XL、30HXY/30HXC 系列，约克国际有限公司的 YS、YCWS 系列，特灵空调系统有限公司的 RTHC、RTWA 系列，武汉新世界制冷工业有限公司的 W-LSLGF 系列等。

1. RTHB 系列螺杆式冷水机组

RTHB 系列螺杆式冷水机组的额定制冷量 380 ~ 1370kW，使用制冷剂为 R22，适用于大、中型冷量范围的空调系统，也可用于制冰和低温系统。该系列机组的外形如图 6-74、图 6-75 所示。

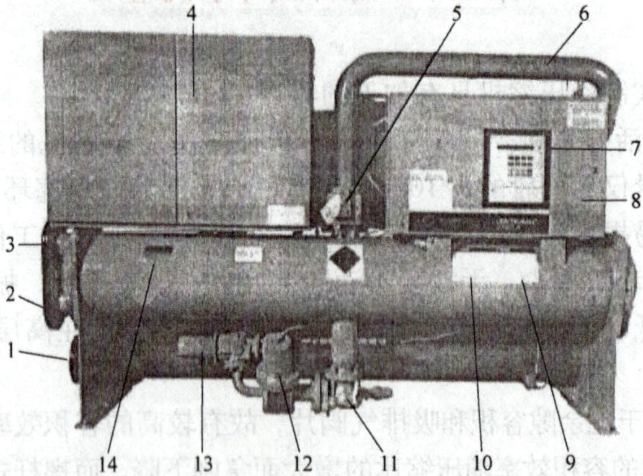

图 6-74　RTHB 系列螺杆式冷水机组外形的正视图

1—蒸发器出水口　2—冷凝器进水口　3—冷凝器出水口　4—起动柜
5—任选项冷凝器隔离阀　6—压缩机出口管　7—文字显示屏　8—机组控制箱
9—检修铭牌　10—机组铭牌　11—标准冷凝器隔离阀
12—电子膨胀阀　13—冷媒过滤器　14—冷凝器铭牌

图 6-75 RTHB 系列螺杆式冷水机组外形的后视图

1—管壳/机组支撑板 2—蒸发器进水口 3—冷凝器 4—冷凝器泄压阀 5—油分配系统 6—压缩机分油器壳体 7—压缩机铭牌 8—加载/卸载电磁阀 9—压缩机螺杆壳体 10—节能器角阀 11—电动机冷却管道 12—压缩机电节能器壳体 13—节能器储液罐 14—吊装孔 15—蒸发器 16—千斤顶位置（4 个） 17—吸气管 18—蒸发器孔板 19—蒸发器铭牌 20—蒸发器泄压阀

（1）制冷系统 如图 6-76 所示，机组制冷系统由双螺杆制冷压缩机、油分离器、冷凝器、节能器等主要部件组成。

图 6-77 所示为带节能器的两级节流系统，压缩机从蒸发器经抽气过滤器吸取制冷剂蒸气。压缩机的吸气维持了蒸发器的低压压力，使其中的液态制冷剂在 3～7℃的温度条件下强烈汽化。制冷剂汽化所需要的热量来源于蒸发器管中流动的冷媒水，水失去热量而降温。进入压缩机的制冷剂蒸气经压缩后压力和温度升高，经油分离器分离出蒸气中夹带的润滑油后，排入冷凝器，高温高压的制冷剂向冷却水释放热量后，由过热蒸气变为饱和蒸气然后发生相变。液化后的制冷剂流出冷凝器后经电子膨胀阀进行一次节流降压，流过冷媒

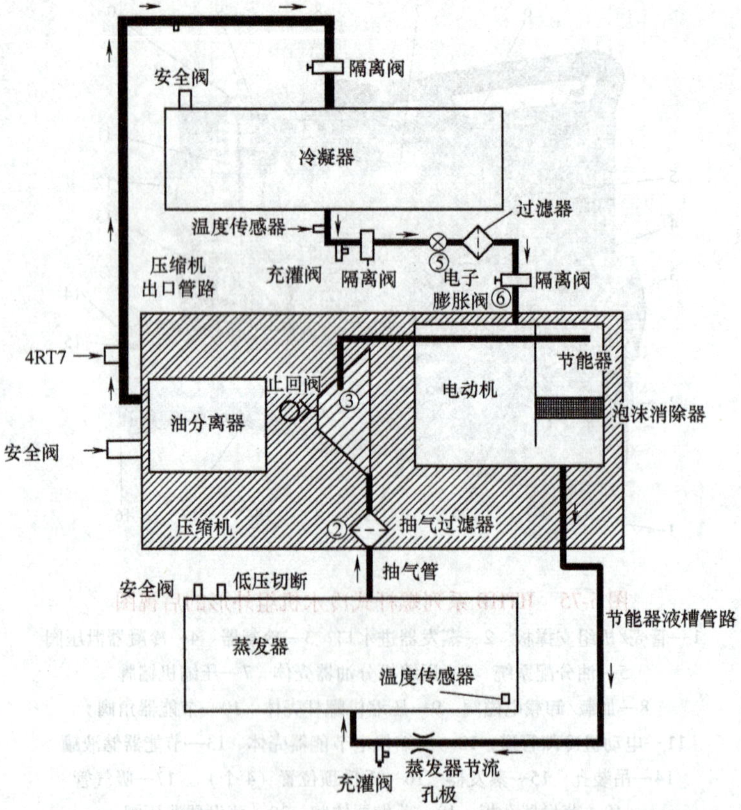

图 6-76　RTHB 系列螺杆式冷水机组的制冷系统

过滤器，沿电动机冷却管道从节能器角阀进入压缩机电动机/节能器壳体，低温液态制冷剂起到冷却电动机的作用。节能器中的压力介于蒸发器和冷凝器之间，节流过程中的闪发蒸气吸收了其余制冷剂的热量，使液态制冷剂的过冷度增加，从而减小了经节流孔板二次节流后进入蒸发器的制冷剂的蒸气含量，即减小了制冷剂的干度，提高了蒸发器中制冷剂的吸热量，使单位质量制冷量增大。节能器中的制冷剂蒸气通过泡沫消除器滤除夹带的液滴后从压缩机气缸压缩中间点的补气口进入气缸并与来自蒸发器的被压缩的气体混合，这样的系统又称为经济器两级节流制冷循环。

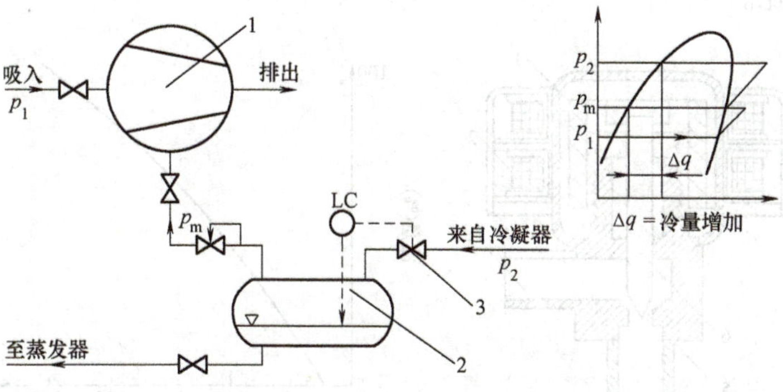

图 6-77 带节能器的两级节流系统

1—螺杆式压缩机 2—经济器 3—节流阀 LC—液位控制器

图 6-77 即为这一循环过程，其中 p_1 为蒸发器中的压力，p_2 为冷凝器中的压力，p_m 为节能器中的压力，Δq 为采用这种循环后增加的制冷量。

RTHB 系列螺杆式冷水机组独特的节能器设计，使机组的效率提高了 4%，低温液态制冷剂使电动机延长了其使用寿命，电子膨胀阀和固定式多孔节流板的复式节流装置可以更有效地控制制冷剂流量，以适应机组的负荷变化。

以上这些措施使得 RTHB 系列螺杆式冷水机组与传统机组相比，能源利用效率大大提高。

同时，随着微机控制技术的不断发展，冷水机组的控制方法已从传统的常规电器控制方法逐步发展为机电一体化控制，而且电子膨胀阀也应运而生，与传统的热力膨胀阀相比，其优点是反应快，控制灵活，可以实现更为精确的流量调节，适应的工况范围也更广。

电子膨胀阀由检测、控制、执行三部分构成。按驱动方式分有电磁式和电动式两类。电动式又分为直动型和减速型。

电动式膨胀阀由步进电动机驱动，图 6-78 所示为电动式直动型电子膨胀阀的结构和流量特性。步进电动机根据控制系统传输的脉冲信号执行动作，转矩由导向螺纹变换成阀针的直线移动，从而改变阀口的通流面积。转子的旋转角度同阀针的位移量与输入脉冲数成正比。

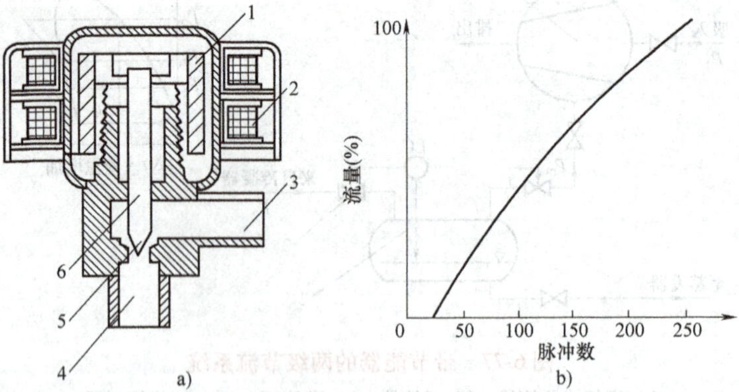

图 6-78　电动式直动型电子膨胀阀

a）结构　b）流量特性

1—转子　2—线圈　3—出口　4—入口　5—针阀　6—阀杆

电动式膨胀阀的另一种型式是减速型，其结构和流量特性如图 6-79 所示。电动机得电后转子通过齿轮组减速，再带动阀针作直线位移。齿轮的减速作用增加了输出转矩，通过较小的电磁力可获得足够大的输出转矩，所以减速型电子膨胀阀的容量范围比较大。而且，减速型电子膨胀阀的电动机传动部分可以与阀体相分离，只要更换不同的阀体就可以得到不同口径的控制阀。

电子式膨胀阀可以根据制冷剂液位变化进行动作，也可以依据制冷剂过热度进行调节，因此即可用于满液式蒸发器，也可使用干式蒸发器。电子膨胀阀能够在接近零过热度条件下平稳工作不会产生振荡，从而可以充分发挥蒸发器的传热效用。

（2）制冷压缩机　RTHB 系列螺杆式冷水机组所用制冷压缩机为半封闭式双螺杆制冷压缩机。如图 6-80 所示，它由电动机、转子和油分离器等三部分组成。

1）压缩机电动机。压缩机由二极笼型感应电动机直接驱动，这样就避免了齿轮传动带来的摩擦损失。同时，液态制冷剂通过电动机冷却管进入电动机壳顶部，对电动机进行冷却，使其效率进一步

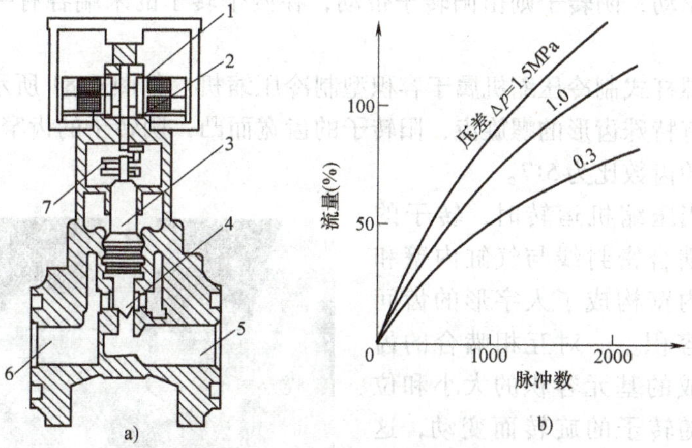

图 6-79　电动式减速型电子膨胀阀

a）结构　b）流量特性

1—转子　2—线圈　3—阀杆　4—针阀　5—入口　6—出口　7—减速齿轮

注：阀口径为 ϕ1.6mm。

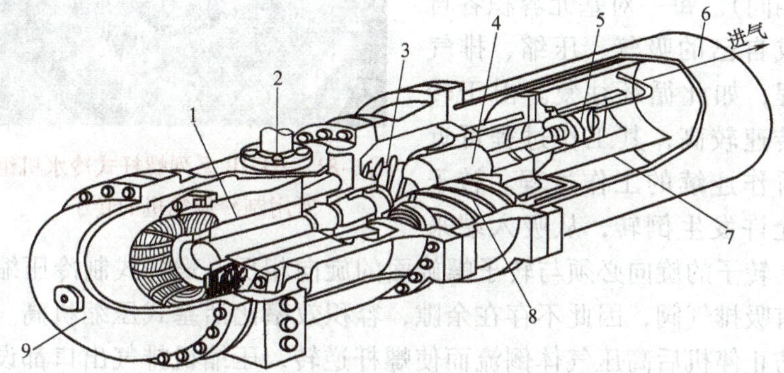

图 6-80　RTHB 系列螺杆式冷水机组所用制冷压缩机

1—电动机　2—电动机冷却（液体）管路　3—阳转子　4—滑阀　5—活塞/油缸组件　6—油分离器室　7—油分离器网　8—阴转子　9—经济器外壳

提高，使用寿命得以延长。

2）压缩机转子。除去轴承外，压缩机只有三个运动部件：两个转子（阳转子和阴转子）和一个滑阀。阳转子与电动机相联并由电动机驱动，阴转子则由阳转子带动，在两个转子的末端各有一个轴承组。

螺杆式制冷压缩机属于容积型制冷压缩机。如图 6-81 所示，转子具有特殊齿形的螺旋齿，阳转子的齿宽而凸，阴转子的齿窄而凹，两者的齿数比为 5:7。

当压缩机运转时，转子的齿槽啮合密封线与气缸内壁和端盖内壁构成了人字形的齿间基元容积。一对互相啮合的齿所形成的基元容积的大小和位置，随转子的旋转而变动，这样就形成了吸气、压缩和排气的工作过程。

另外，一对转子可以组成多个基元容积对（与阳转子齿数相同）。每一对基元容积各自完成自己的吸气、压缩、排气过程，如此循环往复。由于转子转速较高，其工作过程可近似看作连续的工作过程。转子不允许发生倒转，从吸入端来看，转子的旋向必须与转子螺旋面的旋向相反。螺杆式制冷压缩机没有吸排气阀，因此不存在余隙，容积效率比活塞式压缩机高。为了防止停机后高压气体倒流而使螺杆逆转，压缩机排气出口都设有止回阀。

图 6-81　RTHB 系列螺杆式冷水机组所用制冷压缩机的转子

由于螺杆式制冷压缩机无吸排气阀，因此其排气压力不取决于排气腔和冷凝器中的背压。当吸排气孔口确定及制冷剂选定后，排气压力也就随之确定了。

排气管道中的压力可以近似认为等于冷凝器中的压力，该压力的高低在压缩机的输气量和排气温度一定时，主要取决于冷凝器中冷却水的温度。因此，排气压力可能高于、等于或低于冷凝器中的压力。当排气压力较高时，基元容积与排气孔口相通的瞬间，基元容积中产生突然的等容膨胀过程。当冷凝器中的压力较高时，工作容积与排气孔口相连通时，排气管中的气体倒流，使基元容积中的气体由排气压力定容压缩到冷凝器压力，然后进行排气过程。前者称为过压缩，后者称为欠压缩。在过压缩和欠压缩的情况下，等容膨胀和等容压缩都是在排气孔口相连通的瞬间进行的，其通道仅为一条狭缝。因此，流出和回流入齿槽的气体速度极高，除热力损失外，还伴随着气体的流动阻力损失和噪声的增加。从功率损失而言，欠压缩优于过压缩，这是因为阻力的存在使热力损失较小，此外，螺杆的轴向力也可以比较小。

从转子型线、加工制造、安装和安全运行等角度来看，螺杆式压缩机必定存在着端面间隙、齿顶间隙、螺杆齿面的啮合间隙（俗称泄漏三角形），因而必然会产生内泄漏，影响到压缩机的实际输气量及效率。为了减少泄漏，首先要设计出高效率的螺杆型线，以减少基元容积较高压力侧向较低压力侧的气体泄漏，增大输气量，提高效益和减小噪声。RTHB 系列螺杆式冷水机组的压缩机通过转子螺旋型线的精确设计和 5∶7 的齿数比，使运转平稳，保证了在满负荷和部分负荷时都有较高的效率。转子运转时存在很大的径向力和由排气端指向吸气端的轴向力。该压缩机采用了 5 级航空轴承，从而保证了阴阳转子间具有极小的间隙，因此在机组寿命期间不需更换轴承。

3）油分离器和润滑油系统。润滑油系统对螺杆式制冷压缩机正常运行至关重要。润滑油在螺杆式制冷压缩机中具有以下作用：

① 在阳转子与阴转子之间，转子和气缸壳体之间形成油膜，虽然油膜为转子提供了润滑作用，但它的主要作用是密封转子和转子啮合线、转子和气缸内壁之间的缝隙，以减少压缩过程中高低压腔之间的泄漏。

② 冷却被压缩的制冷剂气体。油进入压缩机后，吸收制冷剂气体被压缩过程中产生的热量，降低排气温度。

③ 润滑支承阴阳转子的轴承。

④ 利用油压差作为驱动油活塞的动力，调节滑阀位置，以实现

能量调节。

⑤ 减小运转过程中的振动和噪声。

图 6-82 所示为 RTHB 系列螺杆式冷水机组压缩机的供油系统。

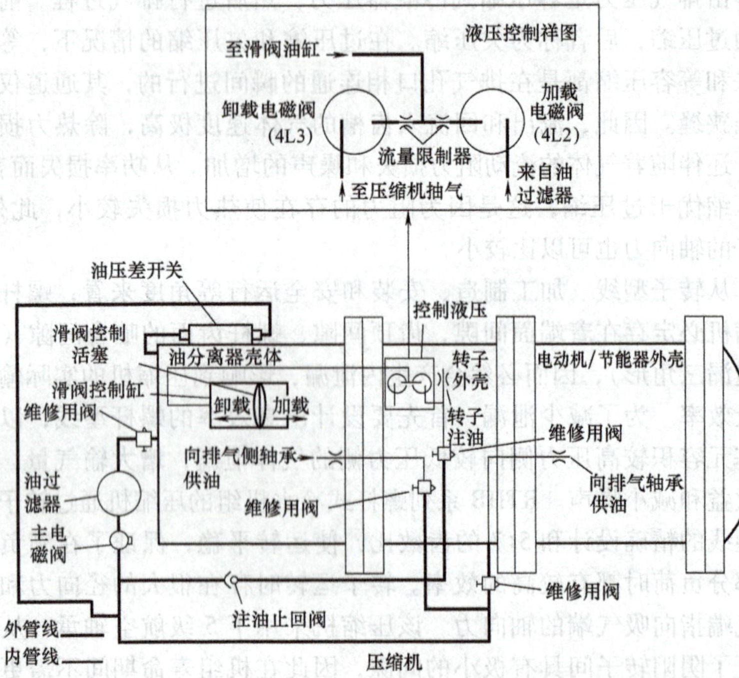

图 6-82　RTHB 系列螺杆式冷水机组压缩机的供油系统

螺杆式制冷压缩机的喷油点一般在气体吸气结束、压缩开始的位置。由于喷油口位于压缩机转子段的顶部，喷入的油与被压缩的气体发生混合，并且随压缩后的气体排入油分离器。如图 6-82 所示，油分离器水平放置，其形状是一个圆周为螺线形通路的多孔圆筒，相当于一个油分离筛网。当制冷剂和油的混合物被旋转排入该螺旋形通路时，油即被甩向圆筒壁而集聚于圆筒壁上，并经过圆筒壁上的孔流到圆筒壁外面。油在圆筒壁外表面积聚，然后离开圆筒壁，汇集于位于油分离器壳体底部的储槽。被压缩后的气体制冷剂除去油滴后，被排入冷凝器。

从储槽底部流出的润滑油在压缩机排气侧与压缩机吸气侧的气体压差的作用下，经压缩机外部的油管流经维修用阀、油过滤器、主电磁阀、注油止回阀送往压缩机转子端的喷油口和能量调节用控制电磁阀，另一路则分别送往排气侧和吸气侧轴承。主电磁阀出口管路上还引出一根支管至油压差开关。

（3）滑阀能量调节装置　滑阀调节是螺杆式制冷压缩机使用最为广泛的一种能量调节方式。

如图 6-83 所示，RTHB 系列螺杆式冷水机组的滑阀位于阴阳转子的上方，其靠近转子的一面与两螺杆外圆柱面相配合，另一面与气缸内表面相配合。滑阀靠近排气孔口的一侧为滑阀后端，另一端为滑阀前端。滑阀后端开有径向排气孔口。滑阀调节机构由滑阀、固定端、油缸、活塞和电磁阀组成。控制系统根据吸气压力或被冷却介质温度的变化使滑阀沿螺杆轴向方向移动，从而改变了螺杆的有效工作长度，进而使压缩机的输气量增大或减小。螺杆的有效工作长度越短，实际输气量就越少，一般螺杆式制冷压缩机可在 15% ~100% 之间进行无级能量调节。

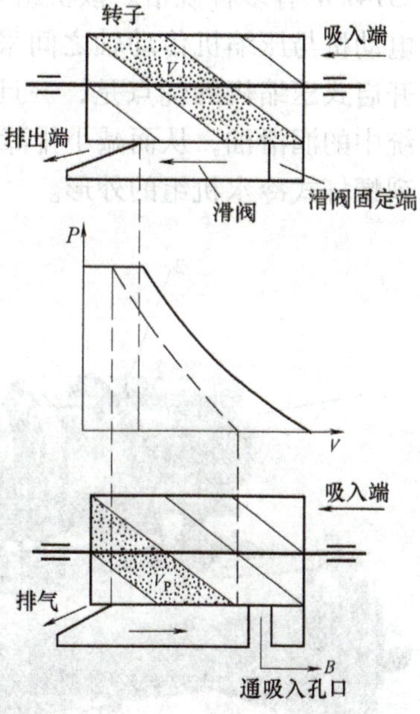

图 6-83　滑阀能量调节原理

滑阀的移动可以通过两个两位两通电磁阀进行控制。当压缩机需要加载时，图 6-82 中的加载电磁阀（4L2）得电开启，来自油过滤器的高压油流入滑阀控制油缸，推动油缸内的活塞向吸气侧移动，活塞通过活塞杆带动滑阀靠近固定端，减小回流口增加压缩机输气量。压缩机卸载时，卸载电磁阀 4L3 得电开启，图 6-82 所示的油缸左腔通过卸载电磁阀与压缩机吸气侧相通，油缸右腔中的弹簧推动活塞向另一侧移动，增大回流口的开度以减小压缩机的输气量。活塞移动时，油缸左腔中的油流往压缩机吸气侧的低压区。

当螺杆式压缩机在部分负荷运行时，其转子基元容积内压缩终了的压力将低于满负荷运行时内压缩终了的压力。这是由于减载运行时螺杆的有效工作长度缩短，实际吸入气体量减小，内容积比相应减小的缘故。

2. 约克 YS 系列螺杆式冷水机组

约克 YS 系列螺杆式冷水机组以 R22 为制冷剂，制冷量从 440～2374kW 有多种规格。该机组采用开启式双螺杆制冷压缩机为主机，电动机与压缩机传动轴之间采用柔性金属圆盘式联轴器联接。采用开启式压缩机的优点是，一旦电动机烧毁，也不会污染制冷循环系统中的润滑油，从而减小排障维修的工作量。图 6-84 所示为 YS 系列螺杆式冷水机组的外形。

图 6-84　YS 系列螺杆式冷水机组的外形

1—电动机　2—联轴器挡板　3—压缩机　4—油分离器　5—控制中心　6—冷凝器　7—蒸发器　8—注油阀　9—过滤器　10—视镜

（1）制冷系统　图 6-85 所示为 YS 系列螺杆式冷水机组制冷系统和润滑油系统的工作流程。

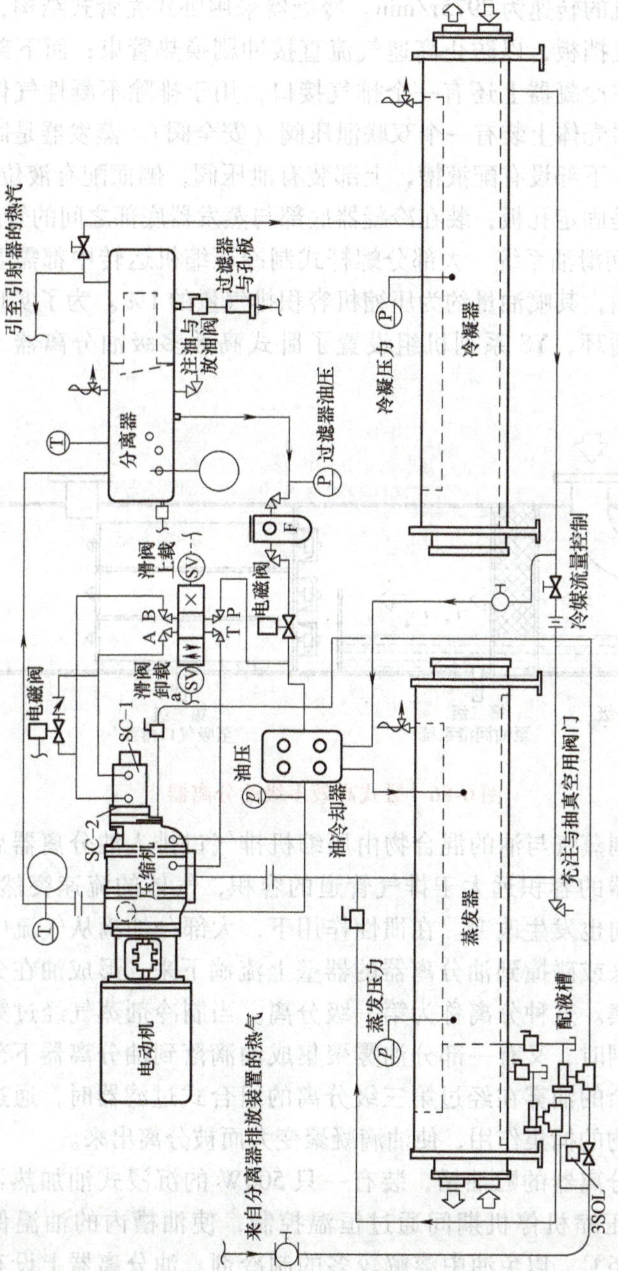

图6-85 YS系列螺杆式冷水机组制冷系统和润滑油系统的工作流程

压缩机的转速为2975r/min。冷凝器采用卧式壳管式结构，其上部设有排气挡板，以防止高速气流直接冲刷换热管束；而下部设有过冷器，在冷凝器上还有一个排气接口，用于排除不凝性气体；同时，冷凝器壳体上装有一个双联泄压阀（安全阀）。蒸发器是卧式满液式结构，下部设有配液槽，上部装有泄压阀，侧面配有液位视镜。节流装置是固定孔板，装在冷凝器底部与蒸发器底部之间的管路上。

（2）润滑油系统　大部分螺杆式制冷压缩机运转中都需要喷大量的润滑油，其喷油量约为压缩机容积排气量的1%。为了实现润滑油的正常循环，YS系列机组设置了卧式高效多级油分离器，如图6-86所示。

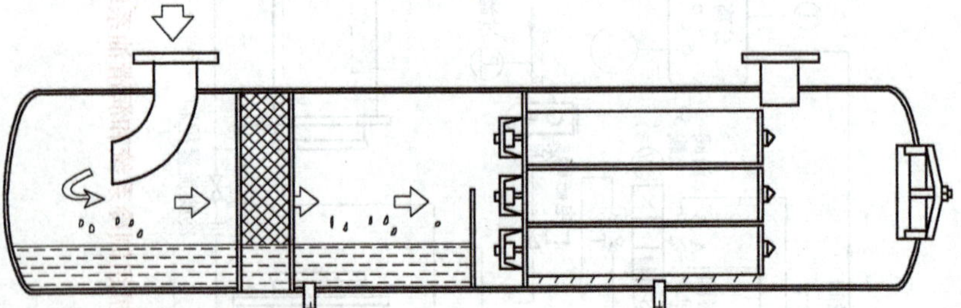

图6-86　卧式高效多级油分离器

制冷剂蒸气与油的混合物由压缩机排气口排入油分离器后，由于油分离器的容积远大于排气管道的容积，气体的流速突然下降，气流的方向也发生改变。在惯性作用下，大部分油滴从气流中分离并沉降下来或碰撞到油分离器的器壁上流淌下来，形成油在分离器底部的聚集。这种分离称为第一级分离。当制冷剂蒸气经过第二级分离的筛网时，又有一部分油雾聚集成油滴落到油分离器下部的贮油室。残余的油雾在经过第三级分离的组合式过滤器时，通过过滤器中填充物的捕集作用，使油滴凝聚变大而被分离出来。

在油分离器的贮油槽，装有一只500W的沉浸式油加热器。油加热器在压缩机停机期间通过恒温控制，使油槽内的油温保持在32.2～40.6℃，以免油中溶解较多的制冷剂。油分离器上设有用于观察油位的视油镜和显示油温的温度表。

油分离器贮油槽中的油在压缩机排气压力和吸气压力之差的作用下，经过油过滤器、油冷却器，再送往压缩机。油过滤器中有一个滤孔大小为 15μm 的滤芯，其进出口处装有手动截止阀，以便滤芯脏污后进行更换。油冷却器为板式换热器，以制冷剂作为冷却介质。从冷凝器来的液流经节流后引入油冷却器吸收油的热量后，再进入蒸发器。传统的螺杆式制冷压缩机通过专门设置的油泵为油循环提供动力，而现在多利用压缩机吸、排气压力差来实现油的循环。YS 系列机组压缩机转子轴承处也有一个油槽，它在机组起动、停机以及电源故障时为轴承提供润滑。电磁阀的作用是压缩机停机时断电关闭，防止油从油分离器内泄出，也防止油流向可移动的滑阀。油分离器第三级分离后收集的少量油通过排油阀手动控制经过过滤器和孔板与压缩机的放油管回到压缩机。

虽然通过油分离器使压缩机排气中的绝大部分润滑油得到分离，但仍会有少量的油随制冷剂流入蒸发器。由于蒸发器中的温度较低，制冷剂与油的互溶比例下降，一部分油会从液态制冷剂中析离出来。油的密度比制冷剂液体低，故蒸发器中液态制冷剂上层会形成富油层，从而影响蒸发器的传热效率。机组在富油层位置可以设置引射器吸口，通过从油分离器排气管引一股热气流将进入蒸发器的油引射而出并送入压缩机与蒸发器之间的吸气管。当压缩机低负荷，低压头运行时，蒸发器内汽化后的制冷剂因流量减少而流速降低，蒸气中夹带的油雾会聚积在蒸发器吸气挡板上。另外一个引射器的作用是将这部分油送回压缩机。当压缩机的能量调节滑阀位置小于 17% 时，电磁阀（3SOL）通电打开，高压气流送入引射器，将油引出并直接送至压缩机内。

（3） 能量调节装置　YS 系列机组同样采用滑阀作为能量调节装置。滑阀长度大于转子长度，由排气腔的壳体来支撑滑阀，保证滑阀与转子间的间隙极小且不接触，这就避免了滑阀由转子支撑造成的磨损，从而延长了机组的使用寿命。

滑阀的移动由一个双作用三位四通电控液压换向阀控制。所谓双作用是指换向阀有两个电磁铁驱动阀芯移动换位。阀有 4 个接口，其中P口接高压油，T口通往压缩机的低压区。A口和B口通过油管连接到油缸的卸载接口SC-1和加载接口SC-2。SVa电磁铁得电时高压油经阀内部的通路由P口至A口再送至SC-1口推动活塞移动卸载，活塞另一侧油缸里的油则经阀的B口至T口再进入压缩机的低压区。反之，SVb电磁铁得电时，阀的P口与B口相通，A口与T口相通，实现加载。当两个电磁铁都不得电时，4个口均不相通，滑阀位置保持不动。图6-87所示为YS系列螺杆式冷水机组的双作用油缸及其连接油管的工作原理。

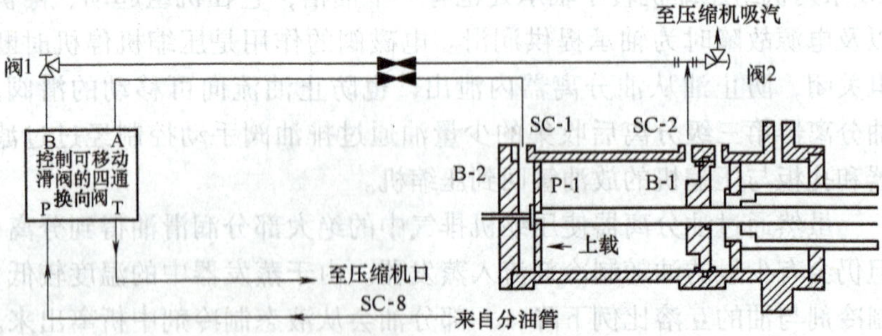

图6-87　双作用油缸及其连接油管的工作原理

SC-1—滑阀卸载口　SC-2—滑阀口　P-1—滑阀活塞　B-1和B-2—固定缸封头

（4）机组的安全保护　YS系列机组采用微机控制中心对机组的运行进行控制和监护。机组运行时的参数被敏感元件或传感器所感受并显示在液晶显示屏上。当运行参数发生异常时，机组实施保护性停机，可以防止发生损坏性故障。机组主要的保护项目有：

1）高低压保护。当系统因为冷凝器中存在不凝性气体，管束过脏或结垢，冷却水流量不足而造成排气压力达到1.8MPa（相当于冷凝温度49℃）时，高压安全保护控制器动作，机组实施保护性停机。一旦压力下降到1.4MPa后，可重新起动。当制冷剂充注量不足，孔板节流口受堵，蒸发器管束过脏或受堵，负荷过小时，吸气压力将会降低，当蒸发器压力传感器测得机组低压压力下降到364kPa（相当于−2℃的蒸发温度）时，机组实施保护性停机。

2）油压保护。向压缩机正常供油是机组运转的必要条件。采用压差供油的螺杆式机组，油压必须高于蒸发压力一定值，才能保证油系统正常循环。当油分离器中的油加热器损坏或油槽管道内存在油泡沫时，可能会造成油压过低。当油压与蒸发压力之差小于103kPa时，机组会保护性停机。但是，当压缩机刚起动时，由于高压尚未建立起来，油压会比较低，所以，在压缩机起动后的前90s内，该检测过程被遮蔽。

3）油过滤器压差保护。油过滤器脏污后会造成油流经过滤器的阻力损失增大，当过滤器前后的压降连续5s超过172kPa时，机组会出现保护性停机。

4）油温保护。油温升高后，油的粘度降低，难以在摩擦表面形成足够厚的油膜而影响油的润滑、密封、冷却等功能。热敏电阻用于测量油温，如温度达到77℃时，机组将出现保护性停机。

5）排气温度保护。冷凝器管束过脏或结垢、冷却水温度过高等原因将造成压缩机排气温度过高，当热敏电阻检测到排气温度达到100℃时，机组实施停机保护。

6）冷水温度保护。冷水温度低于0℃可能造成蒸发器冻结的危险。当冷水出水温度低于设定值2.2℃或水温下降低到2.2℃时，表明系统的负荷低于最小产冷量，压缩机将自动停机。当水温达到设定值时，机组会自动再次起动。

7）水流量保护。蒸发器与冷凝器中水流量不足，将影响机组的正常运行，甚至造成蒸发器冻结而破坏。在机组出水管路上装设靶式流量开关，可以保证只有在水流量足够时，压缩机才能起动运行。

此外，机组还设有油分离器油位过低、供电电压过低、传感器故障等保护措施。

3. 开利风冷螺杆式机组

风冷式冷水机组的工作流程与水冷式机组大致相同，所不同的是水冷式机组的冷凝器采用壳管式换热器，而风冷式机组的换热器采用翅片管式换热器。冷水机组的效率与冷凝温度密切相关。蒸发温度相同时，水冷式机组的冷凝温度取决于室外空气的湿球温度，而风冷式机组的冷凝温度取决于室外空气的干球温度。在室外干球温度下降时，风冷式机组可大幅度降低耗电量。在满负荷状态下，风冷式机组耗电量大于水冷式机组，但由于风冷式机组在室外干球温度下降时，耗电量可大大降低，因此，其全年耗电量并不比水冷式机组高多少。风冷式机组不要配水泵、冷却塔等设备，初期投资少，运行方便。随着建筑的供暖方式向多样化发展，热泵技术得到很大发展和应用。

风冷式热泵冷热水机组中压缩机至少要能在蒸发温度 -15 ~ +15℃，冷凝温度 65℃以下的条件下正常工作。在很低的环境温度下，采用 R22 作制冷剂，压缩机的压缩比较高，排气温度也较高。机组要在如此宽广的温度范围内工作必然会在某些环境温度下系统中出现过多的制冷剂，这些液态制冷剂很容易进入压缩机，造成压缩机的湿压缩。由于风冷螺杆式制冷压缩机能适应大压缩比的苛刻工作范围，对湿压缩不敏感，有良好的输气量、调节特性和热力性能，将逐渐成为热泵式冷热水机组的理想主机。

开利风冷螺杆式冷水机组有 30GX，风冷螺杆式热泵机组有 30SHA、30SHP、30SHB 等型号。它们的共同特点是采用两台或两台以上的压缩机并列运行，因此也称为多机头机组。由于绝大多数空调用冷水机组在不同季节或每天不同时间段负载变化很大，多机头机组可以根据负载需要调节投入运行的压缩机台数，能大大提高冷水机组在部分负荷下运行的效率。多机头机组所用螺杆式制冷压缩机多为半封闭式小型化压缩机。

（1）开利 06N 螺杆式制冷压缩机　图 6-88 所示为开利 06N 半封闭式螺杆式压缩机。该机专为采用 R134a 的制冷系统设计。其最大特点是采用增速齿轮，压缩机与电动机并列布置，通过齿轮增速，结构紧凑，体积小巧。由于转子尺寸的减小，减小了压缩机内高低压侧的泄漏，提高了效率。另外，通过改变增速比，可以获得不同排气量规格的压缩机，便于组织生产和零配件供应。

该压缩机采用柱塞式卸载方式进行能量调节，具有结构紧凑，无内部损失的特点，与采用滑阀式调节机构的压缩机相比，轴向尺寸缩小，有利于减小机组尺寸，使结构更紧凑。

图 6-89 所示为开利 06N 半封闭式螺杆式压缩机组柱塞式能量调

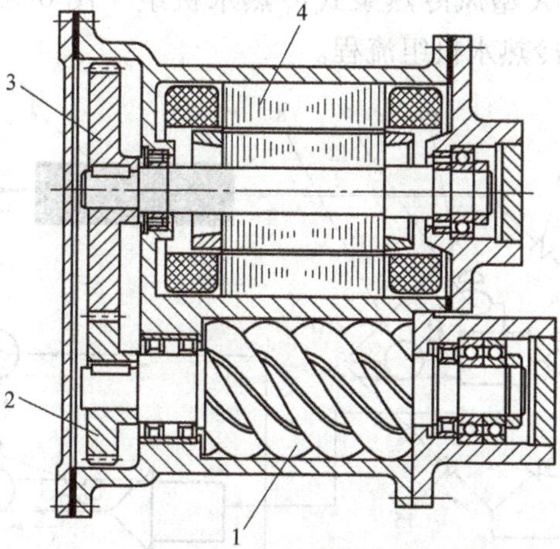

图 6-88 开利 06N 半封闭式螺杆式压缩机

1—转子 2—增速小齿轮 3—增速大齿轮 4—电动机

节机构的工作原理。在转子座上沿螺杆轴向的某一特定位置上，开设一条旁通通道，柱塞的前端面形状为圆柱形气缸形状的一部分。当机组满负荷运行时，柱塞前端面与螺杆紧密配合。当需要减少输气量时，使柱塞打开，基元容积内的一部分制冷剂气体就旁通到吸气口。柱塞在旁通通道内的移动一般通过电磁阀控制以油压作为动力实现。一般对应阴、阳螺杆各有一个柱塞。

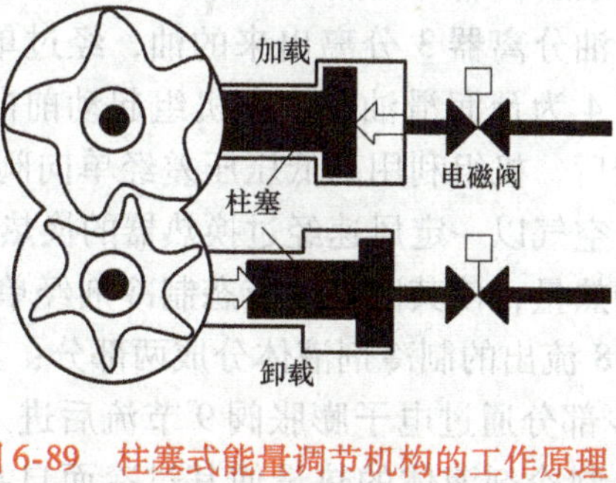

图 6-89 柱塞式能量调节机构的工作原理

柱塞式能量调节属于有级调节，每一个柱塞对应于一级卸载。开利 06N 制冷压缩机有两个柱塞，两级卸载分别为 40%、70%。

（2）30SHA 型风冷热泵式冷热水机组　图 6-90 所示为 30SHA 型风冷热泵式冷热水机组流程。

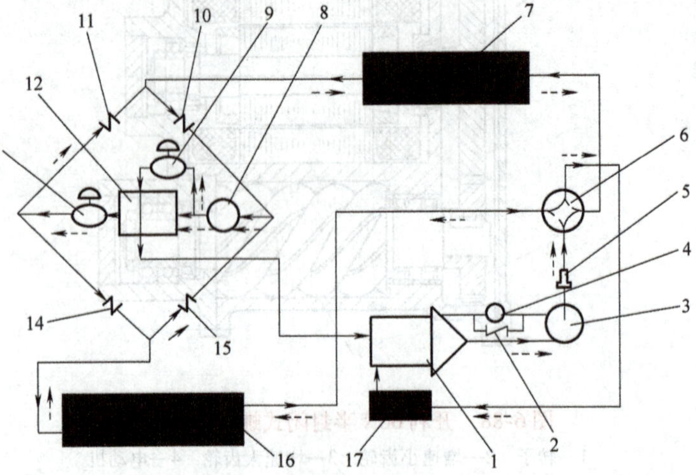

图 6-90　30SHA 型风冷热泵式冷热水机组流程

—→制冷　- -→制热

1—压缩机　2、10、11、14、15—单向阀　3—油分离器　4—油泵
5—背压阀　6—四通换向阀　7—盘管　8—贮液器　9、13—电子膨胀阀
12—经济器　16—壳管式换热器　17—气液分离器

1）制冷运行。压缩机 1 排出的高压、高温制冷剂气体，经油分离器分离出润滑油后，制冷剂蒸气经背压阀 5 到四通换向阀 6，进入风冷式冷凝器。油分离器 3 分离出来的油，经过单向阀 2 返回到压缩机 1 中。油泵 4 为预润滑油泵，在机组起动前向压缩机供油预润滑，压缩机运转后，机组利用高低压压差经单向阀 2 形成油的循环。在风机作用下，空气以一定风速经过换热器的换热盘管 7，吸收盘管内制冷剂蒸气的热量，使其液化。液态制冷剂经单向阀 10 进入贮液器 8，从贮液器 8 流出的制冷剂液体分成两部分：其中较大部分进入经济器 12，很少部分通过电子膨胀阀 9 节流后进入经济器，吸收进入经济器的其余制冷剂液体的热量使其过冷而自身汽化，汽化的制冷剂蒸气进入压缩机。有一定过冷度的制冷剂液体通过电子膨胀阀 13 节流降压，再经过单向阀 14 进入壳管式换热器 16，制冷剂吸收

冷水的热量后汽化，通过四通换向阀 6 进入气液分离器 17，制冷剂蒸气再被吸入到压缩机中而完成制冷循环。

2）制热运行。制热运行时，翅片管式换热器的作用是蒸发器，而壳管式换热器 16 的作用是冷凝器。四通换向阀通过切换使制冷剂沿虚线箭头运行。压缩机排出的高温、高压制冷剂蒸气通过四通换向阀首先进入壳管式换热器 16 放出热量，使流经换热器的水温升高，冷凝后的液体制冷剂经单向阀 15 进入贮液器 8 然后分成两股通过经济器 12，经济器的作用就是使制冷剂过冷，过冷后的制冷剂液体经电子膨胀阀 13 节流后再经单向阀 11 进入换热盘管 7 并在其中汽化，汽化时吸收的热量来自于室外环境中的空气，汽化后低温、低压制冷剂蒸气经四通换向阀再回到压缩机吸气口完成制热循环。通过制冷剂的循环变化，室外环境中的低品位热能被转移到室内环境中释放出来，就像水泵可以将低处的水送往高处，热泵将低温环境中的热能送往高温环境。

根据我国制订的风冷热泵冷热水机组的标准，机组的额定制冷量是指环境空气温度 35℃，出水温度 7℃，回水温度 12℃时的制冷量。机组的额定制热量是反映环境干球温度 7℃，湿球温度 6℃，出口水温 45℃，回水温度 40℃时的制热量。在实际运行中由于环境温度不同和水温不同，机组的制冷量、制热量是变化的。

（3）风冷冷凝器　风冷冷凝器以空气为冷却介质与制冷剂进行热交换，其主要由带翅片的换热盘管和轴流风机组成，这种形式的换热器通常称为翅片管式换热器或肋片式换热器。

在热泵型冷热水机组中，安装于室外侧的翅片管式换热器兼有两种功能，制冷时作为冷凝器而制热时作为蒸发器。翅片管式换热器有三种形式，即 L 形、平直形和 V 形。前两者多用于容量较小的热泵机组，而 V 形翅片管式换热器适用于使用螺杆式制冷压缩机的大型热泵机组（70～700kW）。图 6-91 所示为 L 形和 V 形翅片管式换热器。

V 形翅片管式换热器分左右两个呈 V 形布置，制冷时由压缩机排出的高压气体分两路分别进入左右换热器的汇总管，再分别进入各分路，在管内冷凝后的液体再进入分配器后流出。机组制热时流

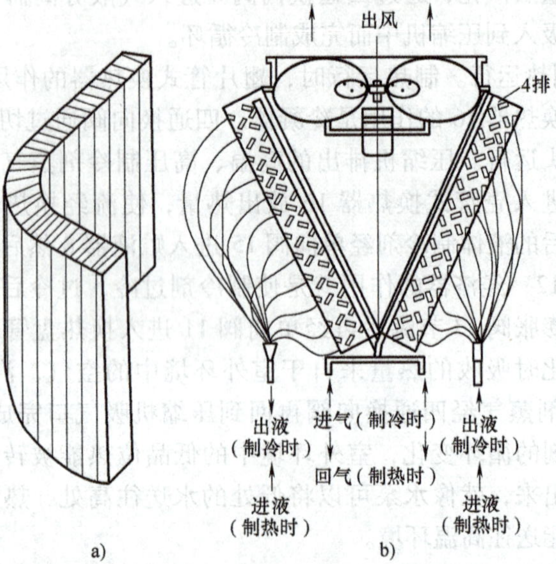

图 6-91　翅片管式换热器

a）L形　b）V形

经膨胀阀后的制冷剂，分两路分别进入左右两只分液器，再进入换热器各分路中。蒸发后的蒸气进入汇总管，左右两侧的汇总管在一起，经四通换向阀流回压缩机。

（4）风冷式热泵机组的除霜运行　风冷式热泵机组在冬季制热运行时，制热量随室外环境温度的降低而减少。这主要是因为随着环境温度的降低，系统中的蒸发温度也相应降低，使制冷剂的单位质量制冷量减小，同时压缩机的制冷剂排气量也减小，特别是蒸发温度降低到0℃以下时，由于空气侧换热器表面结霜，使传热条件恶化，风阻增大而风量减小，传热系数下降，蒸发器中制冷剂蒸发汽化量减小，压缩机的制冷剂流量减少速度加快。一般当环境温度降低到 -5 ~ -4℃以下时，可起动辅助电加热器以加热供暖系统的回水，从而补偿风冷热泵机组制热量的衰减。

根据实验分析，在制热工况下，室外环境温度在5~7℃以上时，翅片管换热器在凝露工况下运行传热系数较高；而室外环境温度在

0～5℃时，翅片管换热器表面就要结霜；当室外环境温度在0℃左右时，结霜速度最快，因为此时空气中的含湿量最大；而当室外环境温度在-15～-5℃范围时，由于空气中含湿量减少，结霜速度减慢。

结霜使翅片管式换热器的传热效果受到严重影响，机组的制热量下降，影响到空调系统的正常供热。所以当机组工作在5℃以下的室外环境时，就必须周期性地化霜。化霜时四通换向阀换向，从制热运行方式转换成制冷运行方式，压缩机排出的高温制冷剂蒸气直接进入翅片管式换热器，使换热器外表面的霜层融化，化霜时间一般在10～20min。

二、螺杆式冷水机组的安装验收

1. 螺杆式冷水机组的安装

一般螺杆式冷水机组的安装需要在地基上安装防振垫片。但是，随着螺杆式冷水机组的发展，机组的振动大大减少，有的机组已不需要安装防振垫片了，可以直接将机组安装在地基上，紧固地脚螺栓即可。具体的安装要求可根据国家相关标准的规定和生产厂家的说明书。

2. 螺杆式冷水机组的调试与验收

机组制冷系统的正确调试是保证制冷装置正常运行、节省能耗、延长使用寿命的重要环节。调试人员必须经过生产厂家的专门培训并得到授权方能进行。对调试过程和结果的检查是验收工作中的重要内容，需要设计单位、安装单位和使用单位三方面密切配合。

（1）调试前的准备工作

1）检查机组的安装和地基是否符合要求，以及连接管路的尺寸、规格、材质是否符合设计要求。

2）机组的供电系统应全部安装完毕并通过调试。

3）单独对冷水和冷却水系统进行通水试验，清洗水路系统的污物，水泵应正常工作，循环水量符合工况要求。

4）清理调试场地，使其达到清洁、明亮、畅通等要求。

5）准备好调试所用的工具和测量仪表。

6）准备好调试运转时必需的安全保护设备。

（2）机组调试

1）制冷机组在出厂前一般都已按要求充注了制冷剂。现场安装后经外观检查如未发现意外损伤，可直接打开压缩机吸气和排气截止阀，以确保传感元件能感受到系统的压力。将制冷系统上的供液阀和喷液冷却电动机管路上的截止阀全部打开，检查系统中的制冷剂压力，确保无泄漏现象。如发现系统中制冷剂已泄漏或者不足，就要进行检漏测试，查出泄漏点并进行补漏，然后用合适的真空泵抽除系统中的空气及其他不凝性气体至0.1mmHg以下，再按照说明书的要求加入适量的规定牌号的制冷剂。

2）确认油循环系统中的阀门已打开，检查压缩机和油分离器中的油位是否正常。

3）接通油分离器或压缩机中的油加热器。

4）打开冷凝器的冷却水阀门和蒸发器的冷水阀门，起动冷冻水泵和冷却水泵，并确认其流量和压降在设计范围内。

5）检查微机控制中心的安全保护值和其他设定值是否与微机控制中心操作手册的要求及系统操作要求相符合。

6）按照微机控制中心的操作程序和运行工况设定冷冻水温度，并对日期、时间等项目进行编程。

7）在有足够冷负荷的情况下，首次起动机组并对各项参数进行检测，记录相应数据以判断系统的运行是否正常。主要的检测项目有：

① 油压。在规定的时间内，如不能建立足够的油压差，自动控制装置将使压缩机实施停机保护。

② 制冷剂流量。待系统运行稳定后，从视液镜上观察制冷剂液体的流动情况，应是澄清无泡的。

③ 蒸发器出口制冷剂过热度。如果制冷系统采用热力膨胀阀作为节流机构，那么，应待压缩机运行至少10min后检查制冷剂的过热度是否在正常的范围内。

④ 制冷剂过冷度。在稳定的满负荷工况下检查冷凝器出口和经济器（节能器）出口处的制冷剂过冷度。如约克YCWS系列螺杆式

冷水机组规定冷凝器出口处的制冷剂过冷度在6～8℃，经济器出口的液体过冷度增大到12～15℃。

8）在机组运行过程中，应注意压缩机的能量调节机构是否正常工作。

9）机组上安装的安全保护装置和检测仪表都应正常无损坏。

10）机组如出现异常情况，应立即停机检查。

在制冷系统调试前，一定要做好空调系统内部的清洁和干燥工作。如果前期工作进行得不认真，在调试期间将会增加许多工作量，而且会给制冷装置以后的运行带来许多隐患。

三、螺杆式冷水机组的运转管理

目前生产的螺杆式冷水机组几乎都采用微机控制，以及采用微机进行故障判断，这给使用者带来了极大的方便。各生产厂商所采用的微机不同、人机界面不同，所以操作人员必须仔细阅读机组操作与维修手册，熟悉通过键盘与微机控制中心进行人机对话的方式和内容，严格按照要求操作设备并认真做好运行值班记录。表6-8为约克YS系列螺杆式冷水机组操作与维修手册中推荐的值班记录表。

表6-8　约克YS系列螺杆式冷水机值班组记录表

机组位置　　机号

日期											
时间											
运行小时数											
室外温度（干球/湿球）		/	/	/	/	/	/	/	/	/	/
压缩机	油位										
	油压										
	油温										
	吸气温度										
	排气温度										
	过滤器压差/（lb/in）										
	滑阀位置（%）										
	加油量										

（续）

电动机		电压/V										
		电流/A										
蒸发器	冷媒	吸气压力										
		进水温度										
	水/盐水	进水压力										
		出水温度										
		出水压力										
		流量										
		排气压力										
冷凝器	冷媒	相应排气温度										
		高压液媒温度										
		系统中空气多少										
		进水温度										
	水	进水压力										
		出水温度										
		出水压力										
		流量										

四、螺杆式冷水机组的维护保养

螺杆式冷水机组维护保养的内容，主要包括日常保养和定期检修。定期的维修保养能保证机组长期正常运行，延长机组的使用寿命，同时也能节省制冷能耗。

约克 YS 系列螺杆式冷水机组操作与维修手册规定的维修保养项目有：

1）每周检查冷媒充注量。

2）每季度进行润滑油的品质分析。

3）每半年监视的内容包括：

① 检视并且必要时更换压缩机油过滤器的部件。

② 检查回油系统，主要是清洗除污器和检查引射器的喷口是否有外来杂质。

4）每年检视的内容包括：

① 排放并更换油分离器油槽中的油。

② 检查蒸发器与冷凝器的结垢情况，必要时要清洗。

③ 保养压缩机的驱动电动机，包括清洁空气通路和绕组，测量电动机绕组的绝缘性能，重新润滑电机轴承等。

④ 根据需要检查与维修电气部件。

⑤ 对系统进行化学分析。

表 6-9 列出了操作与维修手册建议的定期维修保养的内容。

表 6-9 定期维修保养的内容

保养内容	运行累计小时数（最大值）																				
	200	1000	5000	8000	10000	15000	20000	25000	30000	35000	40000	45000	50000	55000	60000	65000	70000	75000	80000	85000	90000
更换润滑油			×						×						×						×
更换过滤器	×		×		×		×		×		×		×		×		×		×		×
更换过滤器的干燥器	×		×		×		×		×		×		×		×		×		×		×
进行油品质分析	×		×		×		×		×		×		×		×		×		×		×
检查运动部件	×		×		×		×		×		×		×		×		×		×		×
检查联锁装置	×		×		×		×		×		×		×		×		×		×		×
检查速度的压力	×	×	×		×		×		×		×		×		×		×		×		×
更换油封									×												
振动分析	×				×				×				×				×				×
检查压缩机													×								

第四节　溴化锂吸收式冷水机组

溴化锂吸收式制冷机是以热能为动力，以水为制冷剂，以溴化锂溶液为吸收剂，制取0℃以上低温水的一种制冷设备。这种制冷设备比利用电能为动力的压缩式制冷机可以明显节约电耗。以一台3500kW的制冷机为例，压缩式制冷机耗电约600kW，而溴化锂吸收式制冷机耗电仅略大于10kW。

溴化锂吸收式制冷机可以利用低品位热能（余热、排热）作为驱动力，有利于热源的综合利用。例如，溴化锂吸收式制冷机组用于热、电、冷三联供系统时，由于综合利用能源，可使系统的热效率由单发电机组的40%左右，增加到70%～75%，节能特性明显。

此外，溴化锂吸收式制冷机还有工质无毒、无臭，满足环保要求；运转安静；真空运行，无高压爆炸危险；制冷量调节范围广；对外界条件变化的适应性强；运转平稳，安装简单等优点。

溴化锂吸收式制冷原理同蒸气压缩式制冷原理有相同之处，都是利用液态制冷剂在低温、低压条件下，吸收热量而汽化，产生制冷效应。所不同的是，溴化锂吸收式制冷是利用“溴化锂—水”组成的二元溶液作为工质对，完成制冷循环的。

一、溴化锂水溶液的性质

1. 水

水作为制冷剂的最大特点是汽化热大（约2257kJ/kg，约为R22的8.5倍），但它的比体积大，常压下的蒸发温度高，如R22在标准大气压下的沸点是-40.8℃，而水的沸点是100℃。如要获得空调系统所需的7℃的冷冻水，作为制冷剂的水需要在绝对压力为870Pa（6.5mmHg）的真空状态下沸腾汽化，此时水的饱和温度为5℃。

2. 溴化锂

溴化锂（LiBr）常温下呈无色粒状晶体，其性质与食盐（NaCl）相似，化学性质稳定，在大气中不会变质或分解、挥发，极易溶解于水。它在一个物理大气压下的沸点为1265℃，故在常温或在一般高温下可以认为是不挥发的。它的凝固点为549℃，25℃时的密度为3464kg/m^3。

3. 溴化锂水溶液

（1）一般性质　溴化锂溶液无色、无毒，入口有咸味，添加作为缓蚀剂的铬酸锂后呈暗淡的黄绿色，且有一定的毒性。溶液对皮肤略有刺激，切忌溅入眼内。由于溶液呈碱性，因而会在空气中吸收二氧化碳并析出碳酸锂沉淀，因此应密闭贮存。

（2）溶解度与结晶　一定质量的溶液中溴化锂所占的质量百分比，称为溴化锂溶液的质量分数，用以表示溶液中溴化锂的含量，以符号 w 表示。在一定的温度和压力下，物质在一定量的溶剂中溶解的最高量称为溶解度，一般以100g 溶剂中能溶解的克数来表示。20℃时溴化锂的溶解度为111.2g。溶质在溶剂中的浓度达到溶解度时的溶液称为饱和溶液，没有达到溶解度的称为不饱和溶液。溶解度的大小与溶质和溶液的特性有关，还与温度有关。对于一定温度下的溴化锂饱和水溶液，当温度降低时，由于溶解度减小，溶液中会有溴化锂晶体析出而形成结晶现象。当将含有晶体的溴化锂溶液加热至某一温度时晶体全部消失，这一温度即为该浓度溴化锂溶液的结晶温度。图6-92所示为溴化锂溶液的结晶曲线，该曲线也称为溶解度曲线。图中的横坐标为溶液的质量分数，纵坐标为温度，曲线上任意一点均表示饱和状态。它的左上方为液相区，溶液中不会有晶体存在；右下方是固相区，溶液处于这一区域都会有带不同结晶水的固体溴化锂析出。若将溶液中水分蒸发或将溶液的温度降低，就有可能发生结晶现

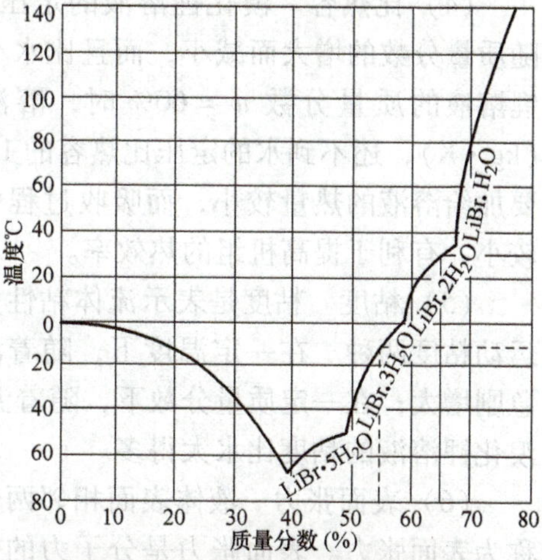

图6-92　溴化锂溶液的结晶曲线

象，而影响制冷机的正常运行。

表 6-10　国产溴化锂溶液的结晶温度

质量分数 w/（%）	56	58	60	62	64	65	66	68	70
结晶温度/℃	-15	6.5	22.5	32.5	40.5	46.5	64	87.5	107.5
质量分数相差1℃时结晶温度差/℃	10.7	8	5	4	6	17.5	11.8	10	

表6-10所示为国产溴化锂溶液的结晶温度。由表可见，在质量分数 w 在56%～70%范围内，质量分数的变化对结晶温度值的影响很大，在质量分数 $w=65\%$ 处是一个转折点。因此，在吸收式制冷机或热泵的设计与运行中，对质量分数范围的选择与控制非常重要，一般应使溶液的质量分数 $w<65\%$。通常对稀溶液，其质量分数多采用58%～60%，对浓溶液其质量分数采用62%～64%。而吸收式制冷机房的温度，一般不允许低于5℃。

（3）密度　溴化锂溶液的密度与温度和质量分数有关。当温度一定时，随着质量分数的增大，其密度也增大；当质量分数一定时，则随着温度的升高，其密度则减小。图6-93所示为溴化锂溶液的温度、密度、质量分数曲线，由该图可以查得溶液的质量分数。

（4）比热容　溴化锂溶液的定压比热容随温度的升高而增大，随质量分数的增大而减小，而且比水小得多。如温度为50℃，溴化锂溶液的质量分数 $w=60\%$ 时，溶液的定压比热容为1.8803kJ/(kg·K)，还不到水的定压比热容的1/2。这意味着发生过程中所需要加给溶液的热量较小，而吸收过程中需要从溶液中带走的热量也较小，有利于提高机组的热效率。

（5）粘度　粘度是表示流体粘性大小的物理量，有动力粘度和运动粘度两种。在一定温度下，随着溴化锂质量分数的增加，粘度急剧增大；在一定质量分数下，随着温度的降低，粘度也不断增大。溴化锂溶液的粘度比水大得多。

（6）表面张力　液体表面相邻两部分单位长度内的相互牵引力称为表面张力。表面张力是分子力的一种表现形式，液面上的分子受液体内部分子的吸引而使液面趋向收缩。这就表现为在液面任何

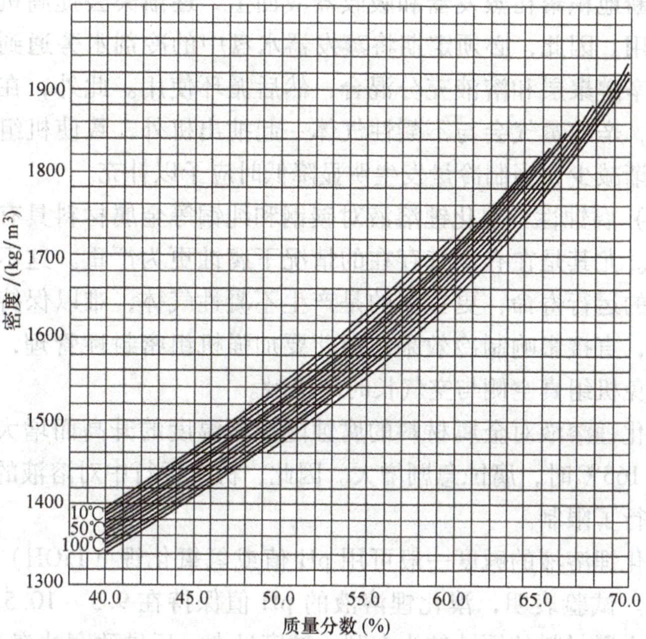

图 6-93 溴化锂溶液的温度、密度、质量分数曲线

两部分之间具有相互牵引力（引力），其方向和液面相切，并和两部分的分界线垂直。由于表面张力的作用，液体表面总是趋向于尽可能缩小。

溴化锂溶液的表面张力随温度的下降、质量分数的增加而增大，反之则减小。对于喷淋式吸收器，喷淋在吸收器换热管簇上的溶液表面张力越小，则喷淋的液滴越细，而且溶液在管簇上将很快展开成薄膜状，可大大增加溶液与蒸气的接触面积，提高传热传质效果。在溶液中添加表面活性剂，可以大幅降低溴化锂溶液的表面张力，提高吸收器的吸收效果和冷凝器的冷凝效果，从而使制冷量提高约10%～15%。

常用的表面活性剂（或称为强化剂）是辛醇和异辛醇。辛醇在常压下是无色有刺激性气味的液体，在溶液中的添加量为0.1%～0.3%。辛醇基本上不溶于溴化锂水溶液，因此随着机组的运行，辛醇会不断地积聚在蒸发器和吸收器液面上，逐渐失去提高机组制冷量的作用。因此，必须定期将蒸发器水盘中的冷剂水旁通到吸收器中，使辛醇聚层和溶液充分混合，然后循环使用。此外，在真空泵抽气时，辛醇蒸气会与不凝性气体一起抽出机外，致使机组中的辛醇量逐渐减少，当制冷量发生明显降低时应予以补充。

（7）腐蚀性　溴化锂溶液对碳钢和纯铜等金属材料具有较强的腐蚀性。尤其是在有氧气存在的情况下腐蚀更为严重。这不但缩短了机组的运行寿命，更主要的是产生不凝性气体，难以保持机组的真空度，直接影响制冷效果。因此要加强机组密封性管理，检修时尽量避免机组真空侧与空气长时间接触。

溴化锂溶液对金属材料的腐蚀随溶液温度的升高而增大，当温度超过165℃时，腐蚀急剧增大。因此，机组运行中对溶液的温度范围都进行了限制。

溴化锂溶液的碱度一般可用pH值或氢氧化锂（LiOH）的浓度来表示。试验表明，溴化锂溶液的pH值保持在9.5～10.5的范围内，对金属材料的缓蚀较为有利，碱度过大，反导致腐蚀率上升。

在溶液中添加缓蚀剂，可以在金属表面形成一层致密的保护膜，使金属表面不受或减少氧化作用，抑制腐蚀。使用最多的缓蚀剂是铬酸锂（Li_2CrO_4）和钼酸锂（Li_2MoO_4）。添加前者的溶液称为C溶液，添加后者的溶液称为M溶液。试验证明，溶液中铬酸锂的质量分数在0.1～0.3%的范围内或钼酸锂的质量分数在0.05～0.20%范围内都可有效地抑制腐蚀。

（8）饱和蒸气压力　如图6-94所示，蒸发器内的液体为纯水，

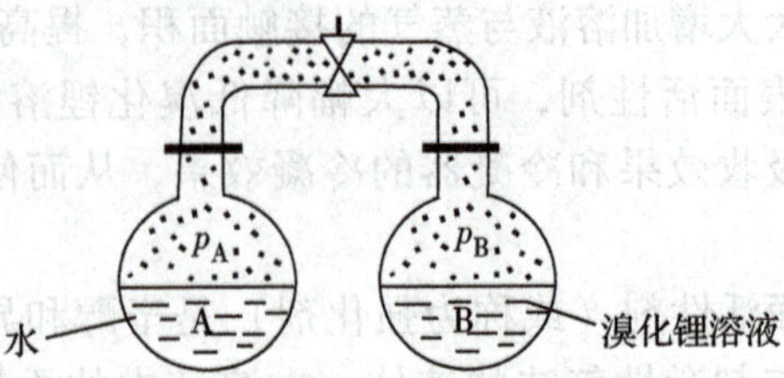

图6-94　溴化锂溶液吸收原理

吸收器内的液体为 $w=50\%$ 的溴化锂水溶液，环境温度为25℃。此时蒸发器上部的饱和蒸气压力为3.17kPa（23.7mmHg），吸收器上部的饱和蒸气压力为0.85kPa（6.3mmHg）。可见，溴化锂水溶液的饱和蒸气压力比同温度下纯水的饱和蒸气压力低很多。若将连接两容器的通道阀门打开使两容器相通，则蒸发器中的水蒸气就逐渐向吸收器中扩散，最后进入溴化锂溶液中。这一过程称为吸收。饱和时容器中液体与蒸气之间的平稳属于动态平衡，即液体中的分子穿过液体表面到蒸气中的速率与分子从蒸气中回到液体内的速率相等。因为溴化锂溶液中溴化锂分子对水分子的吸引力比水分子之间的吸引力强，也因为在单位液体容积内溴化锂分子的存在而使水分子数目减少，所以在相同的温度条件下，溴化锂溶液上方单位蒸气容积内的水分子数目比纯水表面上水分子数目少，形成了不同的蒸气压力。由于溴化锂的沸点很高，在吸收式冷水机组的工作温度范围内不会挥发汽化，因此溶液上方的蒸气空间全是水分子，也就是说，和溶液处于平衡状态的蒸气压力就等于水蒸气的分压力。溴化锂溶液作为吸收剂，其饱和蒸气压的大小由溶液的浓度和温度确定。与单一工质不同，只有在浓度和温度都已确定的情况下，其饱和蒸气压才有定值。质量分数越高或温度越低时，溶液的饱和蒸气压越低，其吸收能力就越强。如溴化锂溶液的 $w=63\%$，$t=44$℃，其饱和蒸气压力约为600Pa（4.5mmHg），而5℃纯水的饱和蒸气压力约为866Pa（6.5mmHg），两者存在着一定压力差，而压力差是吸收的动力。由此可见，溴化锂溶液具有吸收温度比它低得多的水蒸气的能力，这一点正是溴化锂吸收式制冷循环的机理之一。同理，如果压力相同，溶液的饱和温度一定大于水的饱和温度，由溶液中产生的水蒸气总是处于过热状态。

溴化锂溶液的质量分数、温度和压力之间的关系可以利用一簇曲线表示出来，即溴化锂溶液的 p-t 曲线（又称为气液相平衡曲线或迪林蒸气压曲线）。图中的横坐标表示温度，纵坐标表示压力，图中画有以 w 为参变量的曲线。图中的三个状态参数，只要知道其中的任意两个，另一个就可以确定。如已知溴化锂溶液的温度为87℃，压力为9.3kPa（70mmHg），就可以由图中找到与浓度曲线的交点 A，可知溶液的质量分数为58%。

该图还可以表示溴化锂溶液在加热或冷却过程中热力状态的变化情况，如图6-95所示中的A点，在等压下加热，温度升高，溶液中的水分挥发，溶液的质量分数随之增大。当温度升高到96℃时，溶液增大到62%，即状态点B，这就是等压沸腾过程。反之，状态点B的溶液被冷却，压力不变，而温度降低，就吸收水蒸气，降低质量分数，这就是等压吸收过程。

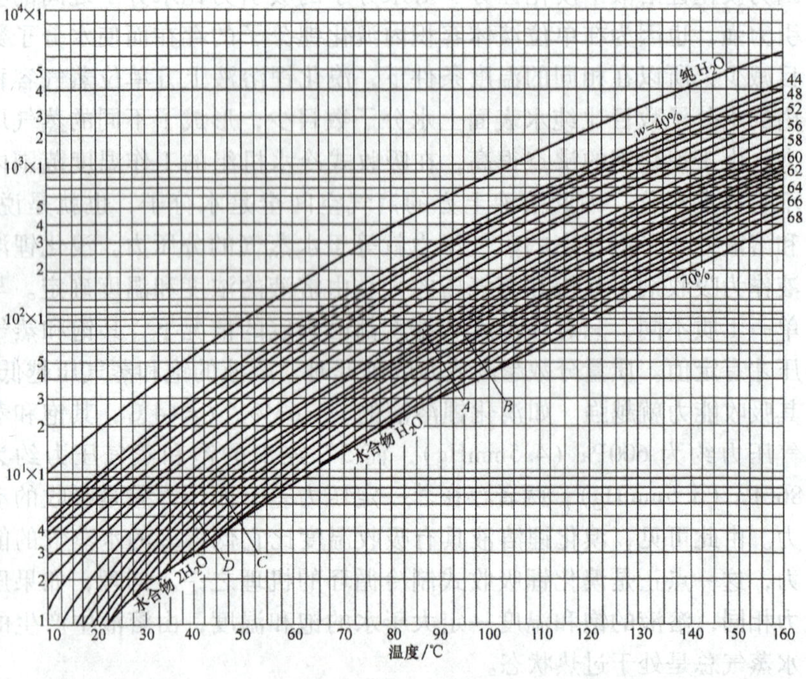

图6-95 溴化锂溶液的p-t曲线

图6-95中左上角第一条曲线为纯水的压力与饱和温度的关系；右下角的折线为结晶线，即不同温度下溶液的饱和浓度。温度越低，饱和浓度也越低，因此，溴化锂溶液的浓度过高或温度过低时均易

形成结晶。

二、溴化锂吸收式制冷机的理论循环

1. 溴化锂吸收式制冷循环

图6-96所示为溴化锂吸收式制冷循环的工作原理。在蒸发器中，冷剂水在蒸发压力 p_o 下汽化吸热，产生制冷效应，使冷媒水降温。汽化过程中产生的冷剂蒸气扩散到吸收器中。由于吸收器与蒸发器是相连通的，所以吸收器中的压力 p_a 与蒸发器中的压力 p_o 仅相差一个微小的流动阻力。吸收器中溴化锂溶液的饱和蒸气压力 p_a' 是由其浓度和温度所确定的，且 p_a' 小于 p_a，溶液对于吸收器中的压力 p_a' 是过冷液体，其要吸收水蒸气以趋向于饱和。因而从蒸发器扩散到吸收器中的水蒸气被溴化锂溶液源源不断地吸收，从而维持了蒸发器中的压力 p_o 保持不变（在蒸气压缩式制冷中是靠压缩机的抽吸作用而维持蒸发器中的压力稳定的）。吸收过程要放出吸收热，冷却水带走吸收热，以防止溴化锂溶液的温度升高，保持 p_a' 稳定。在吸收过程中被稀释而浓度降低的溴化锂稀溶液由溶液泵加压后进入发生器。发生器与冷凝器相连通，其中的压力 p_g 与冷凝器中的压力 p_k 相比也仅差一个流动阻力。发生器中的溴化锂溶液被加热，其温度升高，与溶液温度相对应的溶液饱和蒸气压力 p_g' 也升高，它要大于发生器中的压力 p_g。溶液中的水蒸气在加热过程中会被解析出来，并扩散到冷凝器。发生器中由加热而产生稍高于 p_k 压力的冷剂蒸气的过程就称为“发生”。由此可见，发生器的发生过程就相当于压缩机的压缩行程，其作用是将制冷剂蒸气的压力和温度提高，为其在冷凝器中向环境介质放热冷凝还原成液体创造条件。制冷剂蒸气进入冷凝器后向冷却水放出热量冷凝成冷剂水，经节流降压后进入蒸发器吸热汽化，成为低压冷剂蒸气，然后再进入吸收器被吸收。而在发生过程中被浓缩的溴化锂浓溶液借助重力和压力差的作用先流过热交换器，在热交换器中放出热量使流经热交换器的稀溶液升温后，再流回吸收器。换热器中进行的溶液回热过程可以减少驱动热能和冷却水的消耗。上述的汽化—吸收—发生—冷凝和回热过程的循环运转构成了单效吸收式制冷循环。

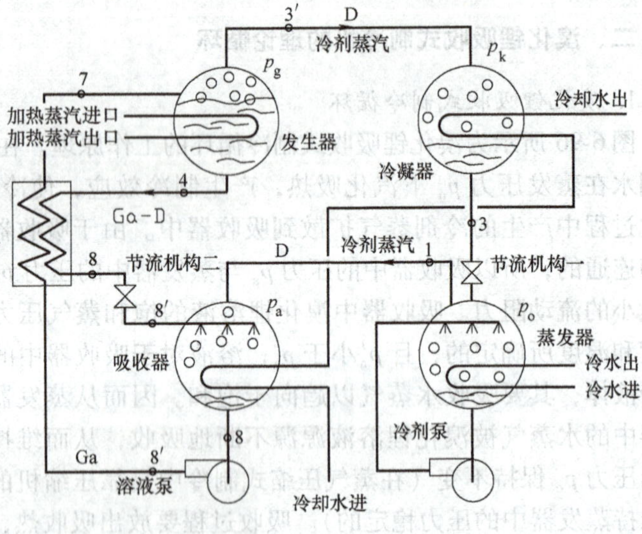

图 6-96　溴化锂吸收式制冷循环的工作原理

2. 溴化锂溶液的比焓-质量分数曲线

图 6-97 是溴化锂溶液的比焓-质量分数曲线，它表示比焓和状态参数之间的关系。其横坐标为溶液的质量分数 w，纵坐标为溶液的比焓 i。图中的下半部为液相部分，由等温线簇（虚线）和等压线簇（实线）构成。图中的上半部分为气相部分，只有等压线簇。

当压力不大时，压力对液体的比焓和混合热的影响很小，可以认为液态等温线与压力无关，液态溶液的比焓只是温度和浓度的函数。不论是饱和溶液还是过冷溶液，都可在比焓-质量分数曲线上用等温线与等质量分数线的交点求得。

图 6-97 中下半部分的实线为等压饱和液线。某一压力下溶液的饱和状态点一定落在该压力值的等压线上。某一等压线下为该溶液的过冷状态区。

溴化锂溶液的比焓-质量分数曲线只有液态区，气态为纯水蒸气，集中在 $w=0$ 的纵坐标轴上。由于平衡时气液同温，蒸气的温度

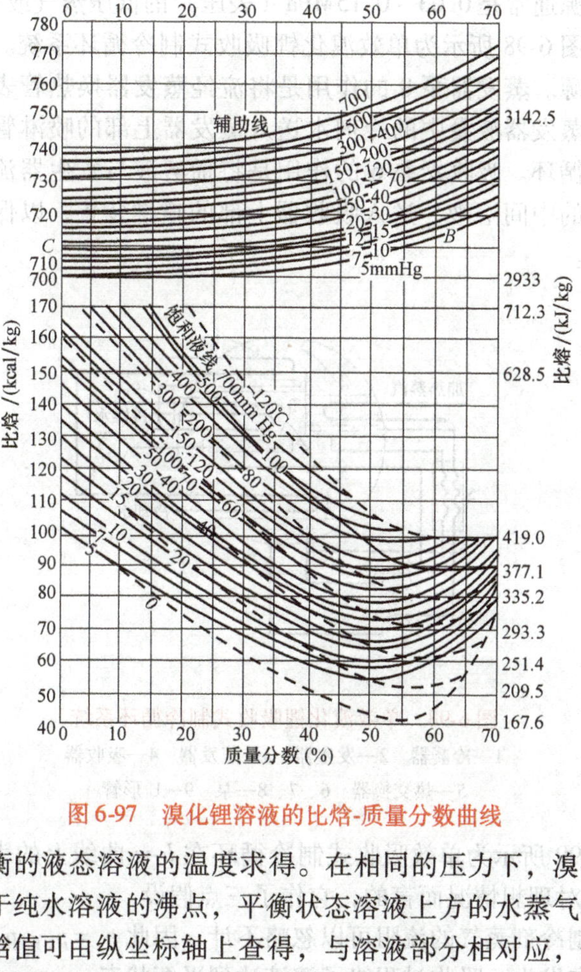

图 6-97　溴化锂溶液的比焓-质量分数曲线

由与之平衡的液态溶液的温度求得。在相同的压力下，溴化锂溶液的沸点高于纯水溶液的沸点，平衡状态溶液上方的水蒸气都是过热蒸气。其焓值可由纵坐标轴上查得，与溶液部分相对应，气相部分也有相应数量的等压线。但是等压线只是辅助线，不能说明蒸气的质量分数，只能确定蒸气的焓值。

利用溴化锂溶液的比焓-质量分数曲线，不仅可以求得溶液的状态参数，而且可将制冷机中的热力过程和热量的传递清楚地表示出来。

3. 溴化锂吸收式制冷机的理论循环在 i-w 曲线上的表示

单效溴化锂吸收式制冷机是溴化锂吸收式制冷机的基本形式，

其驱动热源通常是0.03～0.15MPa（表压）的低压蒸气或85～150℃的热水。图6-98所示为单效溴化锂吸收式制冷循环系统。其以蒸气为驱动热源。蒸发器泵8的作用是将流经蒸发器换热管表面未曾蒸发而落入蒸发器液囊中的冷剂水送入蒸发器上部的喷淋管而形成制冷剂的再循环。吸收器泵6的作用是将稀溶液与发生器流回的浓溶液混合后的中间溶液，送入吸收器上部的喷淋装置，以保证一定的喷淋密度。

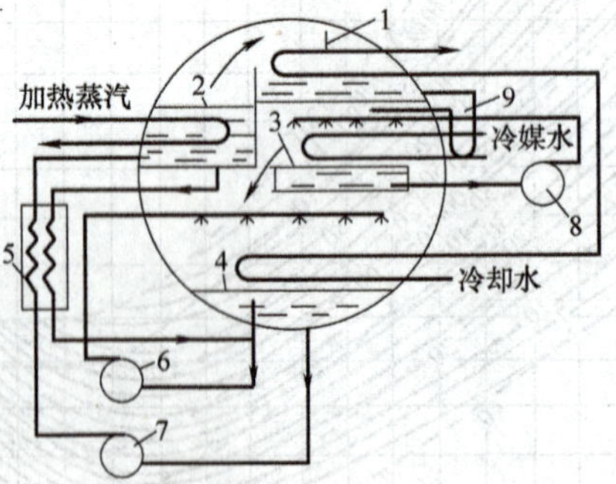

图6-98　单效溴化锂吸收式制冷循环系统

1—冷凝器　2—发生器　3—蒸发器　4—吸收器

5—热交换器　6、7、8—泵　9—U形管

图6-99所示为单效吸收式制冷循环在 h-w 曲线上的表示。该循环过程是对理想情况而言的，它作了三点假设。

1）制冷剂蒸气的流阻可以忽略不计，因此 $p_g = p_k$，$p_a = p_o$。

2）在发生、吸收过程终了溶液达到平衡状态。

3）循环过程中没有热损失。

图中 p_k 为冷凝压力，也就是发生器中的压力，p_a 为吸收器压力，即蒸发压力。对循环中的热力过程可以做出如下分析：

（1）发生过程　点2表示吸收器的饱和稀溶液状态，其质量分数为 w_a，压力为 p_a，温度为 t_2，经过发生器后，压力升高到 p_k，然后送往溶液热交换器，并在等压条件下温度由 t_2 升高到 t_7，而质量分数不变，再进入发生器，被发生器传热管内的工作蒸气加热，温度

由 t_7 升高到 p_k 压力下的饱和温度 t_5，并开始在等压下沸腾，溶液中的水分不断蒸发，质量分数逐渐增大，温度也逐渐升高，发生过程终了时，溶液的质量分数达到 w_r，温度达到 t_4，可以用点 4 来表示。若用 2—7 表示稀溶液在溶液热交换器中的升温过程，则 7—5—4 表示稀溶液在发生器中的加热和发生过程，所产生的水蒸气状态用开始发生时的状态（点 5′）和发生终了时的状态（点 4′）的平均状态点 3′表示，由于产生的是纯水蒸气，故状态点 3′位于 $w=0$ 的纵坐标轴上。

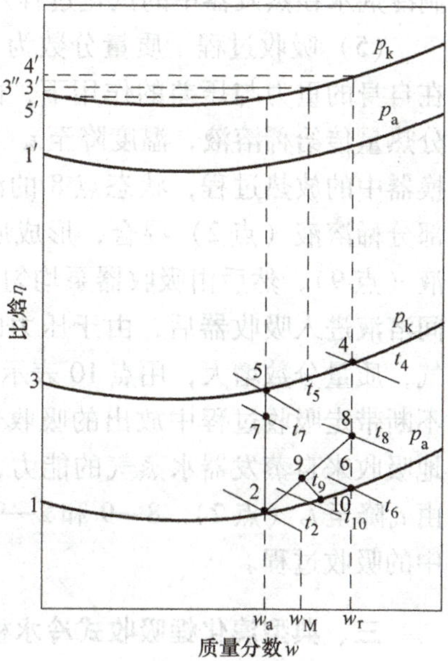

图 6-99 单效吸收式制冷循环在 $h-w$ 曲线上的表示

（2）冷凝过程　由发生器产生的水蒸气（点3′）进入到冷凝器中后，在压力 p_k 保持不变的情况下被冷凝器管内的冷却水冷却，首先变为饱和蒸气，然后被冷凝成饱和液体（点3），这里可以用 3′—3 表示冷剂蒸气在冷凝器中冷却及冷凝的过程。

（3）节流过程　压力为 p_k 的饱和冷剂水（点3）经过节流装置后，压力降为 p_o（$p_o=p_a$）并进入蒸发器，节流前后冷剂水的比焓和质量分数均不发生变化，故节流后的状态点与点3 重合（图中未标出）。但由于压力降低，部分冷剂水汽化成制冷剂蒸气（点 1′），尚未汽化的大部分冷剂水温度降低到与蒸发压力 p_o 相对应的饱和温度 t_1（点 1）。因此，节流前的点 3 表示冷凝压力为 p_k 的饱和水状态，而节流后的点 3 表示压力为 p_o 的饱和蒸气（点 1′）和饱和液体（点 1）相混合的湿蒸气状态。

（4）蒸发过程　积存在蒸发器水盘中的冷剂水（点 1）通过蒸发器泵均匀地喷洒在蒸发器管簇的外表面，吸收管内冷媒水的热量而蒸发，使制冷剂水在等压、等温条件下由点 1 变为 1′，1—1′表示制冷剂水在蒸发器中的汽化过程。

（5）吸收过程　质量分数为 w_r，温度为 t_4，压力为 p_k 的溶液，在自身的重力与压差的作用下，由发生器流至溶液热交换器，将部分热量传给稀溶液，温度降至 t_8（点 8），4—8 表示溶液在溶液热交换器中的放热过程，状态点 8 的浓溶液进入吸收器，与吸收器中的部分稀溶液（点 2）混合，形成质量分数为 w_m、温度为 t_9'的中间溶液（点 9），然后由吸收器泵均匀地喷淋在吸收器管簇的外表面。中间溶液进入吸收器后，由于压力的突然降低，首先闪发出一部分蒸气，质量分数增大，用点 10 表示。由于吸收器管簇内流动的冷却水不断带走吸收过程中放出的吸收热，因此中间溶液便具有源源不断地吸收来自蒸发器水蒸气的能力，使溶液的质量分数降到 w_a，温度由 t_9降至 t_2（点 2）。8—9 和 2—9 表示混合过程，10—2 表示吸收器中的吸收过程。

三、典型溴化锂吸收式冷水机组

单效溴化锂吸收式制冷机的热源温度受到了浓溶液结晶的限制，即发生器中溶液加热后的温度不能超过 110℃。如果工作蒸汽压力超过 0.15MPa（表压），则需要减压后才能使用，从而造成能量利用的浪费。为了充分利用高品位的能源，在单效溴化锂吸收式制冷机的基础上，又开发了双效溴化锂吸收式制冷机。

双效溴化锂吸收式制冷机中，设置有高压和低压两个发生器，利用高压发生器产生的高温冷剂蒸气作为低压发生器的驱动热能，让稀溶液在低压发生器内产生冷剂蒸气，从而使能源的利用率大为提高。

大中型中央空调系统中所用的吸收式冷水机组，绝大多数都是双效溴化锂吸收式冷水机组。按其所用热源不同，机组可分为热水型（150℃以上的高温水）、蒸汽型（表压为 0.25 ~ 0.80MPa 的饱和蒸汽）、直燃型（轻油、重油或燃气）；按其溶液流经高、低压发生器的连接方式，机组可分为串联、并联和串并联三种。

1. 远大 VI 型直燃冷温水机组

远大 VI 型直燃冷温水机组能同时或单独进行制冷、采暖和提供卫生热水。其冷水额定出口/进口温度为7℃/12℃；冷却水额定出口/进口温度为37.5℃/32℃；热水额定出口/进口温度为65℃/57℃；卫生热水额定出口/进口温度为60℃/44℃。

(1) 机组外观　图6-100a～c分别从左侧、前右侧和后右侧展示了机组的外形和部件、阀门、视镜等的位置。图6-101所示为机组的管路系统。

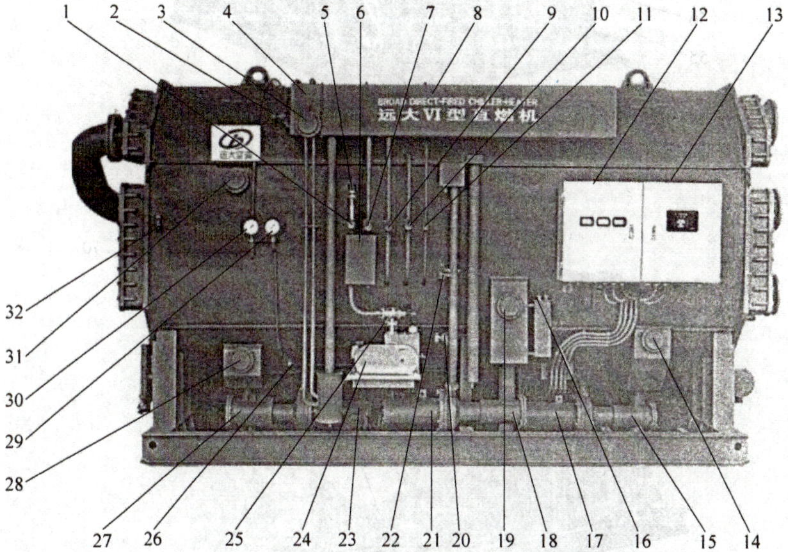

a)

图6-100　远大VI型直燃机

1—F17　2—F16　3—S9　4—进气室　5—真空规管
6—阻油器　7—F15　8—储气室　9—F14　10—F13
11—F12　12—强电柜　13—弱电柜　14—S6　15—G1
16—UDK2　17—P1　18—G3　19—S7　20—F10
21—P3　22—F9　23—P2　24—真空泵　25—真空电磁阀
26—F25　27—G2　28—S6　29—YB2　30—YB1
31—S4　32—F18

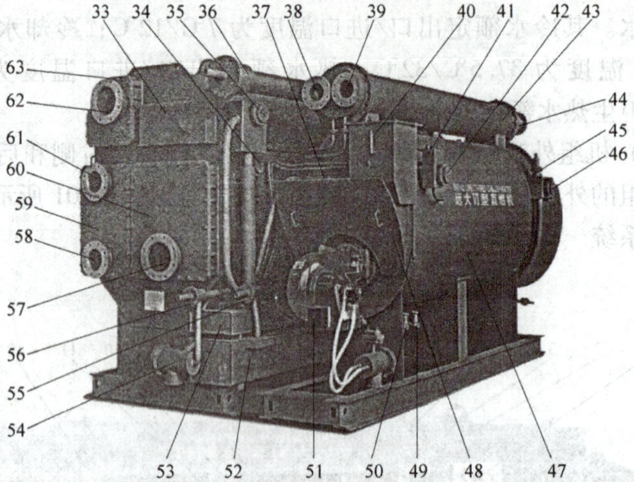

b)

c)

图 6-100　远大 VI 型直燃机（续）

33—低压发生器　34—S10　35—S3　36—F1　37—泄气门　38—采暖温水入口　39—卫生热水入口　40—风门　41—UDK1　42—S2　43—热水器　44—卫生热水出口　45—安全阀　46—S1　47—高压发生器　48—前烟盖　49—F33　50—F26　51—燃烧机　52—高温热交换器　53—低温热交换器　54—G4　55—F3　56—F2　57—冷却水入口　58—冷水入口　59—蒸发器　60—吸收器　61—冷水出口　62——冷却水出口　63—冷凝器　64—压力控制器　65—高温分离器　66—F11　67—抽气冷却水出口　68—F18　69—抽气冷却水进口　70—S5　71—F21　72—F5　73—F4　74—W3　75—W2　76—F6　77—后烟盖　78—W1　79—F24

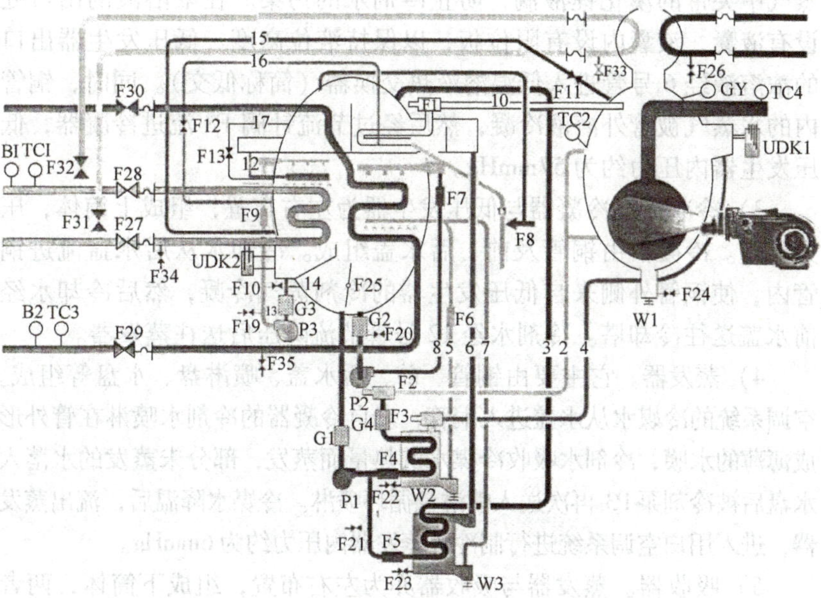

图 6-101　机组管路系统

（2）主要部件　该机组采用了双筒形的结构形式，其中高压发生器（简称高发）自成一筒，低压发生器（简称低发）与冷凝器、蒸发器与吸收器组合在另一个筒体内。

1）高压发生器。它主要由内筒体、外筒体、前后管板、烟管及前后烟箱组成。其上部设置了热水器，热水器内装有生产热水和卫生热水的换热管。燃烧机从前管板插入内筒体喷出高温火焰（约为1400℃），使内筒体及烟管周围的溴化锂溶液沸腾产生冷剂蒸气，同时使溶液浓缩。产生的冷剂蒸气经图 6-101 所示的 10 号管进入低压发生器，浓溶液经 4 号管进入高温溶液热交换器（简称高交）。高发内压力约为 700mmHg（表压：-0.01MPa）。

2）低压发生器。它主要由螺纹翅片管、折流板及前、后水室组成。高压发生器产生的冷剂蒸气进入前水室，将铜管外侧的溴化锂稀溶液加热，使之沸腾并产生冷剂蒸气，同时使溶液浓缩，冷剂蒸气经 Z 字形挡液折流板进入冷凝器，挡液折流板的作用是分离冷剂蒸气中夹带的溴化锂液滴，防止冷剂水的污染。在浓溶液的出口处设有液囊，液囊内设有限位板，以保持液位高度。低压发生器出口的浓溶液经6号管进入低温溶液热交换器（简称低交）。同时，铜管内的水蒸气被管外溶液冷凝，然后经过节流针阀F8流进冷凝器，低压发生器内压力约为57mmHg。

3）冷凝器。冷凝器与低压发生器为左右布置，组成上筒体，压力相当。冷凝器由铜管及前、后水盖组成。冷却水从后水盖流进铜管内，使铜管外侧来自低压发生器的冷剂蒸气冷凝，然后冷却水经前水盖送往冷却塔。冷剂水经12号管节流降压后送往蒸发器。

4）蒸发器。它主要由铜管、前、后水盖、喷淋盘、水盘等组成。空调系统的冷媒水从水盖进入铜管，来自冷凝器的冷剂水喷淋在管外形成薄薄的水膜，冷剂水吸收冷媒水的热量而蒸发，部分未蒸发的水落入水盘后被冷剂泵P3再次送入喷淋盘循环喷淋。冷媒水降温后，流出蒸发器，进入用户空调系统进行制冷。蒸发器内压力约为6mmHg。

5）吸收器。蒸发器与吸收器亦为左右布置，组成下筒体，两者之间设有竖列W形挡液板。吸收器由铜管前、后水盖及喷淋盘、溶液箱等组成。由冷却塔来的冷却水经水盖进入铜管，使喷淋在管外的浓溶液冷却，冷却后的浓溶液具有极强的吸水性，且大量吸收同一空间来自蒸发器的低压冷剂蒸气，并把吸收热传给冷却水带走。进入吸收器的浓溶液采取了预冷却循环方式。由于进入吸收器的浓溶液温度较高（尤其是在盛夏时节），如果直接喷淋，将引起泵汽蚀，减少流量，且易烧坏泵。远大VI型直燃机让经5号管和7号管分别来自高温溶液热交换器和低温溶液热交换器的浓溶液先经过吸收器部分换热空间冷却再通过吸收泵P2送入喷淋盘进行吸收循环，达到了既保证吸收液浓度高、喷淋雾化强、喷淋量稳定，又不损坏吸收泵的目的。吸收了冷剂蒸气而被稀释的稀溶液，由发生泵P1抽出后分成两路，一路经高温溶液热交换器送往高压发生器；另一路经1号管送往低温溶液热交换器，在低交吸热升温后，再经3号管送往低压发生器。溶液循环采用的是发生泵出口分流的并联流程方式。

6）溶液热交换器。溶液热交换器为壳管式热交换器，由铜管、折流挡板及前后液室组成。稀溶液在管内流动，浓溶液在管间流动。其作用是使稀溶液升温、浓溶液降温，从而节省燃料并减少冷却水负荷。

（3）真空系统所用阀门　溴化锂吸收式制冷机是在真空状态下运行的，所采用的阀门有真空角阀、真空蝶阀和真空隔膜阀等。表6-11为该机组所采用的真空系统阀门。

表6-11　真空系统阀门

<table>
<tr><th>序号</th><th>类型</th><th>代号</th><th>名称</th><th>品种与特征</th><th>用途</th><th colspan="2">备注</th></tr>
<tr><td>1</td><td rowspan="3">供热阀</td><td>F1</td><td>蒸气角阀</td><td>屏蔽角状阀</td><td>供热时关闭</td><td rowspan="8">调试及检修时，需打开屏蔽罩检漏</td><td rowspan="3">冷热切换用</td></tr>
<tr><td>2</td><td>F2</td><td>稀溶液角阀</td><td>屏蔽角状阀</td><td>供热时关闭</td></tr>
<tr><td>3</td><td>F3</td><td>浓溶液角阀</td><td>屏蔽角状阀</td><td>供热时关闭</td></tr>
<tr><td>4</td><td rowspan="6">流量调节阀</td><td>F4</td><td>高发循环阀</td><td>屏蔽蝶阀</td><td>调整高发溶液循环量</td><td rowspan="6">调试用调整后需锁紧阀杆</td></tr>
<tr><td>5</td><td>F5</td><td>低发循环阀</td><td>屏蔽蝶阀</td><td>调整低发溶液循环量</td></tr>
<tr><td>6</td><td>F6</td><td>浓度调节阀</td><td>屏蔽蝶阀</td><td>调节高发浓度</td></tr>
<tr><td>7</td><td>F7</td><td>吸收阀</td><td>屏蔽蝶阀</td><td>调节吸收液喷淋量</td></tr>
<tr><td>8</td><td>F8</td><td>针阀</td><td>屏蔽针状阀</td><td>调节高发与冷凝器之间的压差</td></tr>
<tr><td>9</td><td>F9</td><td>冷剂调节阀</td><td>螺旋蝶阀</td><td>冷剂喷淋量调节/再生时关闭</td><td></td></tr>
<tr><td>10</td><td rowspan="16">隔膜阀</td><td>F10</td><td>冷剂旁通阀</td><td>GM25 双向</td><td>旁通冷剂水</td><td colspan="2" rowspan="6">运转作业用</td></tr>
<tr><td>11</td><td>F11</td><td>高发抽气阀</td><td>GM10/25 双向</td><td>停机时抽高发真空（供热用）</td></tr>
<tr><td>12</td><td>F12</td><td>低发抽气阀</td><td>GM10/25 双向</td><td>停机时抽低发及高发真空</td></tr>
<tr><td>13</td><td>F13</td><td>冷凝器抽气阀</td><td>GM10/25 双向</td><td>停机时抽冷凝器真空</td></tr>
<tr><td>14</td><td>F14</td><td>直接抽气阀</td><td>GM25 双向</td><td>机组内无溶液或机内压力高于10000Pa时抽真空用。制冷运转时必须关严</td></tr>
<tr><td>15</td><td>F15</td><td>主抽气阀</td><td>GM25 双向</td><td>制冷、供热兼用</td></tr>
<tr><td>16</td><td>F16</td><td>导液阀</td><td>GM25 双向</td><td>引导溶液进行自动抽气</td><td colspan="2" rowspan="10">排放溶液及调试用</td></tr>
<tr><td>17</td><td>F17</td><td>测压阀</td><td>GM10 单向</td><td>测量机内真空度、真空泵性能</td></tr>
<tr><td>18</td><td>F18</td><td>充气阀</td><td>GM10 单向</td><td>充注氮气</td></tr>
<tr><td>19</td><td>F19</td><td>冷剂取样阀</td><td>GM10 单向</td><td>用于取出冷剂水，浓缩溶液</td></tr>
<tr><td>20</td><td>F20</td><td>吸收取样阀</td><td>GM10 单向</td><td>测量喷淋溶液浓度</td></tr>
<tr><td>21</td><td>F21</td><td>主溶液阀</td><td>GM10 单向</td><td>灌溶液及排溶液、检测稀液浓度</td></tr>
<tr><td>22</td><td>F22</td><td>高交取样阀</td><td>GM10 单向</td><td>测量高发浓液浓度</td></tr>
<tr><td>23</td><td>F23</td><td>低交取样阀</td><td>GM10 单向</td><td>测量低发浓液浓度</td></tr>
<tr><td>24</td><td>F24</td><td>高发放液阀</td><td>GM25 双向</td><td>维修时排放高发溶液</td></tr>
<tr><td>25</td><td>F25</td><td>闸　阀</td><td>带屏蔽罩</td><td>喷淋溶液浓度调节，必须打开屏蔽罩检漏</td></tr>
</table>

（4）视镜 视镜是运行和调试时用以观察和了解机组内部运行状况的。表 6-12 为机组所使用的视镜。

表 6-12 视镜

序号	代号	名称	品种与特征	用途	制冷运转时最佳情况
1	S1	高发视镜	钢化玻璃 ϕ80	观察高发出口液位及溶液沸腾状况	视镜中部
2	S2	液控箱视镜	钢化玻璃 ϕ80	观察液控是否失灵	在第二与第三探头之间
3	S3	低发视镜	钢化玻璃 ϕ80	观察低发流量及液位	溶液沸腾激烈，流量适当
4	S4	蒸发器视镜	钢化玻璃 ϕ80	观察蒸发器喷淋	每根铜管都喷到水雾，但喷淋量应尽量小
5	S5	低发出水视镜	钢化玻璃 ϕ80	观察针阀开度合理性	冷剂水刚盖住出水口
6	S6	浓液视镜	钢化玻璃 ϕ80	观察浓液液位	视镜中部以上
7	S7	冷剂箱视镜	钢化玻璃 ϕ80	观察冷剂水量；观察冷剂再生；观察冷剂污染	液位超过视镜中部表明已出故障，冷剂水直接溢入吸收器
8	S8	稀液视镜	钢化玻璃 ϕ80	观察稀液液位	视镜中、上部
9	S9	进气室视镜	钢化玻璃 ϕ80	观察进气室液位	视镜中部
10	S10	吸收器视镜	钢化玻璃 ϕ80	观察吸收器喷淋	每根铜管都喷到液滴，但喷淋量应尽量小

（5）安全装置 溴化锂吸收式制冷机在运转中可能因某些故障而影响机组的正常运转，甚至导致机组的损坏。为此，机组设置了相应的保护装置。

1）冷剂水和冷媒水的防冻装置。在溴化理吸收式制冷机运行过程中，若冷媒水泵突然发生故障，或出现低负荷、冷量自动调节系统失灵、燃烧量过大，则会引起蒸发温度过低，使蒸发器内冷剂水和冷媒水有产生冻结的危险，严重时会使传热管冻裂。防冻结的安全装置有：

① 冷温水温度控头 TC1：TC1 设置于冷媒水出口，当水温低至设定温度 4℃时，将停止燃烧，使冷剂泵、吸收泵停止运行并报警。由于冷剂泵不起作用，制冷效果消失，蒸发器中蒸发温度升高，冷媒水温度随之升高，当冷媒水温度升至上限设定温度 7℃时，制冷机才能重新投入正常运行。

② 冷温水靶式流量开关。当冷媒水流量小于或等于 70% 设定流量或温水流量小于或等于 50% 设定流量时，流量开关的触头动作。停火、停吸收泵和冷剂泵并报警。

2）防止溴化锂溶液结晶的安全装置。如果溴化锂溶液的浓度过高或温度过低，会使机组在运行中出现结晶现象，而不得不迫使制冷机停止运行。

产生结晶的原因很多，例如：燃烧量偏大，发生器出口浓溶液浓度过高；由于操作不当或系统大量漏气，导致高发压力升高，溶液循环量减少，引起发生器出口浓溶液的浓度过高；冷却水温度过低，稀溶液与浓溶液在溶液热交换器中热量交换过于剧烈，致使浓溶液温度过低；运行过程中突然停电，由发生器出来的浓溶液来不及稀释。为了防止发生结晶，机组设置了控制装置。

① 高发温度探头 TC2。制冷时高压发生器上限温度设定为 158℃，当高发溶液温度高于 158℃时，机组自动停火，电铃报警。

② 高发压力控制器 GY。当高压发生器内压力升高到 GY 的设定值（0.001MPa）时，机组自动停火，电铃报警。

③ 高发液位探头组 UDK。当高压发生器液位低于 1 号探头，自动停火，电铃报警。

④ 冷却水温度探头 TC3。当冷却水入口温度高于上限 38℃或低于下限温度 24℃时，自动停火，电铃报警。

⑤ 自动溶晶装置。系统中结晶部位大多在溶液热交换器中，尤其是低温溶液热交换器的浓溶液出口处，因为此处温度低而浓度高。图 6-102 所示为 J 形管溶晶装置的工作原理，溶晶管一端在低压发生器的液囊中，管口远高于第一排传热管，另一端与吸收器相联，其间有一段液封，用以防止压力发生串通。低温溶液热交换器结晶后，浓溶液不能流入吸收器，致使发生器液位升高，当液位高于溶晶管

管口时，高温浓溶液便通过J形管进入吸收器，而当发生泵将此高温溶液经低温溶液热交换器送往低压发生器时，就会使低温溶液热交换器中的结晶自动溶解，从而消除结晶现象。

机组其他的安全保护装置还有：高压发生器安全阀，其设定值为0.08MPa；冷剂液位探头组UDK2，用以防止蒸发泵空吸汽蚀；排烟温度探头TC4，其设定值为250℃，作用是防止烟道过热引起火灾。另外，还有屏蔽泵和真空泵以及用于对过载或断相进行保护的热继器等。

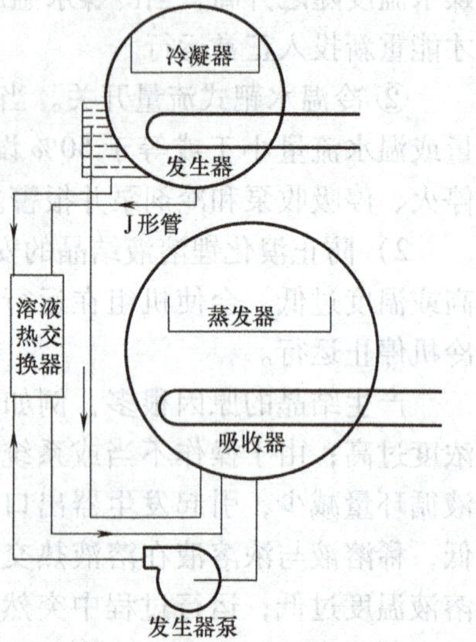

图6-102 J形管溶晶装置的工作原理

(6) 供热循环 远大VI型直燃机在采暖及供卫生热水时，其主体部分（即除高压发生器、热水器以外的其他部分）完全处于一种“冬眠”状态，不会发生腐蚀和磨损。

1）供热作业切换。从制冷作业转入供热作业时，先关闭浓溶液角阀F3，起动发生泵P1，当高压发生器液位略高于UDK1的3号探头时，迅速关闭稀溶液角阀F2，使发生泵停止工作，最后关闭蒸气角阀F1。此时高压发生器已与主体隔离。

关闭冷媒水进出口阀F27、F28，打开冷水放水阀F34；再关闭冷却水进、出口阀门F29、F30，打开冷却水放水阀F35；再关闭温水放水阀F33，开温水进、出口阀门F31、F32。

2）供热循环方式。燃烧火焰加热高压发生器内的溶液，使溶液中产生的水蒸气进入热水器，并将热水器换热铜管内的温水加热，而水蒸气凝结后又流回高压发生器，如此循环往复。

供热时，高压发生器成为一台真空锅炉，在温水出水温度为65℃时，其绝对压力约为400mmHg，溶液温度约为110℃，烟气排放温度约为160℃（制冷时烟气排放温度约为180℃）。

远大 VI 型热水器供热（分隔式供热），使主体的寿命延长 1 倍以上，散热面积减少，烟气排放温度降低，从而使热效率提高。

（7）负荷自动调节原理　如图 6-103 所示，制冷负荷自动调节系统由可编程控制器 PLC、变频器、温度探头等部分组成。

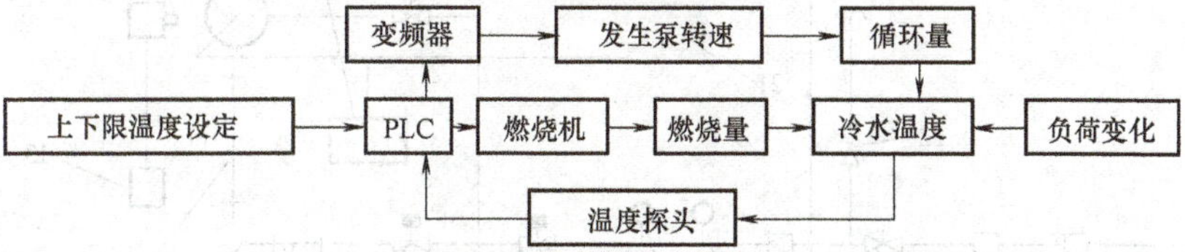

图 6-103　负荷自动调节原理

当负荷发生变化时，机组的冷温水出口温度将相应地变化，PLC 通过温度探头检测出这一信息，并根据此信息通过控制燃烧机来实现对燃烧量的控制，从而对制冷量进行自动调节。另外，PLC 还可以根据负荷的变化情况，相应地改变变频器的频率，从而改变了发生泵的转速，使溶液循环量与燃烧量相适应。通过燃烧量和溶液循环量的调节，制冷量随负荷变化，机组始终能发挥出最佳效率，达到稳定运行和大幅节能的目的。

供热运行时，PLC 只对燃烧机的燃烧量进行调节。

（8）燃烧机　直燃式溴化锂吸收式制冷机的燃料可以是燃油也可以是燃气。采用燃气作为热源，燃烧效率高、无环境污染、体积小、自动化程度高、安装简便，燃气进入机房的压力范围一般为 5～15kPa（500～1500mmH_2O）。压力越高，运转越稳定，所需燃烧成本越低。

图 6-104 所示为燃气燃烧机的工作原理。燃烧机工作前，打开球阀 3，燃气经调压器 4，送至主电磁阀 7 处。工作时，燃烧机风机 20 首先工作，风门由关闭状态逐渐开大至大火风门位置，进行预吹风。同时控制器对燃气压力、电磁阀 7、9 的密闭性、空气压力等进行自动检测。若无异常则风门转至点火位置点火。变压器 13 得电，打火电极 15 打火，然后电磁阀 7、9 开启，燃气进入燃烧机点火。点火后，离子火焰检测器投入工作，随时监视火焰的燃烧情况，一旦出

现异常，将自动停火，关闭电磁阀7、9，点火一段时间后，燃烧机自点火状态转至小火状态。

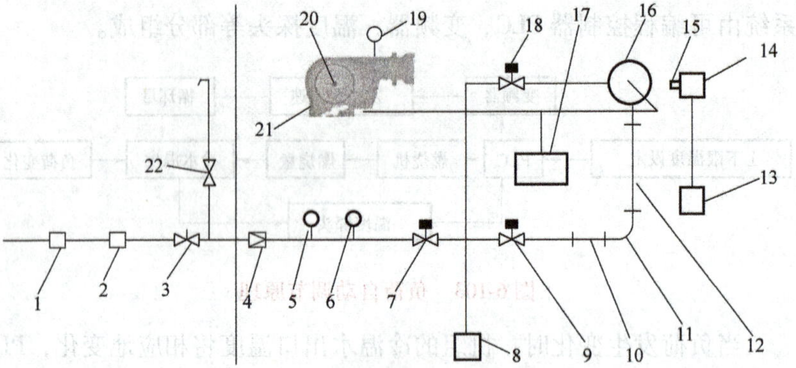

图6-104 燃气燃烧机的工作原理

1—气体过滤器 2—气体流量计 3—球阀 4—调压器 5—燃气上限压力开关
6—燃气下限压力开关 7—主电磁阀 8—泄漏检测器 9—工作电磁阀
10—横联管 11—弯头 12—直联管 13—点火变压器 14—离子火焰检测器
15—打火电极 16—燃气蝶阀 17—风门伺服机构 18—点火电磁阀
19—空气压力开关 20—风机 21—风机风门 22—放散阀

由于风机风门是与燃气蝶阀联动的，故燃气量与空气量始终是成比例变化的，以保证燃烧机安全和稳定地工作。小火时，风门较小，燃气蝶阀开度也较小，故供气量也较小；大火时，风门较大，此时，燃气蝶阀开度相应增大，供气量也相应增加。

实际上，点火、小火、大火三种状态的燃烧量可以通过设置风门伺服机构的点火风门位置，小火风门位置和大火风门位置来调整。这里就不在做过多的讲述了。

2. MDX蒸汽型吸收式冷水机组

图6-105所示为MDX蒸汽型双效吸收式冷水机组的工作流程和主要控制点。该机组采用了三筒形的结构形式，蒸发器与吸收器，冷凝器与低压发生器均采用上下排列。溶液循环采用串联流程。该机组没有单独设定吸收器泵，而是将发生器泵泵出的部分稀溶液送至引射器，而低温溶液热交换器出口的浓溶液被引射后，与稀溶液

混合进入吸收器喷淋。为了充分利用蒸汽凝结后的余热而设置了凝结水热交换器。蒸汽供给量通过蒸汽控制阀根据冷水出水温度自动调节。溶液控制阀根据高压发生器的温度和液位改变阀门开度，调节溶液循环量，以适应负荷变化和蒸汽供给量的调节，该机组还设置了机械真空泵抽气装置和套管型自动溶晶装置。

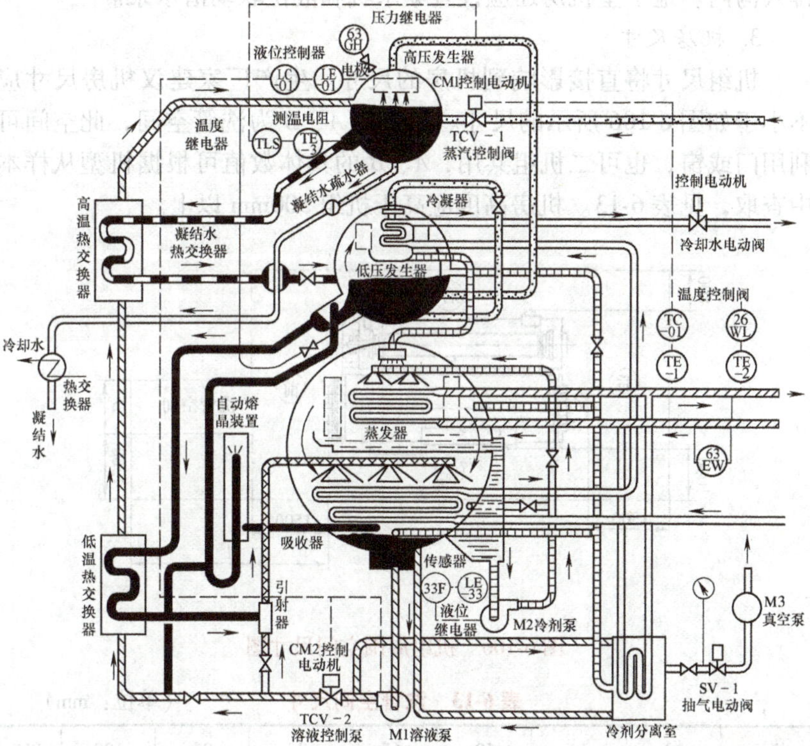

图 6-105　MDX 蒸汽型双效吸收式冷水机组的工作流程和主要控制点

四、溴化锂吸收式冷水机组的安装要求

1. 机房环境

机房温度应控制在 5～43℃，若温度过低，则在机组停机时会造成机体内铜管冻裂；若温度过高，则会使电器元件寿命缩短甚至损坏。机房湿度应控制在 85% 以下，否则将损坏电器元件并影响机组

寿命。

2. 机房排水

机组基础应处于机房中较高的位置上。机组四周应设置排水沟，且沟上必须垫加铸铁网板，沟内的水能够顺利地排出机房以外。机房内所有的排水管、信号管均应置于排水沟上方可见的位置，不能排入沟内。地下室机房还应设置集水坑和液位联动潜水泵。

3. 机房尺寸

机组尺寸将直接影响到机房的尺寸。生产厂家建议机房尺寸应不小于如图 6-106 所示的尺寸。图中的 *A*、*B* 为洗管空间，此空间可利用门或窗，也可二机组共用，*A*、*B* 的具体数值可根据机型从样本中查取，见表 6-13。机房高度应高于机组 500mm 以上。

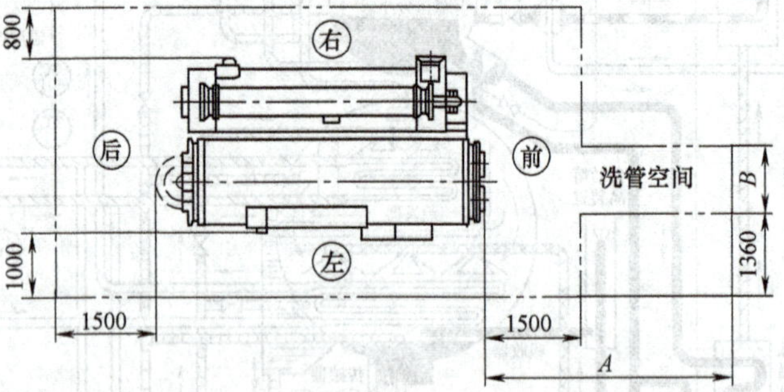

图 6-106　机组周围空间尺寸图

表 6-13　洗管空间尺寸　（单位：mm）

机型	30	40	50	65	75	85	100	125
A	2700	2700	3700	3200	3700	3200	3700	4500
B	700	750	750	900	900	900	1000	1000
机型	150	200	250	300	400	500	600	800
A	4500	4500	5500	5500	6500	6500	7500	7500
B	1250	1400	1400	1600	1600	1700	1800	2000

4. 机房通风

机房应通风良好，否则将导致机组运转所需空气量不足，并且会因机房潮湿而锈蚀机组，损坏电器元件等。直燃机房通风量由燃料输入量决定，可按 10000kCal 热值的燃料需 $15m^3$ 空气计算。

5. 燃气系统

直燃机房必须安装燃气泄漏检测报警装置，其动作值应设在危险值下限的 20%，该装置应与机房强力排风扇联动，机房务必保持 24h 通风良好。

对于如图 6-107 所示的燃气入口装置，当压力高于 1500mmH_2O时应设有减压阀。管道最低处应设泄水阀。管路进入机房后，在距机组 2～3m 处，应设置放散管、压力计、球阀、过滤器、流量计。

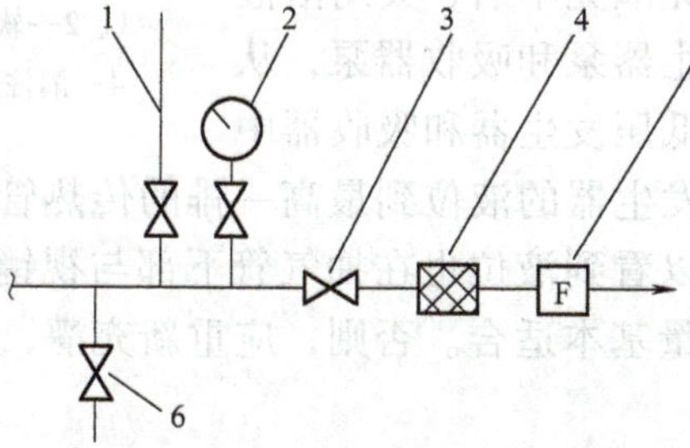

图 6-107 燃气入口装置

1—放散管 2—压力计 3—球阀 4—过滤器 5—流量计 6—泄水阀

五、溴化锂溶液的充灌和浓度调整

1. 溴化锂溶液的充灌

充灌前的溴化锂溶液通常已调整到要求的浓度和 pH 值，并且加入了缓蚀剂。将配置好的溶液充入机内的步骤如下：

1）检查机组内的绝对压力，使其保持在 6Pa 以下，若机组内有残余的水分，则应保持与当时气温相应的饱和蒸汽压力。

2）准备一只 $0.2m^3$ 的陶瓷水缸（或溶液桶），140 目铜网及尼龙滤布各一块（大于水缸口），尼龙滤布置上，铜网置下，盖在水缸口上，向滤布上倒溶液。用一根真空橡胶管内径 *DN*25mm，一头接至溶液取样阀，一头灌满溶液后插入水缸中，图 6-108 所示为溶液充灌示意图，图中增加了一个溶液灌注瓶 4 以便于观察，图中 3 即为机组灌注与取样用的阀门。

3）打开溶液取样阀，利用大气压力将水缸内的溶液压入机组内，在充灌溶液时，需要不断地往水缸内灌注溶液，以维持水缸内至少有半缸溶液，插入水缸内或溶液灌注瓶内的胶管必须始终浸在溶液里，以免有空气进入机组。

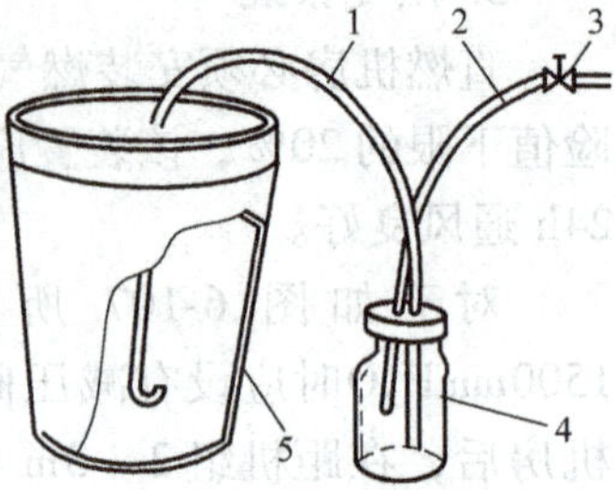

图 6-108　溶液充灌示意图

1、2—软管　3—取样阀

4—灌注瓶　5—溶液桶

4）溶液的充灌量应根据产品说明书的要求而定，并在运转中加以调整，当溶液按规定量充灌完毕后，关闭溶液取样阀，起动发生器泵和吸收器泵，从视镜中观察高、低压发生器和吸收器中的液位。若两个发生器的液位到最高一排的传热管位置，且从吸收器底部的视镜可以看到液位也在抽气管下部与视镜上部之间，则可认为充灌的溶液量基本适合。否则，应重新充灌，直到满足要求为止。

若充入机组内的溶液量过多，可起动放生器泵，打开溶液取样阀，把溶液从机组内放出。

2. 冷剂水的充灌与排出

当充灌的溴化锂溶液浓度较高，如 55% 时，一般应同时充灌冷剂水。充入的冷剂水为蒸馏水或软化水。

如果溴化锂溶液的浓度较低，应先经发生器浓缩，把多余的冷剂水排出，才能使溶液的浓度达到规定值。

应该指出的是，机组中溶液的质量分数与冷剂水量随着运转工况而发生变化，在高质量分数下运转时（如加热蒸汽压力较高，燃烧量大，冷却水进口温度较高与冷水出口温度较低的情况下），溴化锂溶液量减少，而冷剂水量增多。反之，在低质量分数下运转时，溴化锂溶液量增多，而冷剂水量减少。这种此消彼长的变化，通过机组自控系统的监视和控制，不会影响机组的正常运转。但质量分数偏高则冷剂水量不定，质量分数偏低则吸收性能差。如运大 VI 型直燃机规定，在额定负荷时，最高综合浓度衡量标准是浓溶液 63% ~64%，稀溶液 58% ~59%，偏离此值则应予以调整。调整时也需要充灌或排出冷剂水。

(1) 冷剂水的充灌　充灌冷剂水操作应通过溶液取样阀进行，其方法与充灌溶液相同。运转中起动蒸发器泵，若冷剂水的液位在视镜的中部，则可以认为充灌量基本合适。

(2) 冷剂水的排出　将冷剂水排出机组外时，应先起动蒸发器泵。通常蒸发器泵扬程低，排出压力低于大气压，打开冷剂取样阀后，不能将冷剂水直接排出。因此，应该准备真空容器，将冷剂水排入真空容器内。如图 6-109 所示，在玻璃容器（蒸馏水瓶）上配好橡胶塞，在塞子上打两个孔并插入两根铜管，铜管的外径应和抽气管及取水管的内径相配合，按图 6-109 所示连接后，将容器抽成真空，在真空泵的排气口用手测试没有气体排出时，关闭真空泵，打开冷剂取样阀，水会自动流入容器中，容器满水后，关闭冷剂取样阀，拔出胶塞，记录水量，这样的过程重复多次，直至符合要求为止。

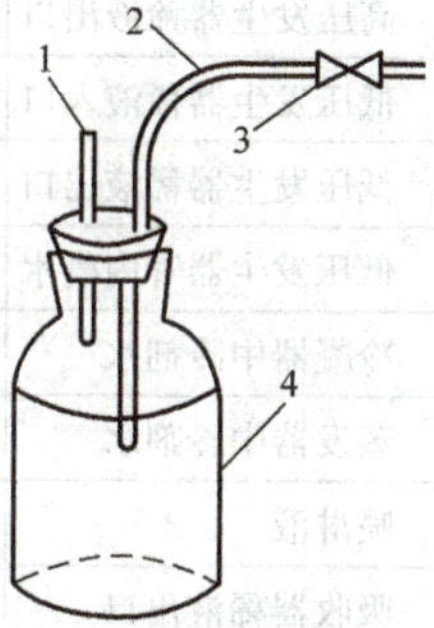

图 6-109　排出冷剂水的接管示意图

1—接真空泵　2—软管
3—取样阀　4—玻璃容器

六、溴化锂吸收式冷水机组的调试

以远大 VI 型直燃机为例，说明溴化锂吸收式冷水机组制冷运行的运行参数及调试方法。

1. 调试通用指标

表 6-14 为调试通用指标，即调试之后机组应该达到的状态。

表 6-14　调试通用指标

序号	项　　目	管号	温度/℃	质量分数（%）	绝对压力/mmHg	备　　注
1	冷水入口		12	—	—	流量符合额定参数
2	冷水出口		7	—	—	
3	冷却水入口		32	—	—	流量符合额定参数
4	冷却水出口		37.5	—	—	
5	高压发生器稀液入口	2	139	58	高压发生器筒内压力：700	真空压力约为 -0.01MPa
6	高压发生器稀液出口	4	153	64		
7	低压发生器稀液入口	3	87	58	低压发生器筒内压力：57	
8	低压发生器稀液出口	6	95	63.2		
9	低压发生器管内凝水	11	93	0	630	
10	冷凝器中冷剂水	12	39	0	57	
11	蒸发器中冷剂水	13	5	0	6.54	
12	喷淋液	8	43	63	6.33	
13	吸收器稀液出口	1	41	58	—	真空压力约为 0.03MPa
14	高温热交换器浓液出口	5	57	64	—	
15	低温热交换器浓液出口	7	49	63.2		
16	低压发生器溶晶管		常湿	—	—	
17	冷剂旁通管	14	常温	—	—	
18	高发排烟口	—	180	—	—	
19	燃料	—		—	—	消耗量符合额定参数

注：只要制冷量满足用户需要，溶液浓度值越低，机组运行越安全。

2. 手动开机操作

制冷机组的起动有自动和手动两种。通常调试时采用手动起动。

1）用真空计测量机组内绝对压力应不低于表 6-15 所示指标，如低于表中的数值，应进行抽气作业。

表 6-15 机组真空下限值

蒸发器温度/℃	15	20	25	30	35
机组内压力/Pa	1200	1470	1730	1990	2400

2）起动冷、温水泵、冷却水泵、冷却塔风机，将冷却水入口温度控制在 24～32℃。

3）选择“制冷”及“手动”工作状态。

4）起动发生器泵，注意观察稀液视镜 S8，不允许让发生器泵发生“吸空”现象。

5）起动吸收器泵，注意观察浓液视镜 S6，调整针阀 F7，使液位在视镜 S6 的中部。

6）待高压发生器液位在 2～4 号探头之间时，开“小火”。

7）待高压发生器温度达到 100℃时，开“大火”。

8）待冷剂水位达到冷剂箱视镜 S7 下沿时，起动冷剂泵，这时机组逐渐进入稳定运转状态。注意观察视镜 S7 不让冷剂泵吸空。

3. 运转性能调节

在起动开机其间，通过调节下述装置，使机组实现流量合理、浓度合适、液位稳定，进而达到预期指标。

（1）变频器　额定状态运转时，频率为 40～43Hz。变频器频率过大或过小会导致高、低压发生器浓度过稀或过浓。

（2）高压发生器循环阀 F4　通常情况下，此阀全开，只有当浓度检测结果表明高压发生器的浓溶液浓度低于 62.5% 时，则此阀可稍微调小。

（3）低压发生器循环阀 F5　通常情况下，此阀仅开启 10%～20%，这是因为低压发生器的工作压力仅为高压发生器的 1/10，溶液极易进入。

（4）溶液调节阀 F6　当调整高压发生器循环阀 F4 及变频器频率均无法使高压发生器浓度达到 62.5%～63.5% 时，可适当关小此阀。如果高压发生器浓度达到指标，而液位过高或过低也应开大或关小阀 F6。

（5）针阀 F8　通常情况下，此阀开启 20%～40%。在额定状态运转时，从低压发生器出水视镜观察，冷剂水刚好盖过出口管孔为佳。此阀确定了高压发生器与冷凝器之间的压差。

（6）溶液喷淋阀 F7　通常情况下，此阀开启 20% ~30%，从吸收器视镜 S10 观察，见吸收器铜管全部被溶液喷淋覆盖即可。但喷淋量不能太大，液膜太厚也会影响吸收效果。此外，该阀开度大小决定了视镜 S6 液位的高低，应使液位控制在视镜 S6 的中上部，否则将造成吸收器泵汽蚀。

（7）冷剂喷淋阀 F9　通常情况下，此阀开启 10% ~20%，从视镜 S4 观察，见蒸发器铜管全部被冷剂水覆盖即可，但喷淋量应严格控制，水膜太厚会导致难以蒸发。此外，该阀还有一种功能：当冷剂水被污染时可关闭此阀，并开启冷剂旁通阀 F10 及冷剂泵，能够彻底排走冷剂水。

（8）闸阀 F25　通常情况下，此阀全关。此阀的作用是使部分稀溶液流进吸收器泵，达到使喷淋液温度降低，喷淋量增加和维持 S6 液位。此阀如果开启过大，会导致喷淋浓度降低，进而影响吸收效果。

4. 浓度检测及最佳浓度值

浓度检测是反映机组工况的重要数据，是指导调试全过程的关键点，也是判定各阀门是否完好的重要依据。

浓度检测应在表 6-14 中各项温度、压力数据基本符合要求后，以及运转性能调节初步完成后，才有必要进行。其程序是：

1）机组在不制卫生热水状况下连续带负荷运转 2h 以上。

2）冷剂泵运行时，冷剂箱内冷剂水在视镜 S3 下沿。

3）以最快的速度（在 3min 以内），用取样瓶采用抽负压的方法从低温热交换器取样阀 F23 和高温热交换器取样阀 F22 取出低温热交换器和高温热交换器内的浓溶液，同时，打开主溶液阀 F21（额定运转时此阀处是正压，可以通过真空压力表 YB2 观察压力值），直接放出稀溶液。

图 6-110 所示为取样瓶的结构。利用真空泵将取样瓶内抽成真空，然后关闭通往真空泵的阀门，缓慢打开取样阀，将溶液抽至取样器。

4）用取样器从吸收取样阀 20 取出喷淋液。

5）记录取出的 4 种溶液的密度和温度，查图 6-93 得出其溶液的质量分数。

图 6-111 所示为溶液浓度测量示意图，将取样瓶中的溶液倒入量杯，从比重计和温度计读取比值和温度值。操作时应注意，切忌空气进入机组内。

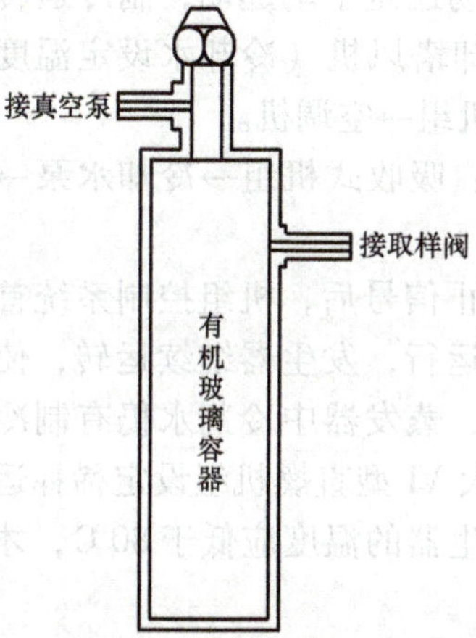

图 6-110　取样瓶的结构

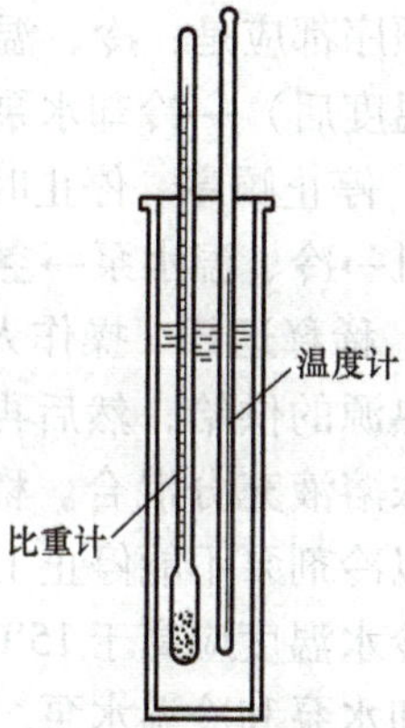

图 6-111　溶液浓度测量示意图

6）分别将 4 种溶液尽快泡水冷却至 20℃，用波美浓度计直接读取其浓度。将查表浓度（质量分数）与波美浓度加以比较，修正后得出较为精确的浓度值。

表 6-14 所列的浓度（质量分数）均为设计最高值。只要机组冷量满足需要，溶液浓度偏低应该比达到设计最高浓度值要好得多。因为这样可以减小结晶的危险，而且能够提高机组的安全性。

调试工作通常是在制造商调试指导人员的参与下进行的。调试后要填写调试成绩表，分别由厂家和用户存档。

正常运转情况下，每年度应在机组额定状态运行下分别对高温热交换器溶液、低温热交换器溶液、喷淋溶液、稀溶液的浓度进行一次检测，若有异常，则需要重新调整相关阀门。

七、溴化锂吸收式冷水机组的运转管理

溴化锂吸收式冷水机组的运转管理包括：起动与停止、运行参数的监测和记录、溶液的管理、冷剂水的管理、真空管理和结晶管理等项目。

1. 起动与停止

（1）起动顺序　无论选择自动起动还是手动起动，制冷运转时的起动顺序都应是：冷、温水泵→冷却塔风机（冷却水设定温度达到设定温度后）→冷却水泵→吸收式机组→空调机。

（2）停止顺序　停止时的顺序是：吸收式机组→冷却水泵→冷却塔风机→冷、温水泵→空调机。

（3）稀释运行　操作人员发出停止信号后，机组控制系统首先要切断热源的供给，然后再进入稀释运行，发生器继续运转，使稀溶液和浓溶液充分混合。稀释运行时，蒸发器中冷剂水仍有制冷能力，所以冷剂泵不能停止工作。如远大 VI 型直燃机组设定稀释运行结束，冷水温度应高于 15℃，高压发生器的温度应低于 80℃，才能停止冷却水泵和冷温水泵。

2. 运行参数的监测和记录

以远大 VI 型直燃机组为例，机组制冷运行时，控制系统会自动监测温度、压力、液位、电流、燃烧火焰等信号并进行自动调节，当运行参数达到系统设定的安全保护值时，控制系统将作出相应的反应并报警。操作人员应熟悉相应的安全保护装置和机组设定的安全保护参数。主要的安全保护装置有：冷、温水靶式流量开关（冷水流量不大于 50% 动作）、冷却水靶式流量开关、冷却水入口温度探头 TC3（上限温度 38℃，下限温度 24℃）、高压发生器液位探头组 UDK1、冷剂液位探头组 UDK_2、燃烧机保护装置、高压发生器压力控制器 GY（-0.001MPa）、高压发生器温度探头 TC2（上限温度 158℃，下限温度 150℃，供热时根据需要设定）、冷、温水温度探头 TC1（4℃）（供热时根据需要设定）、高压发生器安全阀（0.08MPa）和热继电器、断相保护器等电气保护装置。

冷水机组操作人员应认真填写运转日记表，并记录各项参数。

3. 溶液的管理

（1）碱度的调整　机组运转后，溶液的碱度随运转时间的增长而增大，机组的气密性越差，碱度的增大越快。碱度太高会引起碱性腐蚀，因此，应把 pH 值控制在 9.5～10.5 范围内。

碱度可以用添加氢溴酸（HBr）或氢氧化锂（LiOH）来调整，添加氢溴酸时，浓度不能太高，添加速度也不能太快，否则将会使筒体内侧形成的保护膜剥落，引起铜管、喷嘴的化学反应，以及焊接部位的点蚀。添加氢溴酸时，可以从机组内取出一部分溶液放在容器中，慢慢加入经 5 倍以上纯水稀释的适当浓度的氢溴酸（质量分数为4%），待混合后再注入机组内，为提高 pH 值而添加氢氧化锂时应同样注意，否则将产生凝胶质，使喷嘴及传热管表面阻塞。

通常机组调试时应对溶液取样，测定其浓度并用万能 pH 试纸测定其碱度，做好记录，并封样保存，作为运转中溶液每月定期检查时的对比参数。

（2）辛醇的添加　真空泵运转时，辛醇蒸气会随同机组里的不凝性气体抽出机外，使辛醇循环量减少。根据运行情况，如制冷量下降，可酌量添加辛醇。通常应每年补充一次。添加辛醇的操作方法与调整溶液 pH 值时加入 HBr 的操作法基本相同。

（3）缓蚀剂的添加　机组运转中会消耗缓蚀剂，尤其是在机组投入运转的初期或是溶液暴露于大气的情况下，缓蚀剂的消耗要比想象得快。

C 型溶液中铬酸锂的含量可根据溶液的颜色来判断，$LiCrO_4$ 浓度越高，颜色越黄。另外，也可以将溶液与机组初次添加溶液时所保存的样品进行对比检查。缓蚀剂不足会产生腐蚀，并随着腐蚀加剧，产生不凝性气体，使机器的性能下降，甚至引发结晶现象。

（4）溶液的目测检查　表 6-16 为溶液的目测检查。

表 6-16 溶液的目测检查

项　　目	状　　态	判　　断
颜色	淡黄色	缓蚀剂消耗大
	无色	缓蚀剂消耗过大
	黑色	氧化铁多，缓蚀剂消耗大
	绿色	铜析出
浮游物	极少	无问题
	有铁锈	氧化铁多
沉淀物	大量	氧化铁多

注：1. 除判断沉淀物多少外，均应在取样后立即检验。
2. 检查沉淀物时，试验应静置数小时。
3. 观察颜色时，试验也应静置数小时。

溶液中产生的沉淀物会因为附着在换热管表面，使换热性能下降；而且，若沉淀物进入屏蔽泵的轴承，将使轴承磨损而发生故障。

4. 冷剂水的管理

冷剂水相对密度是机组运转是否正常的重要标志之一，应该注意观察，并及时测量。如前所述，冷剂泵的扬程较低，需要利用取样器进行负压取样操作。

一般冷剂水密度小于1.04属于正常。若冷剂水相对密度大于1.04，则说明已混入溴化锂溶液。这种现象称为冷剂水污染。冷剂污染后机组的性能下降，严重时机组的制冷量将大幅降低，甚至无法继续运转。

引起冷剂水污染的原因主要有：冷却水入口温度过低；加热蒸汽压力过高或燃烧量偏大；循环量过大，导致高压发生器或低压发生器液位偏高，浓度偏稀。

发现冷剂水污染后，首先要查找出引起冷剂水污染的原因和部位，堵截污染根源，然后进行冷剂再生。冷剂再生的步骤是：

1）关闭送往冷剂水喷淋管道上的阀 F9。

2）打开冷剂水旁通阀 F10，将冷剂水旁通到吸收器。

3）蒸发器液囊中的冷剂水越来越少，为防止冷剂泵汽蚀，自动或手动停止冷剂泵运转。

4）当冷剂水液位升高后，再次起动冷剂泵。

如此循环往复，直至蒸发器中冷剂水的相对密度接近1，冷剂再生方告结束。

在冷剂水污染不很严重时，也可关小通往冷剂水喷淋管道上的阀门，打开冷剂水旁通阀，让冷剂水不断旁通至吸收器，直至冷剂水达到再生要求。这种方法对机组运转工况的破坏较小，但再生的时间相对较长。

5. 真空管理

（1）真空对吸收式机组的意义　由于溴化锂吸收式冷水机组在极高的真空下运行，因此，空气很容易通过密封不良的连接处进入机组内。此外，溴化锂溶液对金属材料的腐蚀作用，也会产生氢气等不凝性气体。同时，随着加热温度的升高，溶液中的微量气体也会不断逸出。这些不凝性气体（如 N_2，O_2、H_2 等）的存在，对机组的制冷能力、能源效率和使用寿命都将产生严重的影响。

1）机组内存在不凝性气体会制约发生器溶液的发生，以及削弱吸收器吸收水蒸气的能力，导致蒸发器内压力升高，影响冷剂水的蒸发和吸收，从而使机组出力下降，甚至根本无法运行。

2）若机组内漏入空气，溴化锂溶液对机组产生强烈的腐蚀，出现大量的锈渣，阻塞过滤器和喷嘴，使机组无法正常运行。同时，机组产生的化合物也将污染溴化锂溶液，使溶液成分发生变化，对机组产生更严重的腐蚀，以致锈穿铜管和钢板，使机组在短期内报废，造成无法挽回的损失。

因此，保持机组内的真空对溴化锂吸收式机组来说至关重要，甚至可以说，真空就是机组的生命。所以溴化锂吸收式冷水机组都安装了抽气装置，以便及时将漏入机组内的空气和聚集在机组中的不凝性气体排除掉。

（2）抽气装置的类型　抽气装置大致可分为机械真空泵抽气装置、自动抽气装置和钯膜抽气装置三种类型。

1）机械真空泵抽气装置。如图6-112所示，机组运行时从吸收器与冷凝器中抽出的不凝性气体内夹带有冷剂蒸汽，如果把冷剂蒸汽抽出机组之外，机组中的冷剂水量势必将减少，以致影响溶液组分平衡。此外，冷剂蒸汽进入真空泵后，也会使真空泵中油的粘度降低，并产生乳化现象，将严重影响抽气效果。冷剂分离器的作用就是将不凝性气体与冷剂蒸汽分离出来。溶液泵泵出的一股溴化锂溶液从分离器内的喷嘴喷出，喷淋在换热盘管上，盘管内通以低温的冷剂水或冷水，造成比吸收器更低的吸收压力。而夹带有冷剂蒸汽的不凝性气体从下部进入冷剂分离器后，冷剂由管内流动的低温水带走，吸收了冷剂蒸汽的溶液流回到吸收器，不凝性气体通过真空泵排出机外。

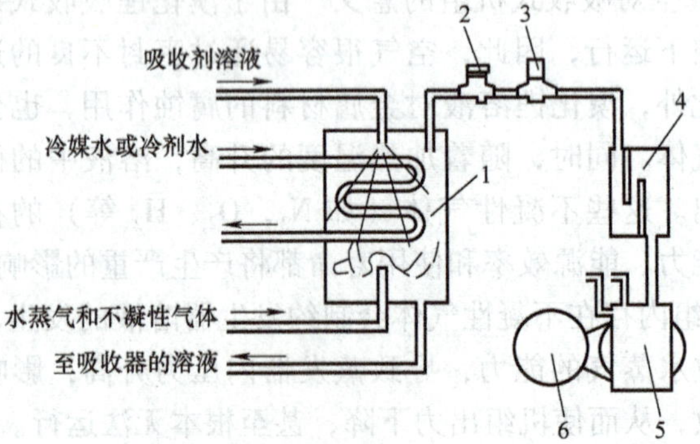

图 6-112　机械真空泵抽气装置

1—冷剂分离器　2—手动截止阀　3—电磁阀

4—阻油器　5—真空泵　6—电动机

阻油器有一定的容积，内设阻油挡板。在真空泵由于意外原因突然停止工作时，阻油器可以防止大气经真空泵逆流，真空泵油被压入机组内而污染溶液。

电磁阀与真空泵联动，真空泵停止运转时电磁阀动作，切断机组抽气管路并使真空泵的抽气口与大气相通，防止真空泵油倒流。

2）自动抽气装置。自动抽气装置在机组运行中能连续不断地自行抽除系统内的不凝性气体，使用方便但其抽气量较小，不能抽除大量不凝性气体，在初始抽空、长期停机后起动或应急状态下，必须依靠真空泵抽气。自动抽气装置的形式很多，现介绍其中的两种形式。

① 引射型自动抽气装置。如图6-113所示，溶液泵将部分高压稀溶液泵入引射器4，在其喉部形成低压区，吸收器2内的不凝性气体通过抽气管，与溶液形成气液混合物进入储气室5。在储气室内部，不凝性气体与溶液分离后聚集在顶部，而溶液则回流到吸收器。当不凝性气体聚集到一定数量时，关闭回流阀7和抽气管路上的阀门，此时溶液仍在不断进入引射器，储气室内气体被压缩，压力升高。当其压力升高到大于大气压力时打开放气阀，将其排入大气。

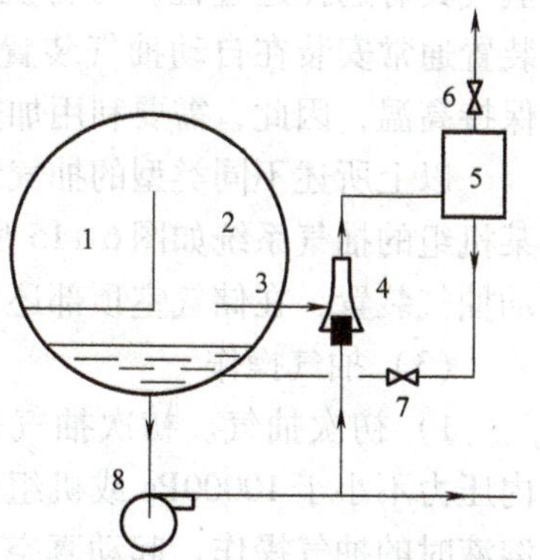

图6-113 引射型自动抽气装置

1—蒸发器 2—吸收器 3—抽气管 4—引射器 5—储气室 6—放气阀 7—回流阀 8—溶液泵

② 落差型自动抽气装置。如图6-114所示，由发生泵来的溶液经进气室2流入落差管3，利用重力将导气管中的不凝性气体引入分离器4，不凝性气体气泡自动上升，进入储气室，溶液流回吸收器。如此连续循环，不断进行自动抽气，随着储气量的增加，储气室的气压会上升，真空规管显示出储气室的压力大小。当储气室不凝性气体聚集到一定程度时，起动真空泵，将其排入大气。

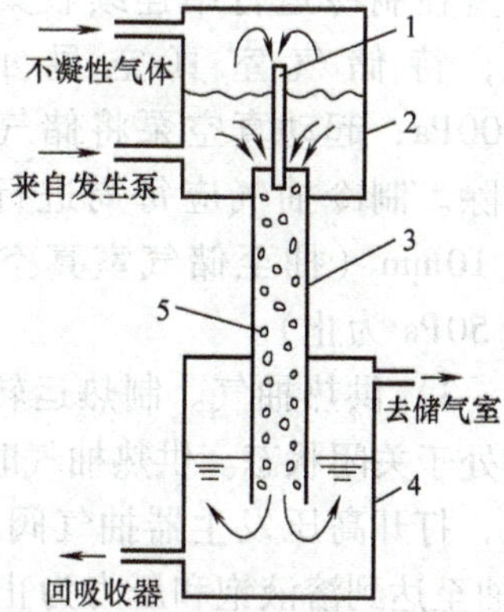

图6-114 落差型自动抽气装置

1—导气管 2—进气室 3—落差管 4—分离器 5—溶液

3）钯膜抽气装置。溴化锂机组在正常运行过程中，由于溶液对金属材料的腐蚀作用，会产生一定量的氢气。若机组的气密性良好，则产生的氢气将是机组中不凝性气体的主要来源。为了排除氢气，可以设置钯膜抽气装置。钯金属对氢气具有选择透过性，可将机组内产生的氢气排到机外。钯膜抽气装置通常安装在自动抽气装置储气室处。钯膜抽气装置工作时必须保持高温，因此，需要利用加热器进行加热。

以上所述不同类型的抽气装置，常常是混合配置使用的。例如，某机组的抽气系统如图6-115所示，它既配备了真空泵，又配置了自动抽气装置，在储气室顶部还设置了钯管。

（3）抽气操作

1）初次抽气。初次抽气是指机组内压力不小于10000Pa或机组内未灌注溶液时的抽气操作。起动真空泵后，打开直接抽气阀、主抽气阀、低压发生器抽气阀、冷凝器抽气阀，便可进行抽气操作。

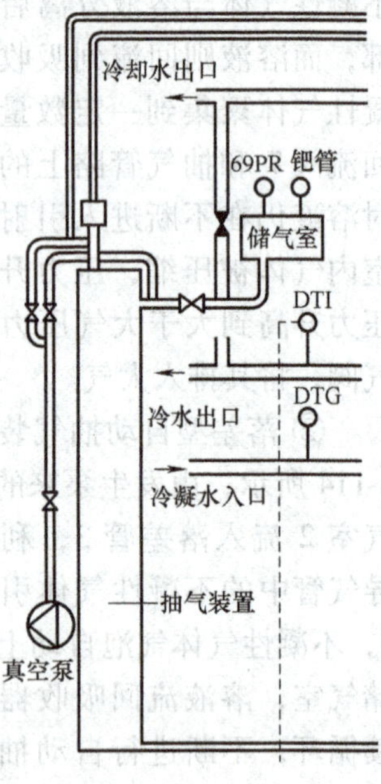

图6-115　某机组的抽气系统

2）制冷抽气。制冷运转时直接抽气阀处于关闭状态。落差式自动抽气装置在制冷运行中连续收集不凝性气体，待储气室真空显示不小于5000Pa，起动真空泵将储气室内气体排除。制冷抽气应每周进行一次，每次10min（抽至储气室真空显示不大于50Pa为止）。

3）供热抽气。制热运转时主抽气阀处于关闭状态。供热抽气时起动真空泵，打开高压发生器抽气阀。供热抽气，每两周一次，每次10min（抽至达到溶液饱和压力为止）。供热抽气时，高压发生器温度应不大于60℃，并连续向高温分离器注自来水，使高压发生器水蒸汽冷凝，减少水汽抽出量。

抽气操作应注意如下事项：

① 制冷时，至少每周开一次冷凝器抽气阀及低压发生器抽气阀，每次开20min以上（应在“稀释停机”时或停机时开，制冷运行时不能开），以利上筒体及高发不凝性气体进入下筒体被抽除。

②应先起动真空泵，才能开阀，否则空气会进入机内。应先关阀，才能停泵，否则真空油会进入机组内。

③抽气时，真空泵气镇阀应打开。气镇阀的结构类似于一般的气体单向阀。当被抽气体中含有少量的水蒸气时，开启气镇阀泵的排气腔内注入少量的空气，提高排气腔的压力，使水蒸气不致于在泵中凝结成水，水蒸气可以和空气一起排出，以防止油被凝结的水乳化。

④如真空泵油被乳化（或发黑），应从如图 6-116 所示将油排出。具体操作方法是：在油温不小于 45℃时，打开排油阀，边排油，边点动真空泵，将油彻底排出。排出的油经沉淀呈透明状后再用。油从注油口注入，到油窗的中线部分为止。即使未乳化，每月也必须将真空泵油彻底排出一次，以便清除泵内灰渣。

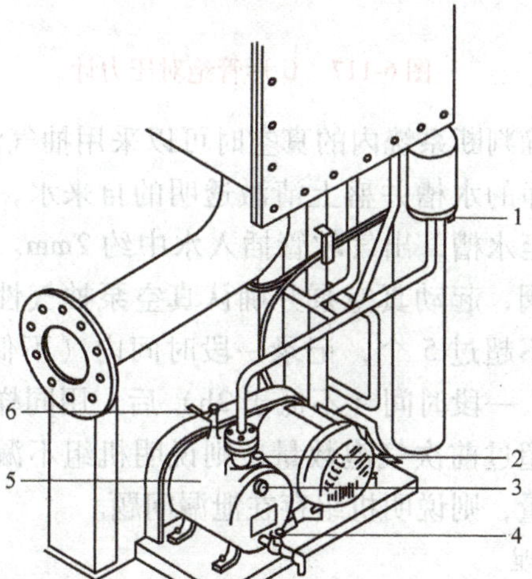

图 6-116 抽气真空泵排油示意图

1—排水塞 2—注油口 3—油窗
4—排水栓 5—真空泵 6—气体镇流器阀

⑤每次充氮保养后由大气压力开始抽气，或对高压发生器进行抽气后，应拧开阻油器排水堵头，排尽水后，擦净排水堵头，再将堵头拧紧。

（4）真空判断　如远大 VI 型直燃机组装有两块真空压力表，一块显示高压发生器压力；另一块显示发生泵出口压力，而停机时则显示的是主体压力。真空规管将阻油器和储气室压力显示在显示屏上。而有的机组则采用了如图 6-117 所示的 U 形管绝对压力计测量系统内压力。

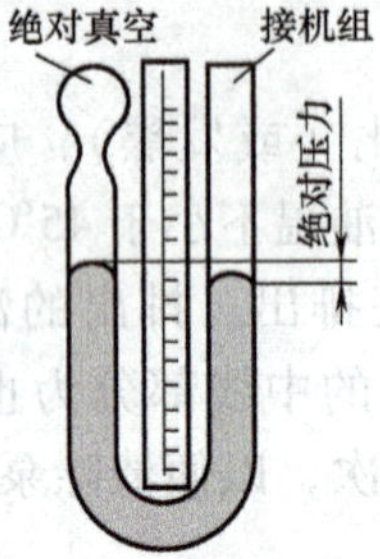

图 6-117　U 形管绝对压力计

当需要精确判断系统内的真空时可以采用抽气泡法。如图 6-118 所示，取一洁净的水槽并盛上清澈透明的自来水，从真空泵排气口处接出气软管至水槽，出气软管插入水中约 2mm。在接出气软管之前应关闭气镇阀，起动真空泵并确认真空泵抽气性能良好。当水中气泡数每分钟不超过 5 个，记录一段时间内（不低于 10min）水中产生的气泡数。一段时间（不低于 2h）后，用同样的方法直接记录气泡数，若未超过前次气泡数量，则说明机组不漏气；若确信气泡数多于前次数量，则说明机组存在泄漏问题。

6. 结晶管理

在结晶的初期阶段，自动溶晶装置通常可以将结晶清除。如果通过自动溶晶装置无法消除结晶，可采取下列方法：

1）适当减少发生器的燃烧量或热蒸汽供应量；减少冷却水量或关闭冷却水；把稀溶液的温度控制在 60℃左右。

2）打开冷剂旁通阀，把冷剂水旁通至吸收器。

3）间歇起动和停止溶液泵，使发生器中温度较高的溶液反复沿稀溶液的管路经溶液热交换器回流到吸收器。

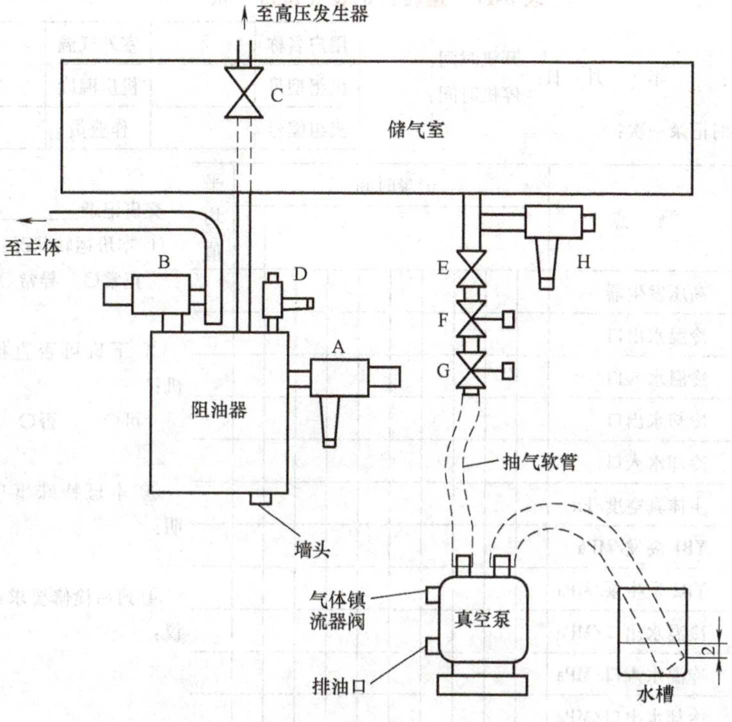

图 6-118 抽气泡法

A—主抽气阀 B—直接抽气阀 C—高压发生器抽气阀

D—取样抽气阀 E—储气室抽气阀 F、G—抽气电磁阀 H—充氮阀

若采用上述方法仍不能奏效，则需要借助外界热源，如热蒸汽、蒸汽凝结水或喷灯在浓溶液出口侧乃至对溶液热交换器全面加热。

八、溴化锂吸收式冷水机组的维护保养

1. 机组的定期检查与保养

对于远大 VI 型直燃机组每日要进行检查与保养，并做好运转日记表，见表 6-17。另外，每周、每月、每年、每 2 年的检查与保养项目分别列于表 6-18、表 6-19、表 6-20、表 6-21。

表 6-17　运转日记表（每班一张）

日期：　　年　　月　　日　　开机时间：
　　　　　　　　　　　　　　停机时间：

每小时记录一次：

用户名称		室外气温	
机组型号		机房温度	
机组编号		作业员	

项目		测点	记录时间：										平均值
温度/℃		高压发生器											
		冷温水出口											
		冷温水入口											
		冷却水出口											
		冷却水入口											
压力		主体真空度/Pa											
		YB1 高发/MPa											
		YB2 发生泵/MPa											
		冷温水出口/MPa											
		冷温水入口/MPa											
		冷却水出口/MPa											
		冷却水入口/MPa											
视镜	S1	高发出口液位											
		高发沸腾状态											
	S6	浓溶液液位											
	S7	冷剂水液位											
变频器频率/Hz													
燃烧机火力（大/小）													
电压/V													

交班记录

① 本班运转状况：

正常○　异常○

② 下班可否直接开机：

可○　　否○

③ 本班特殊事项说明：

④ 班后检修要求或建议：

每 4h 记录一次：

项目 记录时间	燃烧				电流/A						温度/℃				喷淋		冷温水流量	冷却水流量
	油压/MPa	供气压力	排烟温度	烟气颜色	变频器	吸收泵	冷剂泵	冷温水泵	冷却水泵	冷却风机	稀液	吸收液	冷剂水	低压发生器	蒸发器	吸收器		

表 6-18　每周的检查与保养项目

序号	项　目	方法与要领
1	气密性	分析一周以来机组真空状况，若有异常泄漏（泄漏量不小于30Pa/48h），应分析、检查可能引起泄漏的原因，如未查出，则尽快安排充氮检漏。通过视镜观察机组内的锈蚀状况，若发现异常，应立即采取措施并通报生产厂家
2	燃烧机入口及风叶	将燃烧机及风叶入口的脏物清除干净
3	真空泵油	若真空泵油已乳化或有脏污现象，则需换油
4	烟箱	检查烟箱是否漏烟，若漏烟则需更换石棉垫或紧固螺栓
5	冷却塔	① 检查冷却塔风机传动带是否有松动或脱落现象，发现异常后要及时处理 ② 及时清理冷却塔内的脏物
6	机组卫生	① 除尽机身灰尘及泥水等脏物 ② 擦净真空泵外壳及附近油污
7	燃烧机电极	擦净燃烧机电极上的污垢
8	水系统	① 排尽冷却水，拆洗过滤器 ② 检查冷温水、卫生热水过滤器
9	燃料管道过滤器	① 取出燃油管道过滤筒，并清洗干净（新机组开机每天清洗一次，连续3天）；若燃油管道过滤器很脏，则应清洗燃烧机油泵过滤器（喷嘴有过滤网，也应检查） ② 清理燃气过滤器
10	真空泵	不论机组是否运转，至少起动一次，并检查其抽气性能

表 6-19 每月的检查与保养项目

序号	项　目	方法与要领
1	燃烧机点火电极、喷嘴等部位的清洁	揭开燃烧机端盖，进行清洁
2	冷温水泵和冷却水泵	检修、换油、紧固螺栓，尤其是地脚螺栓
3	高发烟管结垢	揭开泄气阀门，观察烟管是否结垢，若结垢，则拆开前、后烟盖进行清理（用钢丝刷或烟管疏通机）
4	真空泵	测试真空泵抽气的极限能力，若达不到要求，则应检查原因或拆洗真空泵
5	溶液浓度	机组停机后，取样测量浓度。若发现有明显变化，则应立即查找原因并通报生产厂家
6	溶液酸碱度（pH 值）	检测 pH 值是否在 8～10 之间，若不在，应查找原因并通报生产厂家，并根据生产厂家提出的方法进行 pH 值调整
7	冷温水盖、冷却水盖滤网	卸下机组冷温水、冷却水入口处橡胶软接头，清理水盖滤网上杂物

表 6-20 每年的检查与保养项目

序号	项　目	方法与要领
1	清理蒸发器、吸收器、冷凝器、热水器的铜管内部	揭开所有水盖，清洗每根铜管，直至完全干净（如制冷、供热量正常，可 2 年清洗一次）
2	更换水盖橡胶板	选用质量分数为 60% 以上的优质工业橡胶板（厚度为 5 mm），如不清洗铜管，则不必更换
3	电气控制及保护装置	安全保护确认，检查是否有损伤或保护失灵现象
4	检查液位探头	仔细观察，发现腐蚀严重应更换
5	添加铬酸锂	保持溶液铬酸锂质量分数达 0.2% ～0.3%
6	安全阀性能确认	向机组充氮至 0.08MPa，观察安全阀是否动作，若不动作，则应重调安全阀的设定值（低于 0.08MPa 不出气，达到 0.08MPa 必须出气，方为合格）
7	清理炉膛烟垢	① 拆下燃烧机，打开前烟盖 ② 除尽烟垢，检查耐火层表面是否有脱裂情况，若有，则立即通知生产厂家 ③ 重新盖上烟盖时，应更换石棉垫及固定螺栓

（续）

序号	项　目	方法与要领
8	机组气密性	机内温度降至常温时应连续抽真空至溴化锂溶液饱和蒸汽压，然后保真空48h，填写“机组气密性试验表”。压降小于30Pa为合格，否则应充氮检漏
9	高发抽气阀（F11）、主抽气阀（F15）、直接抽气阀（F14）	检查膜片，如有损伤，应更换
10	机组油漆	观察机组外部锈蚀情况，若有锈蚀，则应补漆或整机油漆
11	溴化锂溶液净化	运用“溶液再生器”将溶液过滤，或将溶液排至溶液灌内，静置沉淀半月以上（利用停机时间）
12	屏蔽泵	检查电动机的绝缘性能
13	靶式流量计	检查其灵敏度，检修或更换动作不灵敏的流量计
14	燃烧机	拆开燃烧机，清洗内部及风叶
15	制冷运转浓度	在机组额定状态运行时中，分别检测高压发生器浓液、低压发生器浓液、喷淋溶液、稀溶液浓度，若有异常，则需重新调整蝶阀

表6-21　每2年的检查与保养项目

序号	项　目	方法与要领
1	烟道	清除机组出口以外的烟道内的烟垢
2	燃烧机	重新调校阀门、油压、燃气压力、打火电极位置、雾化盘位置，确认各部件是否正常，若有异常，则应检修或更换
3	机组气密性	对机组充氮进行全面检漏，并对其进行正、负保压试验。若机组真空极好（如泄漏量不大于15Pa/48h），则可不进行正压检漏
4	机外系统	对水泵、冷却塔、管道阀门、机房配电、燃料及排气系统进行全面的检修
5	机组过滤器	拆洗机组过滤器，并按原样装配好；如溶液运转流量及各处溶液浓度均无异常，可延至第4年再进行拆洗

（续）

序号	项　目	方法与要领
6	高压发生器抽气阀（F11）	不论有无损伤，均应更换膜片
7	随机工具	更换已损坏或丢失的随机工具
8	供油或供气管道	全面清理管道内的杂物及污垢

2. 停机保养

停机保养有短期停机保养和长期停机保养两种。

（1）短期停机保养　远大 VI 型直燃机组规定，停机 60 天以内，为短期停机。短期停机应每周对机组抽真空一次。

（2）长期停机保养　停机时间超过 60 天以上时，应将蒸发器中的冷剂水全部旁通到吸收器中，并与溶液充分稀释，以防止环境温度下结晶。

长期停机保养时，应对机组充入纯度不低于 99.999% 的氮气，使机组内的压力达到 0.02 ~ 0.03MPa，以防止环境中的大气进入机组内。

如不具备充氮气保养的条件，也可以采用真空保养法。定期检测泄漏情况，同时通过视镜观察机内锈蚀情况。若泄漏量超过规定值，应充氮检漏。机组停机时，最好不要放掉水系统（包括冷却水、冷温水及卫生热水）中的水，这样有利于防止系统管道和机组换热铜管腐蚀。若环境气温低于 0℃，则应添加防冻液，使水的冻结点低于可能的最低环境温度。采用干法保养时，排尽发生器、冷凝器、蒸发器和吸收器封头箱水室内的积水后，最好再用压缩空气吹干，然后把封头盖好。

3. 主体充氮冬眠保养

远大 VI 型直燃机组供热运行时，在确认高压发生器与主体彻底隔离后，必须将高纯氮充入主体，其操作方法如下：

1）关闭高压发生器抽气阀 F11，起动真空泵，打开主抽气阀 F15、直接抽气阀 F14、低压发生器抽气阀 F12 和冷凝器抽气阀 F13。

2）确认机组绝对压力抽至溴化锂溶液饱和蒸气压后，关主抽气阀，停真空泵。

3）先利用氮气将充气管内空气放散，然后从阀门 F18 向主体充入高纯度氮气至表压为 0.02MPa。

4）检查机组内部锈蚀情况，并做好记录，每三天检查一次机组内部的锈蚀情况，并与充氮前进行比较。

5）切换到供热运行后，要确认角阀是否 100% 关闭。具体方法是：待机组升温至 100℃以上，用手感觉稀液角阀 F2、浓液角阀 F3 前后管道是否发热及蒸汽角阀 F1 后部管道是否发热，如不发热，则表明已彻底关闭。此种检查在切换初期应多次进行。在机组运行中，还应观察高发液位是否有异常降低或升高的迹象。若有，则说明角阀泄漏。

如角阀关闭不严，将导致高压发生器溶液结晶或烧干，机组报废。

4. 溴化锂溶液的再生

溴化锂溶液对机组金属材料的腐蚀作用是难以避免的。腐蚀过程所产生的不溶性物质会使溶液变得混浊，从而引起吸收器喷嘴与屏蔽泵润滑管路的堵塞、热交换器的传热表面污垢增加，进而影响机组的工作性能。若溶液的 pH 值、氯化物、溴酸盐等主要指标超标，则需进行溶液的再生。

溶液再生通常由生产厂家来完成，而用户可以根据溶液的混浊情况进行一定的过滤，以保证不堵塞流道和喷嘴，过滤方法有以下几种：

（1）沉淀法　将溴化锂溶液置于一个大缸内，放置一段时间后，沉淀物即沉积于缸底，溶液则澄清，然后将上面的溶液吸出。为了不使沉淀物随同清洁的溴化锂溶液一起吸出，可按如图 6-119 所示的方法，在吸管上安装一个浮筒。

（2）过滤法　现场过滤时，最好使用网孔直径为 3mm 的丙烯过滤器，切忌使用由棉质纤维制成的过滤器，因为这类过滤器会被溶液所溶解。过滤前应先将溶液沉淀一二天。

注意：无论是采用沉淀法还是采用过滤法，溶液均应保存在密闭的容器内。不然，溶液长期暴露在大气中会与空气中的 CO_2 发生化学反应而生成碳酸锂 Li_2CO_3 沉淀。

（3）循环过滤法　也就是将过滤器与制冷机相连，在制冷运行的同时，一部分溴化锂溶液在溶液泵的作用下流经此过滤器而进行

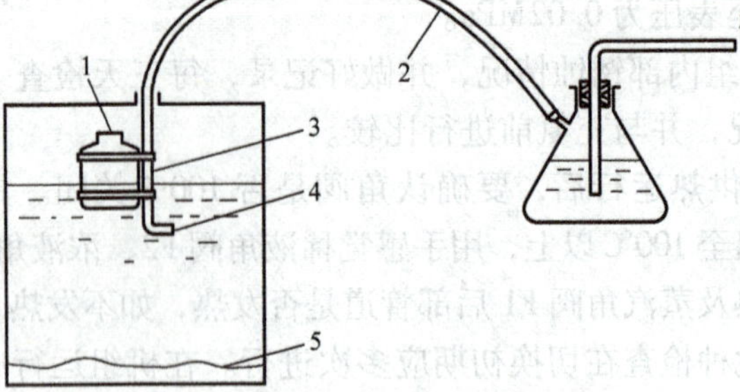

图 6-119　沉淀法处理溶液

1—浮筒　2—软管　3—吸气管　4—吸入口　5—沉淀物

真空过滤，滤清后又流回制冷机流道进行循环。图 6-120 所示为过滤器的构造。

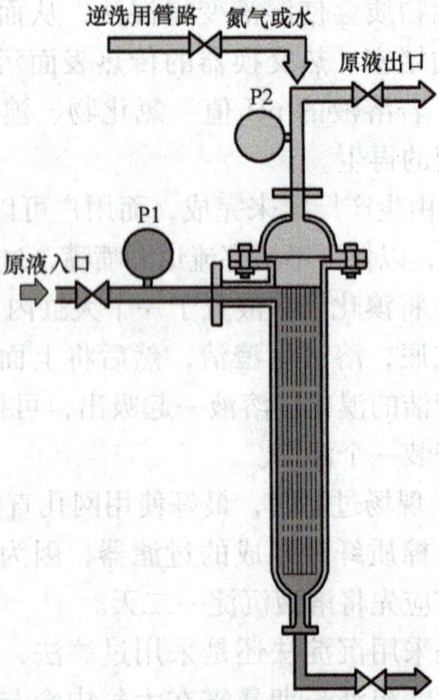

图 6-120　过滤器的构造

采用循环过滤法处理溴化锂溶液，可以在不停机的情况下进行，这样就避免了溶液与空气发生接触，从而为保持机组的高效率和延长机组的使用寿命提供了有利条件。

第五节　中央空调冷热源技能训练实例

训练　冷水机组的运行管理

1. 训练目的

1）熟悉冷水机组的基本构成。

2）熟悉冷水机组运行管理的内容和要求。

3）了解冷水机组运行中常见故障的分析和处理方法。

2. 训练设施

压缩式或吸收式冷水机组。

3. 训练要求

1）记录冷水机组的型号规格和性能参数。

2）了解开机与停机的操作程序和操作要求。

3）观察运行情况，记录运行参数，分析运行日志表。

4）了解机组的保护环节，保护参数。

5）了解运行中常见故障及处理方法。

复习思考题

1. 活塞式冷水机组与螺杆式和离心式机组相比，其性质和特点是什么？
2. 简述 30HK、30HR 系列活塞式冷水机组的主要特点。
3. 30HK、30HR 系列制冷压缩机输气量调节的方法如何？
4. 靶式流量开关的作用是什么？
5. 简述活塞式冷水机组试车前的检查项目和准备工作。
6. 简述活塞式冷水机组开机与关机的运转管理。
7. 简述活塞式冷水机组运行参数的分析与调整。
8. 活塞式冷水机组的维护保养工作主要是什么？
9. 简述冷凝器的清洗方法。

第七章 中央空调系统的测试与调整

培训学习目标 了解中央空调系统试运转测试及调整的内容，掌握测试所用测量仪器的使用方法和操作要领，能够在系统运行过程中对温度、湿度、风量参数进行测量、分析和调整。

第一节 空调系统试运转测试及调整

中央空调系统各单体设备运转合格后，要进行整体系统的试运转、测试和调整，以判定空调系统是否达到设计要求。同时，经过测试和调整使空调房间内的温度、湿度、气流速度、洁净度等项参数达到设计标准。

一、测试的作用与目的

对中央空调系统的测试与调整是保证空调工程质量，实现空调功能必不可少的环节。新建成的空调系统在安装结束及交付使用前，需要由施工单位、设计单位和建设单位的相关人员，通过测试、调整和试运转来检验设计、施工安装和设备性能等各方面是否达到设计要求，能否满足生产工艺或使用要求。对于已经投入使用的原有空调系统，当发现某些方面不能满足使用要求时，也需要通过测试和调整来发现问题，查明原因并提出解决办法。对于中央空调系统操作员，通过参与和配合测试和调整工作可以熟悉和掌握系统的性能特点，为经济合理运行机组打下基础。测试和调整报告中的数据参数和结论，既是施工单位交工验收的依据，也是运行维修工作中需要比较参考的原始资料。

二、测试的项目和程序

空调系统的性质和控制精度不同，调试的项目和要求不尽相同。对于要求较高的恒温空调系统，其调试项目和程序可按以下各项进行：

1）空调系统电气设备及其主回路的检查与测试。

2）空调设备单机无负荷试运转。在空调设备联合试运转前，应完成以下各项设备单机无负荷试运转：

① 通风机单机无负荷试运转。

② 制冷机或制冷机组试运转。

③ 水泵单机无负荷试运转。

④ 空气处理设备（喷水室、表面式冷却器、空气加热器、加湿器）试运转。

⑤ 水泵通水，以及冷却塔布水装置和风扇试运转。

3）空调设备无生产负荷联合试运转。空调设备包括：风路系统、水路系统和制冷系统，在无生产负荷的情况下同时起动运转时，应进行如下项目的测试与调整：

① 通风机的风量、风压、转速及电流的测定。

② 风管系统及风口的风量测试与平衡。

③ 制冷系统的压力、温度、流量和冷、热量的测试与调整，以及空调系统带冷（热）源的联合试运转不少于8h。

4）空调系统带生产负荷的综合效能试验。主要包括如下内容：

① 空调机性能的测定与调整。

② 自动调节和检测系统的检验、调整与联动运行。

③“露点”温度调节性能的测定与调整。

④ 二次加热器调节性能的测定与调整。

⑤ 空调房间内气流组织的测定与调整。

⑥ 室温调节性能的测定与调整。

⑦ 室内洁净度和正压的测定。

⑧ 室内各处噪声的测定。

⑨ 空调系统综合效果检验与测定。

空调系统的综合效能试验，应在接近设计负荷的条件下进行测定与调整。对于一般的空调工程，可以根据具体情况酌情减少某些调试项目。

第二节　风量的测定与调整

空调系统风量的测定及调整应达到如下目的：

1）测量风机的风量、风压、转速，或者测量风机外余压，即在空调箱出口处测送风量和风压。

2）通过测试与调整使总管风量与支管风量或送风与回风达到平衡。

3）通过测试与调整控制实际风量与设计风量的误差小于10%。

一、测试仪器

风量测定主要使用叶轮式风速仪、转杯式风速仪、热电式风速仪、倾斜式微压计和皮托管等。

1. 叶轮式风速仪

图7-1所示为叶轮式风速仪的外观。它主要由叶轮和计数机构组成，内部自带计时装置，在仪表标度盘上可读出风速值，测速范围为0.5～10m/s。

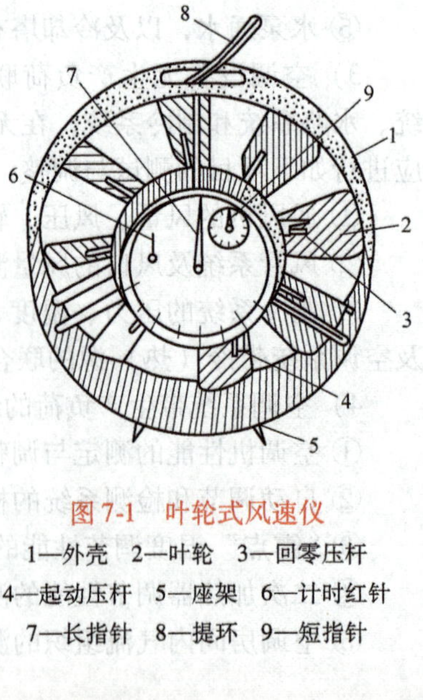

图7-1　叶轮式风速仪

1—外壳　2—叶轮　3—回零压杆

4—起动压杆　5—座架　6—计时红针

7—长指针　8—提环　9—短指针

叶轮受风口气流动压作用而旋转，转速与气流速度成正比。

叶轮的转数由轮轴上的齿轮传递给指针和记数器，以指示出风速的大小。表盘中间的长指针每走1圈为100m，表盘右上角的短指针每走1刻度为100m，走1圈为1000m；表盘左面的计时红针走1圈为120s，其中，前后30s分别为准备和收尾时间，实际计时为两“咔嚓”声之间的60s，即1min。在此计时时间内，传动机构才与计风速指针接触，使风速指针走动。因此，长短风速指针示值之和，即为风速的数值。

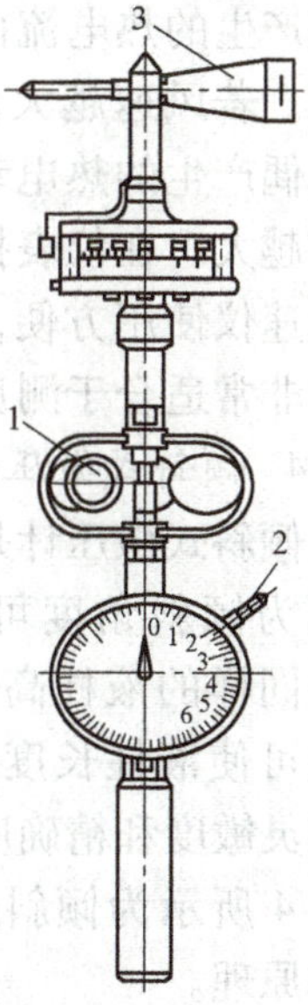

图7-2 转杯式风速仪

1—转杯 2—回零压杆

3—风向仪

叶轮式风速仪在使用前应检查长、短指针是否归零。测定时叶轮平面要垂直于气流方向。当叶轮旋转正常后再按动起动压杆。

2. 转杯式风速仪

图7-2所示为转杯式风速仪，在其转轴上装有三只半球形的转杯，转轴与表盘平行。在使用时，转杯的旋转平面应平行于气流，它的测量风速范围在1～40m/s。

3. 热电式风速仪

图7-3所示为热电式风速仪的工作原理。它主要由测头和指示仪表组成，测头有热线式和热球式两种形式。测量时将测头置于气流区，并使电热线圈被直流电源加热。由于玻璃球的体积很小，球体的温度可认为是电热线圈的温度。在测量过程中，当电热线圈的加热电流一定时，它的散热量将取决于它与空气间的温差和空气流速。在周围空气的温度一定时，电热线圈的温度取决于空气流过玻璃球的速度。由于热电偶与电热线圈被玻璃球固定在一起，热电偶将电热线圈的温度转变成热电势，

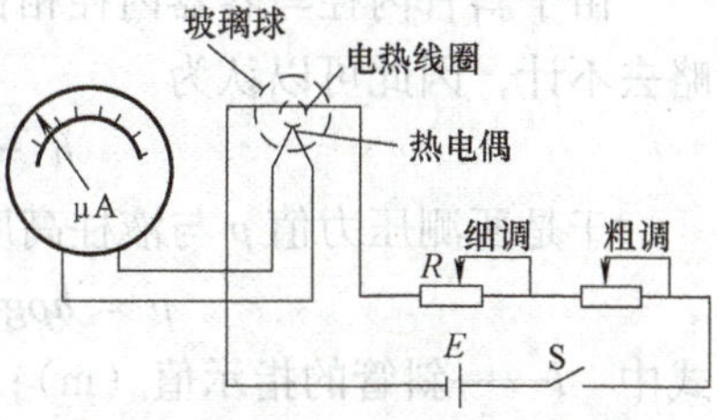

图7-3 热电式风速仪的工作原理

由此产生的热电流由表头指示出来，并在仪表指示盘上直接标出风速值。若风速越大，电热线圈散热量越大，则电热线圈温度越低，热电偶产生的热电动势越小。反之，风速越小，热电偶产生的热电动势越大。在仪表指示盘上可以直接读出测量现场的风速值。热电式风速仪使用方便，对微风速反应灵敏，最小可测出 0.05m/s 的风速，非常适合于测量室内气流速度。

4. 倾斜式微压计

倾斜式微压计是在液柱式压力计的基础上，将垂直放置的测量管改为倾斜角度可调的斜管，对于同样的液柱高度，在微压计上可使液柱长度增加，因而使其灵敏度和精确度有所提高。图 7-4 所示为倾斜式微压计的工作原理。

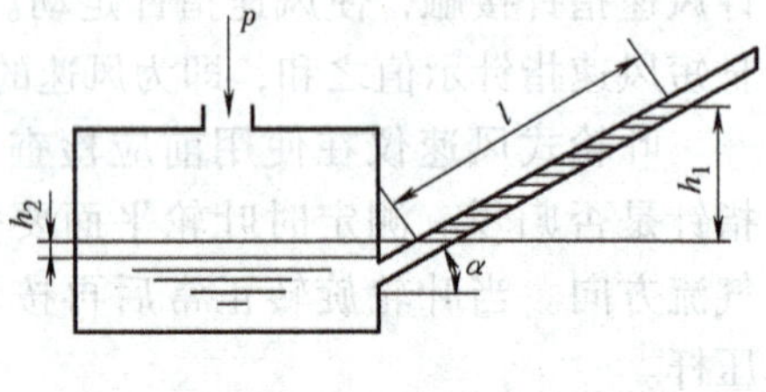

图 7-4 倾斜式微压计的工作原理

当被测压力与截面积较大的容器接通时，容器内液位下降了 h_2，工作液体沿倾斜管向上移动的距离为 l，在垂直方向上升为 h_1，假设斜管与水平面的倾斜角度为 α，则液柱上升的实际高度 h 为

$$h = h_1 + h_2 = h_2 + l\sin\alpha$$

由于斜管内径与容器内径相比小得多，也就是说下降高度 h_2 可略去不计，因此可以认为

$$h = l\sin\alpha$$

于是所测压力值 p 与液柱高度 h 间的关系为

$$p = h\rho g = l\rho g\sin\alpha$$

式中 l——斜管的指示值（m）；

ρ——工作液体的密度（kg/m^3）；

g——重力加速度（m/s^2）；

α——倾斜角度。

在制造倾斜管微压计时，通常把倾斜测量管固定在 5 个不同的倾斜位置上，从而可以得到 5 种不同的测量范围，同时，采用表面张力比较小的酒精（$\rho = 0.81g/cm^3$）作为工作液体，因此 $\rho\sin\alpha$ 是

一个常数，称为倾斜式微压计常数，用 K 表示，这样上式可以改写为

$$p = lKg$$

仪器常数 K 值有0.2、0.3、0.4、0.6 和0.8 等5 个数据，并直接标注在仪器的相应支架上。所以，只要读出倾斜管上的示值 l（以 mm 为单位），再乘以相应的 K 值，就是所测量的压力 p。

5. 皮托管

皮托管又称为毕托管，是一种与压力计配套使用的一次性仪表，把它插入风管内可将气流的静压、全压传递出来，并通过压力计指示出数值的大小。皮托管与压力计之间采用不同的连接方法，可单独测得静压或全压值，也能测得全压与静压之差值，即动压值。由于气流的动压与流速的二次方成正比，测量动压后即可求出速度。因此，皮托管与压力计配套使用时，既是测量压力的仪表，又是测量风速的仪表。

图 7-5 所示为一种由同心套筒焊制的皮托管。它是由一根内径为 3.5mm 和一根内径为 6 ~ 8mm 的纯铜管穿在一起焊接而成的，内管为全压管，外管为静压管，其头部呈半球形，用黄铜制成。中间小孔为全压孔，在距测头不远处的外管上有一圈小孔（8 个）为静压孔。

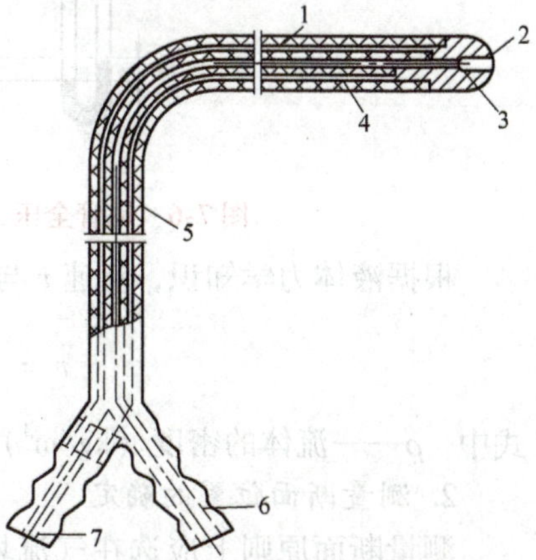

图 7-5 由同心套筒焊制的皮托管

1—量柱 2—全压孔 3—头部 4—静压孔 5—管身 6—全压接头 7—静压接头

二、风管的风量测量

1. 测量方法

如图 7-6 所示，将皮托管插入被测风管中，并使气流对着皮托管端部全压感受孔。皮托管压力引出接头用橡胶管接至倾斜式微压计。图中2、3、4 即采用皮托管和微压计测量风管内静压 p_j，全压

p_q 和动压 p_d 的连接方法。如风压比较高，则不能使用倾斜式微压计，而需要使用U形管压差计，图中5、6、7即表示此种情形时的连接方法。

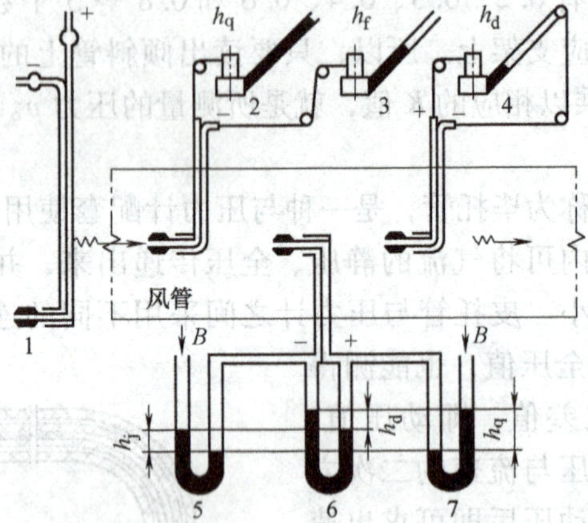

图7-6　风管全压、动压、静压的测量

根据液体力学知识，流速 v 与动压的关系为

$$v = \sqrt{\frac{2p_d}{\rho}}$$

式中　ρ——流体的密度（kg/m^3）。

2. 测量断面位置的确定

测量断面原则上应选在气流均匀、稳定的直管段，即尽可能选在远离产生涡流的局部构件的地方。即按气流方向，应该选在局部构件后大于或等于4倍管径（或矩形管道的大边尺寸），以及在局部管件前大于或等于1.5倍管径（或矩形管道的大边尺寸）的直管段上，如图7-7所示。

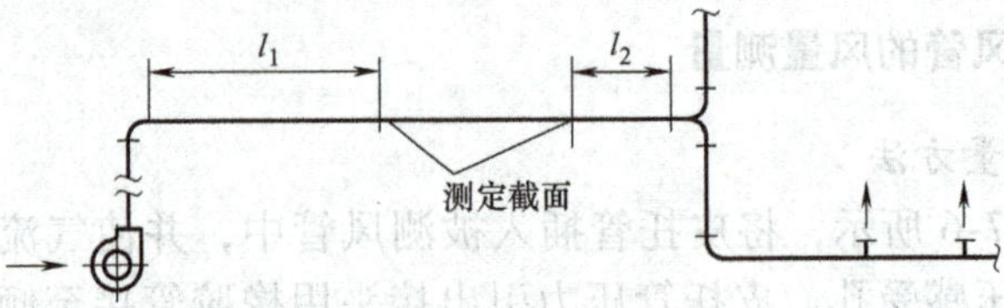

图7-7　测量断面位置的确定

3. 测点的确定

在测量断面上各点的风速不完全相等，因此要按一定规律测量多个点的风压，然后求出平均风速，一般都采取等面积布点法确定测点。矩形风管测点位置的布置，如图7-8所示。一般要求划分的小块面积不大于0.05m²（即边长小于220mm左右的小面积），并尽量为正方形，测点应位于小面积的中心。

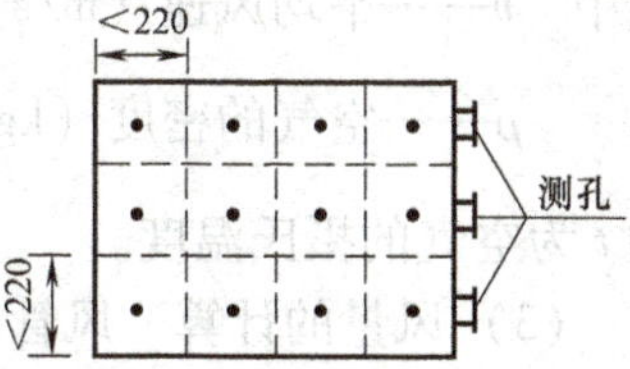

图7-8 矩形风管测点位置的布置

圆形风管测点位置的布置如图7-9所示。将测量断面划分为若干个同心圆环，测点位于各圆环面积的等分线上，并且应当在相互垂直的两直径上布置2个或者4个测孔。

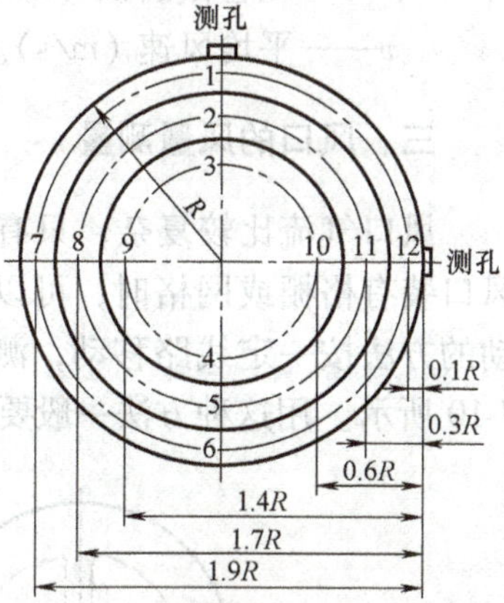

图7-9 直径200mm以下圆形风管测点位置的布置

4. 风量的计算

（1）平均压力的计算 平均静压与平均全压可按算术平均值求取，即

$$p_{\mathrm{p}} = \frac{p_1 + p_2 + \cdots + p_n}{n}$$

式中 p_{p}——平均静压或平均全压（Pa）；

p_1、p_2、…、p_n——测量截面上各测点的静压或全压值（Pa）；

n——测点的个数。

平均动压可按均方根值求取，即

$$p_{\mathrm{dp}} = \left(\frac{\sqrt{p_{\mathrm{d1}}}}{n} + \frac{\sqrt{p_{\mathrm{d2}}}}{n} + \frac{\sqrt{p_{\mathrm{d3}}}}{n} + \cdots + \frac{\sqrt{p_{\mathrm{dn}}}}{n}\right)^2$$

式中 p_{dp}——平均动压值（Pa）；

p_{d1}、p_{d2}、p_{d3}、…、p_{dn}——各测点的动压值（Pa）；

n——测点的个数。

（2）平均风速的计算 按下式计算风管截面上的平均风速，即

$$v=\sqrt{\frac{2p_{dp}}{\rho}}$$

式中　v——平均风速（m/s）；

ρ——空气的密度（kg/m³），可按 $\rho=\frac{353}{273+t}$（kg/m³），式中的 t 为空气的摄氏温度。

（3）风量的计算　风管内风量可按下式计算，即

$$L=3600Fv$$

式中　L——风量（m³/h）；

F——风管截面积（m²）；

v——平均风速（m/s）。

三、风口的风量测量

风口气流比较复杂，只有不能在支管测定时方在风口测量。当风口装有格栅或网格时，可以用叶轮式风速仪紧贴风口，用匀速移动的方法按一定线路移动，测得整个风口截面上的平均风速，如图 7-10 所示。用这种方法一般要进行 3 次，取其平均值。

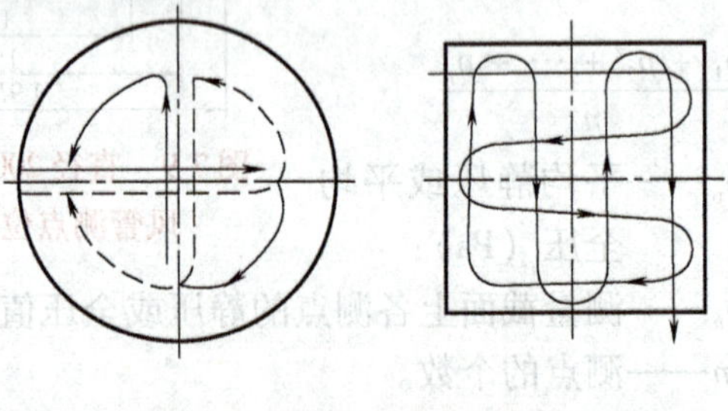

图 7-10　匀速移动测量路线

面积较大的风口，可以划分为边长等于 2 倍左右风速仪直径的面积相等的小方块，在其中心逐个测量，计算平均风速，风量可以按下式计算，即

$$L=cv\frac{(A+a)}{2}$$

式中　L——风量（m³/s）；

v——风口截面的平均流速（m/s）；

A——风口的轮廓面积（m^2）；

a——风口的有效面积（m^2）；

c——修正系数，送风风口一般取 $c=0.96\sim1.00$。

因为送风口送风为射流，所以用叶轮式风速仪测量比用热电式风速仪好。在送风口气流有偏斜式时，测量时应在风口安装长度为 0.5～1.0m 与风口断面尺寸相同的短管。

送风口的风量也可以按下面的公式计算，即

$$L = KAv$$

式中 L——风量（m^3/s）；

A——风口的轮廓面积（m^2）；

v——风口断面的平均流速（m/s）；

K——考虑风口生产厂家的修正系数，一般 $K=0.7\sim1.0$，也可以参考风口生产厂家提供的说明。

回风口风量的测量，只要在贴近格栅或网格处进行测量，其结果是相当准确的，这是因为回风口的吸气作用范围较小，气流比较均匀，其计算公式与上述的送风口计算公式相同。

当需要准确测量风口风量时，可以采用风口系数修正法或是在散流器或高效过滤器风口加罩测量。

四、风量的调整

由液体力学得知，风管的阻力 H 与风量 L 的关系为

$$H = KL^2$$

式中 K 为风管的阻力特性系数，它与风管的沿程阻力和局部阻力有关，但对同一风管，如只改变风量，其他条件不变，可认为 K 值不变。并联的支风管的阻力损失是相等的。如图 7-11 中 1 号管的阻力损失为 $H_1 = K_1L_1^{\ 2}$，2 号管的阻力损失为 $H_2 = K_2L_2^{\ 2}$，由于两根风管并联安装，则

$$\frac{L_1}{L_2} = \sqrt{\frac{K_2}{K_1}}$$

可见，通过调节 A 点处的三通阀改变支管的阻力特性系数 K_1 和 K_2，

就可调整两支管的风量比，使之等于设计要求的风量比。调整好后，固定风阀阀片的位置，使 K_1、K_2 保持不变，则不管总风量如何变化，支风管中的风量都将按固定的比例 $\sqrt{\frac{K_2}{K_1}}$ 进行分配，或者说，调整好后，只要再将总风量调整到设计值，则每一支管中的风量就都可达到设计值。基于这一原理的调整方法有流量等比分配法、基准风口调整法和逐段分支调整法。这是仅介绍前两种调整方法。

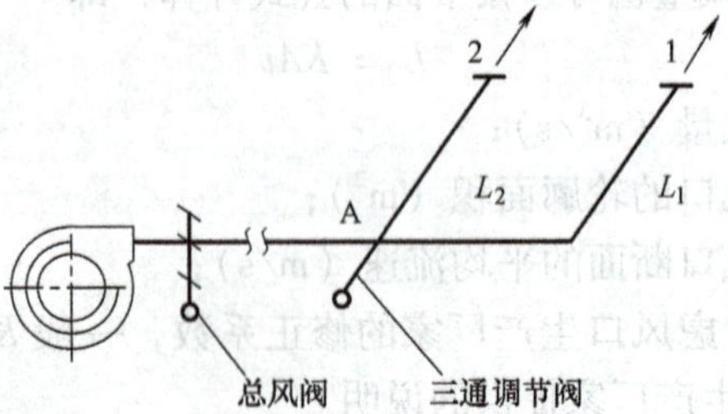

图 7-11　管道风量分配

1. 流量等比分配法

利用这一方法对送（回）风系统进行调整，一般必须从系统的最远管段，也就是最不利的风口开始逐步地调向风机。现以图 7-12 所示的系统为例说明其操作。

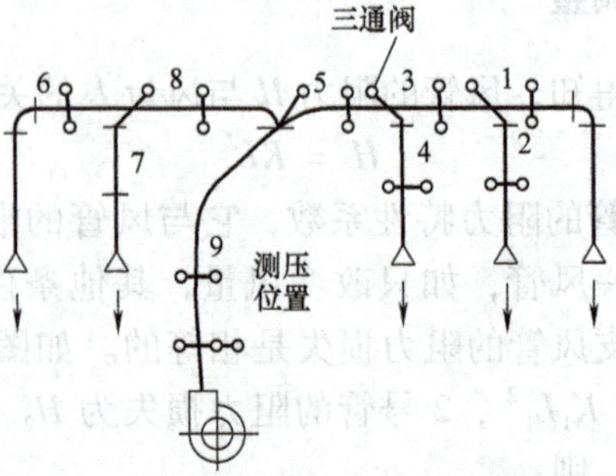

图 7-12　送风系统（一）

1）将系统中各三通阀的阀片处于中间位置，其他阀全开，起动风机。

2）离风机最远的1号风口为最不利风口，因此最不利管路应是1—3—5—9，确定从支管1开始测定调整。

3）利用两套皮托管和倾斜微压计分别在测孔位置1和2处，测定1号支管和2号支管的风量并调整分支处的三通阀，使这两支管的实测风量的比值与设计风量的比值近似相等，即 $L_{2c}/L_{1c} \approx L_{2s}/L_{1s}$。如支管1的 $L_{1s}=550\text{m}^3/\text{h}$，支管2的 $L_{2s}=500\text{m}^3/\text{h}$。经调整后实测风量为 $L_{1c}=515\text{m}^3/\text{h}$，$L_{2c}=470\text{m}^3/\text{h}$。它们的比值为 $L_{2c}/L_{1c}=470/515=0.912$，$L_{2s}/L_{1s}=500/550=0.900$；可以认为两个比值近似相等。固定好三通阀阀片的位置。

4）用同样的方法测出各支管、支干管的风量，即 $L_{4c}/L_{3c} \approx L_{4s}/L_{3s}$；$L_{7c}/L_{6c} \approx L_{7s}/L_{6s}$；$L_{8c}/L_{5c} \approx L_{8s}/L_{5s}$。

5）调节总干风管即风机出口处的风阀，使系统的总风量达到设计风量，则各支干管、支管的风量就会按各自的设计风量比值进行等比分配。

2. 基准风口调整法

这种方法以风口风量测量为基础，不需要在每支管段上打测孔，适用于大型建筑空调系统风口数量较多的风量测试与调整，现以图7-13所示的系统为例，将具体步骤陈述如下：

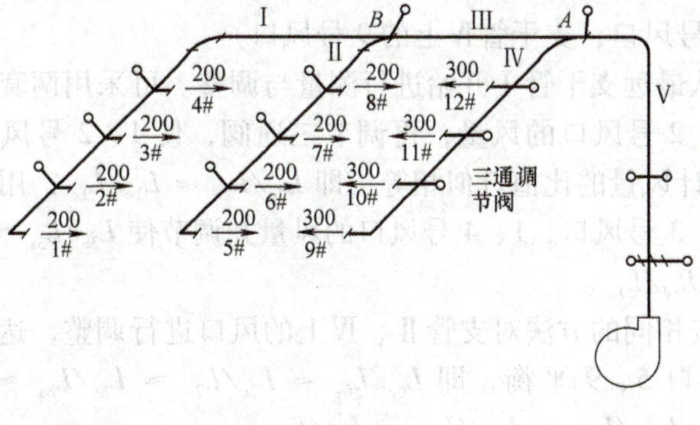

图7-13 送风系统（二）

1）测量送风量。图7-13中的系统共有三条支干管，其中支干管Ⅰ有1~4号风口；Ⅱ有5~8号风口；Ⅳ有9~12号风口。

首先用风速仪初测全部风口送风量，并计算每个风口的实测风量与设计风量的比值，列入记录表7-1中。

表7-1　系统风量分配的初测结果

风口编号	设计风量	初测风量	（初测风量/设计风量）×100%
1	200	160	80
2	200	180	90
3	200	220	110
4	200	250	115
5	200	190	95
6	200	210	105
7	200	230	115
8	200	240	120
9	300	240	80
10	300	270	90
11	300	330	110
12	300	360	120

2）从表中选出每条支干管上比值最小的风口，作为调整各支干管上风口风量的基准风口（例如，支干管Ⅰ上的1号风口；支干管Ⅱ上的5号风口；支干管Ⅳ上的9号风口）。

3）从最远支干管Ⅰ开始进行测量与调整。可采用两套风速仪同时测量1、2号风口的风量，再调节三通阀，使1、2号风口的实测风量与设计风量的比值近似相等；即 $L_{2c}/L_{2s} \approx L_{1c}/L_{1s}$ ；用同样的方法测量1、3号风口，1、4号风口的风量并调节使 $L_{3c}/L_{3s} \approx L_{1c}/L_{1s}$ ；$L_{4c}/L_{4s} \approx L_{1c}/L_{1s}$ 。

4）按相同的方法对支管Ⅱ、Ⅳ上的风口进行调整，达到与各自的基准风口5、9平衡，即 $L_{6c}/L_{6s} \approx L_{7c}/L_{7s} \approx L_{8c}/L_{8s} \approx L_{5c}/L_{5s}$ ；$L_{10c}/L_{10s} \approx L_{11c}/L_{11s} \approx L_{12c}/L_{12s} \approx L_{9c}/L_{9s}$ 。

5）选取4号、8号风口（支干管Ⅰ、Ⅱ上任意两个风口均可）为支干管Ⅰ、Ⅱ的代表风口，调节节点 B 处的三通阀，使4、8号风口风量比值数相等，即 $L_{4c}/L_{4s} \approx L_{8c}/L_{8s}$ 。此时支干管Ⅰ、Ⅱ的总风量已调整平衡。

6）再以同样的方法选取12号风口作为支干管Ⅳ的代表风口，选取4、8号风口中的任一风口（例如4号）代表管段Ⅲ。调节节点A处的三通阀，使12号、4号风口风量比值近似相等，即$L_{12c}/L_{12s} \approx L_{4c}/L_{4s}$。这样支干管Ⅳ与管段Ⅲ的总风量已调整平衡。

7）最后调整总干管Ⅴ的风量调节阀，使其达到设计风量，各支管和各风口将按比例自动调整到设计风量。

第三节　空气处理装置与处理过程的测定

空气热湿处理过程测定的目的是，检查空气热湿处理装置的实际能力（或称容量）。空气的热湿处理是由加热、冷却和加湿等单项处理过程组成的。

一、测量仪器

对于空气热湿处理设备的能力的测量，要使用测量温、湿度的仪表，如：玻璃管液体温度计、热电偶温度计、热电阻温度计、半导体点温计、双金属自记温度计、普通干湿球温度计、通风干湿球温度计、毛发湿度计、电容式温度传感器等。

1. 玻璃管液体温度计

玻璃管液体温度计利用液体热胀冷缩的体积变化来测量温度。其外形如图7-14所示。以水银为测温液体时的测温范围为－30～700℃，以酒精为测温液体时的测温范围为－100～75℃。

按照使用场合的不同，水银温度计有不同的刻度范围，空调测试时多用0～

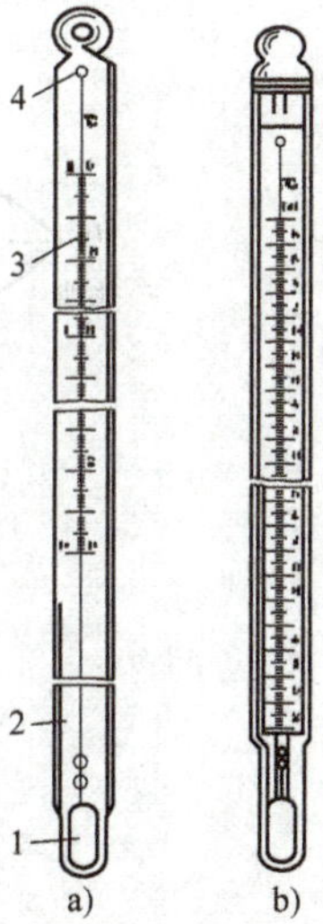

图7-14　玻璃管液体温度计

a）棒式　b）内标式

1—温包　2—毛细管

3—标度尺　4—膨胀包

50℃的温度计，它的分度值有1℃、0.5℃、0.2℃、0.1℃等几种。

使用水银温度计时应注意如下事项：

1）应按测量范围和精度选用相应分度值的温度计，并事先进行刻度校验。

2）在测量时，不要对着温度计急促呼吸。应提前10～15min将温度计放到被测介质中。计数时要尽量快，先读小数，后读整数，以防人体靠近时温度上升产生温差。

3）读数时要注意眼睛、标度线和水银面要成一直线。

4）当发现温度计的水银柱断续时，应采取冷却、加热或冲击等方法加以消除。

2. 热电偶温度计

将两种不同材质导体的两端互相焊接或绞接形成一个闭合回路，只要两个接点处的温度不同，组成的回路内就有热电动势产生，如图7-15a所示。这种现象称为热电效应，这两种导体的组合就称为热

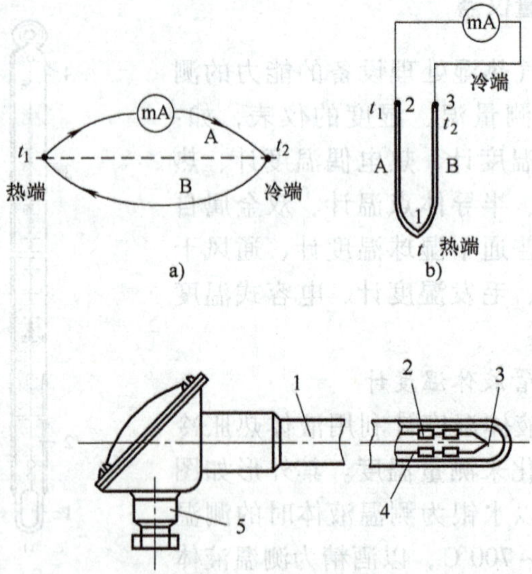

图7-15 热电偶

1—保护管 2—绝缘管 3—热端 4—热电极 5—接线盒

电偶。而且，两个接点的温度差越大，则热电动势就越大，回路内所产生的电流就越大。如果将热电偶在一个接点处分开，接入一只毫伏计如图 7-15b 所示。毫伏计将指示出热电动势的数值，热电动势的大小与两端温差成正比。热电偶就是根据这个道理来测量温度的，图 7-15c 是普通型热电偶的结构。

灯光、电动机、加热器、人体和阳光的辐射热，射到热电偶的测量端会产生热电动势，带来测量误差。所以应根据测温时现场的具体情况，采取一切的防辐射措施。

3. 热电阻温度计

空调工程中大量使用热电阻温度计。金属导体的电阻会随着温度的升高而增大，金属的这一性质用温度系数来表示，如铂的温度系数为 0.0039℃$^{-1}$，即温度变化 1℃时其电阻值的相对变化量为 0.0039。因此，测量它的阻值便可测出它感受到的相应温度。适合于作为热电阻材料的金属主要有铂（Pt）、铜（Cu）和铁镍合金等。

图 7-16 所示为用于测量管道与设备内部温度的铂热电阻。

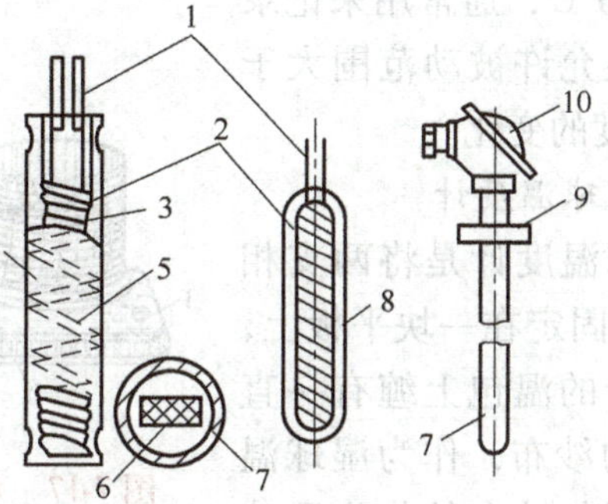

图 7-16 铂热电阻

1—银引出线 2—铂丝 3—云母骨架 4—云母片 5—银绑带
6—电阻断面 7—保护管 8—石英骨架 9—连接法兰 10—接线盒

热电阻分度号是表明热电阻材料和 0℃时阻值的标记符号，用来作为热电阻分度表的依据。我国制造的铂电阻有零度时的电阻 $R_0 = 10\Omega$ 和 $R_0 = 100\Omega$ 两种，国际上还有 $R_0 = 300\Omega$、$R_0 = 1000\Omega$、$R_0 =$

2000Ω 和 R_0 = 3000Ω 几种，其分度号分别用 Pt10、Pt100、Pt300、Pt1000、Pt2000 和 Pt3000 表示。我国生产的铜电阻分度号为 Cu50、Cu100，其 R_0 分别为 50Ω、100Ω，允许使用温度为 -50 ~150℃。

4. 半导体点温计

随着半导体技术的发展，半导体热敏电阻已大量地应用于空调设备的温度测量中。测温用的半导体热敏电阻为负温度系数的热敏电阻（NTC），当温度升高 1℃时其电阻值约减小 3% ~6%。

热敏电阻的规格常用标称电阻值 R_{25} 来表示。R_{25} = 10kΩ 是指在环境温度为（25 ±0.2）℃时测得的电阻值为 10kΩ，又称为冷阻。以热敏电阻作为温度传感器，通过电子电路转换成相应的信号并在液晶显示屏上显示出所设温度值，即是我们所说的半导体点温计。它反应速度快，携带方便，是维修中经常使用的温度仪表。

5. 双金属自记温度计

图 7-17 所示为双金属自记温度计。它是一种固体膨胀式温度计，测量分度值为 ±1℃，通常用来记录室外温度和室温允许被动范围大于 ±1℃的室内温度的变化。

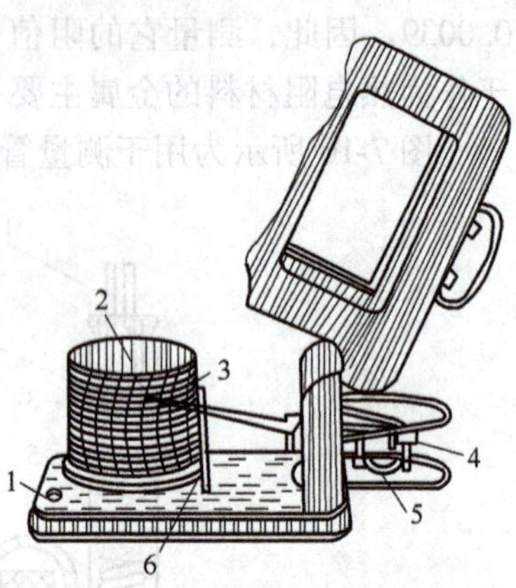

图 7-17　双金属自记温度计

1—按钮　2—自记钟　3—记录笔
4—调节螺钉　5—双金属片　6—手柄

6. 普通干湿球温度计

普通干湿球温度计是将两支相同的水银温度计固定在一块平板上，其中一支温度计的温包上缠有一直保持润湿状态的纱布，作为湿球温度计；另一支不包纱布的作为干球温度计。如图 7-18 所示为普通固定式干湿球温度计。一般将固定式干湿球温度计悬挂在某一固定位置上进行测量。温度计的表盘上通常附有专门制作的相对湿度换算表，根据测出的干球温度与湿球温度值，从表查出相对湿度。

对于这种干湿球温度计，只有湿球表面具有良好的蒸发，才能得到正确的湿球温度示值。为此，必须使湿纱布紧贴湿球温度计的温包并保持湿润和清洁。纱布与水杯间的距离不少于 20～30mm，以使水杯的上沿不影响空气流动，同时，水杯上应罩上一块能使纱布能浸入水杯的带孔盖板。

7. 通风干湿球温度计

如图 7-19 所示，它与普通固定式干湿球温度计的主要不同是仪器中装有机械或电动机驱动的风扇，通过导管使干湿球温度计温包处在始终保持不小于 2.5m/s 的空气流速下。而且两支温度计分别装在两个防热辐射的金属防护套管中，由此能够提高测量准确度。对通风干湿球温度计可根据干湿球温度值，用焓湿图或计算表查出空气的相对湿度值。

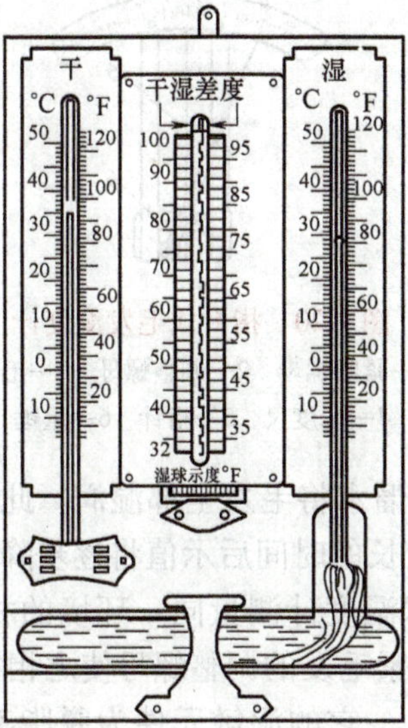

图 7-18 普通固定式干湿球温度计

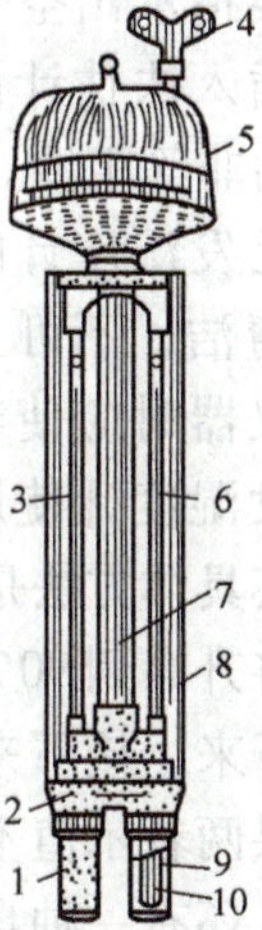

图 7-19 通风式干湿球温度计

1、9—外护管 2—塑料箍
3、6—水银温度计 4—钥匙 5—风扇外壳
7—金属总管 8—护管 10—内管

使用这种仪器时也应保持湿纱布清洁。在润湿纱布时水量不要加得太多。加水时应防止不慎将水滴通过风道沾在干球上而造成难

以估计的误差，因此，湿润纱布时应避免将仪器倾斜至不适当的角度。

8. 毛发湿度计

经过脱脂的毛发，其长度会随着空气湿度的变化而变化，利用这一特性将毛发作为湿敏元件制成的相对湿度计称为毛发湿度计。现在常用人造纤维代替毛发。

图 7-20 所示为指针式毛发湿度计，一束脱脂毛发的一端固定在金属架上与调节机构相连的杆上，另一端与杠杆相连。脱脂毛发因空气相对湿度不同，其长度发生变化而牵动杠杆，并使指针沿弧形标度盘移动，直接指示出空气的相对湿度值。在用插入法估计计数时要注意仪器标度的非等距性。

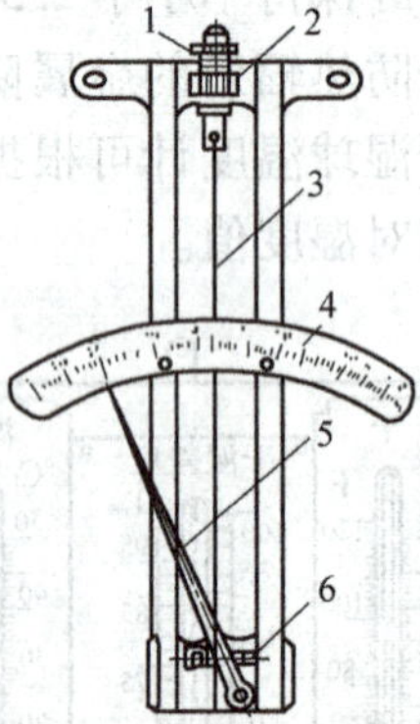

图 7-20　指针式毛发湿度计

1—紧固螺母　2—调整螺母　3—毛发
4—标度尺　5—指针　6—重锤

使用毛发湿度计时，要注意保持毛发的清洁，不可人为地拉伸毛发。移动仪器时应使毛发处于放松状态。毛发湿度计使用前要进行校验工作，其具体方法是：用毛笔蘸上蒸馏水将毛发全部湿润。此时，其指示值将升高到 90% 以上，待一段较长的时间后示值将逐步降低，然后稳定下来。接下来，用通风干湿球温度计测量同一环境的相对湿度。如果两者示值不相符，可调节拉紧毛发的调整螺母使之相符。

此外，还有一种自记式毛发湿度计，它的湿敏元件为脱脂毛发束，能够自动记录空气相对湿度的变化。

9. 电容式湿度传感器

大约在 20 世纪 70 年代，人们就开始使用根据电容原理制成的湿度计。它具有许多优点，例如精度高、反应快；不受环境温度、风速的影响；抗污染能力强；稳定性好；便于远距离指示和调节湿度。

图 7-21 所示为电容式湿度传感器的外形。它的湿敏元件应用的

是平板电容器原理，在绝缘基片上依次形成上电极、感湿膜、下电极。由高分子聚合物制成的感湿膜吸收环境中的水气，使其介电常数发生变化，从而引起电容量的变化，进而达到测量湿度的目的。感湿膜吸湿和放湿的程度随着被测空气的相对湿度的变化而变化，因而电容量是空气相对湿度的函数。

图 7-21 电容式湿度传感器

将电容式湿度传感器与特制的电子电路组合在一起可以构成电容式湿度变送器，其能够输出与相对湿度成比例关系的电压信号。此时，显示仪表可以直接显示出所测空气的相对湿度数值。

二、空气冷却装置的测定

空调机中空气的冷却装置大多采用间冷式的表冷器，也有少部分采用空气与水直接接触的喷水室，它们的冷却能力主要与风量、空气进口焓值及冷媒水进口水温有关。实际测定中应使空气进口焓值、风量、水量及水温调节到与设计参数相符。表冷器或喷水室的冷却能力的测定可以在空气侧，也可以在水侧或两侧同时测量。从空气侧计算时，表冷器或喷水室的冷却能力 Q_0 按下式计算，即

$$Q_0 = M_1(h_1 - h_2)$$

式中 Q_0——冷却能力（kW）；

M_1——通过冷却装置的风量（kg/s）；

h_1、h_2——冷却装置进、出口空气的比焓（kJ/ kg）。

从冷媒水侧计算时，有

$$Q_0 = Cm_s(t_1 - t_2)$$

式中 C——水的比热容，取 4. 19kJ/（kg · K）；

m_s——通过冷却装置的冷媒水循环量（kg/s）；

t_1、t_2——冷却装置进、出水温度（℃）。

空气侧测量的主要难点是通过冷却干燥后的空气终状态干、湿球温度不易测准，空气中带有一些水雾，常常使温度计的温包或传感器打湿，因此必须采取适当的防水措施才能取得较好的效果。如

图 7-22 所示的干湿球温度计感温段加装了防水护套。防水护套应有良好的导热性，以减少热惰性对温度测定的影响。

由于新风和一次回风混合的不充分，喷水室或表冷器的不同部位与空气热湿交换程度的不均匀性，以及空调机内同一断面气流速度分布不均匀，因此无论是表冷器前或喷水室挡水板前的空气初状态测量断面还是表冷器后或喷水室后挡水板后的空气终状态测量断面，各部位的温湿度的分布都是不均匀的。为了减少测量误差，应将测量断面划分为 6、9 或 12 个小方格，在小方格中心点处测出速度和温度，然后利用下式求得断面平均干球和湿球温度值，即

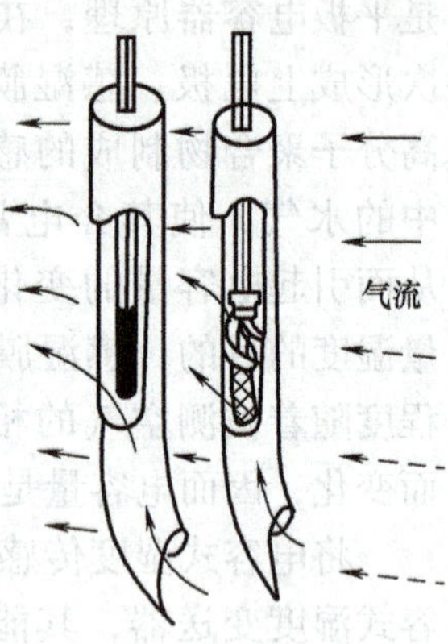

图 7-22　干湿球温度计加装防水护套

$$t = \frac{\sum v_i t_i}{\sum v_i}$$

式中　v_i——各测点对应的风速值（m/s）；

t_i——各测点的温度值（℃）。

在水侧测定冷却装置的冷量时，需要测量出一定时间内的水量和进出口水温。水量测定可采用容积法，即利用水池、水箱等容器的水位变化求得水量。当条件允许时可用孔板流量计或超声波流量计实现管内或管外的流量测量。

水温的测量应尽量使用高精度的测量仪表（如 1/10 分度的水银温度计），以免在温升较小时由于温度测量不准带来很大的误差。

三、空气加热装置的测定

1. 加热器容量的测量条件

在中央空调系统的空调机和风机盘管中通常采用以热水或水蒸气为热媒的表面式加热器。

加热器的容量（即加热量）检验应在冬季进行，以便尽可能接

近设计工况。在难于实现冬季测试时，也可以利用非设计工况下的检测结果来推算设计工况下的加热量。

检测加热器的放热量可选择温度较低的时间（如夜里），关闭加热器旁通阀门，打开热媒管道阀门待运行工况稳定，室内空气参数基本保持不变时进行测定。

2. 加热容量的测量方法

1）在空气侧测量加热器的容量时，用温度计采用分块多点测试取平均值的方法，测量出通过加热器的空气的前后温差。测试时为防止辐射热等因素的影响，应采取必要的防护措施（温度计温包应加防热辐射罩）。则此时的加热量 Q 为

$$Q = CM(t_2 - t_1)$$

式中 Q——加热能力（kW）；

M——通过加热器的空气量（kg/s）；

C——空气的比热容，取 1kJ/(kg · K)；

t_2、t_1——加热器前、后空气的平均干球温度。

2）在热媒侧测量加热器的容量时，可以通过对热媒侧进行计算来完成。在确定热媒参数时，如热媒为热水时，可将棒式温度计插入测温套内测量出供、回水温度。如果没有测温套可以使用热电阻、半导体热敏电阻或热电偶进行近似测量，其做法是将靠近加热器的供水及回水管表面的油漆刮掉，并把测头紧贴在管道表面上，用石棉绳将其与管道包扎在一起，测得的温度就是热媒温度。

热媒的放热量按下式计算：

$$Q = W C_s (t_{w1} - t_{w2})$$

式中 Q——加热器放热量（kW）；

W——热水的流量（kg/s）；

C_s——水的定压比热容，取 4.19kJ/（kg · K）；

t_{w1}、t_{w2}——热水的进、出水温度（℃）。

当热媒为蒸气时，可用精度较高、分度较小的压力表测出蒸气压力，再通过水蒸气热力性质表查出相应压力下水蒸气的温度和汽化热，利用下式进行计算，即

$$Q = G[r + c(t - t_w)]$$

式中 G——水蒸气的流量（kg/s）；

r——水蒸气在相应饱和温度下的汽化热（kJ/kg）；

c——水的定压比热容，取 $c=4.19$kJ/（kg·K）；

t——水蒸气的饱和温度（℃）；

t_w——加热器出口凝结水温度（℃）。

在非设计工况下的检测结果如何推算出设计工况下的散热量，可参考有关资料。

四、空气加湿装置的测定

空调系统中采用绝热加湿或等温加湿时，为了测试加湿装置的加湿能力和热湿交换率，需要测定加湿前后的温湿度，从而调节加湿用水量或加湿蒸气量。具体的测定方法可参考空气冷却装置的测定。

第四节 空调区内空气参数的测定

空调区域内空气参数的测定主要是检验工作区域内空气温度、相对湿度、风速及洁净度的实际控制效果。因此，这种检测一般在接近设计工况的条件下系统正常运行且自动控制系统投入工作后进行。

一、室内温度和相对湿度的测定

1. 测量点的选择

测定室内温、湿度时，其测量点应选择在距离地面不小于1.2m，距离外墙不小于0.4m，距离内墙面不小于0.3m的地方，且每个房间内测量点不应少于5点。如果想要了解整个工作区内的空气状态是否均匀，可以测定不同标高平面上的温度和相对湿度，并绘制温度和相结湿度分布曲线。在各标高平面上，再分为大小相等的若干个小面积，并在小面积的中心设置测量点，这样就可以确定不同平面内区域温差值。在测定室内状态时，应同时测定送风状态，以便分析不同送风状态对室内参数的影响。上述测定，应在空调房间工作时间内，每隔 0.5h 或 1h 进行一次。一般应连续一个白天或者一昼夜。

如果不需要或无条件全面测定室内温度和相对湿度的分布时，可以在回风口处进行测定，一般认为风口处的空气状态基本上可以代表工作区域的工作状态。

2. 温度的测量

在空调室内测量空气温度时，所用测温仪表的精度应高于测定对象要求的控制精度。温度计（或感温元件）应放置在空气流动畅通的区域并远离冷、热体表面，且避免太阳光的直射或其他热辐射作用。测量时尽量多测几点取算术平均值。对于要求较高的恒温恒湿房间，测量出各点的温湿度后，将数值写在测点布置图上，绘制出温湿度分布曲线，并对测试结果进行分析，看系统工作是否能满足设计要求。

3. 湿度的测量

测定空气湿度的仪表和测定方法有称量法、干湿球温度计法、毛发湿度计法、露点测湿法及电阻或电容湿度计法。其中，干湿球温度计法在空调工程中应用较多。

通风干湿球温度计在两支温度计上部安装了一个小风扇。以钥匙开动发条（机械驱动）或起动微型电动机（电动机驱动）后，空气从下部进入，以高于 2.5m/s 的流速流过两个温度计后从上部排出。湿球温度的形成过程视为绝热过程，所以可以直接用相应大气压下的焓湿图确定空气湿度，也可以从通风干湿球温度计用表中直接查出空气的相对湿度。

注意：通风干湿球温度计使用中要经常保持湿球温度计温包的湿润。

无通风干湿球温度计时，可采用普通干湿球温度计，其测量结果在多数场合下可满足要求。

有条件时可以采用反应快、灵敏度和精度高、体积小的电容式湿度计。若使用自记式毛发湿度计，则要记录一天或一周的空气相对湿度。

二、室内气流组织的测定

1. 测定目的

工作区域内气流速度的测定对舒适性空调来说，主要在于检查是否超过规范或设计要求。通常只需在测定空气状态时，在工作区各仪表测点用热电风速仪测定气流速度。测定值应满足 $v_{实} \leqslant v_{允许}$（$v_{允许}$表示工作区域内允许的气流平均速度，$v_{实}$表示工作区域内气流速度实测值）。如气流速度偏大，应调整侧送风口的活动百叶或在风口下沿安装挡板，使气流的贴附作用加大，防止气流直接或过早下跌吹入工作区域。若某些局部区域风速过大，则应对风口的气流方向进行适当的调整。

对于空调精度等级高于±0.5℃的房间、洁净房间以及对气流速度有特殊要求的房间需要进行气流组织的测定，其目的是：

1）了解不同送风量和送风速度对气流流型和室内空气参数（主要是温度和工作区平均流速）的影响。

2）对有净化和超净化要求的房间，应了解室内气流流型对室内净化效果的影响。

3）当室内空气参数不符合设计要求时，需要测定气流组织，以便找出原因，分析改进。

2. 气流组织测点布置

根据恒温房间的尺寸（长、宽、高）及送回风方式，按照一定的比例画出平面图和纵断面图。在图上注明房间尺寸、送（回）风口的位置、标高、门窗的位置以及工艺设备的位置等，并在图上布置测点。这种测定布置图可作为气流组织测定的记录图。

（1）平面测点的布置　如图 7-23 所示，以一个具有三个侧送风口的空调房间为例。首先在地面上标出风口轴线和两个风口之间的中心线。在房间的长度方向按送风口直

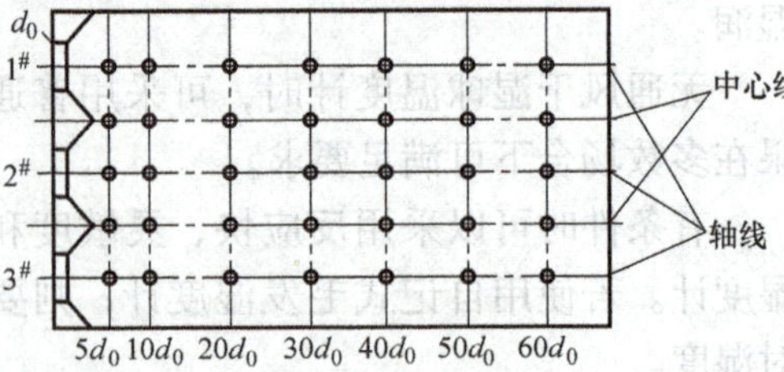

图 7-23　平面测点的布置

径（或当量直径）d_0 的倍数，例如 $5d_0$，$10d_0$，$20d_0 \cdots 60d_0$ 划分直线即横断面。这些线分别与风口轴线、中心线的交点即为测点的位置。然后根据实际需要还可以再增加测点的数目。确定好的测定位置要用胶布标在地板面上。

（2）纵断面测点的布置　按照平面测点布置图，选取一个有代表性的风口（例如 2 号风口）画出纵断面测点布置图，作为观察、描绘气流流型和测气流速度分布时用，纵断面图是指沿侧送风口的轴向方向所作的垂直剖面图。图上应标出送（回）风口的位置和标高。在房间长度方向的划分与平面测点布置图相同。根据室内温度允许波动范围的不同，工作区范围的大小以及气流分布的特点等，一般可取水平间距为 0.5 ~ 2m，垂直方向间距为 0.2 ~ 0.5m。图 7-24 所示为 2 号风口处经实测标出的纵断面气流流型，图中标出了纵断面的测点。

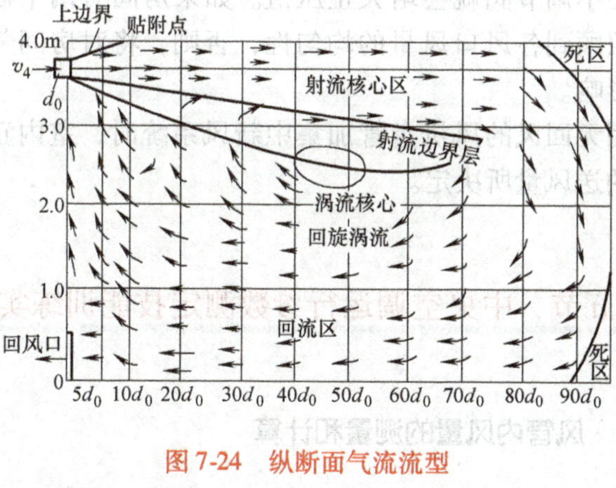

图 7-24　纵断面气流流型

3. 气流流型的测定

（1）烟雾法　将棉花球蘸上发烟剂（如四氯化钛、四氯化锡等）放在送风口，烟雾随气流在室内流动，仔细观察烟雾流动的方向和范围。这种方法只在粗测时采用。因为发烟剂有腐蚀性，对于已投产或安装好工艺设备的房间禁止使用。

（2）逐点描绘法　在测杆头部绑上一支热球风速仪探头，并绑上一股细的合成纤维丝（直径 10μm 左右）置于各断面的测定位置上。在各断面上从上至下逐点进行测量（最好每测点测 2 次，取平均值）。记录气流速度值，并且仔细观察纤维丝飘动的方向，可以确定各测点流速及流速方向，并记录下来，然后逐点描绘气流流型曲线，还可以进一步绘制射流速度衰减曲线。

通过以上的测定、观察、分析，可以对室内气流组织进行评价。

4. 室内正压的测定

室内正压可用补偿式微压计来测定，或在需要测量正压的房间，将合成纤维丝或薄纸条（或燃着的香烟）置于稍微开启的门缝处，若纤维丝或薄纸条等飘向室外，则说明房间成正压状态，反之为负压。

为了保持室内正压，通常是靠调整房间回风量的大小来实现的。在房间送风量不变的情况下，开大房间回风调节阀，就能减小室内正压值，关小调节阀就会增大正压值。如果房间有两个以上的回风口时，要照顾到各风口风量的均匀性，否则，将对房间气流组织带来不利的影响。

在使用无回风的风机盘管加集中新风系统时，室内正压完全由新风系统的送风量所决定。

第五节　中央空调运行参数测定技能训练实例

训练 1　风管内风量的测量和计算

1. 训练目的

1）掌握皮托管和倾斜式微压计的使用方法。

2）熟悉风管内风速测量的方法和操作要领。

3）掌握测量数据的处理和风量计算的方法。

2. 训练设备和器材

离心式通风机 1 台，连接有矩形截面的吸风管和压风管，压风管上装有一个多叶调节阀，吸风口和出风口装有格栅，在风机前后

风管上事先钻出 $\phi15\sim\phi20$mm 的测量孔，并用木塞或橡胶塞堵好。皮托管 1 套，倾斜式微压计 1 台，$\phi8$mm 橡胶管 1 套，盒尺 1 个。

3. 训练步骤

1）熟悉仪表的使用方法，检查测定截面的位置和测孔的分布是否恰当。倾斜式微压计如图 7-25 所示，使用前要先调平校准。

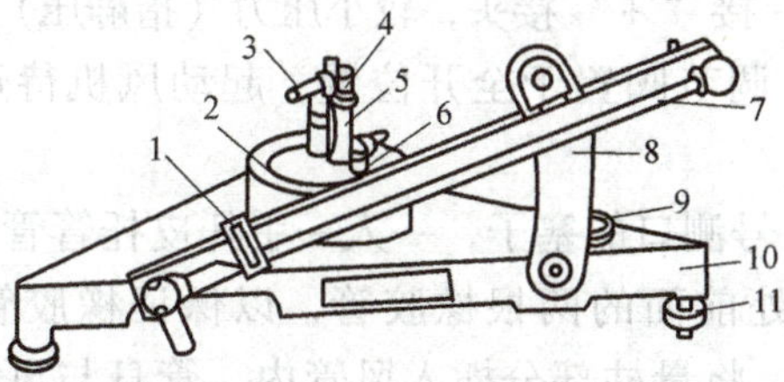

图 7-25 倾斜式微压计

1—游标 2—容器 3—多向阀手柄 4—零位调节旋钮 5—多向阀 6—加液盖 7—倾斜测量管 8—弧形支架 9—水准器 10—底板 11—调节螺栓

2）用盒尺测量矩形风管尺寸，计算出风管截面积 F。如图 7-26 所示，将风管截面划分为若干个相等的小截面，在图上标出序号。计算出测量时皮托管量柱的伸长度，并在皮托管上作出标记。

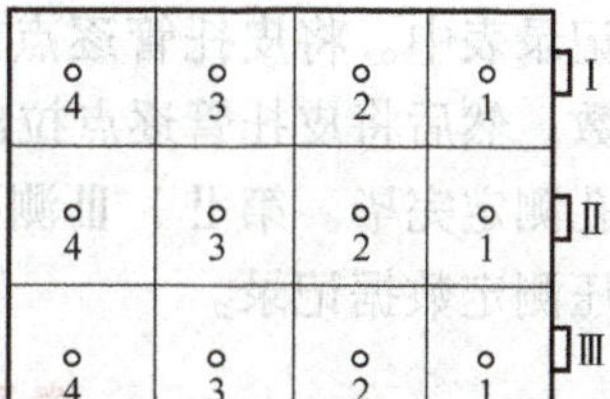

图 7-26 矩形测定截面示例

3）调整倾斜式微压计，参考风机的风压值，选择倾斜测量管的 K 值位置，使仪器进入测量状态。

4）如图 7-27 所示，选择在压出段进行测量。

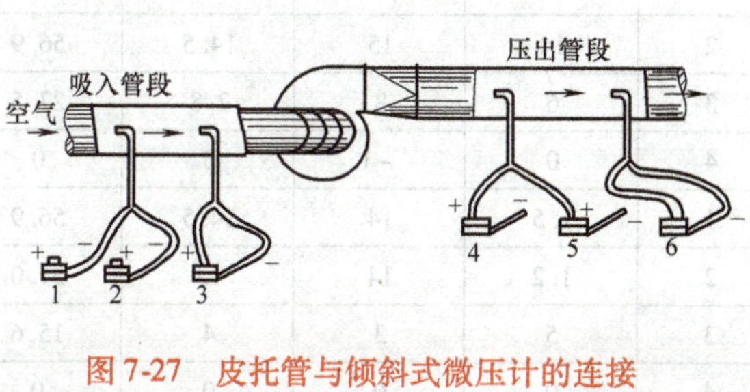

图 7-27 皮托管与倾斜式微压计的连接

将皮托管与倾斜式微压计用橡胶管按照图中的6号方式连接起来，并保证不漏气。从图7-27可以看出，在测量负压时（如通风机吸入管段上的全压和静压），要从“－”接头接入；在测量正压时（如通风机压出管段上的全压和静压），要从“+”接头接入。在测量压差时，如动压不论是处于吸入管段还是压出管段，都要将较大压力（指全压）接“+”接头，较小压力（指静压）接“－”接头。

5）将多叶调节阀置于全开位置，起动风机待运行稳定后开始测量。

6）拔下Ⅰ号测口的塞子，一人一手托皮托管管身，另一手轻轻托起连接接头处前面的两根橡胶管，以保证橡胶管处于自然状态（不致于弯曲）。将量柱部分插入风管内，管身与风管壁垂直，测头与气流方向平行，全压引出口一定要迎向气流，保持皮托管平稳地在风管内推进式拉出。将测头置于第Ⅰ测口1号截面中间位置。另一人操纵倾斜式微压计，将微压计开关扳向“测量”位置，在测量管标尺上读出液注长度。第三人校对后，将数值记录在事先拟定的记录表中。将皮托管逐点向里推进，直至最后一个测点，并记录读数。然后将皮托管逐点拉出，并记录第二次测量的数值。至此，Ⅰ测孔测定完毕。第Ⅱ、Ⅲ测孔的测定方法与上相同。表7-2所示为动压测定数据记录。

表7-2 动压测定数据记录

测孔号	测点序号	倾斜式微压计的读数/（L/mm）			测点动压值 p_d/Pa	$\sqrt{p_d}$
		第一次读数	第二次读数	平均值		
Ⅰ	1	16	16	16	62.8	7.9
	2	14	15	14.5	56.9	7.5
	3	6	8	2.8	27.5	5.2
	4	0	−1	0	0	0
Ⅱ	1	1.5	14	14.5	56.9	7.5
	2	1.2	14	13	51.0	7.1
	3	5	3	4	15.6	4.0
	4	0	0	0	0	0

（续）

测孔号	测点序号	倾斜式微压计的读数/（L/mm）			测点动压值 p_d/Pa	$\sqrt{p_d}$
		第一次读数	第二次读数	平均值		
Ⅲ	1	1.6	17	16.5	64.7	8.0
	2	1.3	15	14	54.9	7.4
	3	5	6	5.5	21.6	4.6
	4	-2	-5	0	0	0

7）计算出平均动压。如测量动压时，某些测点出现零或负值的情况，在确定仪器的使用和测量方法都没有差错后，就应该如实地记下读数。零值和负值的出现表明测定截面的气流很不稳定，产生了涡流，但是通过该截面的流量并没有改变。因此，在计算平均动压时，将负值当作零计算。当各测点的动压值相差不太大时，平均动压也可以按这些测定值的算术平均值计算。

8）计算平均风速 v 和风管内风量 L。

训练2 空调机运行工况的测定

1. 训练目的

1）掌握干湿球温度计的使用方法。

2）熟悉空气的热湿处理过程。

3）加深对焓湿图的理解和应用。

2. 训练设备和器材

实际在用的一次回风式空调机或相应的实验设备、干湿球温度计、水银温度计、热电偶温度计、半导体点温计等。

3. 训练步骤

以一次回风式舒适性空调夏季运行为例。

1）熟悉空调机的构成及测试用的检测口的位置，画出热湿处理流程图。熟悉仪表的使用方法。使用水银温度计时应提前 10 ~ 15min 将温度计放到被测介质中。读数时要尽量快，先读小数，后读整数，注意眼睛、标度线和水银面要成一条直线。

2）起动空调机待运行稳定后，开始测量。

3）在新风采风口处，利用干湿球温度计测定室外空气的干、湿球温度并记录下来。

4）在回风口处利用干湿球温度计测量回风状态并作记录。

5）利用四支量程相同并经过校正的水银温度计测量表冷器前混合风的空气状态和表冷器后空气的状态。其中的两支温度计的温包外面一层纱布，它的下面各悬挂一只盛水的小瓶，如图 7-28a 所示。

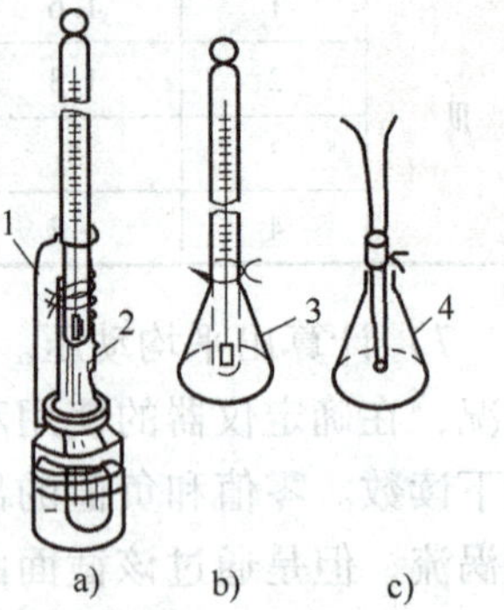

图 7-28　温度计加防护罩和挂小瓶

a）挂小瓶　b）、c）加防护罩

1—线绳　2—纱布　3、4—锡箔罩

将两支湿球温度计分别布置在表冷器前和表冷器后的测点位置上。另外两支温度计布置在与上述相同的位置上，测量干球温度。

挡水板后放的那支干球温度计的温包外面最好绑上一个用锡箔做好的罩子如图 7-28b 所示，以防止水滴落在温包上影响测量效果。也可以参照上述的作法采用四支规格相同的热电偶温度计或半导体点温计代替水银温度计。由于在空调机内空气温湿度的分布存在着不均匀性，而且有时相差很大。在实际工程测量中，就需要在前述的两个测量断面上分别找出一个合适的测点，这个测点应该在气流速度和温度比较稳定的区域，其温度值又接近于该断面上的温度平均值。

6）将测量结果记录在热湿处理流程图上并在焓湿图上查出各点的其他参数，并描述出热湿处理过程线，进行分析。

训练 3　空调房间空气状态参数的测定

1. 训练目的

1）掌握热球式风速仪和干湿球温度计的使用方法。

2）熟悉空调房间空气状态参数的测定方法和操作要领。

2. 训练设备和器材

舒适性空调房间，干湿球温度计，热球式风速仪等。

3. 训练步骤

1）熟悉仪表的使用方法。热球式风速仪在测量前应进行粗调和细调，使表针处于零位。图 7-29 所示为热球式热电风速仪的外形。

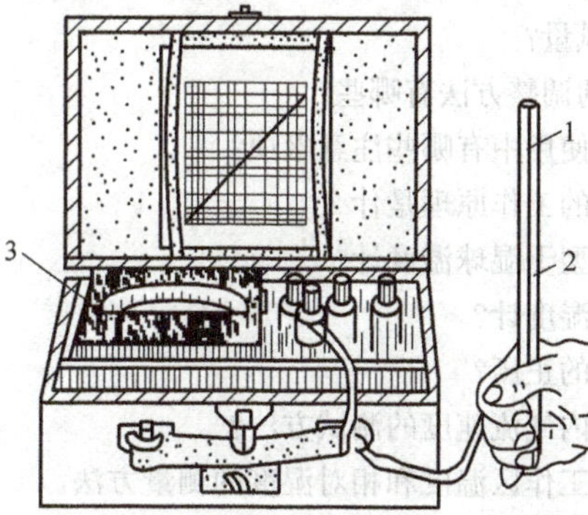

图 7-29 热球式热电风速仪的外形

1—测头 2—测杆 3—电表

2）布置检测点，并画出测点分布图。测点应距地面 1.5m 左右，各个干湿球温度计，最好悬挂在同样的高度上。测点应不少于 5 个。

3）空调系统运行稳定后记录各个测点的测量参数。每隔 30min 时间间隔，连续测量 4 次，以分析空气温湿度参数的波动范围。

4）在测点处使用热球式风速仪测量风速，并做好记录。测头上的热电偶及热电丝平面应对准气流方向。表针左右摆动可读取中间数值。

5）用水银温度计或半导体点温计测量送风口和回风口的送、回风温度，并做好记录。

6）求出房间内的平均温度、相对湿度和气流速度并进行分析。

复习思考题

1. 空调系统进行调试的目的是什么？
2. 空调系统风量的测量主要使用哪些仪表？
3. 叶轮式风速仪的工作原理和使用注意事项有哪些？

4. 简述倾斜式微压计的工作原理。
5. 倾斜式微压计与皮托管如何连接？
6. 热球式风速仪的特点及使用要求有哪些？
7. 如何测定风管中的风量？
8. 如何测定风口风量？
9. 空调系统风量的调整方法有哪些？
10. 玻璃管温度计使用中有哪些注意事项？
11. 热电偶温度计的工作原理是什么？
12. 如何使用通风型干湿球温度计？
13. 如何使用毛发湿度计？
14. 如何调整房间的正压？
15. 简述空调房间内气流速度的测试方法？
16. 简述空调房间工作区温度和相对湿度的测量方法。

试 题 库

知识要求试题

一、判断题（对画✓，错画×）

1. 在不同的条件下，物质可以呈现出三种不同的状态，即过热气态、过冷液态和饱和状态。（　）

2. 自然界的一切物质都是由分子和原子组成的。分子存在着热运动，使分子具有压力能，分子间存在着作用力使分子具有势能。（　）

3. 在热力工程中，把可以实现能量转换和物态改变的物质称为工质，在制冷技术中工质又称为制冷剂。（　）

4. 冷水机组产生的冷冻水承载制冷机制造的冷量，吸收室内空气的热量转移到环境介质中去，又称为冷媒或载冷剂。（　）

5. 在热力工程中用的工质、介质一般是流体，最常使用的热力状态参数是温度、压力和比体积。（　）

6. 在国际单位制中，力的单位为帕斯卡（Pa），面积的单位为平方米（m^2），压力的单位为牛顿（N）。（　）

7. 工程计算中还常用千帕（kPa）、兆帕（MPa）作为单位。换算关系为 $10MPa = 10^3kPa = 10^6Pa$。（　）

8. 地球周围被大气层所包围，大气重量对地球环境产生的压力影响，大气压的大小与大气层厚度、压力等因素有关。（　）

9. 由于位置、海拔的不同，大气压不尽相同，即使同一地点，其大气压也会因季节温度而变化。（ ）

10. 气体的比体积是指单位容积的气体所占的质量，密度是指单位体积的物质所具有的质量，两者互为倒数。（ ）

11. 电磁作用所引起的能量转移在热力学中称为做功。（ ）

12. 在热力学中以压缩机为研究对象，由于工质的容积会发生变化（因压缩而减小），这时外界对工质对作的功，称为容积功。（ ）

13. 制冷系统与外界存在相互作用时，系统的状态将发生变化，系统从一个状态向另一个状态变化的全过程称为热力过程。（ ）

14. 当工质状态变化时，其熵的变化 $\Delta S>0$ 时，表示工质对外界放热；$\Delta S<0$ 时，表示工质从外界吸收热量。（ ）

15. 制冷压缩机在理论分析时，可以认为是绝热压缩，工质的熵保持不变，实际的压缩过程往往是等熵压缩。（ ）

16. 热力学第一定律说明了在发生任何能量转换的热力过程中，转换前后能量的总量维持恒定。（ ）

17. 流体的粘度都是由实验测定的，流体的粘度随温度升高而减小。（ ）

18. 雷诺数是判定流体流动类型的依据。大量实验表明，当 Re 值大于4000时，流动类型必定为层流。（ ）

19. 动力粘度越大的流体，其粘滞性越强，流动阻力越大，动力粘度与流体密度 ρ 的比值被称为运动粘度。（ ）

20. 在静止的液体内部，任一点的静压力与液体密度和其深度有关，液体密度越大，深度越大，该点的静压力就越大。（ ）

21. 流体在直径不变的直管内流动时，阻力由内摩擦而造成，称为沿程阻力。（ ）

22. 流体流过管道局部构件，如三通弯头、变径管、阀门等，流速的大小和方向会有急剧的改变，加剧了流体质点间的内摩擦，形成较大的流动阻力，称为沿程阻力。（ ）

23. 传热的基本形式有导热换热、逆流换热和辐射换热三种基本形式。（ ）

24. 物体各部分温度不同时，热量从高温部分传递到低温部分，或者温度不同的物体接触时，热量从温度高的物体传递给温度低的物体的过程称为对流换热。（　）

25. 通过对材料热导率的分析，可以做出的判断是，对于同一种物质，固态的热导率最小，气态的热导率最大。（　）

26. 通过对材料热导率的分析，可以做出的判断是，一般情况下，金属的热导率大于非金属的热导率。（　）

27. 导电性能好的金属往往也是热的良导体，纯金属的热导率大于它的合金。（　）

28. 各类换热器导热热阻力与材料的热导率成正比。（　）

29. 在换热器中冷热两种流体平行流动时，若传热面两侧流体温度均有变化，流体流向尽量选择顺流流动方式。（　）

30. 如果两种流体的入口温差 Δt_1 和出口温差 Δt_2 相比大于 2 时，按对数平均温差计算平均温差 Δt_m。（　）

31. 空气与水直接接触时的热湿交换过程，可以看作是主体空气与水的边界层空气不断混合的过程。（　）

32. 空气达到相对湿度 $\phi=90\%$ 状态时，其状态将位于焓湿图的饱和相对湿度曲线上。（　）

33. 在喷水室中随着水温不同，可以得到 7 种典型的空气状态变化过程。（　）

34. 实际上，在喷水室中空气与水的接触时间是有限的，只能达到 $\phi=90\%\sim95\%$，称为"露点"状态。（　）

35. 夏季喷水室对空气处理，由于水温低于空气温度，边界层的水蒸气分压力低于被处理空气的水蒸气分压力，所以空气被冷却和干燥。（　）

36. 冬季喷水室对空气处理，用水温等于空气湿球温度的水喷淋空气，空气状态变化是等温加湿过程。（　）

37. 前挡水板有挡住飞溅出来的水滴和使进水均匀流动的双重作用，因此有时也称为均风板。（　）

38. 喷水室中喷嘴口径小，属于细喷，喷出水滴细，与空气接触好，热交换效率高，适合于空气的降温冷却处理过程。（　）

39. 喷水室中喷嘴口径小，属于细喷，喷出水滴细，与空气接触好，热交换效率高，适合于等焓加湿的处理过程。（ ）

40. 喷水室中喷嘴口径较大时，形成中喷和粗喷，适合于减湿冷却的处理过程。（ ）

41. 套管式、螺旋板式、壳管式、板翅式换热器属于板式表面式换热器。（ ）

42. 壳管式、套管式、蛇形管式及翅片管式（肋片管式）换热器属于管式表面式换热器。（ ）

43. 板式、螺旋管式、蛇形管式及翅片管式（肋片管式）换热器属于管式表面式换热器。（ ）

44. 表冷器垂直安装时务必使翅片保持水平，否则将因翅片上积存凝结水而增加空气阻力和减小传热系数。（ ）

45. 表冷器垂直安装时务必使翅片保持垂直，否则将因翅片上积存凝结水而增加空气阻力和减小传热系数。（ ）

46. 热水管路与加热器可以串、并联或串并混合联。（ ）

47. 以水为热媒时，供回水管路上应安装调节阀和温度计，并在管路的最低点安装泄水阀。（ ）

48. 加湿器的安装位置，安装时一定要保证喷出的蒸汽与空气流动方向相逆。（ ）

49. 通过自然通风或机械通风的方法，将室外含湿量较低的新风送入室内达到减湿的目的，这就是固体吸湿减湿法。（ ）

50. 电极式加湿器必须使用纯净水，并定时进行排污。加湿器的电极和容器内壁应定期进行清洗除去水垢和杂质。（ ）

51. LS—2 型浮球式液位控制器的液位发生变化时，浮球到达位置时，浮球内的磁体将干簧管触点吸合，发出开关量信号控制，从而达到液位控制的目的。（ ）

52. 硅胶和活性炭等材料具有大量孔隙，空气中的水蒸气分子被吸附在孔隙中而变成液体，称为液体吸附。（ ）

53. 氯化钙表面水蒸气分压力比周围空气水蒸气分压力低很多，能吸收空气中的水分，但吸水后形成了含有更多结晶水的化合物，称为化学吸附。（ ）

54. 冷冻除湿机工作时，使蒸发器表面温度低于空气球温度与空气进行热湿交换，空气降温的同时析出凝结水。 ( )

55. 空气经过冷冻除湿机的处理，空气的含湿量下降，温度升高，相对湿度下降。 ( )

56. 转轮除湿机按转轮上所载吸湿材料不同，可分为氯化锂转轮、硅胶转轮和分子筛转轮。 ( )

57. 氯化锂转轮除湿机要求再生空气的温度达到120℃。转轮式按其结构形式有整体型、立式组合型和卧式组合型。 ( )

58. 转轮式热交换器在转轮中央设置分隔板，隔成排风侧和新风侧，排风和新风逆向流动，转轮不仅能回收显热量，也可回收潜热，称为显热交换器。 ( )

59. 热管热交换器的结构简单，传热速度快，传热温差小，广泛应用于空调系统的热回收和热控制。 ( )

60. 使用重力热管在布置时，当气流含湿量较大时，应设置凝水排水装置。 ( )

61. 按空气处理设备所处理空气的来源分类，可以分为直流式系统、闭式系统和混合式系统。 ( )

62. 按风管内风速的温度分类，可以分为低速系统和高速系统。 ( )

63. 单风道空调系统、双风道空调系统以及变风量空调系统均属于集中式空调系统。 ( )

64. 混合式系统采用部分新风和相当数量的回风相混合，分为一次回风和二次回风系统，经空气处理设备处理后送入空调房间。 ( )

65. 空调机组送风温度与空调区域温度之差称为送风温差，其值是由空调精度所决定的。 ( )

66. 装配式空调机组由若干个有不同空气处理功能的预制单元组装而成，所以称为组合式空调机组。 ( )

67. 组合式空调机组的表冷加热段冬夏兼用，夏季冷媒水供回水温度多为7℃/12℃；冬季热媒供回水温度多为55～60℃/45～50℃。 ( )

68. 对于集中式空调系统的维护保养，如在机组内进行，工作之前必须先切断风机电动机电源，而且不要在风机运转时进入机组。（ ）

69. 对于集中式空调系统的表冷器，加热器每隔 2～3 年，应采用化学法清洗水垢，每年清扫或吹洗表面尘垢。（ ）

70. 集中式空调系统冬季停用时，若周围环境温度低于结冰温度，应排尽管内存水，如残水不能除尽，应加入防冻液。（ ）

71. 挡水板产生过水问题的原因有喷水量过大、空气流速较高、挡水板制造质量较差。（ ）

72. 空调机组表冷段通常位于送风机前，其所处压力为负压，集水盘的冷凝水管必须设置水封。（ ）

73. 风机盘管加新风机是目前我国多层和高层民用建筑中采用最为普遍的一种空调形式，属于半集中式空调系统。（ ）

74. 在房间层高较高，且全室进行吊顶的场合，适用于将风机盘管安装设置在房间吊顶的中部。（ ）

75. 高静压型卧式暗装风机盘管的安装，为了节省投资减少噪声源，应尽量采用“一机多口”的送风方式。（ ）

76. 风机盘管安装前应检查试验风机的三速，以保证风机电动机的三速绕组接线正确和三级风速运转正常。（ ）

77. 风机盘管配用的电动水阀有两通和三通两种类型，前者适用于定水量冷（热）水系统，后者适用于变水量冷（热）水系统。（ ）

78. 风机盘管所用风机除少数采用离心式风机外，绝大多数为贯流式风机。（ ）

79. 风机盘管所用风机调速方法为绕组抽头调速，在副绕组上串联了电容 C，其作用是分相，以得到旋转磁场。（ ）

80. 房间新风支管将新风送入风机盘管尾箱，让新风机处理后的新风在尾箱中先与回风混合，再经风机盘管处理送入房间，这种方式称为新风串接式。（ ）

81. 新风直入式风机盘管空调系统，如将新风处理到低于室内空气状态的等含湿量线，则新风机组不仅负担新风热湿负荷的处理，

还负担部分室内显热和潜热负荷的处理。 ( )

82. 客房卫生间的排风系统设计风量是按换气次数 8 ~ 10 次/h 计算的，为防止室外空气的渗透，应保持房间内为正压，且送入室内的新风量应比排风量大 20% 左右。 ( )

83. 变风量系统的末端装置要求自动调节空调送风量，从而使整个空调系统可以随着负荷的变化调节总送风量，减少风机的动力消耗。 ( )

84. 定风量系统用改变送风量的方法来适应空调负荷的变化，能实现空调房间的灵活控制，室内无过冷过热现象，减小了空调负荷。 ( )

85. 定风量在部分负荷运转时，风机在低速下运行，可减小送风动力消耗，节能效果显著，实现全年经济运行。 ( )

86. 单区变风量系统是通过改变空调机组中风机的转速来达到变风量的目的，有变风量末端装置。 ( )

87. 按风道布置方式双风道系统采用双风管送风，一根风管送冷风，一根风管送热风，通过 VAV 末端设置混合后送入室内。 ( )

88. 变风量系统的变风量末端装置按风量调节原理，VAV 末端装置可以分成节流型、风机动力型、双风道型和旁通型 4 种基本类型。 ( )

89. 百叶型 VAV 末端装置的工作原理是，控制器根据室内实测压力与设定温度之间的差值，对风阀位置进行调整。 ( )

90. 文丘里型的末端装置，当末端装置上游的静压增大，锥形体沿减小空气流通截面积的方向移动，维持原来的风量不变，实现稳定风量的功能。 ( )

91. 目前旅馆、办公楼使用的由风机盘管加独立新风系统组成的空调系统，属于空气—水系统。 ( )

92. 根据中央空调冷热水系统供回管路的连接情况分类，空调水系统可分为三种制式：两管制、四管制和三管制。 ( )

93. 四管制系统主要适用于同一季节里，同时要求供冷和供热的空调工况或舒适度要求很高的建筑物。 ( )

94. 开式系统的水循环管路中无开口处，冷媒水在系统内进行密

闭循环，不与大气接触，仅在系统的最高点设置膨胀水箱。 （ ）

95. 闭式系统的特点是扬程大，耗能高，循环水易受污染，水中含氧量高，管路和设备易受腐蚀，管路容易引起水锤现象。 （ ）

96. 异程式水系统各支路的阻力相差很大，使短支路水循环量大，长支路水循环量小，要通过各层阀门进行调整，获得合理的水量分配。 （ ）

97. 同程式水系统的特点是，各环路的阻力大致相等，水流量分配较为均衡，但初始投资小且需占用的建筑空间小。 （ ）

98. 风机盘管或新风机组等空调末端设备的回水管路上安装电动三通阀，在负荷减小时，供回水的温差会相应减小。 （ ）

99. 定水量系统的特点是，系统输水量是按照最小空调负荷来确定的，循环泵的输送能耗总是处于最大值，造成部分负荷时运行费用较大。 （ ）

100. 变水量系统保持供回水温差不变，通过改变负荷侧的水流量来适应房间负荷的变化，这种系统的风机盘管采用电动二通阀。 （ ）

101. 变水量系统中，水泵的输水量随负荷变化而变化，适用于设置两台或多台冷水机组和循环泵的系统，降低了运行的成本。 （ ）

102. 单式泵系统中，空调负荷侧不设水泵，冷（热）源与负荷侧共用冷（热）水泵。 （ ）

103. 大型建筑各分区供水作用半径相差悬殊时，宜采用单式泵系统，特殊情况下则采用复式泵系统。 （ ）

104. 目前空调冷（热）水系统的定压方式有三种，即高位膨胀水箱定压、隔膜式气压罐定压和变频补水泵定压。 （ ）

105. 隔膜式气压罐也称为低位闭式膨胀水箱定压，定压装置通常设置在泵房，主要由软化设备、补水泵、气压罐、阀门和控制仪表等组成。 （ ）

106. 冷却水塔能解决系统中水体积的膨胀问题，实现对系统的稳压、自动补水、自动泄水和过压保护功能。 （ ）

107. 水泵的转速与供水量成正比，通过变频控制水泵的转速，进而调整水泵的供水量，保证供水压力稳定，实现按需供水。
（ ）

108. 离心泵的泵壳是对液体做功的元件，一般是由两块圆形盖板以及盖板之间若干弯曲的叶片和轮毂所组成的。（ ）

109. 离心泵的叶轮是收集来自叶轮的液体，并使液体的部分动能转化为压力能，最后将液体均匀地导向排出口。（ ）

110. 离心泵壳顶上设有充水和放气的螺孔，以便在水泵起动前充水和排走泵壳内的空气，在泵壳底部设有排水螺孔。（ ）

111. 水泵的性能曲线反映了水泵在一定的转速下，水的扬程 H、轴功率 P、效率 η 以及允许吸上真空高度 Hs 随流量 Q 而变化的关系。（ ）

112. 对离心水泵装置的工况点，常需要人为地进行必要的改变和控制，最常见的就是通过改变进水阀门的开启度来进行调节。
（ ）

113. 水泵产生气蚀的原因有：泵进口处的真空度过高，泵安装地点的大气压过低，泵所输送液体温度过高，泵起动时未开启吸入管阀门，造成无水空转。（ ）

114. 机械密封的动环与静环磨损后必须成对更换，在装配时轴向常动量要适当，在保证径向密封的同时保证能在轴上灵活移动。
（ ）

115. 阀门按公称压力可以分为真空阀（＜0MPa）、低压阀（≤1.6MPa）、中压阀（2.5～6.4MPa）、高压阀（10～80MPa）和超高压阀（≥100MPa）。（ ）

116. 阀门按公称通径可以分为小口径阀门（DN≤40mm）、中口径阀门（DN＝50～300mm）、大口径阀门（DN＝350～1200mm）和超大口径阀门（DN≥1400mm）。（ ）

117. 冷却塔的主要性能参数冷却度 Δt 大，说明散热量多，标准型冷却塔的冷却度 $\Delta t = 10℃$，工业型塔的 $\Delta t = 5℃$。（ ）

118. 靶式流量开关有数个靶片，要根据管径与流量以设定开关动作的最高水流量值，通过调整螺母可以调节微调弹簧的预紧力，以获得最佳设定效果。（ ）

119. 在冷却塔的冷却水进水干管上装设温度传感器，通过温控器控制冷却塔风机的启停，自动调节出水温度，保证水温的稳定。（ ）

120. 常用的溶液浓度表示方法有溶质的质量占溶液总质量的百分比表示称为质量分数。（ ）

121. 中央空调空气处理设备保证湿度、气流速度和洁净度就能满足使用要求。（ ）

122. 空气净化是中央空调系统中空气处理的重要项目之一。（ ）

123. 风阀在风道系统中起着关断风量的作用。（ ）

124. 中央空调空气处理系统中安装防火阀的目的是为了灭火。（ ）

125. 防火阀中的易熔片熔化后，防火阀就会打开。（ ）

126. 安装传递信号装置的防火阀的作用是，当易熔片熔化且阀门动作后，能发生信号至消防中心。（ ）

127. 空调通风管道进行保温处理，是减少冷热量损失的措施。（ ）

128. 空调通风低温管道表面在温度较高的房间内易结露，需要对风管进行保温隔热处理。（ ）

129. 空调通风管道使用的保温材料应具备无毒、难燃的应用指标。（ ）

130. 风管在安装时应沿流动方向形成不小于0.005 的坡度，用于排凝结水。（ ）

131. “风量”与“风压”的参数是相同的。（ ）

132. 风机技术指标中 η 值越大说明风机性能越差。（ ）

133. 离心式风机排出气体流动的损失小、效率高、噪声小，被广泛应用在冷却水塔和风冷冷凝器等设备中。（ ）

134. 风机故障主要出自两方面，即噪声变大和温升过高。（ ）

135. 噪声就是杂乱无序的响声，使人感到烦躁，刺耳，以致影响工作学习和生活。（ ）

136. 空调系统风量一定时，风机压头越高，噪声越大。（ ）

137. 空调送、回风系统中，只要选用噪声低的风机，噪声就可以消除了。（ ）

138. 在送回风管道上安装消声器是用来减小噪声。（ ）

139. 散流器是一种辐射型送风口，由于它的送风特性，一般安装在侧墙壁上。（ ）

140. 在影剧院等人群密集场所，送回风常采用下送上回方式。（ ）

141. 防火排烟系统是在防火阀、防火门关闭前起动工作。（ ）

142. 防火排烟系统起动后，楼宇正压送风系统配合起动工作。（ ）

143. 家用空调器的风处理方式，属于一般净化处理。（ ）

144. 中央空调风处理系统中多种空气净化设备，就是过滤掉粉尘及尘埃颗粒物。（ ）

145. 空气净化要求由一般净化、中等净化、超净净化组成。（ ）

146. 一般写字楼内空气处理系统用中效过滤器即可。（ ）

147. 空气处理设备出现阻力增大，风机的静压增大，说明风机出现故障。（ ）

148. 过滤器积尘过多或失效会导致风系统动压减小，送风量减小。（ ）

149. 初效、中效、高效过滤器应视污垢成分及厚度进行更换或清洗。（ ）

150. 同时使用粗效、中效、高效过滤器，空气处理箱各压力控制器的调定值是一样的。（ ）

151. 评价中央空调冷水机组的指标是制冷性能效率“COP”。（ ）

152. 活塞式冷水机组因是有造价低、适应性强等优点，仍然受到广泛应用。（ ）

153. 冷水机组冷凝器安装的安全阀是用来调整供液量的。（ ）

154. 压缩机排气截止阀有三个通道口分别接排气管道、吸气管道、旁通管道。（ ）

155. 半封闭式由于电动机转子与制冷压缩机为同一根轴，因而结构紧凑、噪声小、效率高。（ ）

156. 活塞式制冷压缩机气缸卸载方式常见两种方法中“吸气旁通法”的能耗损失小于“吸气截止法”。（ ）

157. 制冷压缩机长期停机，首次起动前必须给曲轴箱加热 24h 以上。（ ）

158. 壳管式冷凝器冷却水系统结垢是水流速不够造成的。（ ）

159. 制冷剂液体流经热力膨胀阀，由于截面积突然收缩，流速变小，压力变大。（ ）

160. 热力膨胀阀体上设一个 6mm 接口，说明该阀是内平衡式热力膨胀阀。（ ）

161. 供液电磁阀的作用就是防止制冷剂液体进入压缩机气缸，造成湿冲程导致液击。（ ）

162. 视液镜中水分敏感示片呈粉红色时，表示制冷剂干燥无水分。（ ）

163. 高压控制开关是在高压气体超过调定值时跳开。（ ）

164. 低压控制开关是在低压气体超过调定值时跳开。（ ）

165. 管道内水在正常流动时，小流开半触点，处于常开状态。（ ）

166. 低水温报警开关是在冷冻水处于 +7℃时跳开。（ ）

167. 制冷压缩机安装时，纵向、横向水平度偏差不得大于 0.2/1000。（ ）

168. 制冷系统管道中纯铜管的连接方法常用焊接、喇叭口螺纹联接、法兰盘连接三种方式。（ ）

169. 活塞式冷水机组开机顺序是：起动压缩机→起动冷却水循环泵→起动冷冻水循环泵。（ ）

170. 活塞式冷水机组通常有两个制冷回路，为保证各自系统多个压缩机回油均匀和磨损均匀，两个制冷回路应交错使用。（ ）

171. 由于提高冷冻水出水温度对机组的经济性十分有利，因此在能满足空调使用要求的前提下，尽可能提高。（ ）

172. 冷冻油的温度越低，润滑效果越好。（ ）

173. 离心式压缩机适合大中型中央空调系统。（ ）

174. 离心式压缩机在制冷量大时容易发生喘振。（ ）

175. 为了保证润滑正常离心式压缩机冷冻油的温度应控制在35～45℃。（ ）

176. 使用高温制冷剂的离心式压缩机，低压侧负压运行时，不凝性气体容易渗入系统而造成危害。（ ）

177. 采用变频调速电动机驱动压缩机，增大稳定工况区域是避免产生喘振的方法之一。（ ）

178. 同样是3500kW的制冷机，溴化锂吸收式制冷机比压缩式制冷机费电能。（ ）

179. 溴化锂制冷机工作中，保持合格的真空度是避免机件腐蚀和保证制冷效果的重要条件。（ ）

180. 溴化锂吸收式制冷机中最容易产生结晶的部位是：溶液热交换器的浓溶液入口处。（ ）

181. 中央空调系统各单体设备运转合格后，要进行整体系统的试运转、测试和调整，以判定空调系统是否达到设计要求。（ ）

182. 中央空调操作工，通过参与和配合测试和调整工作可以熟悉和掌握系统的性能特点，为经济合理地运行打下基础。（ ）

183. 空调系统的性质和控制精度相同，而调试的项目和要求不同。（ ）

184. 空调系统的综合效能试验，应在无负荷条件下，进行测定与调整。（ ）

185. 三杯式风速仪，在其转轴上装有三只半球形的风杯转轮，它的测量风速范围在0.05～2m/s。（ ）

186. 热电式风速仪测头有热线式和热球式两种形式。它的测量风速范围在1～20m/s。（ ）

187. 热球式风速仪测量风速越大，电热线圈散热量越大，则电热线圈温度越低，热电偶产生的热电动势越大。（ ）

188. 热电式风速仪使用方便，对风速反应灵敏，适合于测量高速气流速度的场合。（ ）

189. 倾斜式微压计，将垂直放置的测量管改为倾斜角度可调的斜管，因而使其灵敏度和精确度有所提高。（ ）

190. 皮托管又称为毕托管，是测量压力使用的一次性仪表，把它插入风管内可将气流的静压、全压测量出来。（ ）

191. 空调系统包括：风路系统、水路系统和制冷系统、消防系统。（ ）

192. 空调系统风量的测定包括风机的风量、风压、转速。（ ）

193. 空调风系统通过测试与调整使总管风量与支管风量或送风与新风达到平衡。（ ）

194. 空调风系统通过测试与调整控制实际风量与设计风量的误差小于30。（ ）

195. 倾斜式微压计，是在液柱式压力计的基础上，将垂直放置的测量管改为倾斜角度可调的斜管。（ ）

196. 倾斜式微压计对于同样的液柱高度，在微压计上可使液柱长度增加，因而使其灵敏度和精确度略有下降。（ ）

197. $\rho\sin\alpha$ 是一个常数，称为倾斜式微压计常数，用 K 表示。（ ）

198. 测量风管内的气流速度时由于气流的动压与流速的二次方成正比，测量动压后即可求出速度。（ ）

199. 测量风压时如果风速较高则不能使用倾斜式微压计，而需要使用U形管。（ ）

200. 测量风速时测量断面原则上应选在气流均匀、稳定的直管段，即尽可能选在远离产生涡流的局部构件的地方。（ ）

201. 计算风量时，风管内风量等于单位时间内流过测点风的体积。（ ）

202. 计算风量时，风管内风量等于风管截面积乘以风速。（ ）

203. 截面积较大的风口在测量风速时，可以划分为边长等于5倍左右风速仪直径的面积相等的小方块，在其中心逐个测量。（ ）

204. 如果送风口送风为射流，用叶轮风速仪测量比用热电式风速仪好。（ ）

205. 在送风口气流有偏斜式时，测量时应在风口安装长度为0.5～1.0m与风口断面尺寸相同的短管。（ ）

206. 回风口风量的测量，只要在贴近格栅或网格处测量其结果是相当准确的。（ ）

207. 当需要准确测量风口风量时，可以采用风口系数修正法或是在散流器或高效过滤器风口直接测量。（ ）

208. 对同一管道，改变流体流速时管道对流体的阻力作用也发生改变。（ ）

209. 风系统进行调整时，一般需要从系统的最远管段，也就是最不利的风口开始逐步地调向风机。（ ）

210. 棒式温度计以酒精为测温液体时的测温范围为－100～150℃。（ ）

211. 风机动力型（FPB）变风量末端装置在节流型的VAV末端装置中增置了加压风机。通过加压风机使回风与一次风混合而送入室内。（ ）

212. 并联风机动力型一般用于低温送风空调或冰蓄冷空调系统中，它将较低温度的一次风与顶棚内的空气混合成所需的温度空气送到空调房间内。（ ）

213. 表示溶液的H^+离子浓度的pH值大于7，则溶液中的$[H^+]<[OH^-]$离子数量，该液体称为碱性溶液。（ ）

214. 在阻垢处理方法中，静电场阻垢处理、电子水处理、强磁水处理都属于化学方法。（ ）

215. 离子交换水处理器是运用离子交换的原理，用钠离子交换树脂吸附水中的钙、镁离子，除去水中的硬度物质，使水得到软化，

以防止冷却水系统结垢，这种装置称为软水器。（　）

二、选择题（将正确答案的序号填入括号内）

1. 物质处于（　）时，分子在自己的平衡位置作振幅很小的振动，其分子间的距离最小，相互间的吸引力最大，它具有一定的体积和形状。

A. 固态　　B. 液态　　C. 气态　　D. 混合

2. 物质处于（　）时，分子间相互吸引力小而不能相互约束，各分子不停地进行着毫无规则的运动，它可以无限膨胀，也可以大大压缩。

A. 固态　　B. 液态　　C. 气态　　D. 混合

3. 同一种物质在一定的压力和温度下的汽化热（　）液化热。

A. 大于　　B. 小于　　C. 等于　　D. 不定

4.（　）是物质内部分子运动平均动能的标志，或者说是表示物体冷热程度的量度。

A. 温度　　B. 压力　　C. 压缩功　　D. 热量

5. 摄氏温标和华氏温标的换算正确的是（　）。

A. 10℃ =32°F 和 100℃ =212°F

B. 0℃ =32°F 和 100℃ =312°F

C. 0℃ =22°F 和 100℃ =212°F

D. 0℃ =32°F 和 100℃ =212°F

6. 绝对温标规定纯水的三相点（冰、水、汽三相平衡共存状态）的温度为（　）(0.01℃)。

A. 32°F　　B. 312°F　　C. 273.16K　　D. 0K

7. 摄氏温标与华氏温标与绝对温标的换算关系为（　）。

A. $t_c = 5/9 \cdot (t_F - 32) = T - 273.15$

B. $t_c = 5/9 \cdot (t_F - 32) = T + 32$

C. $t_c = 9/5 t_F + 32 = T - 273.15$

D. $t_c = 5/9 \cdot (t_F - 32) = T - 373.15$

8. 气体压力是大量的气体分子无规则的热运动造成对器壁表面

的撞击程度，是对容器壁面单位面积所施加的（ ）。

A. 无规则运动 B. 垂直作用力 C. 水平作用力 D. 压力作用

9. 人们将纬度为45°海平面处常年大气压的平均值，规定标准大气压为（ ）。

A. 0mmHg B. 312mmHg C. 273mmHg D. 760mmHg

10.（ ）以理想真空为起点的压力，即工质施加于器壁上的真实压力。

A. 绝对压力 B. 相对压力 C. 表压力 D. 真空度

11. 空气在常温下的密度通常按（ ）kg/m^3考虑。

A. 1.2 B. 1.5 C. 1 D. 2.0

12. 在工程制中热量的单位是卡（cal）或千卡（kcal），在国际单位中，热量的单位是焦尔（J）或千焦（kJ）换算关系是（ ）。

A. 1kJ = 4.1868kcal B. 1kcal = 4.1868kJ

C. 1kcal = 3.968kJ D. 2kcal = 4.1868kJ

13.（ ）是工质内能与流动功之和，当工质流经压缩机、冷凝器、蒸发器等部件时，系统进口与出口的焓差是能量交换的结果。

A. 压力能 B. 动能 C. 焓 D. 位能

14. 人们还常用冷吨（RT）来表示冷水机组的制冷量，它们与公制单位关系是（ ）。

A. 1美RT = 3333kcal/h，1日RT = 3320kcal/h

B. 1美RT = 3024kcal/h，1日RT = 3333kcal/h

C. 1美RT = 3024kcal/h，1日RT = 3320kcal/h

D. 1美RT = 3324kcal/h，1日RT = 3310kcal/h

15. 工质流经节流元件时，由于流道截面积的突然缩小，因而压力下降，这一过程与外界没有做功的作用，所以（ ）称为等焓节流。

A. 焓值不变 B. 动能不变 C. 温度不变 D. 位能不变

16. 衡量流体粘滞性大小的物理量称为（ ），流体粘滞力的大小与两流层间单位距离上的速度差及流层间的接触面积成正比。

A. 压力 B. 粘度 C. 流速 D. 位能

17. 动力粘度越大的（　），其粘滞性越强，流动阻力越大，动力粘度与流体密度 ρ 的比值被称为运动粘度。

A. 流体　　B. 气体　　C. 固体　　D. 液体

18. 科学家雷诺首先把影响流动状态的主要因素，组成一个复合数群，以 Re 表示，称为（　）。

A. 流体粘度　　B. 气体常数　　C. 雷诺数　　D. 液体准数

19. 流体的粘度都是由实验测定的，（　）。

A. 气体的粘度随温度的升高而增大，液体的粘度随温度升高而减小

B. 气体的粘度随温度的升高而不变，液体的粘度随温度升高而减小

C. 气体的粘度随温度的升高而减小，液体的粘度随温度升高而增大

D. 气体和液体的粘度随温度的升高而不变

20. 假设流体流动时，所占空间每一点的流速、压力和密度只随空间位置不同变化而不随时间改变，就称为（　）。

A. 压力流动　　B. 稳定流动　　C. 层流流动　　D. 位能流动

21. 理想流体伯努利方程式，静压能 E_j、动能 E_d、位能 E_w，则有式 $E = E_j + E_d + E_w$，管段任意截面处的（　）应相等。

A. 动能　　B. 压力能　　C. 位能　　D. 机械能

22. 雷诺数是判定流体流动类型的依据。大量实验表明，当 Re 值小于 2000 时，流体的流动类型必为（　）。

A. 层流　　B. 压力流　　C. 紊流　　D. 静流

23. 一般固体或静止液体、气体的导热依靠分子振动，液体和气体中的传热往往是（　）换热同时存在的。

A. 导热和对流　　B. 对流和辐射

C. 导热和辐射　　D. 辐射和对流

24. 通过对材料热导率的分析，可以做出的判断是，对于同一种物质的热导率是（　）

A. 气态 > 液体 > 固态　　B. 固态 > 液体 > 气态

C. 液体 > 固态 > 气态　　D. 液体 > 气态 > 固态

25. 由于流体的温度不同，其密度也不相同，热流体密度小而上升，冷流体密度大而下降，这种自然产生的流体的相对运动，称为（　）。

A. 强迫对流　　B. 导热对流　　C. 自然对流　　D. 辐射对流

26. 从流体阻力的角度考虑，层流的流体阻力（　）紊流的流体阻力，流体作层流流动时，垂直于流动方向的传热过程主要依靠导热方式进行。

A. 小于　　B. 大于　　C. 等于　　D. 约等于

27. 翅片换热器在管外设置翅片，采用异形换热管，除了可以增大换热面积外，还可以形成对气流或液流的扰动，使其不断改变流动方向和流速，提高流动程度从而提高（　）。

A. 换热器压力　B. 对流效率　　C. 射流效率　　D. 换热效率

28. 流体作（　）流动时由于流体质点之间的掺混和碰撞，流体内部温差小，传热效率高。

A. 湍流　　B. 对流　　C. 射流　　D. 层流

29. 物体由于自身的温度或微观粒子的热运动而激发向外辐射的电磁波，称为（　）换热，它包括紫外线、可见光线和红外线。

A. 导热　　B. 对流　　C. 辐射　　D. 传热

30. 在制冷装置中，由于温度较低，传热计算中忽略（　）换热的影响，但在计算空调房间围护结构的热负荷时，必须将太阳辐射热考虑进去。

A. 导热　　B. 对流　　C. 辐射　　D. 传热

31. 假设喷水量无限大，水和空气接触时间无限长，则全部空气都能达到（　）状态。

A. 相对湿度 $\phi=100\%$　　B. 相对湿度 $\phi=90\%$

C. 相对湿度 $\phi=60\%$　　D. 相对湿度 $\phi=110\%$

32. 实际上，在喷水室中空气与水的接触时间是有限的，只能达到 $\phi=90\%\sim95\%$，称（　）状态。

A. “机器露点”状态　　B. “露点温度”状态

C. “湿球温度”状态　　D. “干球温度”状态

33. 冬季喷水室对空气处理，用水温等于空气湿球温度的水喷淋空气，空气状态变化是（　）过程。

A. 等温加湿　B. 绝热加湿　C. 降温加湿　D. 等湿冷却

34. 在喷水室中通常根据喷水方向与空气流动方向，分为（　）。

A. 顺喷、逆喷和对喷　B. 上喷、下喷

C. 左喷、右喷　D. 上喷、下喷、左喷、右喷

35. 喷水室中底池是收集喷淋水用的，它的容积一般按能容纳（　）的喷水量考虑，池子深度为 0.4～0.6m。

A. 3～5mm　B. 10～15mm　C. 20～25mm　D. 1～5mm

36. 喷嘴在喷水室断面上的布置，应能使水滴均匀地布满整个断面，其密度为 13～24 个/m^2，在横断面上通常呈（　）排列。

A. 梅花形　B. 口字形　C. 三角形　D. 一字形

37. 由于空气中的灰尘和冷冻水水质不好等因素的影响，喷水室中（　）被污物堵塞，影响热湿交换的效果。

A. 喷嘴和喷管　B. 喷水排管　C. 挡水板　D. 底池

38. 定期清洁喷水室，检查喷嘴状况，冬季在循环水中加入对人体无害的缓蚀剂或防腐防霉剂，以控制喷淋水中（　）的滋生。

A. 细菌、真菌　B. 真菌　C. 氧气　D. 空气

39. 喷水室中滋生真菌、细菌，会影响送风的（　）。

A. 空气温度　B. 空气压力　C. 空气质量　D. 空气流动

40. 冬季一般采用含湿量保持不变空气的温度升高，该过程的热湿比 $\varepsilon = +\infty$ 称（　）。

A. 等湿加热过程　B. 等温加热过程

C. 等焓加热过程　D. 等压加热过程

41. 夏季运行一般采用减湿冷却过程，该过程的热湿比（　）。

A. $\varepsilon > 0$　B. $\varepsilon < 0$　C. $\varepsilon = 0$　D. $\varepsilon = 2500$

42. 减湿冷却过程中，表面式换热器的换热表面有（　）。

A. 显热交换　B. 潜热交换

C. 显热交换和潜热交换　D. 不定热交换

43. 家用分体式空调中通常采用（　）换热器处理空气。

A. 卧式壳管式　B. 立式壳管式　C. 套管式　D. 翅片管式

44. 按空气流动方向，表冷器可以并联，也可以串联，一般(　)时采用并联。

A. 通过空气量多　B. 空气温降大

C. 空气湿度大　D. 通过空气量少

45. 按空气流动方向，表冷器可以并联，也可以串联，一般(　)时采用串联。

A. 通过空气量多　B. 空气温降大

C. 空气湿度大　D. 通过空气量少

46. 以(　)为热媒时，加热器的入口处应安装压力表和调节阀，在凝结水管路上应设置疏水器。

A. 空气　B. 电热　C. 蒸汽　D. 热水

47. 以水为热媒时，供回水管路上应安装调节阀和温度计，并在管路的最高点安装(　)，最低点安装泄水阀。

A. 排气阀　B. 调压阀　C. 安全阀　D. 热水阀

48. 在设备停用季节，应使表冷器内充满水，以减少锈蚀，但在冬季应将盘管中存水放尽，防止(　)。

A. 碰坏翅片　B. 管道冻裂　C. 灰尘和污物　D. 翅片粘积

49. 利用蒸汽与空气混合进行加湿，由于空气的变化过程在焓湿图上近似沿等温线进行，称为(　)。

A. 等湿加温　B. 等温加湿　C. 等压加湿　D. 等焓加湿

50. 喷淋循环水由水吸收空气的显热而蒸发加湿，由于空气的变化过程在焓湿图上近似沿等焓线进行，称为(　)。

A. 等湿加温　B. 等温加湿　C. 等压加湿　D. 等焓加湿

51. 干式蒸汽加湿器的工作是确保喷管喷出的是纯净的(　)，即不夹带凝结水的蒸汽。

A. 等温空气　B. 水蒸气　C. 湿空气　D. 干蒸汽

52. (　)加湿器的结构紧凑，使用安全，加湿量容易控制，通常使用在小型空调系统中。

A. 湿膜式　B. 电极式　C. 离心式　D. 红外线

53. (　)加湿器在不锈钢水槽上部装有红外线反射板，将红外灯管发射出高温辐射热使水表面蒸发产生水蒸气。

A. 湿膜式　B. 电极式　C. PTC 电热式　D. 红外线式

54. 喷雾加湿后必须设置（　　），以防止未汽化的水雾进入风道。高压喷雾加湿可以使用自来水，应保证水质清洁，延长使用寿命。

A. 湿膜　B. 挡水板　C. 过滤器　D. 导向板

55.（　　）加湿器利用压电换能片将高频振荡的电能转换为机械振动，使水直接雾化成直径为 1 ~ 2μm 的细微水滴将空气加湿。

A. 湿膜式　B. 超声波　C. 电热式　D. 红外线式

56. 加湿器的断水保护装置可以利用水的（　　）特性，当水位升高到达电极位置时形成导电回路，使继电器得电，避免无水干烧而损坏。

A. 导电　B. 超声波　C. 压力　D. 温度

57.（　　）的原理是表冷器温度低于空气露点温度，对空气进行处理，在降温的同时减小空气的含湿量。

A. 通风减湿　B. 冷冻减湿　C. 液体吸湿　D. 固体吸湿

58. 利用盐水溶液比同温度下水的表面饱和空气边界层的水蒸气分压力低的特性，使空气中的水蒸气向溶液转移的减湿方法是（　）。

A. 通风减湿　B. 冷冻减湿　C. 液体吸湿　D. 固体吸湿

59. 空调工程中常用的除湿装置有（　）适用于空气露点温度高于 4℃ 场合。

A. 转轮除湿机　B. 固体除湿机

C. 液体吸湿机　D. 冷冻除湿机

60. 在空调负荷中，利用全热或显热交换器对新风进行处理，回收（　　）中的能量，减小新风负荷是空调系统节能的有力措施。

A. 排风　B. 新风　C. 一次回风　D. 二次回风

61. 按（　）情况分类，可以分为集中式、半集中式和分散式系统。

A. 空调系统输送冷量和热量

B. 空气处理设备的设置

C. 空气处理设备所处理空气的来源

D. 风管内风速的大小

62.（　）空调系统一般不需要单独的机房，使用灵活，安装便捷，是家用空调和车辆空调的主要形式。

A. 分散式　　B. 集中式　　C. 半集中式　　D. 诱导器式

63. 空调房间内的热湿负荷全部经过处理的空气来负担就称为（　）系统，属于集中式空调系统。

A. 空气—水系　B. 全水　C. 全空气　D. 制冷剂

64. 空调房间的热湿负荷内经过处理的空气和水共同负担的空调系统就称为（　）类，独立的新风机加风机盘管系统就属于这类系统。

A. 空气—水系　B. 全水　C. 全空气　D. 制冷剂

65. 空调房间的热湿负荷直接由制冷剂的蒸发膨胀来负担的空调系统就称为（　）系统，属于局部式空调系统。

A. 空气—水系　B. 全水　C. 全空气　D. 制冷剂

66. 产生有毒或有害气体的场所以及无菌手术室、放射性实验室等，空调运行过程中全部采用室外新风称为（　）。

A. 一次回风式系统　　B. 二次回风式系统

C. 直流式系统　　D. 制冷剂系统

67. 空调运行过程中全部采用回风循环使用，没有室外的新风补充，房间与空气处理设备之间形成一个封闭的环路称为（　）。

A. 一次回风式系统　　B. 闭式系统

C. 直流式系统　　D. 制冷剂系统

68. 利用供电的低谷时段，电费比高峰时段便宜很多制冷，利用融冰的冷量作为空调机组的冷源称为（　）。

A. 冰蓄冷空调系统　　B. 水源热泵空调系统

C. 高速系统风道系统　　D. 低速系统风道系统

69.（　）对地下水的使用，采用随抽随回灌，夏灌冬用，冬灌夏用，以保护地下水资源。

A. 冰蓄冷空调系统　　B. 水源热泵空调系统

C. 高速系统风道系统　　D. 低速系统风道系统

70. 冬季北方将新风与回风直接混合，其混合后的状态点有可能处于过饱和区产生结露现象，对（　　）产生极为不利的影响。

A. 空气过滤器　B. 空气加热器　C. 送风系统　D. 风道系统

71. 冬季室外温度低且空气干燥，因此必须对新风进行加热加湿的处理，加热一般分（　），即预热和再热。

A. 一次进行　B. 二次进行　C. 三次进行　D. 四次进行

72.（　　）需要从外部提供冷源和热源，能够完成混合过滤、加热、冷却、加湿、减湿及消声和能量回收等多种空气处理过程。

A. 分体式空调机组　B. 组合式空调机组

C. 恒温恒湿型空调机　D. 风机盘管空调机

73.（　　）能完成一次回风、二次回风、新风、送风等空气的输送和调配的任务。

A. 分体式空调机组　B. 恒温恒湿型空调机

C. 组合式空调机组　D. 风机盘管空调机

74. 集成电路生产车间和制药车间对空气所含尘粒的大小、数量或病菌、病的毒数量都有严格要求就必须选（　）。

A. 分体式空调机组　B. 普通空调机组

C. 组合式空调机组　D. 净化空气空调机组

75. 组合式空调机组的（　　）是用于接回风风管的，在该段的顶部或侧部装有多叶风量调节阀。

A. 回风段　B. 新风段　C. 排风段　D. 送风段

76. 组合式空调机组的（　　），用于滤除进风中所含的灰尘和固体漂浮物，以保持换热盘管清洁。

A. 初效过滤段　B. 加热段　C. 加湿段　D. 送风段

77. 组合式空调机组的（　　），按照加热所用热媒的不同，有蒸汽加热、热水加热和电加热三种类型。

A. 初效过滤段　B. 加热段　C. 加湿段　D. 送风段

78. 组合式空调机组的（　　）内设有翅片管式换热器和凝结水盘。为防止被处理空气将冷凝水带入送风管道设计挡水板。

A. 初效过滤段　B. 表冷段　C. 加湿段　D. 送风段

79. 组合式空调机组的（　　）内设有片式消声器或孔板消声

器，用于减小气流流动的噪声。

A. 消声段　　B. 表冷段　　C. 加湿段　　D. 中间段

80. 组合式空调机组的（　　）内不安装任何空气处理设备，仅为某些功能段提供内部检修空间而设置，在操作面一侧设有供人员出入的检修门。

A. 消声段　　B. 表冷段　　C. 加湿段　　D. 中间段

81. 组合式空调机组的（　）设有使新风与排风交叉流过板翅式能量回收装置而进行热交换，达到回收显热能量的目的。

A. 消声段　　B. 表冷段　　C. 能量回收段　D. 中间段

82. 空调机组新风阀、回风阀和排风阀的调整应满足最小新风量，指冬夏按要求新风占总送风量的百分数不应低于（　）确定，以确保卫生和安全。

A. 30%　　B. 40%　　C. 10%　　D. 0%

83. 工业建筑新风量的依据是满足卫生要求应保证每人不小于（　　）的新风量确定最小新风量。

A. $30m^3/h$　　B. $60m^3/h$　　C. $10m^3/h$　　D. $0m^3/h$

84. 当空调房间内有局部排风设备时，为了不使房间内产生负压，在系统中必须有相应的（　　）来补充排风量。

A. 新风量　　B. 排风量　　C. 回风量　　D. 送风量

85. 为使空调区域保持一定的正压值，舒适性空调室内正压值以5~10Pa为宜，最高不能超过（　　），否则将使人感到不适，开门困难。

A. 100Pa　　B. 50Pa　　C. 760Pa　　D. 488Pa

86. 风机盘管安装前对盘管进行水压试验，试验压力为系统工作压力的（　），试验观察时间以2min不渗漏为合格。

A. 10倍　　B. 1.5倍　　C. 5倍　　D. 2倍

87. 风机盘管所用风机当调速开关位于中速或低速挡时，主绕组得到的电压减小，电动机转速（　　）。

A. 不变　　B. 变慢　　C. 变快　　D. 不定

88. 新风机有落地式或吊装式两种，设置在便于采集新风和安装维修的地方，管道到各层楼接出水平支管，接出处必须装设

（　　）。

A. 排烟阀　　B. 防火阀　　C. 回风阀　　D. 新风阀

89. 将新风机处理后的新风直接送入空调房间内，风机盘管只承担处理和送出回风，让两种空气在房间混合称为（　　）。

A. 回风串接式　　B. 新风串接式

C. 回风混合式　　D. 新风直入式

90. 客房的排风系统大多在卫生间装顶棚式排风扇，用排风支管连接排风干管，排风支管也应设（　　）。

A. 排烟阀　　B. 防火阀　　C. 回风阀　　D. 新风阀

91. 对任一空调末端装置，设有两根供水管和两根回水管，其中一组用于供冷水，另一组用于供热水称为（　　）系统。

A. 四管制　　B. 两管制　　C. 三管制　　D. 一管制

92. 开式水系统的水泵所需（　　）除要克服管路阻力损失外，还需要把水提升到某一高度并留有末端压头。

A. 压力　　B. 流量　　C. 扬程　　D. 温度

93. 从节省循环水泵耗电量考虑，多层和高层建筑的冷（热）水系统，绝大多数都采用了（　　）水系统。

A. 压力式　　B. 开式　　C. 闭式　　D. 温度式

94. 在实际水系统中，如果末端设备的阻力很大，而主干管路上阻力较小，宜采用（　）系统布置。

A. 闭式　　B. 开式　　C. 同程式　　D. 异程式

95. 在实际水系统中，如果各支环路末端设备的阻力较小，整个负荷侧管路较长，其阻力占的比例较大时，宜采用（　　）布置。

A. 闭式　　B. 开式　　C. 同程式　　D. 异程式

96. 空调水系统运行负荷侧是指从分水器经（　　），返回集水器这段管路，该环路分为定水量与变水量系统。

A. 空调机组、风机盘管　　B. 冷水机组

C. 加热机组　　D. 分体空调

97. 冷源侧通常保持定水量运行，防止蒸发器换热盘管因水量不足而冻结，空调的定水量和变水量系统只对（　）适用。

A. 冷热源侧　　B. 冷水机组

C. 负荷侧　　　　　　　　　D. 分体式空调

98. 定水量系统中的水循环量是不变的，它通过改变（　　）来适应房间负荷的变化。

A. 供回水温差　　　　　　　B. 供回水流量

C. 供回水压力　　　　　　　D. 供回水比重

99. 若建筑物高度过高，系统静压大，则应将循环泵设在冷水机组（　）以降低蒸发器水侧的工作压力。

A. 蒸发器出口　　　　　　　B. 蒸发器进口

C. 冷凝器进口　　　　　　　D. 冷凝器出口

100. 在分水器和集水器之间设置了旁通管路，管路上设置了由压差控制器控制的（　），使冷水机组冷水流量保持不变。

A. 电动两通阀门　　　　　　B. 电动三通阀门

C. 两通电磁阀门　　　　　　D. 三通电磁阀门

101.（　）通常设置在水系统的最高处，其标高至少高出水系统最高处 1m，其作用是对系统定压，以及容纳水体积膨胀量和向系统补水。

A. 膨胀水箱　　B. 冷却水塔　　C. 定压罐　　D. 冷水机组

102.（　）具有钢质的罐体，内部设有橡胶隔膜内胆，内胆充有一定压力的压缩空气或氮气，水从下部进入隔膜气压罐，内胆气体再次受到压缩储存能量。

A. 膨胀水箱　　　　　　　　B. 冷却水塔

C. 隔膜式气压罐　　　　　　D. 补水泵

103. 离心式水泵的特点是依靠叶轮的高速旋转来使流体获得较大的动能，并依靠流道出口的变化使流体的动能转化为（　）。

A. 压力能　　B. 动能　　C. 热能　　D. 势能

104. 离心式水泵的（　）即压头，指的是泵所输送的单位质量的流体从进口到出口的能量增加值，即单位质量的有效能量。

A. 扬程　　B. 流量　　C. 热能　　D. 温度

105. 型号 IS-100-65-200A 中 IS 代表国际标准离心式水泵，100 表示水泵（　）为 100mm。

A. 进口直径　　　　　　　　B. 出口直径

C. 叶轮名义直径　　　　　　　　D. 泵壳直径

106. 离心式水泵型号 IS-100-65-200A 中 200 表示水泵（　　）为 200mm，A 表示叶轮第一次切割。

A. 进口直径　　　　　　　　B. 出口直径

C. 叶轮名义直径　　　　　　　　D. 泵壳直径

107. 在水泵停止工作前，应先关闭（　　）阀门，再关水泵停止运转，此时泵体内水会产生短时间的旋转，不会产生损伤，切忌水泵内无水空转。

A. 水泵出口　B. 水泵进出口　C. 水泵进口　D. 风机盘管

108. 水泵中（　）如果降低到被抽液体工作温度下的饱和蒸汽压力时，水就大量汽化，当这些气泡进入泵内高压区时产生水击，其瞬间的局部压力可以达到几十兆帕，这种现象就称为气蚀。

A. 最低压力　B. 最低温度　C. 最高压力　D. 最低流动

109. 水泵采用的（　）是靠弹簧和密封介质的压力在旋转的动环和静止的静环的接触表面上产生适当的压紧力，阻止液体泄漏，达到密封的目的。

A. 压力密封　B. 填料密封　C. 机械密封　D. 流动密封

110. 管道的管材通常根据系统的工作压力和管径大小选择管材，公称直径 $DN \leqslant 150$mm，公称压力 $PN > 1.0$MPa 或介质温度 >200℃，应选用（　　）。

A. 无缝钢管　　　　　　　　B. 普通水煤气钢管

C. 螺旋缝电焊钢管　　　　　　　　D. 任意钢管

111.（　）是由旋塞阀演变而来的，它具有旋转 90°的动作，其中的旋塞体呈球形，有圆形通孔或通道通过其轴线。

A. 蝶阀　B. 闸阀　C. 球阀　D. 止回阀

112.（　）是防止管道中介质倒流的自动阀门，在空调水系统中安装在冷水泵或冷却水泵的压出端，安装应按阀体标志的流体箭头方向，不能装反。

A. 蝶阀　B. 闸阀　C. 球阀　D. 止回阀

113.（　　）由直行程电动执行机构和调节机构连接组成，改变了阀门流通截面积的大小，以调节介质流量。

A. 电动调节阀　B. 闸阀　C. 球阀　D. 止回阀

114. 在承压水管中流动的液体由于阀门或水泵突然关闭，使得流体流速和动量发生急剧变化，产生水击的增压波和减压波交替对管壁或阀门的作用犹如锤击一样，故又称为（　）。

A. 气蚀　B. 液击　C. 喘振　D. 水锤

115. 中央空调冷却水系统通常采用循环水系统，冷却水经冷凝器时将热量带走通过（　）再释放到大气中去。

A. 冷却塔　B. 冷凝器　C. 压缩机　D. 蒸发器

116.（　）安装时从压差开关连接两根纯铜管至换热器的进出口，根据测量进出口水的静压差，反映出水系统的流量，它的控制精度高，工作可靠。

A. 压力表　B. 温度计

C. 靶式水流量开关　D. 压差式水流量开关

117. 制冷机组运行时，为保证制冷剂的正常循环，调节冷却水温度以保证冷水机组正常运行，冷却水进水温度不得低于（　）。

A. 25℃　B. 18℃　C. 32℃　D. 43℃

118. 硬度是表示水中（　）离子的含量，而碱度是表示水中 OH^-、HCO_3^-、CO_3^{2+} 等离子的含量。

A. Ca^{2+}、Mg^{2+}　B. Na^{2+}、Mg^{2+}

C. Ca^{1+}、Mg^{2+}　D. Na^{1+}、Ca^{2+}、Mg^{2+}

119. 电导率反映了水中（　）的多少，是衡量水纯净程度的一个重要指标，水越纯净，含盐量越小，电导率越小，可用电导仪进行测定。

A. 含碱量　B. 含盐量　C. 含酸量　D. 含酸碱度量

120. 表示溶液的 H^+ 离子浓度的 pH 值小于 7，则溶液中 $[H^+]>[OH^-]$ 离子数量，该液体称为（　）性溶液。

A. 碱　B. 盐　C. 酸　D. 酸碱

121. 下例设备中能够提供中效空气洁净度的是（　）。

A. 家用空调　B. 商用空调

C. 空气处理设备　D. 去湿机

122. 制作加工金属风管的工种称为（ ）。
A. 钳工 B. 钣金工
C. 水暖工 D. 空调运行工
123. 安装在天花板上的向下送风风口是（ ）。
A. 条形风口 B. 排烟口 C. 散流器 D. 侧风口
124. 防火阀中安装的易熔片在（ ）℃时熔化。
A. 70 B. 60 C. 50 D. 40
125. 防火阀除手动式外，另一种可安装信号传递装置，阀门关闭后发出信号至（ ）。
A. 总经理室 B. 门卫室
C. 消防控制中心 D. 工程部
126. 安装空调管道保温层用材料是（ ）的。
A. 阻燃 B. 难燃 C. 可燃 D. 助燃
127. 风道保温层除有减少冷热量损失的作用外，还有（ ）作用。
A. 防撞伤 B. 防结露 C. 防漏风 D. 防漏光
128. 风管安装时应沿风流动方向形成不小于0.005的坡度用于（ ）。
A. 排除凝结水 B. 排除噪声 C. 通风顺畅 D. 保证风速
129. 空调通风管道安装属于（ ）工程项目，经验收后，方可下道工序施工。
A. 土建 B. 电气 C. 改造 D. 隐蔽
130. 单位时间内风机所输送的气体体积称为（ ）。
A. 风压 B. 风量 C. 风速 D. 风气流
131. 空气通过风机叶轮所获得的能量表现为风机全压的升高，称为（ ）。
A. 风速 B. 风量 C. 风气流 D. 风压
132. 评价风机性能好坏的重要指标是风机的（ ）。
A. 功率 B. 转速 C. 效率 D. 材质
133. 中央空调设备中，使用最广泛的风机是（ ）。
A. 高速风机 B. 离心式风机

C. 低速风机　　　　　　　　　　D. 防暴型风机

134. 轴流式风机的特点是风压小、（　　）大。

A. 风速　　　　B. 风压　　　　C. 噪声　　　　D. 风量

135. 有着离心式和轴流式风机共有特点的风机是（　　）。

A. 排烟机　　　B. 混流式风机　C. 低噪声风机　D. 高速风机

136. 贯流式风机适用于安装在室内低噪声设备中，如风幕机及（　　）。

A. 电风扇　　　B. 微机　　　　C. 空调机　　　D. 电吹风

137. 风机运行中，表面温度高于（　　）℃时必须停机检修。

A. 70　　　　B. 60　　　　C. 50　　　　D. 40

138. 在送回风管道中安装（　　），是用来降低噪声的。

A. 帆布软连接　　　　　　　　　B. 金属螺纹管软连接

C. 回风过滤网　　　　　　　　　D. 消声器

139. 通风机、水泵、制冷压缩机底座安装减振器，除减振功能外，还具有（　　）的作用。

A. 保证垂直度　B. 消弱扭力　　C. 加固基座　　D. 提高效率

140. 为空调房间提供清新空气的设备是（　　）系统。

A. 回风　　　　B. 排风　　　　C. 加热加湿　　D. 新风

141. 散流器安装在室内的位置是（　　）。

A. 回风口处　　B. 侧墙壁上　　C. 检修口　　　D. 天花板上

142. 在影剧院送回风方式应是（　　）。

A. 上送下回　　B. 下送下回　　C. 上送下回　　D. 下送上回

143. 家用空调器所用空气净化类别一般是（　　）。

A. 一般净化　　B. 中等净化　　C. 超净净化　　D. 无净措施

144. 空气处理箱内出现阻力增大，压差控制器动作说明（　　）。

A. 制冷机故障　　　　　　　　　B. 离心机故障

C. 新风系统故障　　　　　　　　D. 空气过滤器脏

145. 具有引入新风功能的家用空调机是（　　）。

A. 壁挂分体空调　　　　　　　　B. 柜式分体空调

C. 窗式空调　　　　　　　　　　D. 房间去湿机

146. 空调送回风系统中，主要降噪的设备是（　）。

A. 高效过滤器　　B. 超净净化设备

C. 消声器　　D. 减振器

147. 噪声增大了声强的等级，声强的单位是（　）。

A. 功率　B. 频率　C. 分贝　D. 静压

148. 空气处理系统中静压箱也具有（　）的作用。

A. 升温　B. 降温　C. 消声　D. 保温

149. 中央空调风处理系统主要处理的是（　）。

A. 回风　B. 新风　C. 排风　D. 正压送风

150. 新风进入空气处理系统首先进行的是（　）处理。

A. 净化　B. 降温　C. 降噪　D. 加湿

151. 安装冷水机组首先进行的工序是（　）。

A. 基准放线　B. 砌基础座　C. 焊接管道　D. 吊装机组

152. 四种冷水机组中（　）是使用历史最悠久的。

A. 螺杆式冷水机组　　B. 离心式冷水机组

C. 活塞式冷水机组　　D. 溴化锂吸收式冷水机组

153. 冷水机组上的安全阀通常安装在（　）上。

A. 蒸发器　B. 吸气管　C. 冷凝器　D. 冷冻水管

154. 活塞式压缩机润滑的排油压力来自（　）。

A. 排气压力　B. 吸气压力　C. 油泵压力　D. 平衡压力

155. 热力膨胀阀在控制压力上的作用是（　）。

A. 升压减速　B. 节流降压　C. 节流升压　D. 升温节流

156. 外平衡式热力膨胀阀与内平衡式膨胀阀相比较，它的优点是（　）。

A. 感温更灵敏　　B. 加大了流量

C. 节约制冷剂　　D. 阻力损失小

157. 冷水机组防止冷冻水温度过低的保护装置是（　）。

A. 水流量开关　　B. 低压控制器

C. 节流装置　　D. 低水温切断开关

158. 循环水泵除扬程参数外，另一个重要指标是（　）。

A. 电压　B. 电流　C. 流量　D. 转速

159. 冷冻润滑油在工作中粘度的变化是受（　　）影响的。

A. 预热装置　　B. 油温　　C. 回水温度　　D. 油击

160. 为了全面了解冷水机组产生故障的原因、过程和运行状况，必须做好（　　）工作。

A. 维修保养　　B. 停机检查　　C. 人员配置　　D. 运行纪录

161. 较长时间停机应将系统内制冷剂的大部分储存在冷凝器内，以降低系统低压侧的（　　）。

A. 温度　　B. 油温　　C. 压力　　D. 阻力

162. 冷水机组冷凝器结垢后常用化学清洗法，所用清洗剂属于（　　）物质。

A. 碱性　　B. 酸性　　C. 中性　　D. 稳定

163. 不凝性气体进入制冷系统后，在运行中常滞留在（　　）中。

A. 蒸发器　　B. 冷凝器　　C. 储液器　　D. 过滤器

164. 制冷系统管道在充注制冷剂之前，必须先进行吹洗（　　）和抽真空工序。

A. 单机调试　　B. 通电检查　　C. 曲轴箱予热　　D. 打压检漏

165. 制冷系统充注制冷剂液体是从（　　）处加注的。

A. 低压阀旁通口　　B. 压缩机高压检修口

C. 压缩机机身自闭阀门　　D. 干燥过滤器旁通口

166. 与螺杆式压缩机和活塞式压缩机相比较，离心式压缩机是属于（　　）压缩机。

A. 环保型　　B. 容积型　　C. 速度型　　D. 吸收型

167. 离心式压缩机对制冷剂蒸发挤压作功，使之升压升温的部件是（　　）。

A. 活塞　　B. 阴螺杆　　C. 叶轮　　D. 阳螺杆

168. 离心式压缩机机组安装油冷却器是为了保证冷冻油的（　　）特性。

A. 温度　　B. 溶解度　　C. 粘度　　D. 浊度

169. 离心式压缩机油泵排出的润滑油温度通常是（　　）℃。

A. 35～45　　B. 55～65　　C. 75～85　　D. 90～100

170. 某品牌的离心式压缩机安装了自动排气装置是为了排出（　　）。

A. 制冷剂气体　　B. 不凝性气体

C. 饱和制冷剂蒸气　　D. 油气混和物

171. 离心式压缩机因喘振会造成严重后果，将会使（　　）损坏。

A. 蒸发器　　B. 冷凝器　　C. 热力膨胀阀　　D. 压缩机

172. 双螺杆制冷压缩机内除去轴承外，运动部件有（　　）个。

A. 1　　B. 2　　C. 3　　D. 4

173. 溴化锂吸收式制冷机是以水为制冷剂，以（　　）为动力，以溴化锂为吸收剂，制取0℃以上的低温水制冷设备。

A. 电力　　B. 电动机　　C. 水泵　　D. 热能

174. 溴化锂吸收式制冷机与用氟利昂作制冷剂的其他制冷机，环保机型是（　　）。

A. 溴化锂吸收式制冷机　　B. 螺杆机

C. 离心机　　D. 活塞机

175. 以下四种制冷机在规定制冷量相同时，（　　）最为节省电能。

A. 溴化锂制冷机　　B. 活塞式制冷机

C. 离心式制冷机　　D. 螺杆式制冷机

176. 水在真空状态下，它的饱和温度是（　　）℃。

A. 2　　B. 5　　C. 7　　D. 9

177. 溴化锂溶液中水分蒸发和温度降低，将导至（　　）现象。

A. 液击　　B. 结晶　　C. 过冷　　D. 过热

178. 溴化锂吸收式制冷机内部进入空气后，既影响制冷效果，又对碳钢部件及纯铜管有（　　）的后果。

A. 刺激性　　B. 不密封性　　C. 绝缘性差　　D. 腐蚀性

179. 单效与双效溴化锂吸收式制冷机的区别是设置了1个（　　）。

A. 蒸发器　　　B. 冷凝器　　　C. 换热器　　　D. 发生器

180. 为了避免溴化锂吸收式制冷内部真空度不良，通常机体都安装1台（　　）自动投入工作。

A. 水泵　　　B. 空压机　　　C. 鼓风机　　　D. 真空泵

181. 下列情况中（　　）不是空调系统试运转。

A. 通风机单机无负荷试运转

B. 制冷机或制冷机组试运转

C. 冷水系统试水

D. 空气处理设备：喷水室、表面式冷却器、空气加热器，加湿器试运转

182. 风速仪是用来测量（　　）的仪表。

A. 风压　　　B. 风量　　　C. 含湿量　　　D. 风速

183. 以下四项中（　　）不是常用风速仪的类型。

A. 罩杯式　　　B. 三杯式　　　C. 叶轮式　　　D. 热球式

184. 倾斜式微压计是利用（　　）来提高测量精度的。

A. 增加液面长度　　　B. 提高液面高度

C. 增加液柱长度　　　D. 增加液柱重力

185. 倾斜式微压计使用时是利用读数（　　）系数获得压强的。

A. 乘以　　　B. 二次方　　　C. 除以　　　D. 减去

186. 毕托管需要与（　　）配合使用测量风的动压、静压、全压。

A. 指针式压力表　　　B. U 形管压差计

C. 动圈式压力计　　　D. 弹簧管压力表

187. 测量风压应选择（　　）的风管进行测量。

A. 气流稳定的直管段　　　B. 转弯处

C. 直径收缩段　　　D. 消音段

188. 调节送风量要从（　　）开始，三通处风阀处于中间，其他风阀导风板处于开的位置。

A. 临近风机的最近端　　　B. 最近分支处

C. 过滤段　　　D. 最远端

189. 下列四项中（　）不是测量温度的常用仪表。

A. 棒式液体温度计　　B. 多种传感器的数字式温度计

C. 半导体点温计　　D. 光谱分析仪

190. 干湿球温度计主要是用来测量空气的（　　）通过焓湿图可以查出其他参数。

A. 干球温度　　B. 湿球温度

C. 露点温度　　D. 干球温度和湿球温度

191. 测量矩形风道的风量时，应将风道截面分为（　）来测量。

A. 若干矩形　B. 若干圆形　C. 若干同心圆　D. 若干扇形

192. 空调系统风量的测定及调整应达到如下目的，答案中（　）是不正确的。

A. 测量风机的风量、风压、转数，或者测机外余压，即在空调箱出口测送风量和风压

B. 通过测试与调整使总管风量与支管风量或送风与回风达到平衡

C. 通过测试与调整控制实际风量与设计风量的误差小于10%

D. 通过测试与调整控制实际水量与设计水量的误差小于10%

193. 叶轮受风口气流动压作用而旋转，转速与气流速度成正比。叶轮的转速由轮轴上的齿轮传递给指针和计数器，指示出风速的大小。计数单位为（　）进制。

A. 二进制　B. 十六进制　C. 十进制　D. 百进制

194. 中央空调系统各单体设备运转合格后，要进行整体系统的试运转、测试和调整，以判定空调系统是否达到设计要求。同时，经过测试和调整使空调房间内温度、湿度、（　）、洁净度等项参数达到设计标准。

A. 气流速度　B. 水流量　C. 风机转速　D. 风道噪声

195. 空调系统的测试与调整是保证空调工程质量，实现空调功能（　　）的环节。

A. 必不可少　B. 阻碍　C. 可多可少　D. 额外

196. 空调设备包括：风路系统、水路系统、（　　）和控制系统。

A. 全水系统　B. 全新风系统　C. 制冷系统　D. 全空气

197. 空调送风系统通过测试与调整控制实际风量与设计风量的误差 <（　　）。

A. 20%　B. 35%　C. 10%　D. 30%

198. 空调系统的（　）是检验设计，施工安装和设备性能等各方面是否达到设计要求，能否满足生产工艺或使用要求。

A. 测试与调整　B. 土建施工

C. 管道施工　D. 制冷系统安装

199. 对于已经投入使用的原有空调系统，当发现某些方面不能满足使用要求时，也需要通过测试和调整发现的问题（　）。

A. 向施工单位反映　B. 查明原因提出解决办法

C. 将系统反工　D. 不再使用

200. 空调系统的性质和控制精度不同，调试的项目和要求（　　）。

A. 不尽相同　B. 完全相同　C. 完全不同　D. 求同存异

201. 热球式风速仪在测量过程中，当电热线圈的加热电流一定时，它的散热量将取决于它与空气间（　）。在周围空气的温度一定时，电热线圈的温度取决于空气流过玻璃球的速度。

A. 相对湿度　B. 含湿量

C. 温差和空气流速　D. 温差与含湿量

202. 热电式风速仪使用方便，对微风速反应灵敏，最小可测出（　）的风速，非常适合于测量室内气流速度。

A. 0.05m/s　B. 1m/s　C. 3m/s　D. 5m/s

203. 倾斜管微压计是在液柱式压力计的基础上，将垂直放置的测量为倾斜角度可调的斜管，对于同样的液柱高度，在微压计上可使液柱长度增加，因而使其灵敏度和精确度（　）。

A. 有所提高　B. 有所下降　C. 大幅下降　D. 基本持平

204. 在制造倾斜管微压计时，通常把倾斜测量管固定在 5 个不同的倾斜位置上，从而仪器常数 K 值有 0.2、0.3、0.4、0.6 和（　）等 5 个数据，并直接标在仪器的相应支架上。

A. 0.5　B. 0.7　C. 0.8　D. 0.9

205. 皮托管又称为毕托管，是与压力计配套使用的仪表，把它插入风管内可将气流的静压、全压传递出来，并通过（　）指示出数值的大小。

A. 温度计　　B. 压力计　　C. 湿度计　　D. 功率计

206. 皮托管与压力计之间采用不同的连接方法，可单独测得静压或全压值，也能测得全压与静压之差值，即（　）值。

A. 全压　　B. 动压　　C. 静压　　D. 恒压

207. 由于气流的动压与流速的（　）成正比，测量动压后即可求出速度。因此，皮托管与压力计配套，既是测量压力的仪表，又是测量风速的仪表。

A. 平方根　　B. 两倍　　C. 二次方　　D. 3 倍

208. 在测量断面上各点的风速不完全相等，因此要按一定规律测量（　）的风压，然后求出平均风速一般都采取等面积布点法确定测点。

A. 定点　　B. 多个点　　C. 水平测点　　D. 垂直测点

209. 当需要准确测量风口风量时，可以采用风口系数修正法或是在散流器或高效过滤器风口机（　）测量。

A. 加风叶　　B. 加罩　　C. 加格栅　　D. 盲板

210. 文丘里型的末端装置是当室内负荷发生变化时，该装置内的锥形体由温控器控制的电动或气动执行机构通过锥形体中心的阀杆带动，改变文丘里氏筒体中间的环形面积的大小，使（　）改变。

A. 送风温度　　B. 截面积　　C. 回风温度　　D. 风量

211. 热回收空调工程，使用重力热管在布置时应保持一定的热管倾斜度（5~7℃），倾斜角坡向（　）。

A. 热端　　B. 冷端　　C. 冷端或热端　　D. 任意端

212. （　）是在一定强度的静电场作用下，使水产生极化作用，水中碳酸钙等难溶盐的正负离子难以结合、结晶、沉淀成垢。

A. 静电场阻垢处理器　　B. 电子水处理器

C. 强磁水处理器　　D. 酸碱水处理器

213. （　）是流动的水经过强磁场的磁力线切割后，水的物理化学性质发生了变化，水的活性溶解度大大提高以防垢、杀菌。

A. 静电场阻垢处理器　　B. 电子水处理器
C. 强磁水处理器　　D. 酸碱水处理器

214. 缓蚀处理通常采用投加（　　），使设备表面形成一层致密的薄膜，使设备内表面与水隔开，抑制腐蚀作用的发生。

A. 阻垢剂　　B. 杀生剂　　C. 缓蚀剂　　D. 清洗剂

215. 变风量空调系统是全空气空调系统的一种空调方式，它是通过（　　）来控制和调节某一空调区域的温度变化。

A. 改变送风温度　　B. 改变送风量
C. 改变回风温度　　D. 改变新风量

216. 节流型 VAV 末端装置通过改变空气流道的（　　）而改变风量。

A. 送风温度　　B. 截面积　　C. 回风温度　　D. 新风量

技能要求试题

一、集中式空调系统送风量的调节

1. 考核要求

（1）本题分值　10分。

（2）考核时间　10min。

2. 考核内容

1）正确选择测量仪器和模拟装置（或实际设备）。

2）正确测量现场指定测量项目，由考评员指定调节要求。

3）正确计算并填写检测记录。

3. 配分与评分标准（见表1）

表1　配分与评分标准

序号	考核内容	考核标准	评分标准	配分	得分
1	选择测量仪器和模拟装置（或实际设备）	正确选择检验测量仪器和模拟装置（或实际设备）	选择测量仪器或模拟装置（或实际设备）不规范扣1分	1	
2	调节、测量现场指定测量项目	正确调节、测量指定项目：总风量、各支风口风量等	测量操作不规范，扣1～2分；有非原则性操作错误，扣3～4分；有原则性操作错误扣除本项全部分数	5	
3	计算数据并填写检测记录	准确计算，规范填写检测记录	计算错误扣1分；填写错误扣1分	2	
4	操作时间	操作的熟练程度，在规定时间内完成	每超过1min扣1分，扣完为止	2	

二、集中式空调系统夏季运行中常见故障分析与排除

1. 考核要求

(1) 本题分值 20分。

(2) 考核时间 40min。

2. 考核内容

1) 分析与排除由于设备机械原因引起的故障。

2) 分析与排除由于运行工况原因引起的故障。

3) 分析与排除由于操作原因引起的故障。

3. 配分与评分标准（见表2）

表2 配分与评分标准

序号	考核内容	考核标准	评分标准	配分	得分
1	新风过滤器等堵塞	描述故障与基本排除方法	基本内容描述不完整、不规范扣1分；有错误扣除本项全部分数	2	
2	制冷机调节不当或热负荷偏大	描述故障与基本排除方法	基本内容描述不完整、不规范扣1分；有错误扣除本项全部分数	2	
3	制冷机调节不当或湿负荷偏大	描述故障与基本排除方法	基本内容描述不完整、不规范扣1分；有错误扣除本项全部分数	2	
4	风量不足、配比不当	描述故障与基本排除方法	基本内容描述不完整、不规范扣1分；有错误扣除本项全部分数	2	
5	新风、排风比例失调	描述故障与基本排除方法	基本内容描述不完整、不规范扣1分；有错误扣除本项全部分数	2	
6	环境湿度过高	描述故障与基本排除方法	基本内容描述不完整、不规范扣1分；有错误扣除本项全部分数	2	
7	风道保温层损坏	描述故障与基本排除方法	基本内容描述不完整、不规范扣1分；有错误扣除本项全部分数	2	
8	风机扇叶变形	描述故障与基本排除方法	基本内容描述不完整、不规范扣1分；有错误扣除本项全部分数	2	

（续）

序号	考核内容	考核标准	评分标准	配分	得分
9	制冷机组故障	描述故障与基本排除方法	基本内容描述不完整、不规范扣1分；有错误扣除本项全部分数	2	
10	精加热器故障	描述故障与基本排除方法	基本内容描述不完整、不规范扣1分；有错误扣除本项全部分数	2	

三、集中式空调系统冬季运行中常见故障分析与排除

1. 考核要求

（1）本题分值　20分。

（2）考核时间　40min。

2. 考核内容

1）分析与排除由于设备机械原因引起的故障。

2）分析与排除由于运行工况原因引起的故障。

3）分析与排除由于操作原因引起的故障。

3. 配分与评分标准（见表3）

表3　配分与评分标准

序号	考核内容	考核标准	评分标准	配分	得分
1	新风过滤器等堵塞	描述故障与基本排除方法	基本内容描述不完整、不规范扣1分；有错误扣除本项全部分数	2	
2	加热器调节不当	描述故障与基本排除方法	基本内容描述不完整、不规范扣1分；有错误扣除本项全部分数	2	
3	加湿器调节不当	描述故障与基本排除方法	基本内容描述不完整、不规范扣1分；有错误扣除本项全部分数	2	
4	风量不足、配比不当	描述故障与基本排除方法	基本内容描述不完整、不规范扣1分；有错误扣除本项全部分数	2	
5	新风、排风比例失调	描述故障与基本排除方法	基本内容描述不完整、不规范扣1分；有错误扣除本项全部分数	2	

（续）

序号	考核内容	考核标准	评分标准	配分	得分
6	风机扇叶变形，导致噪声过大	描述故障与基本排除方法	基本内容描述不完整、不规范扣1分；有错误扣除本项全部分数	2	
7	风道保温层损坏	描述故障与基本排除方法	基本内容描述不完整、不规范扣1分；有错误扣除本项全部分数	2	
8	一次加热器故障	描述故障与基本排除方法	基本内容描述不完整、不规范扣1分；有错误扣除本项全部分数	2	
9	加湿器故障	描述故障与基本排除方法	基本内容描述不完整、不规范扣1分；有错误扣除本项全部分数	2	
10	精加热器故障	描述故障与基本排除方法	基本内容描述不完整、不规范扣1分；有错误扣除本项全部分数	2	

模拟试卷样例

一、判断题（对画“✓”，错画“×”；每题1分，共20分）

1. 在不同的条件下，物质可以呈现出三种不同的状态，即过热气态、过冷液态和饱和状态。（　）

2. 电磁作用所引起的能量转移在热力学中称为做功。（　）

3. 流体在直径不变的直管内流动时，阻力由内摩擦而造成，称为沿程阻力。（　）

4. 空气与水直接接触时的热湿交换过程，可以看作是主体空气与水的边界层空气不断混合的过程。（　）

5. 套管式、螺旋板式、壳管式、板翅式换热器属于板式表面式换热器。（　）

6. LS—2 型浮球式液位控制器的液位发生变化时，浮球到达位置时，浮球内的磁体将干簧管触点吸合，发出开关量信号控制，从而达到液位控制目的。（　）

7. 按空气处理设备所处理空气的来源分类，可以分为直流式系统、闭式系统和混合式系统。（　）

8. 挡水板产生过水问题的原因有喷水量过大、空气流速较高、挡水板制造质量较差。（　）

9. 新风直入式风机盘管空调系统，如将新风处理到低于室内空气状态的等含湿量线，则新风机组不仅负担新风热湿负荷的处理，还负担部分室内显热和潜热负荷的处理。（　）

10. 目前旅馆、办公楼使用的由风机盘管加独立新风系统组成空调系统，属于空气—水系统。（　）

11. 变水量系统中，水泵的输水量随负荷变化而变化，适用于设置两台或多台冷水机组和循环泵的系统，降低了运行的成本。（　）

12. 水泵的性能曲线反映了水泵在一定的转速下，水的扬程 H、轴功率 P、效率 η 以及允许吸上真空高度 Hs 随流量 Q 而变化的关系。（ ）

13. 中央空调空气处理设备保证湿度、气流速度和洁净度就能满足使用要求。（ ）

14. “风量”与“风压”的参数是相同的。（ ）

15. 防火排烟系统是在防火阀、防火门关闭前起动工作。（ ）

16. 供液电磁阀的作用就是防止制冷剂液体进入压缩机气缸，造成湿冲程导致液击。（ ）

17. 由于提高冷冻水出水温度对机组的经济性十分有利，因此在能满足空调使用要求的前提下，尽可能地提高。（ ）

18. 中央空调系统各单体设备运转合格后，要进行整体系统的试运转、测试和调整，以判定空调系统是否达到设计要求。（ ）

19. 空调系统包括：风路系统、水路系统和制冷系统、消防系统。（ ）

20. 棒式温度计以酒精为测温液体时的测温范围为 -100 ~ 150℃。（ ）

二、选择题（将正确答案的序号填入括号内；每题 1 分，共 80 分）

1. 物质处于（ ）时，分子在自己的平衡位置作振幅很小的振动，其分子间的距离最小，相互间的吸引力最大，它具有一定的体积和形状。

A. 固态　　B. 液态　　C. 气态　　D. 混合

2. 同一种物质在一定的压力和温度下的汽化热（ ）液化热。

A. 大于　　B. 小于　　C. 等于　　D. 不定

3. 摄氏温标和华氏温标的换算正确的是（ ）。

A. 10℃ =32°F 和 100℃ =212°F　B. 0℃ =32°F 和 100℃ =312°F

C. 0℃ =22°F 和 100℃ =212°F　D. 0℃ =32°F 和 100℃ =212°F

4. 摄氏温标与华氏温标与绝对温标的换算关系为（ ）。

A. $t_c = 5/9 \cdot (t_F - 32) = T - 273.15$

B. $t_c = 5/9 \cdot (t_F - 32) = T + 32$

C. $t_c = 9/5 \times t_F + 32 = T - 273.15$

D. $t_c = 5/9 \cdot (t_F - 32) = T - 373.15$

5. 人们将纬度为45°海平面处常年大气压的平均值，规定标准大气压为（　　）。

A. 0mmHg　B. 312mmHg　C. 273mmHg　D. 760mmHg

6. 空气在常温下的密度通常按（　　）kg/m^3考虑。

A. 1.2　B. 1.5　C. 1　D. 2.0

7.（　　）是工质内能与流动功之和，当工质流经压缩机、冷凝器、蒸发器等部件时，系统进口与出口的焓差是能量交换的结果。

A. 压力能　B. 动能　C. 焓　D. 位能

8. 工质流经节流元件时，由于流道截面积的突然缩小，因而压力下降，这一过程与外界没有做功的作用，所以（　　）称为等焓节流。

A. 焓值不变　B. 动能不变　C. 温度不变　D. 位能不变

9. 动力粘度越大的（　　），其粘滞性越强，流动阻力越大，动力粘度与流体密度ρ的比值被称为运动粘度。

A. 流体　B. 气体　C. 固体　D. 液体

10. 流体的粘度都是由实验测定的（　　）。

A. 气体的粘度随温度的升高而增大，液体的粘度随温度升高而减小

B. 气体的粘度随温度的升高而不变，液体的粘度随温度升高而减小

C. 气体的粘度随温度的升高而减小，液体的粘度随温度升高而增大

D. 气体和液体的粘度随温度的升高而不变

11. 理想流体伯努利方程式，静压能E_j、动能E_d、位能E_w，则有式$E = E_j + E_d + E_w$，管段任意截面处的（　　）应相等。

A. 动能　B. 压力能　C. 位能　D. 机械能

12. 由于流体的温度不同，其密度也不相同，热流体密度小而上

升，冷流体密度大而下降，这种自然产生的流体的相对运动称为（ ）。

A. 强迫对流　B. 导热对流　C. 自然对流　D. 辐射对流

13. 翅片换热器在管外设置翅片、采用异形换热管除了可以增大换热面积外，还可以形成对气流或液流的扰动，使其不断改变流动方向和流速，提高湍动程度从而提高（ ）。

A. 换热器压力　B. 对流效率　C. 射流效率　D. 换热效率

14. 物体由于自身的温度或微观粒子的热运动而激发向外辐射的电磁波，称为（ ）换热，它包括紫外线、可见光线和红外线。

A. 导热　B. 对流　C. 辐射　D. 传热

15. 假是喷水量无限大，水和空气接触时间无限长，则全部空气都能达到（ ）状态。

A. 相对湿度 $\phi=100\%$　B. 相对湿度 $\phi=90\%$

C. 相对湿度 $\phi=60\%$　D. 相对湿度 $\phi=110\%$

16. 冬季喷水室对空气处理，用水温等于空气湿球温度的水喷淋空气，空气状态变化是（ ）过程。

A. 等温加湿　B. 绝热加湿　C. 降温加湿　D. 等湿冷却

17. 喷水室中底池是收集喷淋水用的，它的容积一般按能容纳（ ）的喷水量考虑，池子深度约 0.4 ~0.6m。

A. 3 ~5mm　B. 10 ~15mm　C. 20 ~25mm　D. 1 ~5mm

18. 由于空气中的灰尘和冷冻水水质不好等因素的影响，喷水室中（ ）被污物堵塞，影响热湿交换的效果。

A. 喷嘴和喷管　B. 喷水排管　C. 挡水板　D. 底池

19. 喷水室中滋生真菌、细菌，会影响送风的（ ）。

A. 空气温度　B. 空气压力　C. 空气质量　D. 空气流动

20. 夏季运行一般采用减湿冷却过程，该过程的热湿比（ ）。

A. $\varepsilon>0$　B. $\varepsilon<0$　C. $\varepsilon=0$　D. $\varepsilon=2500$

21. 按空气流动方向，表冷器可以并联，也可以串联，一般（ ）时采用串联。

A. 通过空气量多　B. 空气温降大

C. 空气湿度大　　D. 通过空气量少

22. 以水为热媒时，供回水管路上应安装调节阀和温度计，并在管路的最高点安装（　），最低点安装泄水阀。

A. 排气阀　B. 调压阀　C. 安全阀　D. 热水阀

23. 利用蒸汽与空气混合进行加湿，由于空气的变化过程在焓湿图上近似沿等温线进行，称为（　）。

A. 等湿加温　B. 等温加湿　C. 等压加湿　D. 等焓加湿

24. 干式蒸汽加湿器的工作是确保喷管喷出的是纯净的（　），即不夹带凝结水的蒸汽。

A. 等温空气　B. 水蒸气　C. 湿空气　D. 干蒸气

25.（　）加湿器在不锈钢水槽上部装有红外线反射板，将红外灯管发射出高温辐射热使水表面蒸发产生水蒸气。

A. 湿膜式　B. 电极式　C. PTC 电热式　D. 红外线式

26.（　）加湿器利用压电换能片将高频振荡的电能转换为机械振动，使水直接雾化成直径为 1～2μm 的细微水滴将空气加湿。

A. 湿膜式　B. 超声波　C. 电热式　D. 红外线式

27.（　）的原理是表冷器温度低于空气露点温度，对空气进行处理在降温的同时减小空气的含湿量。

A. 通风减湿　B. 冷冻减湿　C. 液体吸湿　D. 固体吸湿

28. 空调工程中常用的除湿装置有（　）适用于空气露点温度高于4℃场合。

A. 转轮除湿机　B. 固体除湿机

C. 液体吸湿机　D. 冷冻除湿机

29. 按（　）情况分类，可以分为集中式、半集中式和分散式系统。

A. 空调系统输送冷量和热量

B. 空气处理设备的设置

C. 空气处理设备所处理空气的来源

D. 风管内风速的大小

30. 空调房间内的热湿负荷全部经过处理的空气来负担就称为（　）系统，属于集中式空调系统。

A. 空气—水系　B. 全水　C. 全空气　D. 制冷剂

31. 空调运行过程中全部采用回风循环使用，没有室外的新风补充，房间与空气处理设备之间形成一个封闭的环路称（　）。

A. 一次回风式系统　B. 闭式系统
C. 直流式系统　D. 制冷剂系统

32.（　）对地下水的使用，采用随抽随回灌，夏灌冬用，冬灌夏用，以保护地下水资源。

A. 冰蓄冷空调系统　B. 水源热泵空调系统
C. 高速系统风道系统　D. 低速系统风道系统

33. 冬季室外温度低且空气干燥，因此必须对新风进行加热加湿的处理，加热一般分（　），即预热和再热。

A. 一次进行　B. 二次进行　C. 三次进行　D. 四次进行

34.（　）能完成一次回风、二次回风、新风、送风等空气的输送和调配的任务。

A. 分体式空调机组　B. 恒温恒湿型空调机
C. 组合式空调机组　D. 风机盘管空调机

35. 组合式空调机组的（　）是用于接回风风管的，在该段的顶部或侧部装有多叶风量调节阀。

A. 回风段　B. 新风段　C. 排风段　D. 送风段

36. 组合式空调机组的（　）按照加热所用热媒的不同，有蒸汽加热、热水加热和电加热三种类型。

A. 初效过滤段　B. 加热段　C. 加湿段　D. 送风段

37. 组合式空调机组的（　）设有使新风与排风交叉流过板翅式能量回收装置而进行热交换，达到回收显热能量的目的。

A. 消声段　B. 表冷段　C. 能量回收段　D. 中间段

38. 为使空调区域保持一定的正压值，舒适性空调室内正压值以 5～10Pa 为宜，最高不能超过（　），否则将使人感到不适，开门困难。

A. 100Pa　B. 50Pa　C. 760Pa　D. 488Pa

39. 风机盘管所用风机当调速开关位于中速或低速挡时，主绕组得到的电压减小，电动机转速（　）。

A. 不变　　B. 变慢　　C. 变快　　D. 不定

40. 将新风机处理后的新风直接送入空调房间内，风机盘管只承担处理和送出回风，让两种空气在房间混合称为（　）。

A. 回风串接式　　B. 新风串接式

C. 回风混合式　　D. 新风直入式

41. 对任一空调末端装置，设有两根供水管和两根回水管，其中一组用于供冷水，另一组用于供热水称为（　）系统。

A. 四管制　　B. 两管制　　C. 三管制　　D. 一管制

42. 从节省循环水泵耗电量考虑，多层和高层建筑的冷（热）水系统，绝大多数都采用了（　）水系统。

A. 压力式　　B. 开式　　C. 闭式　　D. 温度式

43. 在实际水系统中，如果各支环路末端设备的阻力较小，整个负荷侧管路较长，其阻力占的比例较大时，宜采用（　）布置。

A. 闭式　　B. 开式　　C. 同程式　　D. 异程式

44. 冷源侧通常保持定水量运行，防止蒸发器换热盘管因水量不足而冻结，空调的定水量和变水量系统只对（　）适用。

A. 冷热源侧　　B. 冷水机组　　C. 负荷侧　　D. 分体空调

45. 如果建筑物高度过高，系统静压大，则应将循环泵设在冷水机组（　），以降低蒸发器水侧的工作压力。

A. 蒸发器出口　　B. 蒸发器进口

C. 冷凝器进口　　D. 冷凝器出口

46.（　）通常设置在水系统的最高处，其标高至少高出水系统最高处 1m，其作用是对系统定压，容纳水体积膨胀量和向系统补水。

A. 膨胀水箱　　B. 冷却水塔　　C. 定压罐　　D. 冷水机组

47. 离心式水泵特点是依靠叶轮的高速旋转来使流体获得较大的动能，并依靠流道出口的变化使流体的动能转化为（　）。

A. 压力能　　B. 动能　　C. 热能　　D. 势能

48. 型号 IS—100—65—200A 中 IS 代表国际标准离心泵，100 表示水泵（　）为 100mm。

A. 进口直径　　B. 出口直径

C. 叶轮名义直径　　　　　　　D. 泵壳直径

49. 在水泵停车前，应先关闭（　）阀门，再关水泵停止运转，此时泵体内水会产生短时间的旋转，不会产生损伤，切忌水泵内无水空转。

A. 水泵出口　B. 水泵进出口　C. 水泵进口　D. 风机盘管

50. 水泵采用的（　）是靠弹簧和密封介质的压力在旋转的动环和静止的静环的接触表面上产生适当的压紧力，阻止液体泄漏，达到密封的目的。

A. 压力密封　B. 填料密封　C. 机械密封　D. 流动密封

51.（　）是由旋塞阀演变而来的，它具有旋转 90° 的动作，其中的旋塞体呈球形，有圆形通孔或通道通过其轴线。

A. 蝶阀　　B. 闸阀　　C. 球阀　　D. 止回阀

52. 中央空调冷却水系统通常采用循环水系统，冷却水经冷凝器时将热量带走通过（　　）再释放到大气中去。

A. 冷却塔　B. 冷凝器　C. 压缩机　D. 蒸发器

53. 制冷机组运行时，保证制冷剂的正常循环，调节冷却水温度以保证冷水机组正常运行，冷却水进水温度不得低于（　）。

A. 25℃　　B. 18℃　　C. 32℃　　D. 43℃

54. 电导率反映了水中（　　）的多少，是衡量水纯净程度的一个重要指标，水越纯净，含盐量越小，电导率越小，可用电导仪进行测定。

A. 含碱量　　　　　　　　　B. 含盐量

C. 含酸量　　　　　　　　　D. 含酸碱度量

55. 安装在天花板上的向下送风风口是（　　）。

A. 条形风口　B. 排烟口　C. 散流器　D. 侧风口

56. 防火阀除手动式外，另一种可安装信号传递装置，阀门关闭后发出信号至（　）。

A. 总经理室　　　　　　　　B. 门卫室

C. 消防控制中心　　　　　　D. 工程部

57. 风道保温层除有减少冷热量损失的作用外，还有（　　）作用。

A. 防撞伤　B. 防结露　C. 防漏风　D. 防漏光

58. 空气通过风机叶轮所获得的能量表现为风机全压的升高，称之为（　）。

A. 风速　B. 风量　C. 风气流　D. 风压

59. 中央空调设备中，使用最广泛的风机是（　）。

A. 高速风机　B. 离心式风机

C. 低速风机　D. 防暴型风机

60. 有着离心式和轴流式风机共有特点的风机是（　）。

A. 排烟机　B. 混流式风机　C. 低噪声风机　D. 高速风机

61. 风机运行中，表面温度高于（　）℃时必须停机检修。

A. 70　B. 60　C. 50　D. 40

62. 散流器安装在室内的位置是（　）。

A. 回风口处　B. 侧墙壁上　C. 检修口　D. 天花板上

63. 在影剧院送回风方式应是（　）。

A. 上送下回　B. 下送下回　C. 上送下回　D. 下送上回

64. 家用空调器所用空气净化类别一般是（　）。

A. 一般净化　B. 中等净化　C. 超净净化　D. 无净措施

65. 具有引入新风功能的家用空调机是（　）。

A. 壁挂分体空调　B. 柜式分体空调

C. 窗式空调　D. 房间去湿机

66. 噪声增大了声强的等级，声强的单位是（　）。

A. 功率　B. 频率　C. 分贝　D. 静压

67. 中央空调风处理系统主要处理的是（　）。

A. 回风　B. 新风　C. 排风　D. 正压送风

68. 安装冷水机组首先进行的工序是（　）。

A. 基准放线　B. 砌基础座　C. 焊接管道　D. 吊装机组

69. 冷水机组上的安全阀通常安装在（　）上。

A. 蒸发器　B. 吸气管　C. 冷凝器　D. 冷冻水管

70. 热力膨胀阀在控制压力上的作用是（　）。

A. 升压减速　B. 节流降压　C. 节流升压　D. 升温节流

71. 冷水机组防止冷冻水温度过低的保护装置是（　）。

A. 水流量开关　　　　　　　　B. 低压控制器
C. 节流装置　　　　　　　　　D. 低水温切断开关

72. 冷冻润滑油在工作中粘度的变化是（　　）受影响的。
A. 预热装置　B. 油温　C. 回水温度　D. 油击

73. 较长时间停机应将系统内制冷剂的大部分储存在冷凝器内，以降低系统低压侧的（　　）。
A. 温度　B. 油温　C. 压力　D. 阻力

74. 不凝性气体进入制冷系统后，在运行中常滞留在（　　）中。
A. 蒸发器　B. 冷凝器　C. 贮液器　D. 过滤器

75. 制冷系统充注制冷剂液体是从（　　）处加注的。
A. 低压阀旁通口　　　　　　B. 压缩机高压检修口
C. 压缩机机身自闭阀门　　　D. 干燥过滤器旁通口

76. 离心式压缩机油泵排出的润滑油温度通常是（　　）℃。
A. 35～45　B. 55～65　C. 75～85　D. 90～100

77. 溴化锂吸收式制冷机是以水为制冷剂，以（　　）为动力，以溴化锂为吸收剂，制取0℃以上低温水的制冷设备。
A. 电力　B. 电动机　C. 水泵　D. 热能

78. 溴化锂溶液中水分蒸发和温度降低，将导致（　　）现象。
A. 液击　B. 结晶　C. 过冷　D. 过热

79. 单效与双效溴化锂吸收式制冷机的区别是设置了1个（　　）。
A. 蒸发器　B. 冷凝器　C. 换热器　D. 发生器

80. 以下四项中（　　）不是常用风速仪的类型。
A. 罩杯式　B. 三杯式　C. 叶轮式　D. 热球式

答案部分

一、判断题

1. ×	2. ×	3. ✓	4. ✓	5. ✓	6. ×	7. ×	8. ×
9. ✓	10. ×	11. ✓	12. ✓	13. ✓	14. ×	15. ×	16. ✓
17. ×	18. ×	19. ✓	20. ✓	21. ✓	22. ×	23. ×	24. ×
25. ×	26. ✓	27. ✓	28. ×	29. ×	30. ✓	31. ✓	32. ×
33. ×	34. ×	35. ✓	36. ×	37. ×	38. ×	39. ✓	40. ✓
41. ×	42. ✓	43. ×	44. ×	45. ✓	46. ✓	47. ✓	48. ✓
49. ×	50. ×	51. ✓	52. ×	53. ✓	54. ×	55. ✓	56. ✓
57. ✓	58. ×	59. ✓	60. ✓	61. ✓	62. ×	63. ✓	64. ✓
65. ✓	66. ✓	67. ✓	68. ✓	69. ✓	70. ✓	71. ✓	72. ✓
73. ✓	74. ✓	75. ✓	76. ✓	77. ×	78. ×	79. ✓	80. ✓
81. ✓	82. ✓	83. ✓	84. ×	85. ×	86. ×	87. ✓	88. ✓
89. ×	90. ✓	91. ✓	92. ✓	93. ✓	94. ×	95. ×	96. ✓
97. ×	98. ✓	99. ×	100. ✓	101. ✓	102. ✓	103. ×	104. ✓
105. ✓	106. ×	107. ✓	108. ×	109. ×	110. ✓	111. ✓	112. ×
113. ✓	114. ✓	115. ✓	116. ✓	117. ×	118. ×	119. ×	120. ✓
121. ×	122. ✓	123. ×	124. ×	125. ×	126. ✓	127. ✓	128. ✓
129. ✓	130. ✓	131. ×	132. ×	133. ×	134. ✓	135. ✓	136. ✓
137. ×	138. ✓	139. ×	140. ×	141. ×	142. ✓	143. ✓	144. ×
145. ✓	146. ✓	147. ×	148. ✓	149. ✓	150. ×	151. ✓	152. ✓
153. ×	154. ×	155. ✓	156. ×	157. ✓	158. ×	159. ×	160. ×
161. ✓	162. ×	163. ✓	164. ×	165. ×	166. ×	167. ×	168. ✓

169. ×	170. ✓	171. ✓	172. ×	173. ✓	174. ×	175. ✓	176. ✓
177. ✓	178. ×	179. ✓	180. ×	181. ✓	182. ✓	183. ×	184. ×
185. ×	186. ×	187. ×	188. ×	189. ✓	190. ×	191. ✓	192. ✓
193. ✓	194. ×	195. ✓	196. ×	197. ✓	198. ✓	199. ✓	200. ✓
201. ×	202. ✓	203. ✓	204. ✓	205. ✓	206. ✓	207. ×	208. ✓
209. ✓	210. ×	211. ✓	212. ×	213. ✓	214. ×	215. ✓	

二、选择题

1. A	2. C	3. C	4. A	5. D	6. C	7. A	8. B
9. D	10. A	11. A	12. B	13. C	14. C	15. A	16. B
17. A	18. C	19. A	20. B	21. D	22. A	23. A	24. B
25. C	26. A	27. A	28. A	29. C	30. C	31. A	32. A
33. B	34. A	35. A	36. A	37. A	38. A	39. C	40. A
41. A	42. C	43. D	44. A	45. B	46. C	47. A	48. B
49. B	50. D	51. D	52. B	53. D	54. B	55. B	56. A
57. B	58. C	59. D	60. A	61. B	62. A	63. C	64. A
65. D	66. C	67. B	68. A	69. B	70. A	71. B	72. B
73. C	74. D	75. A	76. A	77. B	78. B	79. A	80. D
81. C	82. C	83. A	84. A	85. B	86. B	87. B	88. B
89. D	90. B	91. A	92. C	93. C	94. D	95. C	96. A
97. C	98. A	99. A	100. A	101. A	102. C	103. A	104. A
105. A	106. C	107. A	108. A	109. C	110. A	111. C	112. D
113. A	114. D	115. A	116. D	117. B	118. A	119. B	120. C
121. C	122. A	123. C	124. A	125. C	126. A	127. B	128. A
129. D	130. B	131. D	132. C	133. B	134. D	135. B	136. C
137. A	138. D	139. B	140. D	141. D	142. C	143. A	144. D
145. C	146. C	147. C	148. C	149. A	150. B	151. B	152. C
153. C	154. C	155. B	156. D	157. D	158. C	159. B	160. D
161. C	162. B	163. B	164. D	165. D	166. C	167. C	168. C
169. B	170. B	171. D	172. C	173. D	174. A	175. A	176. B

177. B 178. D 179. D 180. D 181. A 182. D 183. A 184. C
185. A 186. B 187. A 188. D 189. D 190. D 191. A 192. D
193. C 194. A 195. A 196. C 197. C 198. A 199. B 200. A
201. C 202. A 203. A 204. C 205. B 206. B 207. B 208. B
209. B 210. D 211. A 212. A 213. C 214. C 215. B 216. B

参考文献

[1] 黄翔．空调工程［M］．北京：机械工业出版社，2006.

[2] 董天禄．离心式/螺杆式制冷机组及其应用［M］．北京：机械工业出版社，2001.

[3] 俞炳丰．中央空调新技术及其应用［M］．北京：化学工业出版社，2005.

[4] 李佐周．制冷与空调设备原理及维修［M］．北京：高等教育出版社，1991.

[5] 张祉裕．制冷空调设备使用维护手册［M］．北京：机械工业出版社，1997.

[6] 陈维刚．空调工程与设备［M］．上海：上海交通大学出版社，2001.

[7] 王寒栋，李敏．泵与风机［M］．北京：机械工业出版社，2005.

[8] 张弓．化工原理：上册［M］．北京：化学工业出版社，1980.

[9] 张学助，张竞霜．通风与空调工程禁忌手册［M］．北京：机械工业出版社，2006.

读者信息反馈表

感谢您购买《中央空调系统操作员（高级）》一书。为了更好地为您服务，有针对性地为您提供图书信息，方便您选购合适图书，我们希望了解您的需求和对我们教材的意见和建议，愿这小小的表格为我们架起一座沟通的桥梁。

姓　　名		所在单位名称	
性　　别		所从事工作（或专业）	
通信地址		邮　　编	
办公电话		移动电话	
E-mail			

1. 您选择图书时主要考虑的因素（在相应项前画✓）

（　　）出版社（　　）内容（　　）价格（　　）封面设计（　　）其他

2. 您选择我们图书的途径（在相应项前画✓）

（　　）书目（　　）书店（　　）网站（　　）朋友推介（　　）其他

希望我们与您经常保持联系的方式：

□ 电子邮件信息　　□ 定期邮寄书目

□ 通过编辑联络　　□ 定期电话咨询

您关注（或需要）哪些类图书和教材：

您对我社图书出版有哪些意见和建议（可从内容、质量、设计、需求等方面谈）：

您今后是否准备出版相应的教材、图书或专著（请写出出版的专业方向、准备出版的时间、出版社的选择等）：

非常感谢您能抽出宝贵的时间完成这张调查表的填写并回寄给我们，您的意见和建议一经采纳，我们将有礼品回赠。我们愿以真诚的服务回报您对机械工业出版社技能教育分社的关心和支持。

请联系我们——

地址　北京市西城区百万庄大街 22 号　机械工业出版社技能教育分社

邮编　100037

社长电话　（010）88379080，88379083；68329397（带传真）

E-mail　jnfs@mail.machineinfo.gov.cn